Ruby on Rails
アプリケーション プログラミング

山田祥寛[著]

技術評論社

はじめにお読みください

●プログラムの著作権について

　本書で紹介し、ダウンロードサービスで提供するプログラムの著作権は、すべて著者に帰属します。これらのデータは、本書の利用者に限り、個人・法人を問わず無料で使用できますが、再転載や再配布などの二次利用は禁止いたします。

●本書記載の内容について

　本書に記載された内容は、情報の提供のみを目的としています。したがって、本書を用いた運用は、必ずお客様自身の責任と判断によって行ってください。これらの情報の運用の結果について、技術評論社および著者はいかなる責任も負いません。

　本書記載の内容は、基本的に第1刷発行時点の情報を掲載しています。そのため、ご利用時には変更されている場合もあります。また、ソフトウェアはバージョンアップされることがあり、本書の説明とは機能や画面が異なってしまうこともあります。

　以上の注意事項をご承諾いただいた上で、本書をご利用願います。これらの注意事項をお読みいただかずにお問い合わせいただいても、技術評論社および著者は対処できません。あらかじめ、ご承知おきください。

● 本書で紹介している商品名、製品名等の名称は、すべて関係団体の商標または登録商標です。

● 本文中に、™ マーク、® マーク、© マークは明記しておりません。

はじめに

本書は、Ruby 環境で利用できる代表的な Web アプリケーションフレームワーク（以降、フレームワーク）である Ruby on Rails を初めて学ぶ人のための書籍です。フレームワークを学ぶための書籍ということで、その基盤となる Ruby 言語についてはひととおり理解していることを前提としています。本書でもできるだけ細かな解説を心がけていますが、Ruby そのものについてきちんとおさえておきたいという方は、『独習 Ruby 新版』（翔泳社）などの専門書も併せてご覧いただくことをお勧めします。

本書の構成と各章の目的を以下にまとめます。

■ 導入編（第 1 章：イントロダクション〜第 3 章：Scaffolding 機能による Rails 開発の基礎）

そもそもフレームワークとは、という話を皮切りに、Rails の特徴を解説し、これからの学習のための環境を準備します。また、実際にプロジェクトを立ち上げ、簡単なアプリを開発していく中で、Rails 開発を行う上で基礎的な構文やキーワード、概念を鳥瞰します。

■ 基本編（第 4 章：ビュー開発〜第 6 章：コントローラー開発）

導入編で Rails プログラミングの大まかな流れを理解できたところで、Rails を構成する基本要素 ── Model、View、Controller について学びます。いずれも重要な話題ばかりですが、特にビューヘルパーや Active Record のクエリメソッド、render をはじめとするレスポンスメソッドなどは、アプリ開発に欠かせない基本テーマなので、確実に理解しておきたいところです。

■ 応用編（第 7 章：ルーティング〜第 11 章：Rails の高度な機能）

ルーティングやテスト、キャッシュ処理、周辺コンポーネントなど、より実践的なアプリを開発していくためのさまざまなテーマについて学びます。これらを理解する過程で、Rails 習得の更なるステップアップの手がかりとしてください。

Rails に興味を持ったあなたにとって、本書がはじめの一歩として役立つことを心から祈っています。

＊　＊　＊

なお、本書に関するサポートサイトを以下の URL で公開しています。サンプルのダウンロードサービス、本書に関する FAQ 情報、オンライン公開記事などの情報を掲載していますので、併せてご利用ください。

https://wings.msn.to/

最後にはなりましたが、タイトなスケジュールの中で筆者の無理を調整いただいた技術評論社、トップスタジオの編集諸氏、そして、傍らで原稿管理／校正作業などの制作をアシストしてくれた妻の奈美、両親、関係者ご一同に心から感謝いたします。

2024 年 9 月吉日　山田祥寛

本書の読み方

サンプルファイルについて

- 本書で利用しているサンプルファイル（配布サンプル）は、以下のページからダウンロードできます。

  https://wings.msn.to/index.php/-/A-03/978-4-297-14598-9/

- 配布サンプルは、以下のようなフォルダー構造となっています。

```
/samples
    ├── /railbook ················· 本書のメインプロジェクト
    ├── /intro ···················· 第2章～第3章で利用するプロジェクト
    ├── /railbook_importmap ······· 9.2節、9.3節で利用するプロジェクト
    ├── /railbook_bundler ········· 9.4節で利用するプロジェクト *
    ├── /railbook_bootstrap ······· 9.5節で利用するプロジェクト *
    ├── /railbook_tailwind ········ 9.5節で利用するプロジェクト *
    ├── /railbook_multidb ········· 5.8節で利用するプロジェクト
    └── /railbook_hotwire ········· 11.3節で利用するプロジェクト
```

サンプルを利用するには、1.2.2～1.2.4項の手順を終えた後、それぞれのプロジェクトを適当なフォルダー（たとえば「C:¥data」）配下にコピーした上で、以下のコマンドを実行してください。以降は2.1節の手順でサンプルを動作できるようになります（ただし、*の付いたプロジェクトは起動の手順が異なります。該当する節を参照してください）。

- サンプルコードのリスト見出しに「ファイル名（ **P** プロジェクト）」の形式でプロジェクト名が明記されているものがあります。たとえば以下の場合は、railbook_importmapプロジェクトの中のimportmap.rbを意味しています。

  ▼ リストXX　importmap.rb（ **P** railbook_importmap）

  ```
  pin "application"
  ```

- 第2章～第3章はintroプロジェクトに、第4章以降で特にプロジェクト名を明記していない場合は、原則、railbookプロジェクトにサンプルファイルが配置されています。
- 配布サンプルをVisual Studio Code（VSCode）で開き、実行する方法については、P.28も併せて参照してください。
- サンプルコードは、実行環境を明記している一部を除いて、Windows版Chromeでの結果を掲載しています。結果は環境によって異なる可能性もあります。

動作確認環境

本書は執筆時点の最新バージョンである Rails 7.1 で執筆していますが、校正時点で 7.2 がリリースされたため、サンプルも 7.2 に移行したもので検証しています。Rails 7.2 の主な新機能については、P.23 のコラムを参照してください。

- **Windows 11 Pro**
  - Visual Studio Code 1.93.1
  - Ruby 3.3.2
  - Ruby on Rails 7.1.3.4 ／ 7.2.0
  - SQLite 3.46.0
  - Node.js 20.12.0

- **macOS Sonoma 14.7**
  - Visual Studio Code 1.93.1
  - Ruby 3.3.5
  - Ruby on Rails 7.2.1
  - SQLite 3.43.2
  - Node.js 22.9.0

本書の構成

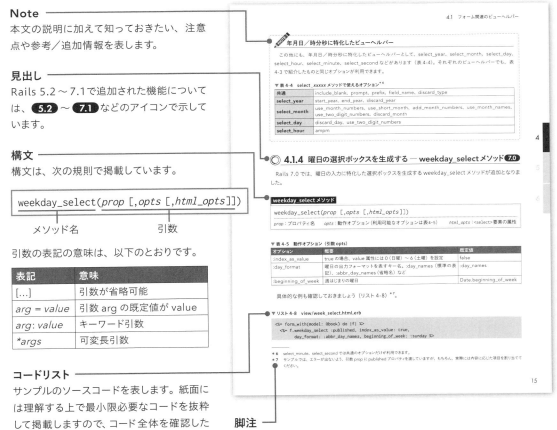

Note
本文の説明に加えて知っておきたい、注意点や参考／追加情報を表します。

見出し
Rails 5.2〜7.1で追加された機能については、5.2 〜 7.1 などのアイコンで示しています。

構文
構文は、次の規則で掲載しています。

```
weekday_select(prop [,opts [,html_opts]])
```

メソッド名　　　　　　　　引数

引数の表記の意味は、以下のとおりです。

表記	意味
[...]	引数が省略可能
arg = value	引数 arg の既定値が value
arg: value	キーワード引数
*args	可変長引数

コードリスト
サンプルのソースコードを表します。紙面には理解する上で最小限必要なコードを抜粋して掲載しますので、コード全体を確認したい場合にはダウンロードサンプルから対応するファイルを確認してください。紙面の都合で改行している箇所は、↵で表しています。

脚注
[Note] と同じく、本文では説明しきれなかった補足情報や、初心者が陥りやすいポイントなどを紹介しています。本文中の番号と対応していますので、併せて利用してください。

Contents

はじめに ………………………………………………………………………………… iii

本書の読み方 …………………………………………………………………………… iv

導入編

第1章 イントロダクション 1

1.1 Rails というフレームワーク ……………………………………………… 2
- 1.1.1 アプリケーションフレームワークとは? ………………………………… 2
- 1.1.2 フレームワーク導入の利点 ……………………………………………… 4
- 1.1.3 Ruby で利用可能なフレームワーク …………………………………… 5

1.2 Rails を利用するための環境設定 ……………………………………… 9
- 1.2.1 Rails プログラミングに必要なソフトウェア ………………………… 9
- 1.2.2 Windows における環境設定の手順 ………………………………… 11
- 1.2.3 macOS における環境設定の手順 …………………………………… 16
- 1.2.4 Visual Studio Code のインストール（Windows／macOS 共通）……… 19

第2章 Ruby on Rails の基本 25

2.1 アプリの作成 ………………………………………………………………… 26

2.2 コントローラーの基本 …………………………………………………… 31
- 2.2.1 コントローラークラスの作成 ………………………………………… 31
- 2.2.2 コントローラークラスの基本構文 …………………………………… 33
- 2.2.3 ルーティングの基礎を理解する ……………………………………… 34
- 2.2.4 サンプルの実行 ………………………………………………………… 36
- 2.2.5 補足：コントローラーの命名規則 …………………………………… 37

2.3 ビューの基本 ………………………………………………………………… 38
- 2.3.1 テンプレート変数の設定 ……………………………………………… 39
- 2.3.2 テンプレートファイルの作成 ………………………………………… 40
- 2.3.3 サンプルの実行 ………………………………………………………… 42
- 2.3.4 共通レイアウトの適用 ………………………………………………… 44
- 2.3.5 補足：コメント構文 …………………………………………………… 46

2.4 モデルの基本 ………………………………………………………………… 48
- 2.4.1 Active Record とは? …………………………………………………… 48
- 2.4.2 データベース接続の設定 ……………………………………………… 49
- 2.4.3 モデルクラスの作成 …………………………………………………… 52
- 2.4.4 マイグレーションファイルによるテーブルの作成 ………………… 53
- 2.4.5 フィクスチャによるテストデータの準備 …………………………… 55
- 2.4.6 補足：データベースの確認 …………………………………………… 55
- 2.4.7 データ取得の基本 ……………………………………………………… 58

vi

2.4.8 SQL 命令の確認	62
2.4.9 補足：デバッグの基本	63

2.5 Rails の設定情報 ……68
2.5.1 主な設定ファイルの配置	68
2.5.2 利用可能な主な設定パラメーター	69
2.5.3 アプリ固有の設定を定義する	71

第3章 Scaffolding 機能による Rails 開発の基礎　　73

3.1 Scaffolding 機能によるアプリケーション開発 ……74
| 3.1.1 Scaffolding 開発の手順 | 74 |
| 3.1.2 自動生成されたルートを確認する — resources メソッド | 78 |

3.2 一覧画面の作成（index アクション）……80
| 3.2.1 index アクションメソッド | 80 |
| 3.2.2 index.html.erb テンプレート | 82 |

3.3 詳細画面の作成（show アクション）……86
| 3.3.1 show アクションメソッド | 86 |
| 3.3.2 show.html.erb テンプレート | 88 |

3.4 新規登録画面の作成（new ／ create アクション）……90
| 3.4.1 new.html.erb テンプレートファイル | 90 |
| 3.4.2 new ／ create アクションメソッド | 94 |

3.5 編集画面の作成（edit ／ update アクション）……99
| 3.5.1 edit ／ update アクションメソッド | 99 |
| 3.5.2 edit.html.erb テンプレートファイル | 101 |

3.6 削除機能の確認（destroy アクション）…… 103

3.7 準備：基本編で使用するプロジェクト …… 105
| 3.7.1 サンプルプロジェクトの準備方法 | 105 |
| 3.7.2 データベースの構造 | 106 |

基本編

第4章 ビュー開発　　109

4.1 フォーム関連のビューヘルパー …… 110
4.1.1 フォーム生成の基礎	111
4.1.2 <input>、<textarea> 要素を生成する — *xxxxx*_field、text_area、radio_button、check_box メソッド	112
4.1.3 選択ボックス／リストボックスを生成する — *xxxxx*_select メソッド	114
4.1.4 曜日の選択ボックスを生成する — weekday_select メソッド 7.0	123
4.1.5 データベースの情報をもとにラジオボタン／チェックボックスを生成する — collection_radio_buttons ／ collection_check_boxes メソッド	124
4.1.6 form_with ブロックの中で異なるモデルを編集する — fields_for メソッド	125

vii

4.2 文字列／数値関連のビューヘルパー ········· 128

- 4.2.1 HTML エスケープを無効化する — raw メソッド ········· 128
- 4.2.2 改行文字を\<p\>／\<br\> 要素で置き換える — simple_format メソッド ···130
- 4.2.3 文字列を指定桁で切り捨てる — truncate メソッド ········· 131
- 4.2.4 文字列から特定の部分のみを抜粋する — excerpt メソッド ········· 133
- 4.2.5 テーブルやリストの背景色をn行おきに変更する — cycle メソッド ········· 134
- 4.2.6 特定のスタイルクラスを付与する — class_names メソッド **6.1** ········· 135
- 4.2.7 特定のキーワードをハイライト表示する — highlight メソッド ········· 136
- 4.2.8 文字列から要素を除去する — sanitize メソッド ········· 137
- 4.2.9 数値をさまざまな形式で加工する — number_*xxxxx* メソッド ········· 139

4.3 リンク関連のビューヘルパー ········· 142

- 4.3.1 ハイパーリンクを生成する — link_to メソッド ········· 142
- 4.3.2 ルート定義から動的に URL を生成する — url_for メソッド ········· 143
- 4.3.3 条件に応じてリンクを生成する
  — link_to_if ／ link_to_unless メソッド ········· 145
- 4.3.4 現在のページの場合はリンクを無効にする
  — link_to_unless_current メソッド ········· 146
- 4.3.5 メールアドレスへのリンクを生成する — mail_to メソッド ········· 147

4.4 その他のビューヘルパー ········· 148

- 4.4.1 構造化データをダンプ出力する — debug メソッド ········· 148
- 4.4.2 スクリプトブロックの中に出力コードを埋め込む — concat メソッド ········· 149
- 4.4.3 出力結果を変数に格納する — capture メソッド ········· 150
- 4.4.4 サイトの Favicon を定義する — favicon_link_tag メソッド ········· 151

4.5 ビューヘルパーの自作 ········· 152

- 4.5.1 シンプルなビューヘルパー ········· 152
- 4.5.2 HTML 文字列を返すビューヘルパー ········· 153
- 4.5.3 本体を持つビューヘルパー ········· 155

4.6 アプリ共通のデザインを定義する — レイアウト ········· 158

- 4.6.1 レイアウトを適用するさまざまな方法 ········· 158
- 4.6.2 ページ単位でタイトルを変更する ········· 160
- 4.6.3 レイアウトに複数のコンテンツ領域を設置する ········· 160
- 4.6.4 レイアウトを入れ子に配置する ········· 163

4.7 テンプレートの一部をページ間で共有する — 部分テンプレート ········· 168

- 4.7.1 部分テンプレートの配置 ········· 168
- 4.7.2 部分テンプレートが受け取る引数を宣言する **6.1** ········· 169
- 4.7.3 部分テンプレートにレイアウトを適用する — パーシャルレイアウト ········· 170
- 4.7.4 コレクションに繰り返し部分テンプレートを適用する
  — collection オプション ········· 172

第5章 モデル開発 175

5.1 データ取得の基本 — find メソッド ········· 176

- 5.1.1 主キー列による検索 ········· 176
- 5.1.2 任意のキー列による検索 — find_by メソッド ········· 177

5.2 複雑な条件で検索を実行する — クエリメソッド ·············· 179

5.2.1	クエリメソッドの基礎 ···	179
5.2.2	基本的な条件式を設定する — where メソッド ··························	180
5.2.3	プレイスホルダーによる条件式の生成 — where メソッド（2）············	182
5.2.4	否定の条件式を表す — not メソッド ····································	184
5.2.5	データを並べ替える — order メソッド ·································	184
5.2.6	取得列を明示的に指定する — select メソッド ······················	186
5.2.7	重複のないレコードを取得する — distinct メソッド ··················	188
5.2.8	特定範囲のレコードだけを取得する — limit ／offset メソッド ··········	188
5.2.9	データを集計する — group メソッド ···································	190
5.2.10	集計結果をもとにデータを絞り込む — having メソッド ···············	191
5.2.11	条件句を破壊的に代入する — where! メソッド ······················	192
5.2.12	クエリメソッドによる条件式を除去する — unscope メソッド···········	193
5.2.13	空の結果セットを取得する — none メソッド ·························	194

5.3 データ取得のためのその他のメソッド ···························· 196

5.3.1	指定列の配列を取得する — pluck メソッド ···························	196
5.3.2	データの存在を確認する — exists? メソッド ·························	197
5.3.3	よく利用する条件句をあらかじめ準備する — 名前付きスコープ ···········	197
5.3.4	既定のスコープを定義する — default_scope メソッド·················	200
5.3.5	検索結果の行数を取得する — count メソッド ·························	201
5.3.6	特定条件に合致するレコードの平均や最大／最小を求める ·················	201
5.3.7	生の SQL 命令を直接指定する — find_by_sql メソッド ···············	202
5.3.8	SQL 命令を非同期に実行する — load_async メソッド **7.0** ···········	203
5.3.9	補足：スロークエリを監視する ··	205

5.4 レコードの登録／更新／削除 ····································· 207

5.4.1	単一のレコードを登録／更新する — create ／update メソッド···········	207
5.4.2	複数のレコードをまとめて挿入する — insert_all メソッド **6.0** ·········	208
5.4.3	複数のレコードをまとめて更新する — update_all メソッド ·············	210
5.4.4	入力値を正規化する — normalizes メソッド **7.1** ····················	211
5.4.5	レコードを削除する — destroy ／ delete メソッド ···················	212
5.4.6	複数のレコードをまとめて削除する — destroy_all メソッド·············	213
5.4.7	トランザクション処理を実装する — transaction メソッド···············	214
5.4.8	オプティミスティック同時実行制御 ··	217
5.4.9	列挙型のフィールドを定義する — Active Record enums ················	221
5.4.10	暗号化した値を保存する **7.0** ···	224
5.4.11	補足：その他の更新系メソッド ··	227

5.5 検証機能の実装 ··· 228

5.5.1	Active Model で利用できる検証機能 ·····································	228
5.5.2	検証機能の基本 ··	229
5.5.3	その他の検証クラス ···	234
5.5.4	検証クラス共通のパラメーター ··	238
5.5.5	自作検証クラスの定義 ··	242
5.5.6	データベースに関連付かないモデルを定義する	
	— ActiveModel::Model モジュール ······································	246

5.6 アソシエーションによる複数テーブルの処理 ···················· 248

5.6.1	リレーションシップと命名規則 ··	249
5.6.2	参照元テーブルから参照先テーブルの情報にアクセスする	
	— belongs_to アソシエーション ···	250

ix

5.6.3	1：n の関係を表現する — has_many アソシエーション	252
5.6.4	1：1 の関係を表現する — has_one アソシエーション	254
5.6.5	m：n の関係を表現する（1） — has_and_belongs_to_many アソシエーション	256
5.6.6	m：n の関係を表現する（2） — has_many（through）アソシエーション	257
5.6.7	アソシエーションによって追加されるメソッド	260
5.6.8	アソシエーションで利用できるオプション	261
5.6.9	複数のモデルをまとめて管理する — 単一テーブル継承	267
5.6.10	継承関係にないモデル同士をまとめて管理する — Delegated Types **6.1**	270
5.6.11	アソシエーションで関連先の存在を確認する — missing メソッド **6.1**	274
5.6.12	関連するモデルを取得する — extract_associated メソッド **6.0**	275
5.6.13	関連するモデルと結合する — joins メソッド	276
5.6.14	関連するモデルと結合する（左外部結合） — left_outer_joins メソッド	277
5.6.15	関連するモデルをまとめて取得する — includes メソッド	278

5.7 コールバック 280

5.7.1	利用可能なコールバックと実行タイミング	280
5.7.2	コールバック実装の基本	281
5.7.3	コールバックのさまざまな定義方法	282

5.8 マイグレーション 284

5.8.1	マイグレーションのしくみ	284
5.8.2	マイグレーションファイルの構造	285
5.8.3	マイグレーションファイルの作成	290
5.8.4	マイグレーションファイルで利用できる主なメソッド	292
5.8.5	マイグレーションファイルの実行	297
5.8.6	リバーシブルなマイグレーションファイル	298
5.8.7	スキーマファイルによるデータベースの再構築	300
5.8.8	データの初期化	302
5.8.9	複数データベースへの対応 **6.0**	305

第6章 コントローラー開発 309

6.1 リクエスト情報 310

6.1.1	リクエスト情報を取得する — params メソッド	310
6.1.2	マスアサインメント脆弱性を回避する — StrongParameters	312
6.1.3	リクエストヘッダーを取得する — headers メソッド	316
6.1.4	リクエストヘッダーやサーバー環境変数を取得するための専用メソッド	318

6.2 レスポンスの操作 320

6.2.1	テンプレートファイルを呼び出す — render メソッド	320
6.2.2	空のコンテンツを出力する — head メソッド	323
6.2.3	処理をリダイレクトする — redirect_to メソッド	324
6.2.4	ファイルの内容を出力する — send_file メソッド	327
6.2.5	任意のデータを送出する — send_data メソッド	328
6.2.6	レスポンスヘッダーを取得／設定する	329
6.2.7	補足：ログを出力する — logger オブジェクト	332

6.3 HTML 以外のレスポンス処理 ·· **335**
  6.3.1 モデルの内容を JSON ／ XML 形式で出力する ······················ 335
  6.3.2 テンプレート経由で JSON ／ XML データを生成する
      ― JBuilder ／ Builder ··· 337

6.4 状態管理 ·· **342**
  6.4.1 クッキーを取得／設定する ― cookies メソッド ···················· 343
  6.4.2 永続化クッキー／暗号化クッキー ································· 346
  6.4.3 セッションを利用する ― session メソッド ······················ 347
  6.4.4 フラッシュを利用する ― flash メソッド ························ 350

6.5 フィルター ·· **353**
  6.5.1 アクションの事前／事後に処理を実行する
      ― before ／ after フィルター ································· 353
  6.5.2 アクションの前後で処理を実行する ― around フィルター ·········· 355
  6.5.3 フィルターの適用範囲をカスタマイズする ························ 355
  6.5.4 例：フィルターによるフォーム認証の実装 ······················ 357

6.6 アプリ共通の挙動を定義する
― Application コントローラー ·································· **365**
  6.6.1 共通フィルターの定義 ― ログイン機能の実装 ···················· 365
  6.6.2 共通的な例外処理をまとめる ― rescue_from メソッド ············· 366
  6.6.3 クロスサイトリクエストフォージェリ対策を行う
      ― protect_from_forgery メソッド ····························· 367
  6.6.4 デバイス単位でビューを振り分ける ― Action Pack Variants ········· 370
  6.6.5 独自のフラッシュメッセージを追加する ― add_flash_types メソッド ····· 372
  6.6.6 補足：共通ロジックをモジュールにまとめる ― concerns フォルダー ····· 373

応用編

第7章

ルーティング 375

7.1 RESTfulインターフェイスとは? ································· **376**
  7.1.1 RESTful インターフェイスを定義する ― resources メソッド ·············· 377
  7.1.2 単一のリソースを定義する ― resource メソッド ···················· 378
  7.1.3 補足：ルート定義を確認する ································· 379

7.2 RESTful インターフェイスのカスタマイズ ························· **381**
  7.2.1 ルートパラメーターの制約条件 ― constraints オプション ·················· 381
  7.2.2 より複雑な制約条件の設定 ― 制約クラスの定義 ···················· 382
  7.2.3 format パラメーターを除去する ― format オプション ·················· 383
  7.2.4 コントローラークラス／ Url ヘルパーの名前を修正する
      ― controllers ／ as オプション ································· 384
  7.2.5 モジュール配下のコントローラーをマッピングする
      ― namespace ／ scope ブロック ······························· 384
  7.2.6 RESTful インターフェイスに自前のアクションを追加する
      ― collection ／ member ブロック ······························· 386
  7.2.7 RESTful インターフェイスのアクションを無効化する
      ― only ／ except オプション ································· 387
  7.2.8 階層構造を持ったリソースを表現する ― resources メソッドのネスト··· 388
  7.2.9 リソースの「浅い」ネストを表現する ― shallow オプション ············· 389

7.2.10 ルート定義を再利用可能にする
　　　 — concern メソッド& concerns オプション ································· 391

7.3　非RESTfulなルートの定義 ·· 393
7.3.1　非 RESTful ルートの基本 — match メソッド ······················· 393
7.3.2　さまざまな非 RESTful ルートの表現 ································· 394
7.3.3　トップページへのマッピングを定義する — root メソッド ········· 396
7.3.4　カスタムの Url ヘルパーを生成する **5.1** ························ 396
7.3.5　ルート定義ファイルを分離する **6.1** ····························· 397

第8章　テスト　399

8.1　テストの基本 ·· 400
8.1.1　Rails アプリのテスト ··· 400
8.1.2　テストの準備 ·· 400

8.2　Unit テスト ·· 402
8.2.1　Unit テストの基本 ··· 402
8.2.2　テストの実行 ·· 404
8.2.3　Unit テストの具体例 ··· 405
8.2.4　テストの準備と後始末 — setup ／ teardown メソッド ··········· 407
8.2.5　補足：テストを並列に実行する — Parallel テスト **6.0** ·········· 408

8.3　Functional テスト ·· 410
8.3.1　Functional テストの基本 ··· 410
8.3.2　Functional テストで利用できる Assertion メソッド ················· 412

8.4　Integration テスト ··· 416

8.5　System テスト ··· 418
8.5.1　System テストの準備 ··· 418
8.5.2　System テストの作成 ··· 419
8.5.3　System テストの実行 ··· 421

第9章　フロントエンド開発　423

9.1　クライアントサイドスクリプトの基本構成 ······················· 424
9.1.1　フロントエンド開発のキーワード ··································· 425
9.1.2　フロントエンド開発に関わるプロジェクト作成時のオプション ········· 427

9.2　アセットパイプライン — Propshaft ································· 429
9.2.1　設定ファイル ·· 429
9.2.2　アセットのインクルード ··· 429
9.2.3　アセットの事前処理 ··· 431

9.3　Import Maps ·· 433
9.3.1　モジュールの実体を登録する ··· 433
9.3.2　JavaScript のコードを実装する ······································· 435

9.4　バンドラーの活用 ·· 438
9.4.1　バンドラー利用の準備 ··· 438

9.4.2　バンドラーによる実装 ·· 439

9.5　CSS プロセッサー ··· 443
9.5.1　CSS プロジェクトの実行 ······························ 443
9.5.2　スタイルのカスタマイズ ······························ 445

第10章　コンポーネント　447

10.1　電子メールを送信する ― Action Mailer ····················· 448
10.1.1　Action Mailer を利用する準備 ···················· 448
10.1.2　メール送信の基本 ···································· 450
10.1.3　複数フォーマットでのメール配信 ················ 455
10.1.4　メールをプレビューする ·························· 459
10.1.5　メール送信前に任意の処理を実行する ― インターセプター ··········· 460
10.1.6　メーラーの Unit テスト ····························· 461

10.2　時間のかかる処理を実行する ― Active Job ················ 463
10.2.1　Active Job を利用する準備 ························· 464
10.2.2　ジョブ実行の基本 ···································· 465
10.2.3　ジョブ実行のカスタマイズ ························ 467
10.2.4　ジョブの登録／実行の前後で処理を実行する ― コールバック ·········· 470
10.2.5　ジョブの Unit テスト ······························· 472

10.3　ファイルをアップロードする ― Active Storage 5.2 ········ 474
10.3.1　Active Storage を利用する準備 ····················· 474
10.3.2　ストレージ利用の基本 ····························· 478
10.3.3　さまざまなファイル操作 ·························· 480
10.3.4　クラウドサービスへの移行 ························ 484

10.4　リッチなテキストエディターを実装する
― Action Text 6.0 ··· 486
10.4.1　Action Text 利用の準備 ···························· 486
10.4.2　Action Text 利用の基本 ···························· 488

10.5　受信メールの処理を自動化する
― Action Mailbox 6.0 ··· 491
10.5.1　Action Mailbox の構成 ····························· 491
10.5.2　Action Mailbox を利用する準備 ···················· 492
10.5.3　メールボックス実行の基本 ························ 493
10.5.4　補足：本番環境への移行 ·························· 498

10.6　WebSocket 通信を実装する ― Action Cable ·············· 499
10.6.1　WebSocket の役割 ·································· 499
10.6.2　Action Cable の構成 ································ 500
10.6.3　Action Cable 利用の基本 ·························· 501
10.6.4　複数のストリームでトピックを分割する ·········· 506
10.6.5　Action Cable の設定 ······························ 508

xiii

第11章 Rails の高度な機能　509

11.1 キャッシュ機能の実装 510
- 11.1.1 キャッシュを利用する場合の準備 510
- 11.1.2 フラグメントキャッシュの基本 511
- 11.1.3 フラグメントキャッシュを複数ページで共有する 512
- 11.1.4 モデルをもとにキャッシュキーを決める 513
- 11.1.5 指定の条件に応じてキャッシュを有効にする 516
- 11.1.6 キャッシュの格納先を変更する 516

11.2 アプリの国際化対応 ― I18n API 518
- 11.2.1 国際化対応アプリの全体像 518
- 11.2.2 国際化対応の基本的な手順 519
- 11.2.3 ロケールを動的に設定する方法 ― ApplicationController 521
- 11.2.4 辞書ファイルのさまざまな配置と記法 523
- 11.2.5 Rails 標準の翻訳情報を追加する 527
- 11.2.6 ビューヘルパー t の各種オプション 532

11.3 Hotwire 7.0 534
- 11.3.1 Hotwire の基本 535
- 11.3.2 ページの部分更新を有効化する 538
- 11.3.3 コンテンツの断片を挿入／置換／削除する 539

11.4 本番環境への移行 546
- 11.4.1 GitHub リポジトリの準備 546
- 11.4.2 ローカル環境での準備 549
- 11.4.3 Render.com 側の準備 551

COLUMN　コラム目次

- Rails 7.2 の新機能 23
- 利用しているライブラリのバージョンを確認する 37
- Rails で利用できる Rake コマンド 67
- オリジナルの Rake タスクを定義する 72
- きれいなコードを書いていますか？ ― コーディング規約 98
- Rails を支える標準基盤 ― Rack 108
- Rails API モード 141
- コードの改行位置には要注意 167
- Rails アプリのバージョンアップ 195
- Rails アプリの配布 392
- 日付／時刻に関する便利なメソッド 398
- コマンドラインから Rails のコードを実行する 442
- ドキュメンテーションコメントで仕様書を作成する ― RDoc 446
- Active 〜 vs. Action 〜 517
- コードのやり残しをメモする ― TODO、FIXME、OPTIMIZE アノテーション 545

第 1 章 導入編

イントロダクション

本書のテーマである Ruby on Rails は、Ruby 言語で記述された、そして、Ruby 環境で動作する Web アプリケーションフレームワークの一種です。

本章では、手始めに一般的なフレームワークについて触れた後、Rails の特徴、具体的な機能について概説します。また、後半では Rails の学習を進めるにあたって、最低限必要となる環境の構築手順について解説します。

Rails というフレームワーク

　なにかしら困難な課題に遭遇したとき、みなさんであればどうするでしょうか。問題を整理し、解決に向けて一から取り組む？　そのようなアプローチも、もちろんあるでしょう。しかし、それはあまり効率的な方法とは言えません。

　というのも、ほとんどの問題には、なにかしらよく似た先例と、先人による解決策があるからです。そして、それら先人の知恵を利用することで、（問題のすべてを解決できるわけではないにせよ）問題はよりスムーズに、かつ、取りこぼしなく解決できます。

　このような先人の知恵は、最初は「事例」などと呼ばれることもありますが、より類型化し、整理&蓄積されることでフレームワークと呼ばれるようになります。フレームワークとは、問題をより一般化し、解決のための定石をまとめた枠組み（Framework）であると言っても良いでしょう。

　たとえば、経営のためのフレームワークと言ったら、自社の現状分析や進むべき方向性の分析、業界における収益構造の解析に対する指針、方法論を意味します。業界の構造を5つの競争要因に分けて分析するファイブフォース分析や、内的要因／外的要因から企業の現状分析を試みるSWOT分析などが有名です[*1]。

　フレームワークとは、数学で言うところの公式のようなものなのです。ただし、数学と異なるところは、解答が常に1つであるとは限らない点です。利用するフレームワークによっては得られる解答（結論）も異なる可能性がありますし、そもそも状況や周辺環境によって、フレームワークは使い分けるべきものです。

1.1.1　アプリケーションフレームワークとは？

　アプリケーションフレームワークもまた、そうしたフレームワークの一種です。アプリケーション（以降、アプリ）を開発するにも、当然、こうあるべきという設計面での思想（方法論）があります。アプリケーションフレームワークでは、そうした方法論を「再利用可能なクラス」という形で提供するのが一般的です。

　アプリ開発者は、アプリケーションフレームワークが提供する基盤に沿って独自のコードを加えていくことで、自然と一定の品質を持ったアプリを作り上げることができます。アプリケーションフレームワークとは、アプリのコードを相互につなげるベース——パソコン部品で言うならば、マザーボードの部分に相当するものなのです（図1-1）。

[*1]　詳しくは「SWOT分析のやり方とは?具体例やビジネスへの活用方法を解説」（https://www.persol-group.co.jp/service/business/article/13065/）のような記事が参考になります。

▼ 図 1-1 アプリケーションフレームワークはマザーボード

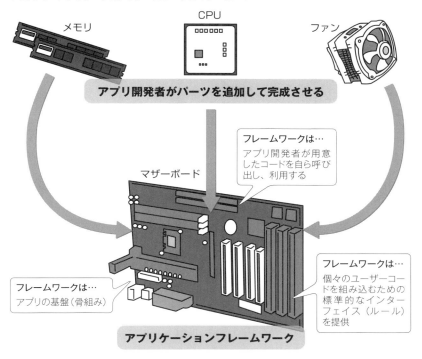

　もっとも、「再利用可能なクラス」というと、定型的な機能を集めたライブラリとなにが違うのか、混同してしまいそうです。実際、両者はよく似ており、広義にはライブラリも含めてアプリケーションフレームワークなどと呼んでしまうこともあるため、ますますわかりにくいのですが、厳密には両者は異なるものです。
　その違いは、プログラマーが記述したコード（ユーザーコード）との関係を比較してみると明らかです（図1-2）。
　まず、ライブラリはユーザーコードから呼び出されるべきものです。ライブラリが自発的になにかをすることはありません。文字列操作のライブラリ、メール送信のライブラリ、ロギングのためのライブラリ……いずれにしても、ユーザーコードからの指示を受けて初めて、ライブラリはなんらかの処理を行います。
　一方、アプリケーションフレームワークの世界では、ユーザーコードがアプリケーションフレームワークによって呼び出されます。アプリケーションフレームワークがアプリのライフサイクル――初期化から実処理、終了までの流れを管理しているので、その要所要所で「なにをすべきか」をユーザーコードに問い合わせるわけです。そこでは、ユーザーコードはもはやアプリの管理者ではなく、アプリケーションフレームワークの要求に従うだけの歯車にすぎません。

▼ 図1-2 制御の反転

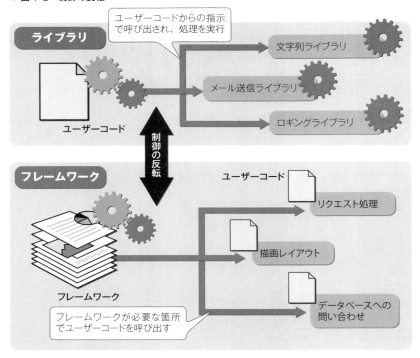

　このように、プログラム実行の主体が逆転する性質のことを**制御の反転**（IoC：Inversion of Control）と言います。制御の反転こそが、フレームワークの本質であると言っても良いでしょう。
　Railsは、こうしたアプリケーションフレームワークの中でも、特にWebアプリを開発するための**Webアプリケーションフレームワーク**（**WAF**）です[2]。本書でも以降、単に「フレームワーク」と言った場合にはWAFのことを指すものとします。

1.1.2 フレームワーク導入の利点

　フレームワークの導入には、以下のような利点があります。

（1）開発生産性の向上

　アプリの根幹となる設計方針や基盤部分のコードをフレームワークに委ねられるので、開発生産性は大幅に向上します。また、すべての開発者が同じ枠組み（ルール）の中で作業することを強制されるので、コードの一貫性を維持しやすく、その結果として品質を均質化できるというメリットもあります。
　ユーザーコード（アプリ固有のロジック）は相互に独立しているので、機能単位で役割分担をしやすく、たくさんの人間が関わるプロジェクト開発にも適しているでしょう。

---

[2] アプリケーションフレームワークには、用途に応じてさまざまなものがあります。デスクトップアプリを開発するならばデスクトップGUIフレームワーク、モバイルアプリを開発するならばモバイルアプリ開発フレームワーク、というように、フレームワークはそれぞれに専門領域を持っています。

（2）メンテナンス性に優れる

コードに一貫性があるということは、アプリの可読性が向上するということでもあり、問題が生じた場合や仕様に変更があった場合に該当箇所を特定しやすくなります。

もっと広い視点で考えれば、同一のアーキテクチャが採用されていれば、後々のアプリ統合も容易になる、開発ノウハウを後の開発／保守にも援用できる、というメリットも考えられるでしょう。

（3）先端の技術トレンドにも対応しやすい

言うまでもなく、昨今の技術変動は敏速であり、一般的な開発者にとって日々キャッチアップしていくのは難しいものです。しかし、フレームワークはそうした技術トレンドを日夜取り入れており、フレームワークの活用によって先端技術に即応しやすくなるというメリットがあります。

たとえば、昨今ではセキュリティ維持に対する要求はより一層高まっていますが、多くのフレームワークは積極的にその対応にも取り組んでおり、開発者の負担を軽減してくれます。

（4）一定以上の品質が期待できる

これはフレームワークに限った話ではありませんが、一般に公開されているフレームワークが自作のアプリよりも優れるもう1つのポイントとして、「信頼性が高い」という点が挙げられます。特にオープンソースで公開されているフレームワークは、さまざまなアプリでの利用実績もさることながら、内部的なソースコードも含めて多くの人間の目に晒され、テストされています。自分や限られた一部の人間の目しか通していないコードに比べれば、相対的に高い信頼性を期待できます[3]。

フレームワークを導入するということは、現在のベストプラクティスを導入することでもあるのです。今日のアプリ開発では、もはやフレームワークなしの開発は考えにくいものとなっています。

> **NOTE フレームワーク導入のデメリット**
>
> もっとも、フレームワーク導入は良いことばかりではありません。フレームワークとは、言うなればルール（制約）の集合です。ルールを理解するにはそれなりの学習時間が必要となります。特に、慣れない最初のうちはフレームワークの制約がむしろ窮屈に感じることもあるでしょう。フレームワークのデメリットがメリットを上回るような、「使い捨て」のアプリや小規模なその場限りの開発では、必ずしもフレームワーク導入にこだわるべきではありません。

◎ 1.1.3 Ruby で利用可能なフレームワーク

さて、本書で扱う Ruby on Rails（以降、Rails）は、Ruby 環境[4]で利用できる代表的なフレームワークです。しかし、これが Ruby 環境で利用できる唯一のフレームワークというわけではありません。Ruby では、実にさまざまなフレームワークが提供されています（表 1-1）。

---

[3] もちろん、すべてのオープンソースソフトウェアが、というわけではありません。きちんと保守されているものであるかどうかという点は、自分自身で見極めなければなりません。

[4] Ruby は、まつもとゆきひろ氏が開発した国産のオブジェクト指向言語です。

第1章　イントロダクション

▼ 表1-1　Ruby で利用可能なフレームワーク

名称	概要
Ruby on Rails（https://rubyonrails.org/）	David Heinemeier Hansson（DHH）氏によって開発された代表的な Ruby フレームワーク（本書で解説）
Sinatra（https://www.sinatrarb.com/）	DSL（ドメイン固有言語*5）を利用して、簡潔にアプリを記述することを目的としたフレームワーク
Padrino（https://padrinorb.com/）	Sinatra をベースに、ヘルパーやジェネレーター、国際化対応などの機能を加えたフレームワーク
Cuba（https://cuba.is/）	軽量さに重きを置いたマイクロフレームワーク。標準的な機能は限定されているが、カスタマイズ性に優れる
Hanami（https://hanamirb.org/）	2017年にリリースされた比較的新しい軽量フレームワーク。シンプルな記述が特長
Ramaze（https://github.com/Ramaze/ramaze）	シンプルさとモジュール化を重視し、ライブラリ選択の自由度の高さが特長
Grape（https://www.ruby-grape.org/）	RESTful API の開発に特化したマイクロフレームワーク。既存のフレームワークを補完するように設計

　ただし、Google トレンドなどを確認しても、全盛期に比べると若干の衰えは見えるものの、依然として Rails が一強である状況に変わりはありません。Ruby 環境でフレームワークを学ぶならば、まずは Rails を選択しておくのが無難でしょう（図1-3）。

▼ 図1-3　Google トレンドでの主なフレームワーク比較

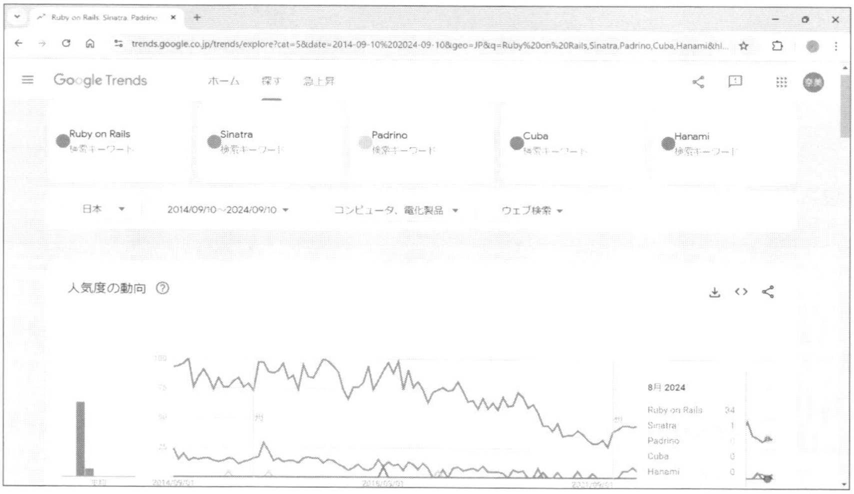

　Rails の特徴としては、以下のような点が挙げられます。

Model − View − Controller パターンを採用

　Rails は、**MVC パターン**（Model − View − Controller パターン）と呼ばれるアーキテクチャを採用し

＊5　特定用途のために設計された言語のことを言います。たとえばデータベース問い合わせ言語である SQL も DSL の一種です。

ています。MVCパターンとは、一言で言えば、アプリをModel（ビジネスロジック）、View（ユーザーインターフェイス）、Controller（ModelとViewの制御）という役割で明確に分離しよう、という設計モデルです。図1-4は、MVCパターンの典型的な処理の流れとともに、Railsの基本的な挙動を表しているので、まずは大まかな流れを理解しておきましょう。

▼図1-4　Model – View – Controllerパターン

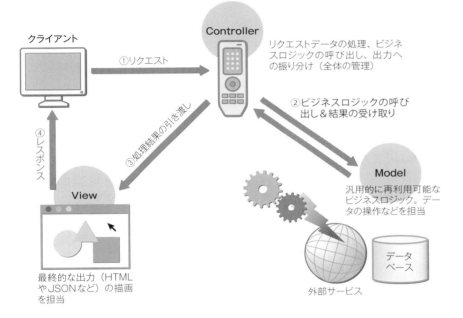

それぞれの構成要素が明確に分かれていることから、MVCパターンには以下のようなメリットがあります。

- プログラマーとデザイナーとで並行作業を行いやすい
- デザインとロジックのそれぞれの修正が相互に影響しない（保守が容易）
- 機能単位のテストを独立して実施できる（テストを自動化しやすい）

もっとも、MVCパターンはRails固有の概念というわけではありません。むしろサーバーサイド開発の世界ではMVCパターンを前提とした開発がごく一般的です。おそらくJavaや.NET（C#）、Python、PHPなどでフレームワークを使って開発したことがある方ならば、MVCパターンはごく親しみやすいものであるはずです。逆に言えば、Railsを学んでおけば、その知識はそのまま他のフレームワークの理解にも援用できます。

Railsはアプリ開発のレールを提供する

Railsというフレームワークを語る際に、よく言及されるのがRailsの初期バージョンから継続して貫かれている以下の設計哲学です。

- DRY（Don't Repeat Yourself）＝同じ記述を繰り返さない
- CoC（Convention over Configuration）＝設定よりも規約

Railsはソースコードの中で同じような処理や定義を繰り返し記述するのを極度に嫌います。たとえば、Railsではデータベースのスキーマ定義を設定ファイルとして記述する必要はありません。データベースにテーブルを作成するだけで、あとはRailsが自動的に認識してくれるのです。DRY原則の典型的な例と言えるでしょう。

そして、DRY原則を支えるのがCoC原則です。Convention（規約）とは、もっと具体的に言えば、Railsがあらかじめ用意している名前付けのルールです。たとえば、usersテーブルを読み込むためにはUserという名前のクラスを利用します。互いに関連付けの設定が必要ないのは、users（複数形）とUser（単数形）がRailsの規約によって結び付けられているためです。

RailsではDRYとCoCの原則が隅々まで行きわたっているので、開発者が余計な手間暇をかけることなく、保守しやすいアプリを手軽に開発できます。

もっと言えば、Railsとはこうした設計理念でもって利用者をあるべき姿に導くフレームワークでもあるのです（それこそがレールと命名された所以でしょう）。Railsの基本哲学は、その後登場した多くのフレームワークにも強く影響を与えており[*6]、Railsの名を一層世に知らしめるものとなっています。

フルスタックのフレームワークである

Railsは、アプリ開発のためのライブラリはもちろん、コード生成のためのツールや動作確認のためのサーバーなどをひとまとめにしたフルスタック（全部入り）なフレームワークです。つまり、Rails 1つをインストールするだけでアプリ開発に必要な環境はすべて揃うので、環境の準備に手間暇がかかりません。また、ライブラリ同士の相性やバージョン間の不整合などを意識することなく、開発を進められます。

図1-5に、Railsに含まれる主なコンポーネント（ライブラリ）をまとめておきます。

▼ 図1-5　Railsのライブラリ構造

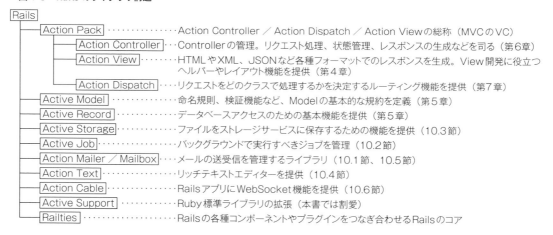

標準的なコンポーネントがあまねく提供されているだけではありません。現在のRailsでは、Modularity（モジュール性）も強く意識しており、必要であれば、より目的に合ったコンポーネントに差し替えることも可能です。

[*6] Rubyの世界だけではありません。C#のASP.NET Core MVC、PythonのDjango、PHPのLaravelなど、環境を問わず、さまざまなフレームワークにRailsの影響が見て取れます。

1.2 Rails を利用するための環境設定

さて、Rails の概要を理解したところで、次章からの学習に備えて、Rails でアプリ開発を行うための環境を整えていくことにしましょう。

環境の準備は重要です。以降の章で、コードが意図したように動作しない場合は、環境が原因となっている可能性もあります。前提としているソフトウェアが揃っているか、利用しているバージョンは正しいかなどを確認しながら進めていきましょう。

1.2.1 Rails プログラミングに必要なソフトウェア

Rails でアプリを開発／実行するには、最低限、図 1-6 のようなソフトウェアが必要です。

▼ 図 1-6 Rails プログラミングに必要な環境

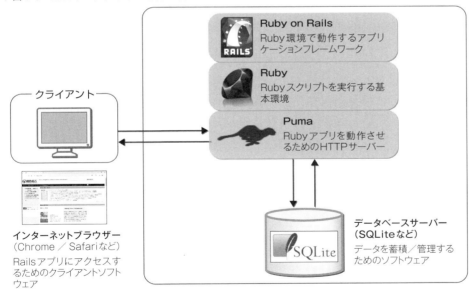

（1）Ruby

Ruby on Rails という名前のとおり、Rails は Ruby 環境で動作するフレームワークです。Rails を動作させるには、まず Ruby 本体をインストールしておく必要があります。

Ruby のパッケージは、Ruby スクリプトの実行エンジンをはじめ、コマンドラインツール、標準ライブラリ、

第 1 章　イントロダクション

ドキュメントなど、Ruby アプリの開発／実行に必要な一連のソフトウェアを含んでいます。

　なお、本書では Ruby 言語そのものの解説は割愛します。言語そのものの理解には、拙著『独習 Ruby 新版』（翔泳社）などの専門書を併せて参照することをお勧めします。

（2）HTTP サーバー

　繰り返しになりますが、Rails は Web アプリ開発のためのフレームワークです。Rails アプリにアクセスするには、まずクライアントから送信された要求を受け付け、Rails に引き渡し、更にはその結果をクライアントに応答するための HTTP サーバー（Web サーバー）が必要となります。

　このような HTTP サーバーには、Apache HTTP Server（以降、Apache）や Nginx をはじめとしてさまざまな選択肢がありますが、開発／学習目的であれば、まずは Rails 標準で利用できる Puma を利用すれば十分でしょう。

　ちなみに、11.4.3 項では、本番運用を想定して、クラウドサービスである Render.com を利用してアプリを稼働させる方法についても紹介しています。

（3）データベース（SQLite）

　Rails でアプリを実装するならば、アプリで利用するデータを蓄積するためのデータストアとして、データベースの存在は実質不可欠です。データベースにも、Oracle Database や SQL Server のような商用製品から、MySQL ／ MariaDB や PostgreSQL のようなオープンソース系のものまでさまざまなものがあります。

　Rails は、これらの主要なデータベースを標準でサポートしていますが、本書では、オープンソースで、かつ、Rails の標準データベースとして採用されている SQLite を採用します。

（4）Ruby on Rails

　本書のテーマである Rails の本体です。

　Rails そのもののインストールは簡単ですが、Rails を動作させるにあたって開発のためのツールをいくつか準備しておく必要があります。具体的には、以下のようなものです。

- Git（ソース管理システム）
- Node.js（JavaScript ランタイム）
- Yarn（Node.js のパッケージ管理システム）

（5）コードエディター

　コードを編集するためのツールです。汎用的なツールなので種類は問いませんが、編集の効率を考えれば、プログラミングに向いたコードエディターを導入し、慣れておくのが吉でしょう。具体的には、以下のようなものがよく利用されています。

- Visual Studio Code（https://code.visualstudio.com/）
- Pulsar（https://pulsar-edit.dev/）
- Sublime Text（https://www.sublimetext.com/）

本書では、中でも Windows、macOS、Linux など、主なプラットフォームに対応しており、人気も高い

Visual Studio Code（以降はVSCode）を採用します。VSCodeでは、さまざまな拡張機能を提供しており、Ruby（Rails）だけでなく、主要な言語／フレームワークの開発に利用できます（図1-7）。現時点で慣れるのであれば、VSCodeを採用するのが学習効率も高いはずです[*7]。

▼図1-7 コードエディター（VSCode）

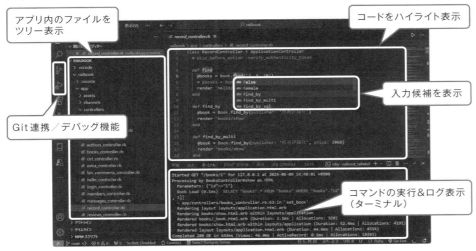

1.2.2 Windowsにおける環境設定の手順

本書ではWindows 11環境を前提に、環境設定の手順を紹介します。異なるバージョンを使用している場合には、パスやメニューの名前、一部の操作が異なる可能性がありますので、注意してください。

Rubyのインストール

本書執筆時点でのRubyの最新安定版は3.3.2です。Windows版Rubyバイナリとしてはさまざまなパッケージが用意されていますが、中でも安定版をベースに有用なライブラリなどを含めたRubyInstaller for Windows（以降、RubyInstaller）が便利です。本書でも、RubyInstallerの利用を前提にインストール方法を解説していきます。RubyInstallerは、以下のページからダウンロードできます。

```
https://rubyinstaller.org/downloads/
```

ここではMSYS2 Devkit付きのx64のインストーラーをダウンロードしたいので、［Ruby+Devkit 3.X.X-X（x64）］リンク（3.X.X-Xはバージョン）をクリックします。MSYS2 Devkitとは、Windows環境でネイティブなC/C++拡張をビルドするためのツールキットです。

[*7] もちろん、それ以外のエディターを利用しても構いません。本格的にプログラミングに取り組むならば、まずは慣れたエディターを1つ見つけておくことです。

インストーラーを起動するには、ダウンロードしたrubyinstaller-devkit-X.X.X-X-x64.exe（X.X.X-Xはバージョン）のアイコンをダブルクリックするだけです。ウィザードが起動するので、図1-8に従ってインストールを進めてください。

［Installation Destination and Optional Tasks］ダイアログでは、Rubyのインストールオプションを設定します。ここでは最低限、［Add Ruby executables to your PATH］（環境変数PATHへ追加）と［Associate .rb and .rbw files with this Ruby installation］（.rbと.rbwのファイルをRubyに関連付け）のチェックを付けたままにしておきます。

環境変数PATHは、コマンドを実行する際に、コマンドのありかを検索するためのパスを表すものです。PATHが設定されない場合には、この後、コマンドを実行する際に絶対パスを要求されることになるので要注意です。

［Select Components］ダイアログで、［Next］ボタンをクリックするとインストールが開始されます。

▼図1-8　Rubyのインストールウィザード

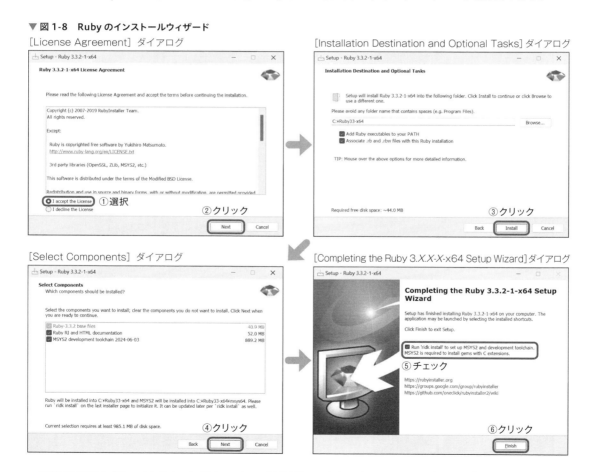

最後の画面で［Run 'ridk install' to set up MSYS2 and development toolchain.］にチェックを付けると、Ruby自体のインストール終了後、自動でコマンドプロンプトが立ち上がり、MSYS2のインストールが始まります。

以下について、どれを実行するかと問われますが、基本的に1.～3.のすべてを順番に実行します（図1-9）。

1. MSYS2 base installation……………………… MSYS2のインストール
2. MSYS2 system update (optional) ……………… MSYS2の更新
3. MSYS2 and MINGW development toolchain … MSYS2とMINGWの開発ツールのインストール

▼ 図1-9　MSYS2のインストール

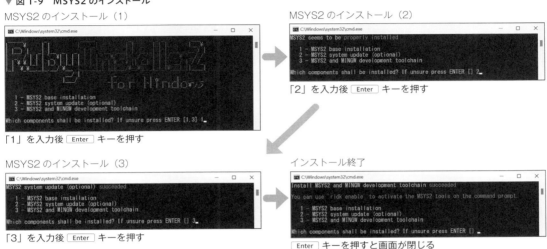

1.～3.すべてのプログラムをインストールできたら、Enter キーを押して画面を閉じます。

　以上の手順を終えたら、Rubyが正しくインストールされたことを確認してみましょう。Windowsのスタートボタンを右クリック、表示されたコンテキストメニューから［ターミナル］を選択します。ターミナルが起動したら、以下のコマンドを入力してみましょう。コマンドの下にRubyのバージョンが表示されれば、Rubyは正しくインストールできています。

```
> ruby -v
ruby 3.3.2 (2024-05-30 revision e5a195edf6) [x64-mingw-ucrt]　　　現在のバージョンが表示される
```

SQLite のインストール

　SQLiteのインストールは、インストールとはいっても必要なバイナリファイルを入手＆配置するだけです。以下のURLからsqlite-tools-win-x64-XXXXXXX.zip（XXXXXXXはバージョン）をダウンロードしてください。

　本書では、執筆時点で3系の最新安定版であるSQLite 3.46.0を使用します。

```
https://www.sqlite.org/download.html
```

sqlite-tools-win-x64-XXXXXXX.zip はコマンドラインシェル（SQLite クライアント）を含んだアーカイブです。アーカイブを解凍すると、sqlite3.exe というファイルが見つかるので、Ruby のバイナリフォルダー（C:¥Ruby33-x64¥bin）に配置してください。

SQLite が正しく呼び出せることをコマンドからも確認してみましょう。

```
> sqlite3 --version
3.46.0 2024-05-23 13:25:27 96c92aba00c8375bc32fafcdf12429c58bd8aabfcadab6683e35bbb9cdebf19e ⏎
(64-bit) ─────────────────────────────────────────────────────── 現在のバージョンが表示される
```

Git のインストール

Git のインストーラーは、以下の URL から入手できます。本書で利用する Git のバージョンは 2.45.2 です。

```
https://gitforwindows.org/
```

インストーラーを起動するには、ダウンロードした Git-X.XX.X-64-bit.exe（X.XX.X はバージョン）のアイコンをダブルクリックするだけです。［ユーザーアカウント制御］画面が表示されたら、［はい］を選択して進めてください。図 1-10 のようなウィザードが起動するので、画面の指示に沿ってインストールを進めてください。

▼ 図 1-10　Git のインストールウィザード

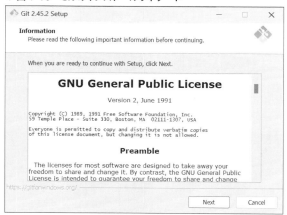

Git が正しくインストールされたことを確認するには、ターミナルから以下のコマンドを実行します。バージョン情報が表示されれば、Git は正しくインストールされています。

```
> git --version
git version 2.45.2.windows.1 ─────────────────────────────────── 現在のバージョンが表示される
```

Node.js のインストール

Node.js のインストーラーは、以下の URL から入手できます。本書で利用する Node.js のバージョンは 20.12.0 です。

```
https://nodejs.org/en/download/prebuilt-installer
```

インストーラーを起動するには、ダウンロードした node-v*XX.XX.X*-x64.msi (*XX.XX.X* はバージョン) のアイコンをダブルクリックするだけです。図 1-11 のようなウィザードが起動するので、画面の指示に沿ってインストールを進めてください。

インストールが完了すると、完了画面が表示されるので、[Finish] ボタンをクリックしてウィザードを終了してください。Node.js が正しくインストールされたことを確認するには、ターミナルから以下のコマンドを実行します。バージョン情報が表示されれば、Node.js は正しくインストールされています。

▼ 図 1-11　Node.js のインストールウィザード

```
> node -v
v20.12.0                                        現在のバージョンが表示される
```

また、Node.js のパッケージマネージャーである Yarn もインストールしておきましょう。これには、以下の npm コマンドを実行するだけです。

```
> npm install --global yarn
…中略…
added 1 package in 8s
```

インストールが終了したら、以下のコマンドを実行して、Yarn が正しくインストールされたことを確認してみましょう。以下のようにバージョンが表示されれば、正しくインストールできています[8]。

```
> yarn --version
1.22.21                                         現在のバージョンが表示される
```

---

[8]　「このシステムではスクリプトの実行が無効になっているため～」のようなエラーが発生する場合には、「Set-ExecutionPolicy -ExecutionPolicy RemoteSigned」コマンドを実行して、スクリプトの実行を許可してください。

第 1 章　イントロダクション

Ruby on Rails のインストール

最後に、Ruby on Rails 本体のインストールです[9]。

```
> gem install rails[10]
Fetching concurrent-ruby-1.3.1.gem
Fetching tzinfo-2.0.6.gem
…中略…
Installing ri documentation for rails-7.1.3.4
…中略…
33 gems installed
```

　パッケージのダウンロードなど数分時間がかかりますが、最後に「33 gems installed」のようなメッセージが表示されればインストールは成功です。正しく認識できていることをコマンドからも確認してみましょう。

```
> rails -v
Rails 7.1.3.4 ───────────────────────────────── 現在のバージョンが表示される
```

　以上のように Rails のバージョンが表示されれば、正しくインストールできています。

◎ 1.2.3　macOS における環境設定の手順

　本書では macOS Sonoma 環境を前提に、環境設定の手順を紹介します。異なるバージョンを使用する場合には、パスやメニュー名、一部の操作が異なる可能性がありますので、注意してください。

Ruby（rbenv）のインストール

　rbenv は、異なるバージョンの Ruby をインストールし、切り替えて使うためのツールです。本書では rbenv 経由で Ruby をインストールします。

> **NOTE**　**本項で扱うコマンド**
>
> 　本項で扱うコマンドは、ダウンロードサンプルの /samples フォルダー直下にある command.txt に収録しています。ぜひ、ご活用ください（ただし、環境によってはコマンドが変動する場合もあります。その場合は、本文の指示に従ってください）。

---

❶ Homebrew をインストールする

　ここでは、macOS のパッケージ管理ツールである Homebrew を使って rbenv をインストールします。まずは、Homebrew をインストールしましょう（既にインストールされている場合、この手順はスキップして構いません）。

---

[9]　インストールに失敗する場合は、ターミナルを管理者権限で起動してください。
[10]　最新ではない特定のバージョンの Rails をインストールするには、「gem install rails -v **6.1.0**」のように、-v オプションでバージョン番号を明記してください。

16

Homebrewのインストールは、ターミナルから以下のコマンドで実行できます[*11]。途中でmacOSログインのためのパスワードを求められるので、自分の環境に応じて入力してください。また、「Press RETURN/ENTER to continue or any other key to abort:」と表示されたら、Returnキーを押して先に進めます。

```
% /bin/bash -c "$(curl -fsSL https://raw.githubusercontent.com/↵         ← Homebrewをインストール
Homebrew/install/HEAD/install.sh)"
…中略…
==> Next steps:
- Run these two commands in your terminal to add Homebrew to your PATH:
    (echo; echo 'eval "$(/opt/homebrew/bin/brew shellenv)"') >> /Users/ユーザー名/.zprofile
    eval "$(/opt/homebrew/bin/brew shellenv)"
- Run brew help to get started
- Further documentation:
    https://docs.brew.sh

% (echo; echo 'eval "$(/opt/homebrew/bin/brew shellenv)"') >> /Users/ユーザー名/.zprofile   ← Homebrewを
% eval "$(/opt/homebrew/bin/brew shellenv)"                                                PATHに追加

% brew -v                                                                       ← バージョンを確認
Homebrew 4.3.23
```

2 rbenvをインストールする

rbenvをインストールするには、以下のbrewコマンドを実行します。

```
% brew install rbenv                                                    ← rbenvをインストール
…中略…
==> rbenv
zsh completions have been installed to:
  /opt/homebrew/share/zsh/site-functions

% rbenv -v                                                              ← バージョンを確認
rbenv 1.3.0
```

rbenvコマンドでRubyのバージョンを切り替えるには、rbenvを初期化しておく必要があります。以下のコマンドでシェルの設定ファイル（.zshrc）に初期化コマンドを追加しておきましょう。

```
% su                                                                    ← rootユーザーに切り替え
Password:                                                               ← rootユーザーのパスワードを入力 [*12]
# echo 'eval "$(rbenv init -)"' >> ~/.zshrc                             ← 設定ファイルへの追加
# source ~/.zshrc                                                       ← 設定を反映
# exit                                                                  ← 一般ユーザーに切り替え
exit
```

[*11] Homebrewのインストールコマンドは、環境によって変化する場合があります。詳しくは、公式サイト（https://brew.sh/ja/）を確認してください。
[*12] macOSでは、既定でrootユーザーが無効になっています。rootユーザーを有効にする方法は、「Macでルートユーザを有効にする方法やルートパスワードを変更する方法」（https://support.apple.com/ja-jp/102367）を参考にしてください。

第1章　イントロダクション

3 Ruby をインストールする

rbenv の準備ができたので、実際に Ruby をインストールしてみましょう。
まずは以下のコマンドで、インストール可能な Ruby のバージョンを確認します。

```
% rbenv install -l
3.1.6
3.2.5
3.3.5
jruby-9.4.8.0
…後略…
```

　本書で学習する場合は、3.3.x 系での最新安定版（ここでは 3.3.5）をインストールしておきましょう。

```
% rbenv install 3.3.5                                                    Ruby をインストール
…中略…
==> Installed ruby-3.3.5 to /var/root/.rbenv/versions/3.3.5

NOTE: to activate this Ruby version as the new default, run: rbenv global 3.3.5

% rbenv global 3.3.5                                                     指定のバージョンを有効化

% ruby -v                                                               バージョンを確認
ruby 3.3.5 (2024-09-03 revision ef084cc8f4) [arm64-darwin23]
```

依存ライブラリのインストール

Rails のインストール／実行に必要となるライブラリを brew コマンドでインストールしておきます。

```
% brew install node                                                     Node.js のインストール
% brew install yarn                                                     Yarn のインストール

% node --version                                                        Node.js のバージョン確認
v22.9.0
% yarn --version                                                        Yarn のバージョン確認
1.22.22
```

> **NOTE　SQLite3 のバージョン確認とインストール**
>
> 　SQLite3 については、macOS にプリインストールされているものを使用します。以下のコマンドを実行して、バージョンが確認できればインストールされています。
>
> ```
> % sqlite3 --version
> 3.43.2 2023-10-10 13:08:14 1b37c146ee9ebb7acd0160c0ab1fd11017a419fa8a3187386ed8cb32b709aapl...
> ```

18

インストールされていない場合は、以下のコマンドでインストールしてください。

```
% brew install sqlite3                                          SQLite3のインストール
```

Ruby on Rails のインストール

最後に、Ruby on Rails 本体のインストールです。

Railsをインストールするには、以下のコマンドを実行します。途中でmacOSログインのためのパスワードを求められる場合は、自分の環境に応じて入力してください。パッケージのダウンロードなど数分時間がかかりますが、最後に「39 gems installed」のようなメッセージが表示されればインストールは成功しています[*13]。

```
% sudo gem install rails                                        Railsをインストール *14
% rails -v                                                      バージョンを確認
Rails 7.2.1                                                     現在のバージョンが表示される
```

◎ 1.2.4 Visual Studio Code のインストール（Windows／macOS 共通）

Visual Studio Code（以降、VSCode）は、本家サイト（https://code.visualstudio.com/Download）からインストールできます。プラットフォームロゴの直下にある大きなボタンをクリックして、インストーラーをダウンロードします（図1-12）。

▼図1-12　VSCodeのダウンロードページ

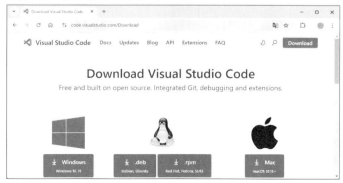

[*13] インストールに失敗する場合は、~/.rbenv/shimsへPATHを通した上で再度gemコマンドを実行してください。また、インストール後にrailsコマンドを認識しない場合には、ターミナルを再起動してみましょう。

[*14] 最新ではない特定のバージョンのRailsをインストールするには、「sudo gem install rails -v **6.1.0**」のように、-vオプションでバージョン番号を明記してください。

第1章　イントロダクション

1 インストーラーを起動する

　Windows環境の場合、ダウンロードしたVSCodeUserSetup-x64-*X.XX.X*.exe（*X.XX.X*はバージョン）をダブルクリックすると、インストーラーが起動します。

　インストールそのものは、ほぼウィザードの指示に従うだけなので、難しいことはありません。インストール先も、既定の「C:¥Users¥ユーザー名¥AppData¥Local¥Programs¥Microsoft VS Code」のまま進めます。

　［インストール］ボタンをクリックすると、インストールが開始されます。

NOTE　指定のフォルダーをVSCodeで開くには？（Windows環境のみ）

　［追加タスクの選択］画面で、［エクスプローラーのディレクトリコンテキストメニューに［Codeで開く］アクションを追加する］をチェックしておくと、エクスプローラーから選択したフォルダーを直接VSCodeで開けるようになり、便利です（図1-13）。

▼ 図1-13　指定のフォルダーをVSCodeで開く

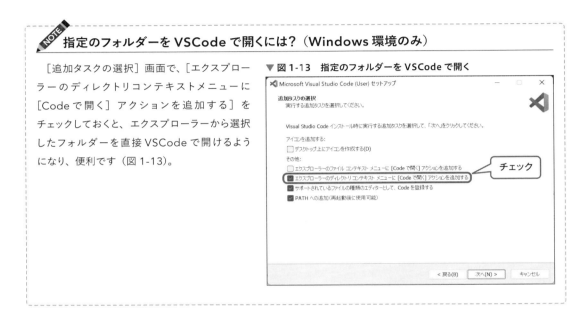

NOTE　macOS環境の場合

　macOS環境の場合は、ダウンロードしたVSCode-darwin-universal.zipを解凍後、展開されたVisual Studio Code.appをアプリケーションフォルダーに移動してください。.appファイルをダブルクリックすると、VSCodeが起動します。

---

2 VSCodeを起動する

　インストーラーの最後に［Visual Studio Code セットアップウィザードの完了］画面が表示されます（図1-14）。［Visual Studio Codeを実行する］にチェックを付けて、［完了］ボタンをクリックします。これでインストーラーを終了するとともに、VSCodeを起動できます[*15]。

[*15]　［Visual Studio Codeを実行する］にチェックを付けずにインストーラーを終了してしまった場合、スタートメニューから［Visual Studio Code］－［Visual Studio Code］でVSCodeを起動できます。

▼図1-14 ［Visual Studio Codeセットアップウィザードの完了］画面

初回起動時には、図1-15のようなテーマ選択画面が表示されます。本書では、既定の「Dark Modern」を選択した画面で進めます[*16]。

▼図1-15 テーマ選択画面（初回起動時）

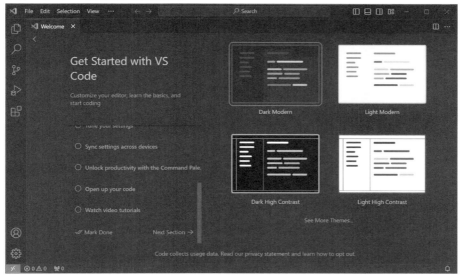

3 VSCodeを日本語化する

インストール直後の状態で、VSCodeは英語表記となっています。日本語化しておいた方が使いやすいので「Japanese Language Pack for Visual Studio Code」をインストールします。

[*16] あとでテーマを変更することもできます。これには、Windows環境では［ファイル］メニューの［ユーザー設定］－［テーマ］－［配色テーマ］、macOS環境では［Code］メニューの［基本設定］－［テーマ］－［配色テーマ］を選択してください。

第1章　イントロダクション

　左のアクティビティバーから 🗗（Extensions）ボタンをクリックすると、拡張機能の一覧が表示されます（図1-16）。

▼図1-16　拡張機能のインストール（言語パック）

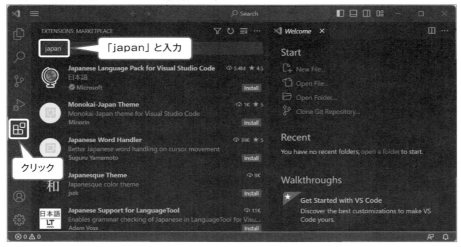

　上の検索ボックスから「japan」と入力すると、日本語関連の拡張機能が一覧表示されます。ここでは［Japanese Language Pack for Visual Studio Code］欄の［Install］ボタンをクリックしてください。
　インストールが完了すると画面右下に再起動を促すダイアログが表示されるので［Change Language and Restart］ボタンをクリックしてください（図1-17）。VSCodeが再起動し、メニュー名などが日本語で表示されます。

▼図1-17　再起動を促すダイアログ

4 Rails関連の拡張機能をインストールする

　Rubyで開発／実行するために、本書では表1-2の拡張機能を追加しておきます。

▼表1-2　Rails関連の拡張機能

拡張機能	概要
Ruby	Ruby開発のための基本拡張
Rails	Rails開発のための基本拡張
SQLTools	データベース接続のための基本ツール
SQLTools SQLite	SQLToolsのSQLiteドライバー
VSCode Ruby rdbg Debugger	デバッグのための基本ツール

3 と同じ要領で、拡張機能を追加しておきましょう。すべての拡張機能がインストールできたら、［拡張機能］ペインの［インストール済み］カテゴリーから、それぞれの機能が表示されていることを確認してください（図1-18）。なお、Ruby LSP、Ruby Sorbet 拡張機能は、Ruby 拡張機能をインストールすることで、まとめてインストールされます。

▼ 図1-18　インストールされた拡張機能を確認

COLUMN **Rails 7.2 の新機能**

　本書校正中の2024年8月にRails 7.2 がリリースされました。Rails 8 を控えて、比較的小粒なバージョンアップではあるものの、魅力的な機能がいくつか追加されています。以下に、主なものをまとめておきます。

開発コンテナー（Development Container）設定の自動化

　開発コンテナー（https://containers.dev/）を利用することで、コンテナーベースでのアプリ開発環境を手軽にセットアップできるようになります。具体的には、以下のコマンドで開発コンテナーの初期設定を生成できます。

```
> rails new myapp --devcontainer       アプリ作成時に併せて設定
> rails devcontainer                   既存のアプリで設定を追加
```

　VSCode に Dev Containers 拡張[*17]がインストールされていれば、プロジェクトを開いたタイミングで［フォルダーに開発コンテナーの構成ファイルが〜］というダイアログが表示されるので、［コンテナーで再度開く］ボタンをクリックします。

---

*17 拡張機能のインストールについては、1.2.4項の手順を参考にしてください。

ターミナルのプロンプトが「vscode → /workspaces/myapp (master) $」のようになれば、開発コンテナーは有効になっています。あとは rails s コマンドで開発サーバーを起動できます。

ブラウザー判定機能（allow_browser メソッド）を追加

ApplicationController コントローラー（6.6 節）に標準で以下の設定が追加されました。

```
class ApplicationController < ActionController::Base
  allow_browser versions: :modern
end
```

これでモダンブラウザーからのアクセスだけを認めるという意味になります。モダンブラウザーとは、この場合、WebP 画像、プッシュ機能、importmap などの機能をネイティブに備えたブラウザーを意味します。

以下のようにバージョンを明記するような指定も可能です。以下であれば、Safari は 14.1 以上であること、IE は許可しないこと、それ以外のバージョンは制限しないことを意味します。

```
allow_browser versions: { safari: 14.1, ie: false }
```

許可しないブラウザーでアクセスした場合には 406 Not Acceptable エラーとなります。

静的解析ツール「Rubocop」、セキュリティ監査ツール「Brakeman」を標準搭載

Rubocop はコードの「べからず」を検出するための、Brakeman はセキュリティ的な問題を検出するための、それぞれ Ruby の静的解析ツールです。Rails 7.2 では、この Rubocop、Brakeman が標準搭載されるようになりました。また、Rubocop では既定で rubocop-rails-omakase ルールセットが有効になっており、そこまでの窮屈さを感じることなく、最低限のチェックを課しています。

それぞれ rubocop、brakeman コマンドでチェックを実行できます。以下は Rubocop による解析の例です。

```
> rubocop
Inspecting 53 files
CCCCCCCCCCCCCCCCCCCCCCCCCCCCCCCCCCCCCCCCCCCCCCWCCCCCCCCCCC

Offenses:

Gemfile:1:1: C: Layout/EndOfLine: Carriage return character missing.
source "https://rubygems.org" ...
…後略…
```

導入編 ▶ 第 **2** 章

Ruby on Railsの基本

Rails の概要が理解でき、アプリ開発のための環境が整った
ところで、本章からはいよいよ、実際に Rails を利用したプロ
グラムを作成していきましょう。

基本的な構文を理解することももちろん大切ですが、自分の
手を動かすことはそれ以上に重要です。単に説明を追うだけ
でなく、自分でコードを記述して実際にブラウザーからアクセ
スしてみてください。その過程で、本を読むだけでは得られな
いさまざまな発見がきっとあるはずです。

アプリの作成

Railsでアプリを開発するには、まず土台となるスケルトン（骨組み）を作成しておく必要があります。

もっとも、これはなんら難しいことではありません。Railsでは、railsというコマンドを利用することで、アプリの定型的なフォルダー構成や最低限必要なファイルを自動的に作成できるからです。

本節では、railsコマンドでアプリ開発の「場」を準備するとともに、Railsアプリの基本的なフォルダー／ファイル構造を理解しましょう。

1 新規のアプリを作成する

アプリを作成するには、コマンドラインから以下のようなコマンドを実行します。

```
> cd C:\data                                              C:\data に移動
> rails new intro --skip-hotwire                          intro アプリを生成
      create
      create  README.md
…中略…
  Configure importmap paths in config/importmap.rb
      create    config/importmap.rb
  Copying binstub
      create    bin/importmap
         run  bundle install
Bundle complete! 12 Gemfile dependencies, 81 gems now installed.
Use `bundle info [gemname]` to see where a bundled gem is installed.
```

ここでは、「C:¥data」フォルダーの配下にintroという名前のアプリを作成する前提で解説を進めます。アプリの名前、保存先は適当に変更しても構いませんが、その場合、以降の説明やパスも適宜読み替えてください。

上のような結果が表示され、「C:¥data」フォルダーの配下に/introフォルダーが作られていれば、アプリは正しく作成できています。

railsコマンドの構文を、以下にまとめておきます。

rails コマンド（アプリの作成）

```
rails new appName [options]
```
appName：アプリの名前　　options：動作オプション

アプリの名前は、Rubyのモジュール名として妥当であれば自由に決められます。

rails newコマンドで利用できる動作オプションは、表2-1にまとめておきます。この例では、自動生成されるコードが複雑になるのを避ける目的で、--skip-hotwireオプションを使ってHotwireと呼ばれるモジュー

ルを除外しています[*1]。

▼ 表 2-1 rails new コマンドの主な動作オプション

分類	オプション	概要
基本	-r、--ruby=PATH	Rubyバイナリのパス（本書検証環境の既定は「C:¥Ruby33-x64¥bin¥ruby.exe」）
	-d、--database=DATABASE	既定で設定するデータベースの種類（mysql、oracle、postgresql、sqlite3、frontbase、ibm_db、sqlserver などから選択。既定は sqlite3）
	-m、--template=TEMPLATE	テンプレートのパス／ URL
動作	--skip-keeps	.keep を組み込まない
	-B、--skip-bundle	bundle install を実行しない
	-G、--skip-git	.gitignore を組み込まない
	-j、--javascript=JAVASCRIPT	アプリに組み込む JavaScript ライブラリを指定（既定は importmap）
	-a、--asset-pipeline=PIPELINE	アプリに組み込むパイプラインを指定（既定は propshaft）
	-J、--skip-javascript	JavaScript ライブラリを組み込まない
	-O、--skip-active-record	Active Record を組み込まない
	-M、--skip-action-mailer	Action Mailer を組み込まない
	--skip-hotwire	Hotwire を組み込まない
	--skip-action-mailbox	Action Mailbox を組み込まない
	--skip-action-text	Action Text を組み込まない
	--skip-active-job	Active Job を組み込まない
	--skip-active-storage	Active Storage を組み込まない
	-C、--skip-action-cable	Action Cable を組み込まない
	-T、--skip-test	Test を組み込まない
	--skip-docker	Dockerfile[*2] を組み込まない
	--minimal	最小構成のアプリ[*3] を作成
ランタイム	-f、--force	ファイルが存在する場合に上書きする
	-p、--pretend	実際にはファイルを作成しない、試験的な実行（結果のみを表示）
	-q、--quiet	進捗状況を表示しない
	-s、--skip	既に存在するファイルについてはスキップ
その他	-v、--version	Rails のバージョンを表示
	-h、--help	ヘルプを表示

> **NOTE** 以前のバージョンでアプリを作成するには？

rails new コマンドは、既定で、現在インストール済みの最新バージョンをもとにアプリを作成します。しかし、以下のようにすることで、以前のバージョンの Rails アプリを作成することもできます[*4]。バージョン番号の前後は、アンダースコア（_）で括ります。

```
> rails _5.2.0_ new intro
```

*1 Hotwire については 11.3 節を参照してください。
*2 仮想環境を作成するための設定ファイルです。Rails 7.1 では、本番環境デプロイを目的とした Dockerfile が、既定で生成されるようになりました。
*3 具体的には、action_cable、action_mailbox、action_mailer、action_text、active_job、active_storage、bootsnap、jbuilder、system_tests、hotwire などが無効化されます。Rails 6.1 で追加されました。
*4 もちろん、該当するバージョンの Rails は、あらかじめインストールしておきます。方法については、1.2.2 項を参照してください。

2 アプリの内容を確認する

「C:¥data¥intro」というフォルダーが生成されているので、VSCodeで開いておきましょう。これには、エクスプローラーから/introフォルダーを右クリックし、表示されたコンテキストメニューから［その他のオプションを表示］－［Codeで開く］[*5]を選択してください。

VSCodeでintroプロジェクトが開くので、作成直後のプロジェクト構造を確認してみましょう[*6]。［エクスプローラー］ペインから、図2-1のようなフォルダーやファイルが生成されていることを確認してください。

▼図2-1　自動生成されたアプリのフォルダー構造（抜粋）

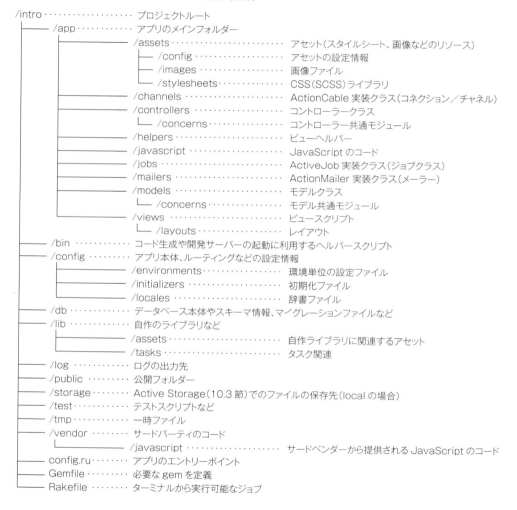

[*5]　［Codeで開く］メニューは、VSCodeのインストール時に［エクスプローラーのディレクトリコンテキストメニューに［Codeで開く］アクションを追加する］をチェックした場合に表示されます。意図したメニューが表示されない場合は、今一度、1.2.4項の手順を確認してください。

[*6]　［このフォルダー内のファイルの作成者を信頼しますか？］というダイアログが表示される場合には、そのまま［はい、作成者を信頼します］をクリックしてください。

たくさんのフォルダーやファイルが生成されますが、中でもよく利用するのは /app フォルダーです。配下に /models、/views、/controllers などとあることからわかるように（まさに、Model - View - Controller モデルです）、アプリの動作に関連するコードの大部分は、このフォルダーの配下に保存します。

3 アプリを実行する

まずは、作成したプロジェクトに既定で用意されているアプリを実行してみましょう。1.2.1 項でも触れたように、Rails では Puma という HTTP サーバーを標準で提供しています。特別な準備もなしで利用できるので、開発時の動作環境としては Puma 一択で問題ありません（以降の手順でも、Puma の利用を前提としています）。

Puma を起動するには、VSCode のターミナルから rails server コマンドを実行してください。ターミナルが表示されていない場合には、Ctrl + @ キーで起動します。

▼図 2-2　VSCode のターミナル

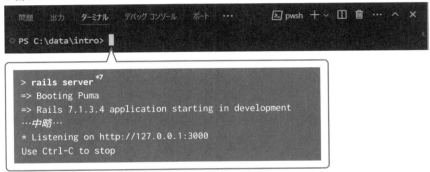

図 2-2 のような結果が得られたら、開発サーバー（Puma）は起動できています。ブラウザーを起動して、「http://localhost:3000」にアクセスしてみましょう。localhost は自分自身を意味する特別なアドレス、3000 は Puma 標準のポート番号です。「http://127.0.0.1:3000」としても同じ意味です。

図 2-3 のような結果が得られたら、アプリは正しく動作しています。

▼図 2-3　プロジェクト既定のトップページ

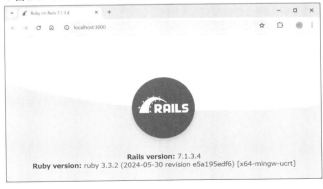

＊7　ショートカットとして「rails s」としても構いません。

サーバーを終了する専用のコマンドはないので、停止する際は Ctrl + C キーでシャットダウンしてください。

コマンドの実行場所

ターミナルから rails コマンドを実行する際には、カレントフォルダーがプロジェクトルート（ここでは /intro）であることを確認してください。VSCode のターミナルを利用している場合には、初期状態から移動する必要はないはずです。

rails server コマンド

rails server には、表 2-2 のようなオプションを付与することができます。

▼ 表 2-2　rails server コマンドの動作オプション

オプション	概要
-p、--port=port	使用するポート番号（既定は 3000）
-b、--binding=ip	バインドする IP アドレス（既定は 0.0.0.0）
-d、--daemon	デーモンとしてサーバーを起動
-e、--environment=name	環境を指定してサーバーを起動（既定は development）
-P、--pid=pid	PID ファイル（既定は tmp/pids/server.pid）
-h、--help	ヘルプを表示

Puma 既定のポート番号は 3000 ですが、他のアプリでこのポートが使用済みであると、Puma の起動に失敗します。この場合には、-p オプションで以下のように指定します。

```
> rails server -p=81
```

これで「http://localhost:81/ ～」のようなアドレスでアプリにアクセスできるようになります。

2.2 コントローラーの基本

2.2 コントローラーの基本

Rails が正しく動作していることが確認できたら、ここからは自分でコードを追加していきます。

Rails プログラミングにおいて、まず基点となるのは**コントローラークラス**です。コントローラークラスは Model － View － Controller のうち、Controller を担うコンポーネントで、個々のリクエストに応じた処理を行います。ビジネスロジック（Model）を呼び出すのも、その結果を出力（View）に引き渡すのも、コントローラークラスの役割です。コントローラークラスとは、言うなれば、リクエストの受信からレスポンスの送信までを一手に担う、Rails アプリの中核とも言える存在です。

◎ 2.2.1 コントローラークラスの作成

プログラミング入門書の定番と言えば、「Hello, World」アプリです。本書でも、まずは「こんにちは、世界！」というメッセージを表示するだけのサンプルを作成し、コントローラークラスの基本を理解しましょう。

コントローラークラスを作成するには、コマンドラインから rails generate コマンドを実行します[*8]。

rails generate コマンド（コントローラークラスの生成）

```
rails generate controller name [options]
```

name：コントローラー名　　*options*：動作オプション（表2-3を参照）

▼ 表 2-3　rails generate コマンドの主な動作オプション

分類	オプション	概要
基本[*9]	-f、--force	ファイルが存在する場合に上書き
	-p、--pretend	実際にはファイルを作成しない、試験的な実行（結果のみを表示）
	-q、--quiet	進捗状況を表示しない
	-s、--skip	同名のファイルが存在する場合はスキップ
コントローラー	--assets	アセットを生成するか（既定は true）
	-e, --template-engine=*NAME*	使用するテンプレートエンジン（既定は erb）
	-t、--test-framework=*NAME*	使用するテストフレームワーク（既定は test_unit）
	--helper	ヘルパーを生成するか（既定は true）

たとえば、以下は hello というコントローラーを作成する例です。

[*8]　rails generate コマンドは、コントローラークラスだけでなく、モデルやテスト、アプリの土台などを自動生成するためのコマンドです。今後もよく登場するので、きちんと覚えておいてください。ショートカットとして「rails g」でも代替できます。

[*9]　基本に分類されるオプションは、コントローラークラスの作成以外でも利用できます。

```
> rails generate controller hello
    create  app/controllers/hello_controller.rb
    invoke  erb
    create    app/views/hello
    invoke  test_unit
    create    test/controllers/hello_controller_test.rb
    invoke  helper
    create    app/helpers/hello_helper.rb
    invoke    test_unit
```

/app/controllers フォルダーの配下に hello_controller.rb という名前で生成されたのがコントローラークラスの本体です。その他にも、図 2-4 のようなフォルダーやファイルが生成されますが、これらについては改めて該当する項で説明します。ここではとりあえず関連するファイル一式が正しく作成されていることを確認してください。

▼ 図 2-4　rails generate コマンドで自動生成されたファイル

```
/intro
  ├─/app
  │   ├─/controllers
  │   │     └─ hello_controller.rb ……………… コントローラークラス本体
  │   ├─/views
  │   │     └─/hello ……………………………… テンプレートの保存フォルダー（2.3.2 項）
  │   └─/helpers
  │         └─ hello_helper.rb ………………… コントローラー固有のビューヘルパー（4.5 節）
  └─/test
      └─/controllers
            └─ hello_controller_test.rb ……… コントローラークラスのテストスクリプト（8.3 節）
```

コマンドを利用せずに自分で一からコントローラークラスを作成する場合でも、ファイルの配置先は図 2-4 の構造に従わなければなりません。

> **NOTE** rails destroy コマンド
>
> rails generate コマンドで自動生成したファイルは、rails destroy コマンドでまとめて削除することもできます。
>
> ```
> > rails destroy controller hello
>     remove  app/controllers/hello_controller.rb
>     invoke  erb
>     remove    app/views/hello
>     invoke  test_unit
>     remove    test/controllers/hello_controller_test.rb
>     invoke  helper
>     remove    app/helpers/hello_helper.rb
>     invoke    test_unit
> ```

2.2.2 コントローラークラスの基本構文

自動生成されたコードに対して、最低限のコードを追加してみましょう。追加するのはリスト 2-1 の太字の部分です。

▼ リスト 2-1　hello_controller.rb

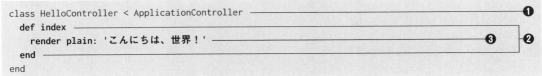

> **NOTE ファイルは UTF-8 で保存する**
>
> Rails 標準の文字コードは Unicode（UTF-8）です。UTF-8 は国際化対応にも優れ、Rails（Ruby）だけでなく、昨今のさまざまな技術で推奨されている文字コードです。特別な理由がない限り、別の文字コードを利用する理由はありませんし、本書のサンプルも UTF-8 を採用しています。
>
> コントローラークラスをはじめ、後述するビュースクリプトやモデルクラスをエディターで編集する場合には、必ず UTF-8 で保存するようにしてください。VSCode であれば、利用されている文字コードはステータスバーから確認／変更できます（図 2-5）。
>
> ▼ 図 2-5　ステータスバーから文字コードを確認
>
>

シンプルなコードですが、注目すべきポイントは満載です。

❶ ApplicationController クラスを継承する

自動生成されたコードをそのまま使用する場合にはあまり意識する必要はありませんが、コントローラークラスは ApplicationController クラス（正確にはその基底クラスである ActionController::Base [10]）を継承している必要があります。

ActionController::Base クラスは、コントローラーの基本的な機能を提供するクラス。ActionController::Base クラスがリクエスト／レスポンス処理に関わる基盤部分を担ってくれるので、開発者は原始的な処理を意識することなく、アプリ固有の記述に集中できるわけです。

---

[10] ApplicationController クラスは、実は ActionController::Base クラスを継承しただけの、ほとんど空のクラスです。アプリ共通の機能が必要になった場合には、ApplicationController クラスに実装します。詳しくは 6.6 節で改めて説明します。

第 2 章　Ruby on Rails の基本

❷ 具体的な処理を実装するのはアクションメソッド

アクションメソッド（アクション）とは、クライアントからのリクエストに対して具体的な処理を実行するためのメソッドです。コントローラークラスには、1 つ以上のアクションメソッドを含むことができます。複数の関連するアクションをまとめたものが、コントローラーであると言っても良いでしょう。

アクションメソッドであることの条件はただ 1 つ、public なメソッドであることだけです。逆に、コントローラークラスの中でアクションとして公開したくないメソッドは、不用意なアクセスを避けるために、private 宣言しておくようにしてください。

❸ アクションメソッドの役割とは？

一般的なアクションメソッドの役割は、リクエスト情報の処理やモデル（ビジネスロジック）の呼び出し、ビューに埋め込むテンプレート変数（2.3.1 項）の設定など、さまざまです。ただし、ここではもっともシンプルにアクションから文字列を出力するだけのコードを記述してみます。

文字列を出力するには、render メソッドで plain オプションを指定します。

---

render メソッド

```
render plain: value
```
value：出力する文字列

これで指定された文字列がブラウザーに返されるようになります。

もっとも、本来の Model − View − Controller という考え方からすれば、コントローラーから出力を直接生成するのは不適切です。あくまで、この方法はデバッグ用途などの例外的な書き方であると理解しておいてください[11]。

◎ 2.2.3　ルーティングの基礎を理解する

アクション（コントローラー）を用意しただけでは、これをブラウザーから呼び出すことはできません。リクエスト（URL）に応じて、どのアクションを呼び出すかを決めるルールを定義する必要があります。このようなルールのことを**ルート**、ルートに応じて対応するアクションを呼び出すこと、あるいは、そのしくみを**ルーティング**と呼びます（図 2-6）。

---

* 11　ただし、本書では動作を確認するために随所で登場しますので、きちんと覚えておいてください。

▼ 図2-6 ルーティングとは？

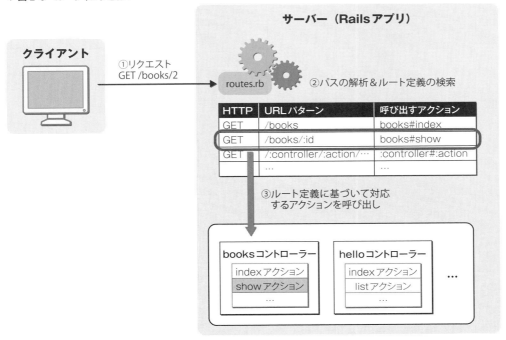

ルーティング設定（ルート）は、/config/routes.rb に定義します。既定では定義の外枠とコメントだけが記述されているので、ここではリスト 2-2 のようなルートを追加しておきましょう。

▼ リスト 2-2　routes.rb

```
Rails.application.routes.draw do
  …中略…
  get 'hello/index', to: 'hello#index'
end
```

ルートを定義するにはさまざまな方法がありますが、その中でも get メソッドはもっともシンプルな手段です。これで「http://localhost:3000/**hello/index**」という URL が要求されたら、hello#index アクション（= hello コントローラーの index アクション）を呼び出しなさい、という意味になります。

ここでは、URL[12] と対応するアクションとを同じ名前にしていますが、両者は一致していなくても構いません。たとえば以下の設定によって、「http://localhost:3000/hoge/piyo」という URL で hello#index アクションを呼び出せるようになります。

```
get 'hoge/piyo', to: 'hello#index'
```

---

[12] 固定の URL だけでなく、ワイルドカード（変数）を含めることもできることから、正しくは **URL パターン**と言います。

35

なお、アクションと URL とが一致している場合には、to オプションを省略しても構いません。

```
get 'hello/index'
```

そもそも両者に異なる名前を付ける意味もないことから、本書では、まずは「コントローラー名 / アクション名」となるように URL を決めていくものとします。

2.2.4 サンプルの実行

以上、ここまでで作成したのは、Model － View － Controller のうち、Controller に相当する部分だけですが、これだけでも最低限の動作は確認できます。Puma が起動していることを確認した上で、以下のアドレスにアクセスしてみましょう[*13]。

```
http://localhost:3000/hello/index
```

前項での設定に従って、hello コントローラーの index アクションを呼び出すには「/hello/index」が末尾に付くようなアドレスを指定します。図 2-7 のようなメッセージが表示されれば、サンプルは正しく動作しています。

▼図 2-7　アクションで指定したメッセージを表示

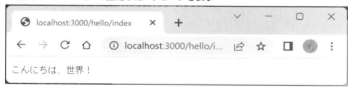

2.2.5 補足：コントローラーの命名規則

1.1.3 項でも触れたように、Rails の基本的な思想は「設定よりも規約」です。Rails を習得する最初の一歩は、関連するファイルやクラスの名前付けルールを理解することです。

ここまでの手順では、なんとなく hello という名前のコントローラーを作成しただけでコーディングを進めてきましたが、実は自動生成されたファイルは、既に Rails の命名規約に従って用意されています。自動生成されたファイルをそのまま利用している分にはあまり意識する必要がありませんが、改めてここでコントローラーの命名規則をまとめ、理解しておきましょう。表 2-4 の「名前（例）」は、コントローラー名を hello とした場合の例です。

[*13] 開発モードではアプリの変更が自動的に検出されます。コードの変更があった場合にもサーバーを再起動する必要はありません。

▼ 表 2-4　コントローラー関連の命名規則

種類	概要	名前（例）
コントローラークラス	先頭は大文字で、接尾辞に「Controller」	HelloController
コントローラークラス（ファイル名）	コントローラークラスを小文字にしたもの、単語の区切りはアンダースコア	hello_controller.rb
ヘルパーファイル名	コントローラー名に接尾辞「_helper.rb」	hello_helper.rb
テストスクリプト名	コントローラー名に接尾辞「_controller_test.rb」	hello_controller_test.rb

以降でも、コードの中身は正しいはずなのに、意図した機能が呼び出されないという状況に遭遇した場合には、まず名前に誤りがないかを確認する癖を付けるようにしてください。Railsにおいて、名前はすべてを紐づける鍵なのです。

コントローラー名の付け方

構文規則ではありませんが、コントローラー名はできるだけリソース（操作対象のデータ）の名前に沿って命名するのが望ましいとされています。たとえば、membersテーブルを操作するコントローラーであれば、membersコントローラー（members_controller.rb）とするのが望ましいでしょう。

COLUMN　利用しているライブラリのバージョンを確認する

現在のアプリで使用しているライブラリ（Railsと依存ライブラリ）のバージョンを確認するには、rails aboutコマンドを利用します。

```
> rails about
About your application's environment
Rails version           7.2.0
Ruby version            ruby 3.3.2 (2024-05-30 revision e5a195edf6) [x64-mingw-ucrt]
RubyGems version        3.5.9
Rack version            3.1.7
Middleware              ActionDispatch::HostAuthorization, ...
Application root        C:/data/railbook
Environment             development
Database adapter        sqlite3
Database schema version 20240812073028
```

2.3 ビューの基本

前節の例では、説明の便宜上、コントローラーから直接出力を生成しましたが、Model - View - Controller の考え方からすると、これはあるべき姿ではありません。最終的な出力には、**ERB（Embedded Ruby）** テンプレートを利用するのが基本です。

ERB テンプレートは、一言で言うならば、HTML[*14] に Ruby スクリプトを埋め込む（embed）ためのしくみです（図 2-8）。HTML がベースにあるため、最終的な出力をイメージしながら開発を進められるというメリットがあります。

▼ 図 2-8　ERB テンプレート

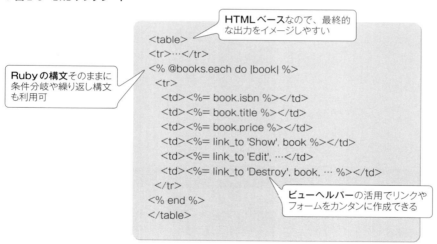

その他、ERB テンプレートでは、以下のような特長があります。

- 任意の Ruby スクリプトを埋め込めるので、条件分岐や繰り返し構文などの処理も自由に記述できる
- ビューヘルパー[*15] を利用することで、データベースから取得した値に基づいたリンクやフォーム要素などをシンプルなコードで生成できる

Rails では、その他にも Builder、JBuilder のようなテンプレートエンジン（6.3.2 項）を利用できますが、まずは ERB を理解しておけば、基本的なビュー開発には十分です。

[*14] 厳密には HTML でなくても構いません。プレーンテキストや XML など、テキスト形式で表現できるフォーマットであれば、なんにでも適用できるのが ERB の良いところです。
[*15] ビュー生成のためのユーティリティメソッドのこと。Rails に標準で用意されているものの他、自分で必要なヘルパーを定義することもできます。

2.3　ビューの基本

NOTE テンプレートになんでも詰め込まない

　ERB テンプレートを扱う際には、その自由度がゆえに注意点もあります。たとえばテンプレートファイルにデータベースアクセスのコードを記述することは可能ですが、そうすべきではありません。同様に、リクエスト情報（ポストデータやセッションなど）にアクセスするコードも避けるべきです。

　そのようなロジックは原則として、コントローラー／モデル側で記述すべきであり、テンプレートはあくまで結果の表示にのみ徹するのが原則です。

◎ 2.3.1　テンプレート変数の設定

　それではさっそく、具体的なサンプルを作成してみましょう。先ほどと同じく「こんにちは、世界！」というメッセージを表示するサンプルです。しかし、今度はコントローラークラスから直接に文字列を出力するのではなく、テンプレートファイルを経由して出力を生成します。

　テンプレートを利用する場合にも、まずはリクエスト処理の基点としてのコントローラークラス（アクションメソッド）を準備する必要があります。改めてコントローラークラスから作成しても構いませんが、ここでは、先ほど作成した hello コントローラーに view アクションを追加するものとします（リスト 2-3、追記部分は太字で表しています）。

▼ リスト 2-3　hello_controller.rb

```ruby
class HelloController < ApplicationController
  …中略…
  def view
    @msg = 'こんにちは、世界！'
  end
end
```

　アクションメソッドが担うべき処理の中でも、ほとんどのアクションで欠かすことができないのがテンプレート変数の設定です。**テンプレート変数**とは、テンプレートファイルに埋め込むべき値のこと。ERB を利用する場合、アクション側で表示に必要なデータを用意しておき、テンプレート側ではデータを埋め込む場所や表示方法などを定義する、という役割分担が基本です（図 2-9）。

39

▼ 図2-9 テンプレートの役割

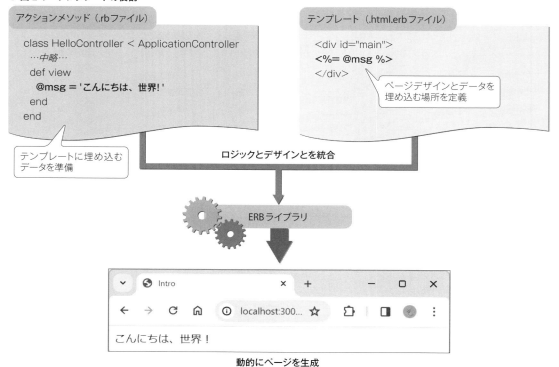

　Railsでテンプレート変数の役割を担うのは、インスタンス変数です。サンプルの例ではインスタンス変数として @msg を設定していますが、これがそのままテンプレート上でも自由に参照できる変数となるわけです。
　viewアクションではインスタンス変数 @msg 1つに文字列を設定しているだけですが、もちろん複数の変数を設定することもできますし、値には文字列だけでなく、配列や任意のオブジェクトを設定することも可能です。

2.3.2 テンプレートファイルの作成

　続いて、アクションの結果を出力するためのテンプレートファイルを作成します。テンプレートファイルを単独で作成するためのコマンドはないので、ファイルは自分で作成する必要があります[16]。
　テンプレートファイルは、/app/views フォルダー配下に「コントローラー名 / アクション名 .html.erb」という名前で保存します。ここでは、hello コントローラーの view アクションに対応するテンプレートなので、/hello/view.html.erb を作成します。これによって、Rails はアクションメソッドを実行した後、対応するテンプレートを検索／実行します。

---

[16] ただし、アクションメソッドとまとめて作成することはできます。P.43の[Note]を併せて参照してください。

2.3　ビューの基本

> **NOTE テンプレートファイルの指定**
>
> 　「コントローラー名 / アクション名 .html.erb」は、テンプレートファイルの既定の検索先です。アクションメソッド
> で次のように指定することで、使用するテンプレートを変更することもできます*17。以下は hello/special.html.erb
> を呼び出す例です。
>
> ```
> def view
>   @msg = 'こんにちは、世界！'
>   render 'hello/special'
> end
> ```
>
> 　render メソッドの引数は、/app/views フォルダーからの相対パスで指定します。また、.html.erb のような拡張
> 子は不要です。

　では、テンプレートファイルの具体的なコードを見ていきましょう（リスト 2-4）。

▼ リスト 2-4　hello/view.html.erb

```
<div id="main">
<%= @msg %>
</div>
```

　例によって、ポイントとなる部分について順番に見ていきます。

（1）動的な処理は <%...%> や <%=...%> で記述する

　テンプレートに対して Ruby スクリプトを埋め込むには、<%...%> や <%=...%> のようなブロックを使い
ます。

> **<%...%>、<%=...%>**
>
> ```
> <% 任意のコード %>
> <%= なんらかの値を返す式 %>
> ```

　<%...%> と <%=...%> はよく似ていますが、前者がただブロックの中のコードを実行するだけであるのに対
して、後者は与えられた式を出力します。たとえば、以下のような例を見てみましょう。

---

* 17　ただし、複数のアクションでテンプレートを共有する場合を除いては、あえて異なる名前のテンプレートを用意する必要はありません。対応するア
　　　クションのないテンプレートはむしろ有害である場合の方が多いので避けてください。

41

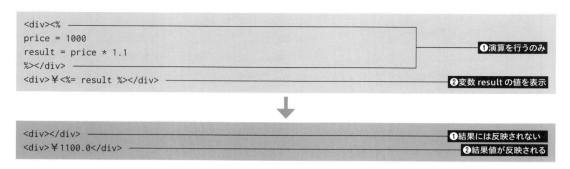

　<%...%> で囲まれたコードは評価されるだけで結果を返さないので、主に演算や制御構文の記述に利用します。❶も演算結果が変数 result に格納されるのみで、結果（文字列）がテンプレートに挿入されることはありません。

　一方、<%=...%> では、式の評価結果をテンプレートに挿入します。よって、❷では、変数 result の値が出力にも反映されます。

　テンプレートファイルの目的が画面に対してなんらかの出力を行うことであることを考えれば、条件分岐やループなどの制御命令を除けば、ほとんどは <%=...%> の形式で記述することになるでしょう。

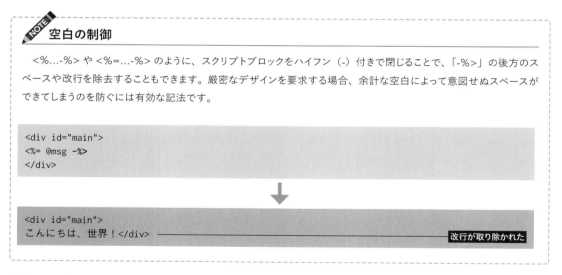

（2）テンプレート変数は「@変数名」で参照できる

　アクションメソッドで設定したテンプレート変数（インスタンス変数）は、テンプレート側でもそのまま「@変数名」の形式で参照できます。ごく直感的な記述なので、迷うところはないでしょう。

2.3.3　サンプルの実行

　以上を理解できたら、あとは 2.2.3 項と同じく、ルート定義を追加するだけです（リスト 2-5）。

▼ リスト 2-5　routes.rb

```
Rails.application.routes.draw do
  …中略…
  get 'hello/view'
end
```

これで、ブラウザーから次のアドレスでサンプルにアクセスできるようになります。
図 2-10 のような結果が得られることを確認してください。

```
http://localhost:3000/hello/view
```

▼ 図 2-10　テンプレートファイルの内容が表示される

> **ビューの自動生成**
>
> 　rails generate コマンドでは、コントローラークラス（アクションメソッド）と併せて、テンプレートファイルを自動生成することもできます。たとえば、以下は hello コントローラーの show アクションと、対応するテンプレートファイル hello/show.html.erb を自動生成する例です。
>
> ```
> > rails generate controller hello show
> ```
>
> 　「hello index show new」のようにすることで、複数のアクションをまとめて生成することもできます。生成すべきアクションがあらかじめわかっている場合には、このようにまとめて必要なファイル（やコード）を生成してしまう方が手軽でしょう。

> **アクションメソッドは省略可能**
>
> 　テンプレート変数の設定など、アクションメソッドでの処理が必要ない場合、アクションメソッドは省略できます。たとえば、「http://localhost:3000/hello/nothing」であれば、Rails はまず hello コントローラーの nothing アクションを検索しますが[*18]、アクションが存在しない場合、そのままテンプレートファイル hello/nothing.html.erb を検索&実行します。

[*18] もちろん、ルートとして「get 'hello/nothing'」が定義されている前提です。

第 2 章　Ruby on Rails の基本

◎ 2.3.4　共通レイアウトの適用

リスト 2-4 の実行結果を、ブラウザーの［ページのソースを表示］から確認してみましょう。

```
<!DOCTYPE html>
<html>
<head>
<title>Intro</title>
<meta name="viewport" content="width=device-width,initial-scale=1">
<meta name="csrf-param" content="authenticity_token" />
<meta name="csrf-token" content="BSnRurE13HoiNfLUzU5OLMLIibNVgmJfEBOSq_↩
oMDWqvVodYfegSfFktjl9JF8xVHsPiio9f7yqEONXjAsuMKQ" />
…中略…
<script type="module">import "application"</script>
</head>
<body>


<div id="main">
こんにちは、世界！
</div>


</body>
</html>
```

　テンプレートファイル（view.html.erb）で定義したものよりも随分多くのコンテンツが出力されていることが確認できます（view.html.erb 以外による出力は太字で表しています）。

　これら自動で付与されているコンテンツは、実は /app/views/layouts/application.html.erb で定義されているものです（リスト 2-6）[19]。

▼ リスト 2-6　application.html.erb

```
<!DOCTYPE html>
<html>
  <head>
    <title>Intro</title>
    <meta name="viewport" content="width=device-width,initial-scale=1">
    <%= csrf_meta_tags %>
    <%= csp_meta_tag %>

    <%= stylesheet_link_tag "application" %>
    <%= javascript_importmap_tags %>
  </head>

  <body>
    <%= yield %> ─────────────────────── ここに個別のテンプレートが埋め込まれる
  </body>
</html>
```

────────
＊ 19 application.html.erb ではいくつかのビューヘルパーが利用されていますが、これらの詳細は改めて第 4 章で説明します。

Railsでは、既定でapplication.html.erbの「<%= yield %>」に個別のテンプレートを埋め込んだ上で、最終的な出力を生成します。application.html.erbのことを**レイアウトテンプレート**、あるいは単に**レイアウト**と呼びます（図2-11）。

▼図2-11 レイアウトのしくみ

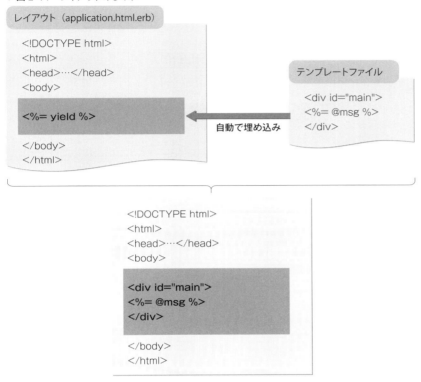

レイアウトとは、要はサイトデザインの外枠。レイアウトを利用することで、ヘッダー／フッターやサイドメニューのようなサイト共通のデザインを1箇所にまとめられるので、以下のようなメリットがあります。

- サイトデザインを変更する場合もレイアウトだけを変更すれば良い
- 個別のテンプレートにはページ固有のコンテンツだけを記述すれば良い
- サイト構成（ナビゲーションなど）に一貫性ができるため、使い勝手も向上する

開発生産性、保守性、ユーザーの利便性いずれをとっても、外枠をレイアウトとして別に定義することの重要性はおわかりいただけるのではないでしょうか。

レイアウトの詳細は改めて4.6節で解説しますが、まずは既定で
個別テンプレートにはレイアウトテンプレートが適用される
と覚えておいてください[20]。

---

[20] もしもレイアウトが自動で適用されることを望まないならば、application.html.erbを削除、またはリネームしてください。

第 2 章　Ruby on Rails の基本

◎ **2.3.5　補足：コメント構文**

ERB テンプレートでは、以下のようなコメント構文を利用できます。以降でもよく利用しますので、ここでよく利用する記法をまとめておきます。

（1）<%#...%>

ERB 標準のコメント構文で、<%#...%> ブロック配下をすべてコメントと見なします。「%」と「#」の間に空白を挟んではいけません。

```
<%# コメントです。
    この行もコメント %>
```

（2）#

（1）とよく似ていますが、こちらは Ruby 標準のコメント構文で、<%...%> ブロックの配下でのみ利用できます。こちらは「#」からその行末までがコメントと見なされます（単一行コメント）。

```
<% msg = 'これはコメントではありません。'
   # これはコメントです。 %>
```

（3）<% if false %>...<% end %>

条件分岐構文を利用したコメントアウトです。条件式が false なので、常に配下のコンテンツは無視されるというわけです。（2）の構文は <%...%> の配下でしか利用できませんが、（3）の記述を利用することで、<%...%> や <%=...%> をまたいだコンテンツをまとめてコメントアウトできます。

デバッグ時に特定の機能やレイアウトを一時的に無効化したい場合にも利用できるでしょう。

```
<% if false %>
<% msg = 'この部分は無視されます。' %>
<%= 'これも無視されます。' %>
<% end %>
```

（4）<% =begin %>...<% =end %>

（3）の構文は確かに便利ですが、問題もあります。というのも、標準的な条件分岐構文をコメントアウトの用途に利用しているため、本来の条件分岐と一見して見分けがつきにくいことがあるのです。

そのような場合には、<% =begin %>...<% =end %> を利用すると良いでしょう。=begin...=end は主にドキュメンテーションコメントを記述するための構文ですが、Ruby でも複数行コメントとして利用する場合があります。（3）よりも明確にコメントであることを表現できるというメリットがあります[21]。

＊21 VSCode でも、[Ctrl] + [/] キー（macOS では [Command] + [/] キー）でコメントアウトする場合には、（4）の記法が利用されます。

46

2.3　ビューの基本

```
<%
=begin%>
<% msg = 'この部分は無視されます。' %>
<%= 'これも無視されます。' %>
<%
=end%>
```

　（4）の構文では、必ず「=begin」「=end」は行頭に記述しなければならない点に注意してください。たとえば、以下のような記述はいずれも不可です。

```
<% =begin %> ─────────────────────────────── 前に「<%」がある
...
<%
  =end%> ─────────────────────────────── 余計なスペースがある
```

（5）<!--...-->

　標準的な HTML のコメントです。ERB はあくまで HTML をベースとしているので、当然、HTML のコメントも利用できます。ただし、（1）～（4）と異なり、ブラウザー側で処理されるコメントなので、配下の内容はクライアント側からも見えてしまう点に注意してください。

```
<!-- <%= 'ブラウザーの画面上には表示されません。' %> -->
```

　エンドユーザーが参照する可能性がある情報（サイト管理者の情報など）を記述したり、デバッグ時に出力した HTML を確認するための目印を埋め込んだりしたい場合に便利です。

47

2.4 モデルの基本

　Controller（コントローラークラス）、View（テンプレート）を理解したところで、いよいよ残るはModel（モデル）です。モデルとは、データベースや外部サービスへのアクセスをはじめ、ビジネスロジック全般を担当するコンポーネントのこと。アプリのキモを担う領域であるとも言えます。

　Railsでは、モデル構築にもさまざまなコンポーネントを利用できるようになっています。ただ、初学者の方であれば、まずはRails標準のO/RマッパーであるActive Recordの習得から始めると良いでしょう。Active RecordはRailsの初期バージョンからRailsの標準的なモデルコンポーネントとして提供されているライブラリで、リレーショナルデータベースのデータをオブジェクト経由で操作するための手段を提供します。

2.4.1 Active Recordとは？

　Active Recordとは、リレーショナルデータベースとアプリを構成するオブジェクトとの間でデータを受け渡しするための**O/R**（**Object/Relational**）**マッパー**の一種です。O/Rマッパーを利用することで、1つのテーブルが1つのクラスに、1つのカラム（列）が1つの属性[*22]に、それぞれ機械的に割り当てられるので、たとえばデータベースから取得した結果をオブジェクトに転記するような手間が不要になります（図2-12）。

　オブジェクトの内容をデータベースに反映させる場合も同様です。具体的なコードはあとから確認しますが、配列にオブジェクトを出し入れする要領でデータベースを操作できるようになるのです。

▼図2-12　O/Rマッパーとは？

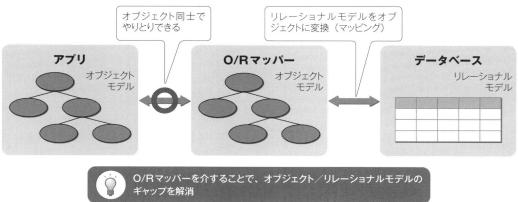

[*22] 他の言語では、プロパティ、フィールドなどと呼ばれることもあります。

たとえば、books というテーブルがあったとすれば、対応するモデルは Book クラスであり、Book クラスは books テーブル配下のフィールドと同名の（たとえば）isbn、title、publisher のような属性を持つことになるでしょう（図 2-13）。

▼ 図 2-13　Active Record のしくみ

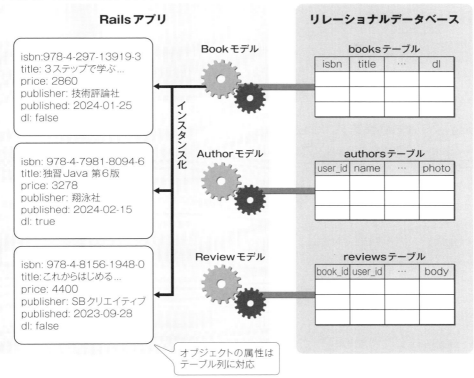

2.4.2　データベース接続の設定

Active Record 経由でデータベースに接続するには、まず config/database.yml に対して接続設定を定義する必要があります。リスト 2-7 は、アプリ作成時に既定で用意されている database.yml です[23]。

▼ リスト 2-7　database.yml

---

[23] 実際にはコメントが含まれていますが、紙面上は見やすさのために割愛しています。

第 2 章 Ruby on Rails の基本

```
development: ─────────────────────────────────────────────   ❷          開発環境の設定
  <<: *default ─────────────────────────────────────────
  database: storage/development.sqlite3

test: ────────────────────────────────────────────────────                テスト環境の設定
  <<: *default
  database: storage/test.sqlite3

production: ──────────────────────────────────────────────                本番環境の設定
  <<: *default
  database: storage/production.sqlite3 ──────────────
```

以下に、database.yml を編集する上で知っておきたいポイントをまとめます。

（1）database.yml は YAML 形式で記述する

YAML（**ヤムル**）は構造化データの記述に適したファイル形式です。「YAML Ain't Markup Language
（YAML はマークアップ言語ではありません）」というその名のとおり、HTML や XML のようなマークアップ
言語ではなく、構造をインデントや記号で表現します。

複雑な構造を表現するには不向きですが[*24]、読みやすさやシンプルさの点で XML よりも優れており、Rails
以外のフレームワークでもよく見かけるフォーマットです。

YAML では、「*パラメーター名：値*」の形式でパラメーターを表すのが基本です。また、階層はインデント
で表現します。たとえば、

```
production:
  database: storage/production.sqlite3
```

は、production パラメーターのサブパラメーター database（値は storage/production.sqlite3）を表し
ます。ただし、インデントではタブ文字を利用**できない**点に注意してください。インデントは必ず空白（一般的
には半角スペース 2 つ）で表現します。

（2）「&」はエイリアス、「*」は参照を意味する

YAML では、データに別名（エイリアス）を付けておくことで、別の場所からそのブロックを引用することも
できます。database.yml であれば、❶の部分です。

これで default パラメーター（と、その配下のサブパラメーター adapter ／ pool ／ timeout）に対して、
default という別名が付けられたことになります。ここでは、パラメーター名と別名とが同じ名前になっていま
すが、もちろん、太字の部分を「&def」のように異なる名前にしても構いません。

宣言された別名を参照しているのが、❷のコードです。「<<: *別名」で、別名のブロックを挿入しなさい、
という意味になります。たとえば、「開発環境の設定」と書かれている箇所は、挿入の結果、以下と同じ意味
になります。

[*24] とはいえ、一般的には、XML でなければ表現できないような構造を、設定ファイルで記述することはまずないでしょう。

```
development:
  adapter: sqlite3
  pool: <%= ENV.fetch("RAILS_MAX_THREADS") { 5 } %>
  timeout: 5000
  database: storage/development.sqlite3
```

　複数のパラメーターで利用するような情報は、このようにエイリアスとしてまとめて定義しておくことで、コードの重複を避けることができます[25]。

（3）Railsは目的に応じて環境を使い分ける

　Railsでは、development（開発）、test（テスト）、production（本番）環境が用意されており、目的に応じて使い分けるのが基本です。database.ymlでもそれぞれの環境単位に設定が分けられており、別々のデータベースを用意するようになっています。これによって、たとえば開発環境で行った操作が不用意に本番環境に影響を及ぼすような事故を防げるわけです。

　それぞれの環境に対して設定できるパラメーターの内容は、表2-5のとおりです（データベースによって指定できるパラメーターは異なる可能性もあります）。既定ではdevelopment環境が使われるので、変更が必要な場合はまずdevelopmentパラメーター、もしくは、その引用元であるdefaultパラメーターの配下を編集してください[26]。最低限の設定は既に済んでいるので、まずはそのままでも問題ないはずです。

▼ 表2-5　database.yml で利用できる主な接続パラメーター

パラメーター名	概要
adapter	接続するデータベースの種類（sqlite3、mysql2、Trilogy[27]、postgresql など）
database	データベース名（SQLite ではデータベースファイルのパス）
host	ホスト名／IP アドレス
port	ポート番号
pool	確保する接続プール[28]
timeout	接続のタイムアウト時間（ミリ秒）
encoding	使用する文字コード
username	ユーザー名
password	パスワード
socket	ソケット（/tmp/mysql.sock など）
database_tasks **7.0**	データベースタスクを有効にするか（既定は true[29]）

　データベース名は既定で「環境名.sqlite3」となっていますが、必要に応じて変更しても構いません。

---

*25　この例であれば、development パラメーターだけでなく、test ／ production パラメーターでも、エイリアス default を引用しています。
*26　実行環境を変更する方法については、P.30 の Note も参照してください。default パラメーターを編集した場合は、すべての環境に影響が及びます。
*27　Rails 7.1 で追加された MySQL 互換アダプターです。従来よりも性能、柔軟性に優れています。https://github.com/trilogy-libraries/trilogy
*28　データベースへの接続をあらかじめ準備（プール）しておき、利用後は（切断するのではなく）プールに戻して再利用するしくみを言います。これによって、接続のオーバーヘッドを軽減できるというメリットがあります。
*29　他で管理しているなどでマイグレーション（2.2.4 項）などの自動タスクを適用したくない場合に、false（無効化）を指定します。既定は true なので、普段は意識する必要はありません。

第 2 章　Ruby on Rails の基本

◎ **2.4.3** モデルクラスの作成

続いて、データベースのテーブルにアクセスするためのモデルクラスを作成します。これには、コントローラークラスの作成にも利用した rails generate コマンドを使用します。

---

rails generate コマンド（モデルの作成）

```
rails generate model name field:type [...] [options]
```

name：モデル名　　field：フィールド名
type：データ型　　options：動作オプション（表2-6を参照）

▼ **表 2-6　rails generate コマンドの主な動作オプション**[30]

オプション	概要	既定値
--indexes	外部キー列にインデックスを付与するか	true
-o、--orm=NAME	使用する O/R マッパー	active_record
--migration	マイグレーションファイルを生成するか	true
--timestamps	タイムスタンプ（created_at、updated_at）列を生成するか	true
-t、--test-framework=NAME	使用するテストフレームワーク	test_unit
--fixture	フィクスチャを生成するか	true

ここでは、書籍情報を表 2-7 のような books テーブルで管理するものとし、これに対応する Book クラスを作成してみましょう。

▼ **表 2-7　books テーブルのフィールドレイアウト**

列名	データ型[31]	概要
isbn	string	ISBN コード
title	string	書名
price	integer	価格
publisher	string	出版社
published	date	刊行日
dl	boolean	サンプルダウンロードの有無

以下は、rails generate コマンドとその実行結果です。列の定義が含まれているので、これまでよりも長いコマンドになっていますが、基本は繰り返しの記述なので、間違えないようにタイプしてください[32]。

---

[30] この他にも、表 2-3 の基本オプションは共通で利用できます。
[31] 利用できるデータ型については、5.8.2 項を参照してください。
[32] コマンドは、ダウンロードサンプル配下の command.txt にも掲載しています。いちいちタイプするのが面倒という方は、こちらをコピーして利用しても構いません。

52

2.4 モデルの基本

```
> rails generate model book isbn:string title:string price:integer publisher:string published:↩
date dl:boolean
      invoke  active_record
      create    db/migrate/20240609070638_create_books.rb
      create    app/models/book.rb
      invoke  test_unit
      create      test/models/book_test.rb
      create      test/fixtures/books.yml
```

この結果、プロジェクトルートの配下には、図 2-14 のようなファイルが生成されます。

▼ 図 2-14　rails generate コマンドで自動生成されたファイル

```
/intro ···················· プロジェクトルート
 ├── /app
 │     └── /models
 │           └── book.rb ··········· モデルクラス(books テーブルを操作するためのモデル本体)
 ├── /db
 │     └── /migrate
 │           └── 20240609070638_create_books.rb*33 ··· マイグレーションファイル
 └── /test
       ├── /fixtures
       │     └── books.yml ········ テストデータを投入するためのフィクスチャファイル
       └── /models
             └── book_test.rb ······ モデルクラスをテストするためのスクリプト
```

さまざまなファイルが自動生成されますが、詳しくは徐々に見ていくとして、ここではとりあえず生成されたファイル（クラス）の命名ルールを確認しておきましょう（表 2-8）。

▼ 表 2-8　モデル関連の命名規則

種類	概要	名前（例）
モデルクラス	先頭は大文字で単数形	Book
モデルクラス（ファイル名）	先頭は小文字で単数形	book.rb
テーブル	先頭は小文字で複数形	books
テストスクリプト	先頭は小文字で単数形（xxxxx_test.rb）	book_test.tb

モデルクラス（正確には、そのインスタンス）はそれぞれテーブルの各行を表すので単数形に、テーブルはモデルの集合体という意味で複数形になるわけです。

◎ 2.4.4　マイグレーションファイルによるテーブルの作成

rails generate コマンドを実行しただけでは、まだ肝心のデータベース（テーブル）が作成できていません。ここでいよいよデータベースの作成に取りかかりましょう。

───────

＊33　ファイル名先頭の「20240609070638」の部分は、作成した日時によって変動します。

53

第 2 章　Ruby on Rails の基本

Rails ではテーブルの作成や修正に**マイグレーション**という機能を利用します。マイグレーションとは、一言で言うならば、テーブルレイアウトを作成／変更するためのしくみ。マイグレーションを利用することで、テーブル保守の作業を半自動化できるのみならず、途中でレイアウト変更が生じた場合にも簡単に反映できます。

マイグレーションを実行するためのマイグレーションファイルは、前項で rails generate コマンドを実行したときに、既に /db/migrate/ フォルダーに「20240609070638_create_books.rb」のような名前で自動生成されているはずです。中身も確認しておきましょう（リスト 2-8）。

▼ リスト 2-8　20240609070638_create_books.rb

```
class CreateBooks < ActiveRecord::Migration[7.1]
  def change
    create_table :books do |t|
      t.string :isbn
      t.string :title
      t.integer :price
      t.string :publisher
      t.date :published
      t.boolean :dl

      t.timestamps
    end
  end
end
```

change メソッドの中で呼び出している create_table メソッドに注目してみましょう。これが books テーブルを新規に作成するためのコードです。

詳しい構文については第 5 章に譲りますが、books という名前のテーブルに対して、isbn、title、price、publisher、published、dl といったフィールドを定義していることは直感的に見て取れるでしょう。こうした列定義が、先ほどの rails generate コマンドに渡した情報によって自動生成されているわけです。

まずは最低限のテーブルレイアウトを定義するだけであれば、このマイグレーションファイルはそのまま実行できます。マイグレーションファイルを実行するのは rails db:migrate コマンドの役割です。コマンドラインから以下のように実行してください。

```
> rails db:migrate
== 20240609070638 CreateBooks: migrating =======================================
-- create_table(:books)
   -> 0.0080s
== 20240609070638 CreateBooks: migrated (0.0031s) ==============================
```

コマンドを実行するにあたって、パラメーターの指定などは必要ありません。データベースへの接続設定（database.yml）や実行すべきマイグレーションファイルなどは、Rails が自動的に判定してくれるからです[34]。

上のような結果が得られれば、books テーブルは正しく作成できています。

---

[34] 実行済みのマイグレーションファイルも Rails が記憶していますので、繰り返し rails db:migrate コマンドを実行しても、同じマイグレーションファイルが実行されることはありません。

2.4　モデルの基本

◎ **2.4.5** フィクスチャによるテストデータの準備

もっとも、テーブルを作成しただけではデータの取得動作などを確認するのに不都合なので、テストデータも準備しておきましょう。

Railsではテストデータをデータベースに流し込むためのしくみとして、**フィクスチャ**という機能を提供しています。フィクスチャを利用することで、YAML形式のデータをデータベースにまとめて流し込むことが可能になります。

詳しくは5.8.8項で触れるので、ここでは、ダウンロードサンプルの /intro/test/fixtures フォルダー配下から books.yml を、自分のアプリ配下の同じフォルダーにコピーしてください。あとは、以下のように rails コマンドを実行するだけです。

```
> rails db:fixtures:load FIXTURES=books
```

これで、あらかじめ用意された10件ほどのデータが books テーブルに展開されました。

◎ **2.4.6** 補足：データベースの確認

データベースの準備ができたら、アプリを作成する前に、テーブルが正しく作成できているか、データが保存されているかを確認しておきたいところです。そこでここでは、データベースを参照するのに利用できる、代表的な方法を2種類紹介しておきます。

▌rails dbconsole コマンド

rails dbconsole コマンド[35] を利用することで、config/database.yml で定義した接続情報に従って、データベースクライアント[36] を起動できます。マイグレーションやフィクスチャを実行した後、データベースの内容を確認するなど、ちょっとした作業に便利なので、覚えておくと良いでしょう。

以下では、SQLite クライアントを起動し、データベース配下のテーブルの一覧と、books テーブルの構造、データの内容を確認しています。

```
> rails dbconsole                                           SQLite クライアントを起動
SQLite version 3.46.0 2024-05-23 13:25:27 (UTF-16 console I/O)
Enter ".help" for usage hints.
sqlite> .tables                                             テーブルの一覧を表示 [37]
ar_internal_metadata  books                schema_migrations

sqlite> .schema books                                       ❶books テーブルの構造を確認
```

---

[35] ショートカットとして、rails db としても構いません。

[36] SQLite 3 であれば SQLite クライアントです。rails dbconsole コマンドは、その他にも MySQL や PostgreSQL に対応しています。

[37] schema_migrations／ar_internal_metadata は、いずれも Rails がマイグレーションを管理するために自動で用意したテーブルです。詳しくは5.8節で解説します。

55

第 2 章　Ruby on Rails の基本

```
CREATE TABLE IF NOT EXISTS "books" ("id" integer PRIMARY KEY AUTOINCREMENT NOT NULL, "isbn" ↵
varchar, "title" varchar, "price" integer, "publisher" varchar, "published" date, "dl" boolean, ↵
"created_at" datetime(6) NOT NULL, "updated_at" datetime(6) NOT NULL);

sqlite> SELECT * FROM books;                                           booksテーブルの内容を確認
1|978-4-297-13919-3|3ステップで学ぶ MySQL入門|2860|技術評論社|2024-01-25|0|2024-03-13 ↵
05:57:12.730028|2024-04-06 06:33:46.516650
2|978-4-7981-8094-6|独習Java 第6版|3278|翔泳社|2024-02-15|1|2024-03-13 05:57:12.730028|2024-03-13 ↵
05:57:12.730028
3|978-4-8156-1948-0|これからはじめるReact実践入門|4400|SBクリエイティブ|2023-09-28|0|2024-03-13 ↵
05:57:12.730028|2024-03-13 05:57:12.730028
…後略…

sqlite> .quit                                                          SQLite クライアントを終了
```

　SQLite クライアントでテーブルの構造（スキーマ）を確認するには .schema メタコマンドを利用します（❶）。出力された CREATE TABLE 命令をよく見てみると、自分では明示的に定義しなかった id、created_at、updated_at フィールドが含まれていることが見て取れます。これらはすべて Rails が予約しているフィールドで、それぞれ表 2-9 の役割を持ちます。

▼ 表 2-9　Rails が自動生成するフィールド

フィールド名	概要
id	主キー（自動連番）
created_at	レコードの新規作成日時（Active Record が自動セット）
updated_at	レコードの更新日時（Active Record が自動セット）

　よって、自分でフィールドを定義する際には、これらの名前は使用しないようにしてください。また、rails generate コマンドでモデルを定義する際に、主キーを意識しなくて良かったのもこのためです。

SQLTools 拡張（VSCode）

　rails dbconsole コマンドは、手軽なデータベース操作の手段ですが、それでもテーブルの内容を確認するためだけに、コマンドを手打ちしなければならないのは面倒です。そこで、VSCode を利用しているならば、SQLTools 拡張を利用することをお勧めします。参照だけならばメニュー操作だけでまかなえますし、複数のデータベースにも対応できる点に注目です。以下、導入の手順を示しておきます。

■ SQLTools 拡張を設定する

　1.2.4 項で SQLTools 本体と SQLTools SQLite ドライバーをインストールしていれば、左脇のツールバーに 🗄（SQLTools）ボタンが表示されます。これをクリックすると、SQLTools を開けるので、その［CONNECTIONS］ペインから［Add New Connection］ボタンをクリックします（図 2-15）。

56

▼ 図 2-15　SQLTools 拡張からの接続設定

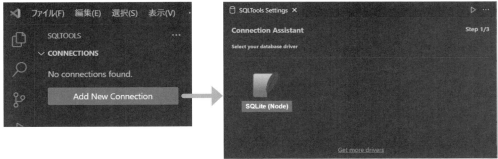

　メイン領域に［Connection Assistant］画面が開くので、［SQLite（Node）］ボタンをクリックします。接続情報を入力する欄が開くので、表 2-10 のように値を入力してください（明記のない項目は既定のままで構いません）。

▼ 表 2-10　SQLTools の接続設定

項目	概要	設定値（例）
Connection name	接続名	railbook
Database file	.db ファイルのパス	プロジェクトルート \storage\development.sqlite3

　入力できたら［SAVE CONNECTION］ボタンをクリックします。確認画面が表示されるので、内容を確認できたら、［CONNECT NOW］ボタンで実際に接続してみましょう（図 2-16）。初回接続時には、sqltools.useNodeRuntime の有効化や node-sqlite3 パッケージのインストールを促されます。画面右下に表示される案内に従ってボタンをクリックして進めてください。

▼ 図 2-16　データベースへの接続

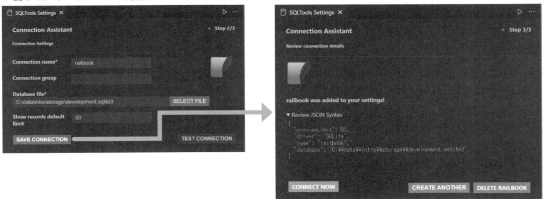

2　テーブルの中身を確認する

　［CONNECTIONS］ペインに railbook データベースが追加されているので、［Tables］−［books］を右クリック、表示されたコンテキストメニューから［Show Table Records］を選択すると、メイン領域にテー

ブルの内容が表示されます（図 2-17）。

▼ 図 2-17　books テーブルの内容

ちなみに、同じくコンテキストメニューから［Describe Table］を選択することで、テーブル構造を確認することもできますし（図 2-18）、［Generate Insert Query］からデータ登録のための命令を自動生成＆実行することも可能です。

▼ 図 2-18　books テーブルの構造を確認

2.4.7　データ取得の基本

Active Record を利用する準備ができたところで、動作確認も兼ねて、ごく簡単なサンプルを作成してみましょう。ここで作成するのは books テーブルからすべてのデータを取得し、一覧表として整形するサンプルです（図 2-19）。

▼ 図 2-19　books テーブルの内容を一覧表示

ISBNコード	書名	価格	出版社	刊行日	ダウンロード
978-4-297-13919-3	3ステップで学ぶ MySQL入門	2860円	技術評論社	2024-01-25	false
978-4-7981-8094-6	独習Java 第6版	3278円	翔泳社	2024-02-15	true
978-4-8156-1948-0	これからはじめるReact実践入門	4400円	SBクリエイティブ	2023-09-28	false
978-4-297-13685-7	Nuxt 3 フロントエンド開発の教科書	3520円	技術評論社	2023-09-22	true
978-4-296-07070-1	作って学べるHTML＋JavaScript	2420円	日経BP	2023-07-06	false
978-4-297-13288-5	改訂3版JavaScript本格入門	3520円	技術評論社	2023-02-13	true
978-4-7981-7613-0	Androidアプリ開発の教科書	3135円	翔泳社	2023-01-24	true
978-4-627-85711-7	Pythonでできる! 株価データ分析	2970円	森北出版	2023-01-21	true
978-4-297-13072-5	Vue 3 フロントエンド開発の教科書	3960円	技術評論社	2022-09-28	true
978-4-7981-7556-0	独習C# 第5版	4180円	翔泳社	2022-07-21	true

では、具体的な手順を見ていきましょう。

1 list アクションを追加する

2.2.1 項で作成済みの hello コントローラーに対して、リスト 2-9 のように list アクションを追加します。

▼ リスト 2-9　hello_controller.rb

```ruby
class HelloController < ApplicationController
  …中略…
  def list
    @books = Book.all
  end
end
```

books テーブルからすべてのレコードを無条件に取得するには、2.4.3 項で作成した Book クラス（モデル）の all メソッドを呼び出します。all メソッドはいわゆる「SELECT * FROM books」のような SQL 命令を発行するメソッドで、結果を Book オブジェクトの配列として返します。

オブジェクトのビューへの引き渡しは、2.3.1 項でも述べたようにインスタンス変数を経由して行うのでした。

> **NOTE** **モデルクラスの中身**
>
> 自動生成された Book クラス（book.rb）をエディターで開いてみると、実は中身はほとんど空であることがわかります（リスト 2-10）。
>
> **▼ リスト 2-10　book.rb**
>
> ```ruby
> class Book < ApplicationRecord
> end
> ```

第 2 章　Ruby on Rails の基本

しかし、基底クラスである ApplicationRecord（正確には、その基底クラスである ActiveRecord::Base）がデータベースアクセスのための基本機能を提供しているため、このままでも検索や登録などの操作が可能なのです[38]。当面は自動生成されたモデルには手を加えず、そのまま利用していくことにします。モデルに対して（たとえば）入力値検証などの独自の機能を実装する方法については、改めて 5.5 節で解説します。

❷ テンプレートファイルを作成する

hello#list アクションに対応するテンプレートファイル list.html.erb を作成します（リスト 2-11）。テンプレートファイルは、コントローラークラスに対応するように /app/views/hello フォルダーに配置するのでした。

▼ リスト 2-11　hello/list.html.erb [39]

```
<table class="table">
  <thead>
    <tr>
      <th>ISBN コード</th><th>書名</th><th>価格</th>
      <th>出版社</th><th>刊行日</th><th>ダウンロード</th>
    </tr>
  </thead>
  <tbody>
    <% @books.each do |book| %>
    <tr>
      <td><%= book.isbn %></td>
      <td><%= book.title %></td>
      <td><%= book.price %>円</td>
      <td><%= book.publisher %></td>
      <td><%= book.published %></td>
      <td><%= book.dl %></td>
    </tr>
    <% end %>
  </tbody>
</table>
```

オブジェクト配列の内容を順に取り出すのは、each メソッドの役割です[40]（❶）。テンプレート変数 @books には Book オブジェクトの配列が渡されているはずなので、ここでは each メソッドで順に Book オブジェクト（ブロックパラメーター book）を取り出し、その内容を出力しています（図 2-20）。each ブロックの中では、book.isbn のような形式でオブジェクトの各属性値（対応するフィールド値）にアクセスできます。

---

[38]　ApplicationRecord クラスそのものは、ActiveRecord::Base クラスを継承しただけの、空のクラスです。アプリ共通の機能が必要になった場合に、ApplicationRecord クラスを編集してください。具体的な方法については、6.6 節などで解説しています。

[39]　先にも説明したとおり、テンプレートファイルには、既定でレイアウト（application.html.erb）が適用されます。よって、テンプレート本体にはコンテンツ本体の部分のみを記述すれば良いわけです。

[40]　テンプレートでは標準的な Ruby のスクリプトを埋め込めるので、繰り返しや条件分岐などの構文を新たに覚える必要はありません。

▼ 図 2-20　each メソッドの動作

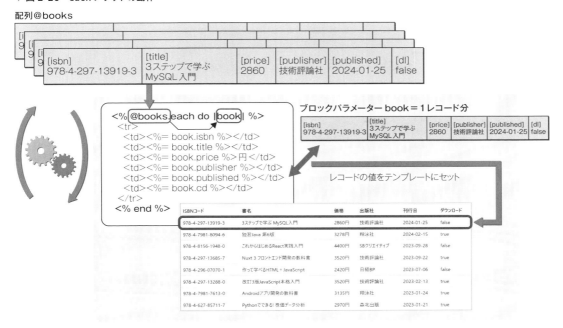

3 レイアウトを編集する

　本書では、ページの見た目を整えるために、表組みを利用した一部のサンプルでは、Bootstrap（https://getbootstrap.jp/）を適用しています。Bootstrap を利用することで、class 属性を付与するだけで見栄えのするデザインを手軽に作成できます。

　この後、特に意識することなく、アプリ全体に Bootstrap を適用できるよう、レイアウトに以下のコードを追加しておきましょう（リスト 2-12）[41]。

▼ リスト 2-12　layouts/application.html.erb

```
<!DOCTYPE html>
<html>
  <head>
    …中略…
    <%= javascript_importmap_tags %>
    <link href="https://cdn.jsdelivr.net/npm/bootstrap@5.3.0/dist/css/bootstrap.min.css" ↵
rel="stylesheet" />
  </head>
```

---

[41] Rails では、この他にも CSS ライブラリを組み込むための、cssbundling-rails のようなしくみも備えています。こちらについては 9.1 節で改めて説明します。

第 2 章　Ruby on Rails の基本

4 ルート定義を追加する

あとは 2.2.3 項と同じく、ルート定義を追加するだけです（リスト 2-13）。

▼ **リスト 2-13　routes.rb**

```
Rails.application.routes.draw do
  …中略…
  get 'hello/list'
end
```

　これで、ブラウザーから次のアドレスでサンプルにアクセスできるようになります。本項冒頭の図 2-19 のように、books テーブルの内容が一覧表に整形されていれば、サンプルは正しく動作しています。

```
http://localhost:3000/hello/list
```

◎ **2.4.8** SQL 命令の確認

　Active Record の内部で発行されている SQL 命令は、Puma を起動しているコンソールから確認できます。hello#list アクションにアクセスした後、コンソールに SQL 命令が出力されていることを確認してみましょう（図 2-21）。

▼ **図 2-21　Active Record が内部的に発行した SQL 命令を出力**

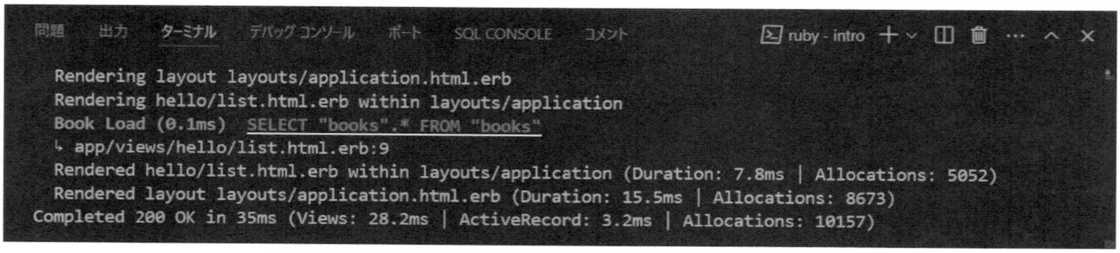

　この例ではあまり意味がないかもしれませんが、複雑な条件句を指定した場合や、意図した結果を得られない場合などは、生の SQL 命令を確認することで問題を特定できることがあります。

▌呼び出し元の情報を付与する **7.0**

　設定ファイル /config/environments/development.rb に対して active_record.query_log_tags パラメーターを追加することで、データベースの参照元情報を併せてロギングできるようになります（リスト 2-14）。

▼ **リスト 2-14　development.rb**

```
Rails.application.configure do
  …中略…
  config.active_record.query_log_tags_enabled = true
```

```
  config.active_record.query_log_tags = [ :application, :database, :pid ]
end
```

設定ファイルを編集した場合には、開発サーバーも再起動してください。この状態で「〜 /hello/list」にアクセスすると、ログの内容が以下のように変化します。

```
  Book Load (0.1ms)  SELECT "books".* FROM "books" /*action='list',application='Intro', ↵
controller='hello',database='storage%2Fdevelopment.sqlite3',pid='10196'*/
```

アプリ名、データベース、プロセス ID、コントローラー／アクション名などが付与されるわけです。指定できる情報には、その他にも socket、db_host、job などがあります。

◎ 2.4.9 補足：デバッグの基本

アプリを開発する過程で、**デバッグ**（debug）という作業は欠かせません。デバッグとは、バグ（bug）――プログラムの誤りを取り除くための作業です。VSCode でも、デバッグを効率化するためのさまざまな機能が提供されているので、Model － View － Controller と、Rails アプリを構成する基本要素を確認できたところで、デバッグ機能についても利用してみましょう。

まず、コードエディターから hello_controller.rb を開き、「@books = Book.all」の行の左（行番号左側の空白）をクリックして、ブレークポイントを設置します（図 2-22）。ブレークポイントとは、実行中のプログラムを一時停止させるための機能。デバッグでは、ブレークポイントでプログラムを中断し、その時点でのプログラムの状態を確認していくのが基本です。

▼ 図 2-22　ブレークポイントを設置

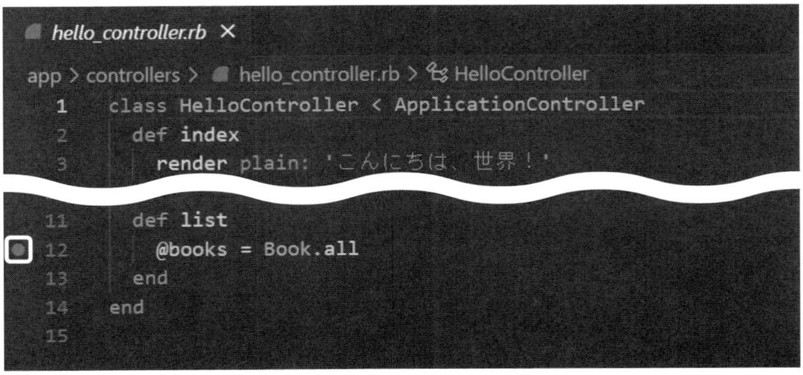

ブレークポイントを設置できたら、🔽（実行とデバッグ）－［launch.json ファイルを作成します］をクリックします。デバッガーを尋ねられるので、［Ruby (rdbg)］を選択します（図 2-23）。

▼ 図 2-23　デバッガーの選択

　/.vscode フォルダーにデバッガー起動のための設定ファイル（launch.json）が生成されるので、リスト 2-15 のように修正してください。

▼ リスト 2-15　launch.json

```
{
  "version": "0.2.0",
  "configurations": [
    {
      "type": "rdbg",                               ──── デバッガーの種類
      "name": "Debug current file with rdbg",       ──── 設定名
      "request": "launch",                          ──── 起動方法
      "cwd": "${workspaceRoot}",                    ──── 作業フォルダー
      "script": "bin/rails server",                 ──── デバッグ時に起動するスクリプト
      "args": [],                                   ──── スクリプトに渡すパラメーター
      "askParameters": false,                       ──── デバッグ開始時にパラメーターを訊くか
      "useBundler": true                            ──── Bundler を利用するか
    },
    …中略…
  ]
}
```

　これでデバッグ実行の準備が完了したので、［実行とデバッグ］ペインで「Debug current file with rdbg」が選択されていることを確認した上で、▶（デバッグの開始）ボタンをクリックします[*42]。

　サーバーを起動するか尋ねられるので、Enter キーを押して起動します（図 2-24）。

▼ 図 2-24　サーバー起動の確認

```
bundle exec ruby bin/rails server
'Enter' を押して入力を確認するか 'Escape' を押して取り消します
```

　デバッグが開始されるので、ブラウザーから「～/hello/list」にアクセスしてみましょう。このタイミングで、VSCode を確認すると、ブレークポイントを設置した行が強調表示され、そこでプログラムが中断されていることが確認できるはずです（図 2-25）。

[*42] もしもサーバーが起動しているならば、デバッグ前に終了しておきましょう。

この状態で、ソースコードの @books にマウスポインターを当ててみましょう。books の内容を確認できます。nil とは、中身が空という意味です。

▼ 図 2-25　ブレークポイントでプログラムが中断した状態

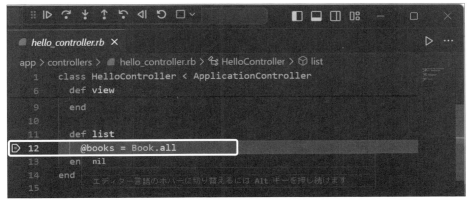

もちろん、これだけでは意味がないので、プログラムの実行を進めてみます。ブレークポイントからは、表 2-11 にあるようなボタンを使って、文単位にコードを進められます。これを**ステップ実行**と言います。ステップ実行によって、コードのどこでなにが起こっているのか、状態の変化を追跡できるわけです。

▼ 表 2-11　ステップ実行のためのボタン

ボタン	概要
↓	ステップイン（1 文単位に実行）
↷	ステップオーバー（1 文単位に実行。ただし、途中にメソッド呼び出しがあった場合には、これを実行した上で次の行へ）
↑	ステップアウト（現在のメソッドが呼び出し元に戻るまで実行）

ここでは ↷ （ステップオーバー）ボタンをクリックしてみましょう。1 行だけ実行された結果、データベースから取得した結果が @books に格納されていることが確認できます（図 2-26）。

第2章　Ruby on Railsの基本

▼図2-26　ステップオーバーした結果

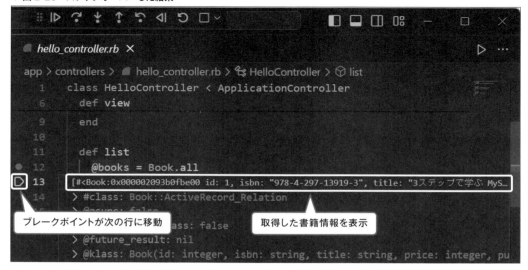

［実行とデバッグ］ペインの［変数］欄からも、同じく現在の値を確認できます（図2-27）。

▼図2-27　［実行とデバッグ］ペインの［変数］欄

ステップ実行をやめて、通常の実行に戻すには、▷（続行）ボタンをクリックしてください。これで次のブレークポイントまで一気にコードが進みます（ブレークポイントがなければ、最後までアプリを実行します）。また、実行そのものを停止するならば、□（停止）ボタンをクリックします。

ウォッチ式

ただし、%selfからいちいちインスタンス変数（@books）の値を探すのは面倒です。そこで監視したい値は［ウォッチ式］に登録しておくと便利です（図2-28）。

［ウォッチ式］欄から ➕（式の追加）をクリックすることで、監視したい変数（式）を追加できます。ここでは「@books.to_a」でデータベースから取得した結果を配列に変換しておきます（その方が中身の確認が簡単になるからです）。

2.4　モデルの基本

▼ 図2-28　［ウォッチ式］欄

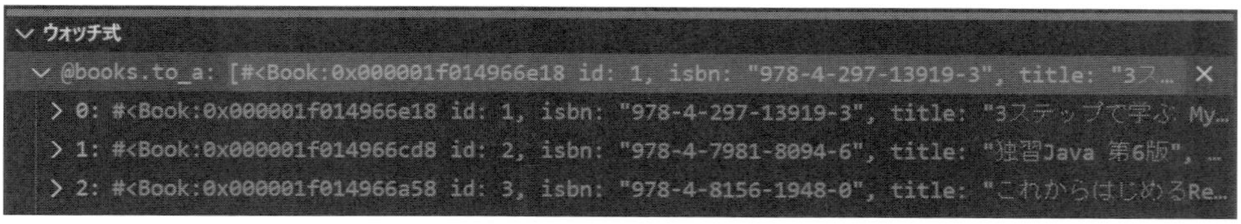

この状態で、先ほどと同じようにデバッグ実行すると、@books の内容が即座に表示されることが確認できます。

COLUMN

Rails で利用できる Rake コマンド

Rake は、Ruby で記述されたビルドツールです。Rails では、初期のバージョンからさまざまな Rake タスクが用意されており、データベースの作成からテストの実行、アセットプリコンパイルの処理までを自動化できるようになっています。

なお、Rails 4 までは、rails コマンドと、Rake タスクを実行する rake コマンドとは別ものでしたが、Rails 5 で rails コマンドとして一本化されました。これによって、rails ／ rake コマンドの使い分けに迷うことがなくなりました。

利用できるタスクは、rails -T コマンドで確認できます。本書で紹介しきれなかったタスクの中にも有用なものはたくさんあるので、一度、自分の目で確認しておくと良いでしょう。

```
> rails -T
bin/rails action_mailbox:ingress:exim          # Relay an inbound email from ...
bin/rails action_mailbox:ingress:postfix       # Relay an inbound email from ...
bin/rails action_mailbox:ingress:qmail         # Relay an inbound email from ...
bin/rails action_mailbox:install               # Install Action Mailbox and i...
bin/rails action_mailbox:install:migrations    # Copy migrations from action_...
bin/rails action_text:install                  # Copy over the migration, sty...
bin/rails action_text:install:migrations       # Copy migrations from action_...
bin/rails active_storage:install               # Copy over the migration need...
bin/rails app:template                         # Apply the template supplied ...
bin/rails assets:clean[keep]                   # Remove old compiled assets
bin/rails assets:clobber                       # Remove compiled assets
…中略…
bin/rails jobs:workoff                         # Start a delayed_job worker a...
bin/rails log:clear                            # Truncate all/specified *.log...
bin/rails stats                                # Report code statistics (KLOC...
bin/rails test                                 # Run all tests in test folder...
bin/rails test:db                              # Reset the database and run `...
bin/rails time:zones[country_or_offset]        # List all time zones, list by...
bin/rails tmp:clear                            # Clear cache, socket and scre...
bin/rails tmp:create                           # Create tmp directories for c...
bin/rails yarn:install                         # Install all JavaScript depen...
bin/rails zeitwerk:check                       # Check project structure for ...
```

67

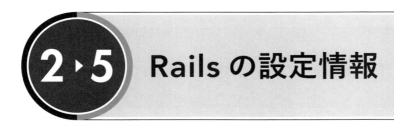

2▶5 Railsの設定情報

Railsアプリの動作は、/configフォルダー配下の各種.rbファイル（設定ファイル）によって設定できます。以降の章でも何度も登場するので、まずは基本的な構成をざっと鳥瞰しておきましょう。

◎ 2.5.1 主な設定ファイルの配置

図2-29に、よく利用するファイルをまとめておきます。

▼ 図2-29 /configフォルダー配下の主なファイル

```
/config
  ├── application.rb ·······················  すべての環境で共通の設定ファイル
  ├── routes.rb ····························  ルート定義ファイル
  ├── database.yml ·························  データベース接続の設定ファイル(2.4.2項)
  ├── importmap.rb ·························  Import Maps(9.3節)の設定情報
  ├── puma.rb ······························  Pumaの設定情報
  ├── credentials.yml.enc ··················  資格情報(5.4.10項)ファイル
  ├── /environments ························  環境ごとの設定ファイル
  │     ├── development.rb ·················  開発環境での設定
  │     ├── test.rb ························  テスト環境での設定
  │     └── production.rb ··················  本番環境での設定
  ├── /initializers ························  その他の初期化処理&設定情報
  │     ├── assets.rb ······················  コンパイル対象のアセットを宣言
  │     ├── content_security_policy.rb ·····  CSP(Content Security Policy)の設定(6.2.6項)
  │     ├── filter_parameter_logging.rb ····  ロギングから除外するパラメーター情報の条件(6.2.7項)
  │     ├── inflections.rb ·················  単数形／複数形の変換ルール
  │     └── permissions_policy.rb ··········  カメラ／位置情報などへのアクセスポリシーを定義(6.2.6項)
  └── /locales ·····························  国際化対応のための辞書ファイル(11.2節)
```

application.rbはアプリ共通の設定情報を、/environmentsフォルダー配下の.rbファイルは各環境固有の設定情報を、それぞれ表します。よって、まず開発時にはdevelopment.rbを中心に編集を進めることになるでしょう。

/initializersフォルダー配下の.rbファイル（初期化ファイル）は、アプリ起動時にまとめてロードされます。既定で用意されている主なファイルは、上のツリー図のとおりですが、必要に応じて自分で.rbファイルを追加することもできます[43]。

設定ファイル／初期化ファイルともに、アプリの起動時に読み込まれるので、編集した場合にはPumaを再

---

[43] 初期化ファイルは再帰的に読み込まれるので、/initializersフォルダー配下にサブフォルダーを設けて、その配下に保存しても構いません。

起動するのを忘れないようにしてください。

◎ 2.5.2 利用可能な主な設定パラメーター

設定ファイルでは、「config.パラメーター名 = 値」の形式で、表 2-12 のような項目を設定できます。

▼ 表 2-12　設定ファイルで利用できる主なパラメーター

分類	パラメーター名	概要
基本	enable_reloading	アプリの変更時に再読み込みするか（既定は development 環境で true、production 環境で false）[*44]
	cache_store	キャッシュの保存先（:memory_store、:file_store（既定）、:mem_cache_store など）
	colorize_logging	ログ情報をカラーリング表示するか（既定は true）
	autoload_lib **7.1**	ロード対象となるパスに /lib フォルダーを追加
	autoload_lib_once **7.1**	ロード対象となるパスに /lib フォルダーを追加[*45]
	autoload_paths	自動ロードパス
	asset_host	Asset ヘルパーで、付与するホスト名
	log_level	ログレベル（既定は development、test 環境で :debug、production 環境で :info）
	logger	使用するロガーの種類（無効にする場合は nil）
	log_tags	ログに指定の情報（タグ）を付与（例：config.log_tags = [:uuid, :remote_ip]）
	time_zone	アプリや Active Record で利用する既定のタイムゾーン[*46]
	i18n.default_locale	国際化対応で利用する既定のロケール（既定は :en）
Active Record	active_record.logger	利用するロガー（nil でロギングを無効化）
	active_record.schema_format	スキーマのダンプ形式（:ruby、:sql）。既定は :ruby
	active_record.timestamped_migrations	マイグレーションファイルをタイムスタンプで管理するか（既定は true。false ではシリアル番号）
Action Controller	action_controller.logger	利用するロガー（nil でロギングを無効化）
	action_controller.perform_caching	キャッシュ機能を有効にするか
	session_store	セッションを格納するストア名（:cookie_store、:mem_cache_store、:disabled など）
Action View	action_view.default_form_builder	既定で利用されるフォームビルダー（既定は ActionView::Helpers::FormBuilder）
	action_view.logger	利用するロガー（nil でロギングを無効化）
	action_view.field_error_proc	エラー時に入力要素を括るタグ（5.5.2 項）
	action_view.annotate_rendered_view_with_filenames **6.1**	出力にテンプレートファイル名を追加するか（既定は false）

[*44] 本パラメーターを true にした場合、監視のオーバーヘッドが発生するため、処理効率も低下します。本番環境で true にすべきではありません。

[*45] autoload_lib がファイルを変更時に再読み込みするのに対して、autoload_lib_once は起動時に一度読み込むだけでリロードはしません。

[*46] ターミナルから rails time:zones:all コマンドを実行することで、利用可能なタイムゾーンを確認できます。

第2章　Ruby on Rails の基本

　重要なものは、以降の章でも改めて個別に触れていくので、まずは「こんなものがあるんだな」という程度で眺めれば十分です。ここでは1点のみ、コードの**自動ロード**（自動読み込み）に関わる autoload_paths、autoload_lib パラメーターについてのみ補足しておきます。

　まず、標準的な Ruby アプリの世界では、別ファイルで定義されたクラスなどを利用する際には require 命令で、明示的に取り込まなければなりません。たとえばリスト 2-1 の例であれば、コードの先頭で、

```
require "application_controller"
```

のような宣言があるべきところです。

　しかし、Rails の世界ではこのような require は不要ですし、書いてはいけません。というのも、Rails では
あらかじめ決められたパスから決められたルールで対応するファイルを読み込む
というルールがあるからです。

　「あらかじめ決められたパス」とは autoload_paths パラメーターで指定されたパスで、既定では「/app フォルダー配下の任意のサブフォルダー（ただし、assets、javascript、views は除く）」です。これらのパスを**自動ロードパス**とも言います。

　たとえばリスト 2-1 であれば、ApplicationController が利用されているので、そのアンダースコア形式「application_controller.rb」を自動ロードパスから検索、取り込みます[*47]。

　ちなみに、自動ロードパスに新たなパスを加えるならば、設定ファイルに対して、以下のようなコードを追加します。

```
config.autoload_paths += %W(#{config.root}/lib)
```

　config.root はプロジェクトルートを意味するので、これでプロジェクト配下の /lib フォルダーが自動ロードパスとなるわけです。

　ただし、/lib フォルダーは自動ロードパスとしてよく追加することから、Rails 7.1 では autoload_lib パラメーターが追加されました。設定ファイルで宣言することで、/lib フォルダーの配下を自動ロードの対象にできます。既定の application.rb でも、リスト 2-16 のような設定が用意されていることを確認しておきましょう。

▼ リスト 2-16　application.rb

```
config.autoload_lib(ignore: %w(assets tasks))
```

　ignore オプションは /lib フォルダーの配下で無視すべきサブフォルダーを表します。この例であれば、/assets、/tasks サブフォルダーには、Rails アプリからインポートすべき .rb ファイルは含まれないので、自動ロードの対象外としています。

[*47] 当然、クラス／定数を準備する際は、このルールに則るように、ファイルも命名しなければなりません。

2.5.3 アプリ固有の設定を定義する

アプリ固有の設定情報は、/config フォルダー配下に my_config.yml のようなファイルを用意してまとめておくことをお勧めします。以下に、このような設定ファイルの例を示します（リスト 2-17）。

▼ リスト 2-17　my_config.yml

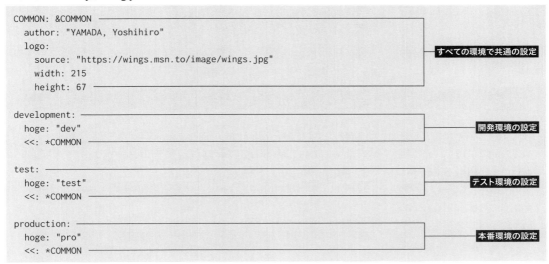

COMMON キーの「&COMMON」は、キー全体を「COMMON」という名前で参照できるようにするためのエイリアスでした。このようにエイリアスを利用することで、ここでは development、test、production キーに共通の情報を COMMON キーにまとめているわけです。YAML 式の便利な記法の1つなので、再確認しておきましょう。

このように定義した設定ファイルは、初期化ファイルで起動時に明示的に読み込んでおく必要があります。/config/initializers フォルダー配下に my_config.rb（リスト 2-18）のようなファイルを用意します[48]。

▼ リスト 2-18　my_config.rb

```
MY_APP = YAML.load(
  File.read("#{Rails.root}/config/my_config.yml"), aliases: true)[Rails.env]
```

YAML ファイルを読み込むのは、YAML.load メソッドの役割です。この例では、読み込んだ結果の中から Rails.env（現在の環境）をキーに持つもの——たとえば、development キー配下の情報だけを取り出し、グローバル変数 MY_APP にセットしています。エイリアスを引用する際には aliases オプションを有効（true）にしておきましょう。

変数 MY_APP はコントローラー、ビューなど、すべてのファイルから参照できます（リスト 2-19）。

---

[48] 名前に特に決まりはありません。内容を類推しやすい範囲で自由に決めてください。

第 2 章　Ruby on Rails の基本

▼ **リスト 2-19　hello_controller.rb**

```
def app_var
  render plain: MY_APP['logo']['source']     # 結果：https://wings.msn.to/image/wings.jpg
end
```

　アプリ共通で利用する情報は、このように単一のグローバル変数にまとめておくことで、名前空間を無駄に汚すことなく、また、簡単にアクセスできます。

COLUMN　　　　　　　　　　**オリジナルの Rake タスクを定義する**

　Rake（P.67）で動作するタスクを自分で作成する場合には、lib/tasks フォルダーの配下に .rake ファイルを作成してください。たとえば、リスト 2-20 は与えられた名前に基づいて、標準出力にメッセージを表示するだけの rails my:message コマンドの例です。

▼ **リスト 2-20　message.rake**

```
namespace :my do
  desc 'Show sample message'                        ❸
  task :message, [:name] => :environment do |t, args|
    name = args[:name] || 'Rake task'                ❶  ❷
    puts "Hello, #{name}!"
  end
end
```

　タスク本体は、task メソッドの配下に定義します（❶）。

task メソッド

task(*name*, *args* => *deps*, *&block*)

・・・
name：タスク名　　　*args*：タスクが受け取るパラメーター　　　*deps*：依存するタスク　　　*&block*：タスク本体

　この例であれば、name パラメーターを受け取る message タスクを定義しなさい、という意味になります。environment タスクはアプリの環境を有効にするためのタスクで、データベースに対してクエリを発行する際などに利用します（ここでは利用していません）。

　タスクを特定の名前空間（モジュール）配下で定義したい場合には、namespace ブロックでタスクを括ってください（❷）。複数の階層にしたい場合には、namespace ブロックを入れ子にすることもできます。desc メソッド（❸）は、rails -T コマンドなどで表示すべきタスクの説明を表します。

　このように定義したタスクは、コマンドラインから「rails 'my:message[Yamada]'」のように呼び出せます。

導入編 ▶ 第 **3** 章

Scaffolding機能による
Rails開発の基礎

Railsでは、コントローラー、テンプレート、モデルクラスを
個別に作成する他、Scaffoldingという機能を利用すること
で、アプリに必要な要素をまとめて生成することもできます。
Scaffolding機能を利用することで、（たとえば）定型的な
──しかし数だけは多いテーブル管理画面などの開発を効率
化できます。また、学習の局面でも、Railsによる基本的な
CRUD機能を実装する良いお手本ともなります。本章では、
booksテーブルを編集するためのアプリをScaffolding機能
を使って開発し、そのコードを読み解いていきます。その中で、
Railsプログラミングの基本的なお作法を理解しましょう。

3.1 Scaffolding機能によるアプリケーション開発

Railsでは、コントローラー（Controller）、テンプレート（View）、モデルクラス（Model）を個別に準備するだけではありません。**Scaffolding**（スキャフォールディング）と呼ばれるしくみを利用することで、CRUD（Create – Read – Update – Delete）機能を備えたアプリを半自動で作成できるようになります。

Scaffoldingとは足場、骨組みという意味で、この場合であれば、まさに「アプリの骨組みとなるコードを作成」してくれるわけです。もちろん、骨組みにすぎないので、生成されたコードをそのまま利用できるわけではありませんが、定型的なコードがあらかじめ用意されているだけでも、コーディングの手間暇を減らせます。

また、定型的なコードとは、そのままデータベース連携のお手本でもあります。本章でも、まず実際にScaffolding機能を利用し、アプリの動作を確認したあと、自動生成されたコードを順に読み解いていきます。その過程で、Railsプログラミングの基本的なイディオムを学びます。

3.1.1 Scaffolding開発の手順

図3-1は、本章で作成するアプリの画面遷移図です。まずは、Scaffolding機能でどれだけ簡単に、しかしひととおりのCRUD機能を備えたアプリを実装できるのかを確認してみましょう。

なお、アプリ作成の手順でも、既出の箇所の説明は簡単に済ませますので、詳細は前章を今一度確認してください。

▼ 図3-1　Scaffolding機能で開発したbooksテーブルの管理画面

1 一部のファイルを削除する

Scaffolding機能は、アプリの動作に必要なコントローラークラスからテンプレートファイル、モデルクラス、マイグレーションファイルまでをまとめて自動生成してくれる便利機能です。しかし、一部のファイルは既に前章で作成してしまっており、このままでは正しくScaffolding機能を動作させることができません[*1]。

そこで本章では、Scaffolding機能を実行する前に、前章で作成したデータベースとモデル、その関連ファイルを削除しておきます。削除には、次のコマンドを実行します。

```
> rails destroy model book                              ← Bookモデルとその関係ファイルを破棄
      invoke    active_record
      remove      db/migrate/20240609070638_create_books.rb
      remove      app/models/book.rb
      invoke    test_unit
      remove      test/models/book_test.rb
      remove      test/fixtures/books.yml
> rails db:drop DISABLE_DATABASE_ENVIRONMENT_CHECK=1     ← データベース（development.sqlite3）を削除
```

DISABLE_DATABASE_ENVIRONMENT_CHECKは、本来、production環境でデータベースを削除する際に付与するオプションです。ただし、Windows環境ではdevelopment環境でも明示する必要があります（さもないと、「Permission denied ～」のようなエラーが発生します）。

2 booksテーブルを操作する関連ファイルをまとめて生成する

Scaffolding機能を利用するには、これまでも利用してきたrails generateコマンドを利用します。

rails generateコマンド（Scaffolding機能）

```
rails generate scaffold name field:type [...] [options]
```

name：モデル名　　field：フィールド名　　type：データ型　　options：動作オプション[*2]

modelがscaffoldというキーワードに代わっただけで、ほとんどがモデル生成の場合と同じ構文です[*3]。モデル名には、ここではbooksテーブルを操作するための機能を生成したいので、2.4.3項の命名規則に従って単数形のbookを指定します。booksテーブルのフィールドレイアウトは、P.107の表3-5を参照してください。

```
> rails generate scaffold book isbn:string title:string price:integer publisher:string ↵
published:date dl:boolean
      invoke    active_record
      create      db/migrate/20240610050127_create_books.rb
```

[*1] 正確には、重複ファイルをスキップさせるようにすれば良いのですが、本章ではScaffolding機能の標準の動作を確認するために、その方法は採りません。

[*2] 利用できるオプションは、rails generate controller／modelコマンドで利用できたものとほぼ同じです。詳しくはそちら（2.2.1項、2.4.3項）を参照してください。

[*3] コマンドは、ダウンロードサンプル配下のcommand.txtにも掲載しています。いちいちタイプするのが面倒という方は、こちらをコピーして利用しても構いません。

```
…中略…
create      app/views/books/_book.json.jbuilder
```

　コマンドの結果、プロジェクトルートの配下には、図3-2のようなファイルが生成されます。ファイルの数も多くなっていますが、基本的にはこれまでに紹介してきたファイルがまとめて作成されているにすぎません[*4]。

▼図3-2　rails generate コマンドで自動生成されたファイル

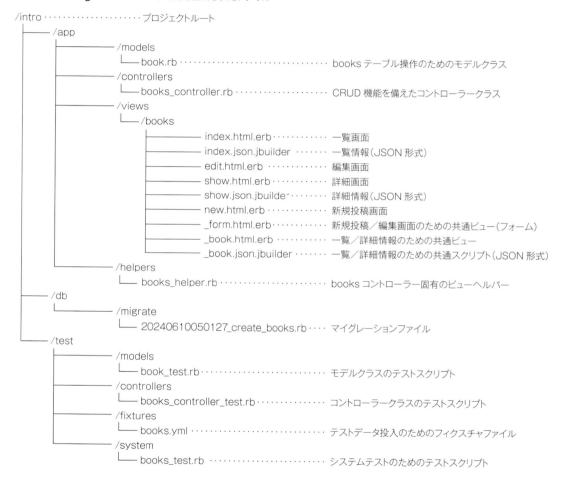

3 マイグレーションファイルを実行する

　必要なことの大部分は自動で済ませてくれるScaffolding機能ですが、マイグレーションによるテーブルの作成だけはrailsコマンドで個別に実行する必要があります。

[*4]　以前の rails generate コマンドの結果とも比較してみましょう。

```
> rails db:migrate
== 20240610050127 CreateBooks: migrating =====================================
-- create_table(:books)
   -> 0.0100s
== 20240610050127 CreateBooks: migrated (0.0108s) ============================
```

また、アプリの動作を確認するため、2.4.5項のようにbooks.ymlをコピーして、テストデータを準備しておきましょう。

```
> rails db:fixtures:load FIXTURES=books
```

以上でScaffolding機能によるアプリの作成は完了です（簡単ですね！）。
データベースの準備ができたら、開発サーバーを起動し、ブラウザーに次のアドレスを指定します。

```
http://localhost:3000/books
```

図3-3のように、booksテーブルの一覧画面が表示されます。データの追加／修正／削除が正しくできることも確認してみましょう。既定で自動生成される画面は項目名なども英語ですが、.html.erbファイルを編集することで、見栄えも簡単に変更できます。

▼図3-3 Scaffolding機能で実装されたアプリのトップページ

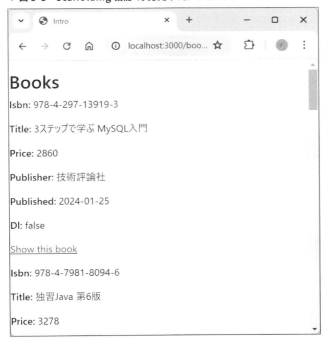

第 3 章　Scaffolding 機能による Rails 開発の基礎

◎ **3.1.2** 自動生成されたルートを確認する ― resources メソッド

Scaffolding 機能でアプリを生成すると、config/routes.rb にリスト 3-1 のようなコードが追加されます。

▼ **リスト 3-1　routes.rb**

```
Rails.application.routes.draw do
  resources :books
  …中略…
end
```

たったこれだけの記述ですが、resources は CRUD 操作に関わる複数のルートをまとめて定義してくれる、優れもののメソッドです。

では、ここで実際にどのようなルートが生成されているのかを確認してみましょう。これには、ターミナルから rails routes コマンドを実行するだけです。rails routes は routes.rb を解析し、現在の有効なルートをリスト表示するためのコマンドです。以降もよく利用するので、是非覚えておいてください。

```
> rails routes
    Prefix Verb   URI Pattern               Controller#Action
     books GET    /books(.:format)          books#index
           POST   /books(.:format)          books#create
  new_book GET    /books/new(.:format)      books#new
 edit_book GET    /books/:id/edit(.:format) books#edit
      book GET    /books/:id(.:format)      books#show
           PATCH  /books/:id(.:format)      books#update
           PUT    /books/:id(.:format)      books#update
           DELETE /books/:id(.:format)      books#destroy
```

以上の結果をもう少しわかりやすくまとめてみると、表 3-1 のようになります（「節」は、それぞれのテーマを扱う本章内での節番号を表しています）。

▼ **表 3-1　「resources :books」で定義されたメソッド**

節	URL パターン	呼び出すアクション	HTTP メソッド	役割
3.2	/books(.:format)	index	GET	一覧画面を表示
3.3	/books/:id(.:format)	show	GET	個別詳細画面を表示
3.4	/books/new(.:format)	new	GET	新規登録画面を表示
	/books(.:format)	create	POST	新規登録画面の入力を受けて登録処理
3.5	/books/:id/edit(.:format)	edit	GET	編集画面を表示
	/books/:id(.:format)	update	PATCH ／ PUT	編集画面の入力を受けて更新処理
3.6	/books/:id(.:format)	destroy	DELETE	一覧画面で指定されたデータを削除処理

resources メソッドによって books（書籍情報）というリソースに対する標準的な操作がまとめてルート定

義されるわけです[*5]。以降の節では、上の表の内容を念頭に、対応するアクションやテンプレートについて見ていきます。

URL パターンに含まれる「:id」「:format」の意味

　resources メソッドで定義された URL パターンの「/books/:id/edit(.:format)」に注目してみましょう。「:id」「:format」のような表記が含まれていますね。この「:*名前*」の部分は変数のプレイスホルダーで、アクションメソッドに渡される任意のパラメーター（**ルートパラメーター**）を表します。また、丸カッコで囲まれている部分は、省略可能であるという意味です。

　つまり、ここで定義された URL パターンは、図 3-4 のようなリクエスト URL にマッチし、books#edit アクションで処理されるということです。

▼図 3-4　URL パターンの「:id」「:format」

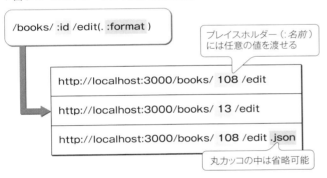

　ルートパラメーターを取得する方法については、改めて 3.3.1 項で解説します。ここではまず、ルーティングを利用することで URL 経由で任意の値を受け渡しできる、ということを覚えておきましょう。

＊5　resources メソッドによるルート定義はカスタマイズすることもできます。詳しくは第 7 章で改めて解説します。

79

第 3 章　Scaffolding 機能による Rails 開発の基礎

3▶2 一覧画面の作成（index アクション）

本節からは、自動生成された個々の画面について、そのコードを読み解いていきます。まずは、index アクション（一覧画面）からです。

◎ 3.2.1 index アクションメソッド

books#index アクションは「/books」で呼び出すことができる、いわゆるトップページを生成するためのアクションです（リスト 3-2）。

▼ **リスト 3-2　books_controller.rb**

```
def index
  @books = Book.all
end
```

index メソッドの内容については 2.4.7 項でも扱っているので、特筆すべき点はありません。ここで注目していただきたいのは、index アクションに対応するテンプレートファイルです。

2.3.2 項でも触れたように、テンプレートファイルは、/app/views フォルダーの配下に「コントローラー名 / アクション名 .html.erb」という命名形式で配置するのでした。この例であれば、books/index.html.erb が index アクションに対応するテンプレートです。

しかし、/app/views/books フォルダーの配下を確認してみると、index.html.erb とは別にもう 1 つ、index.json.jbuilder というファイルがあります。index で始まることからも、いかにも index アクションと関係がありそうだとは思いませんか。

そのとおり、index.json.jbuilder は、index アクションの結果を（HTML 形式ではなく）JSON 形式[6] で出力するためのテンプレートです。テンプレートとして index.json.jbuilder を利用するには、URL を以下のように変えてアクセスするだけです（結果は、データによって変動します）。

```
http://localhost:3000/books.json
```

↓

```
[
  {
```

---

* 6　JavaScript Object Notation。JavaScript のオブジェクトリテラルをそのまま利用したデータ形式です。その性質上、JavaScript との親和性に優れ、フロントエンド開発の局面でよく利用されます。

80

```
  "id": 1,
  "isbn": "978-4-297-13919-3",
  "title": "3ステップで学ぶ MySQL入門",
  "price": 2860,
  "publisher": "技術評論社",
  "published": "2024-01-25",
  "dl": false,
  "created_at": "2024-03-03T05:46:14.608Z",
  "updated_at": "2024-03-03T05:46:14.608Z",
  "url": "http://localhost:3000/books/1.json"
},
{
  "id": 2,
  "isbn": "978-4-7981-8094-6",
  "title": "独習Java 第6版",
  "price": 3278,
  "publisher": "翔泳社",
  "published": "2024-02-15",
  "dl": true,
  "created_at": "2024-03-03T05:46:14.608Z",
  "updated_at": "2024-03-03T05:46:14.608Z",
  "url": "http://localhost:3000/books/2.json"
},
…中略…
]*7
```

booksテーブルの内容がJSON形式で出力されます。このようにRailsでは、与えられた拡張子に応じて、利用するテンプレートを選択し、出力を変更できます。

もっと言えば、.html.erbという拡張子は（単なる固定値ではなく）

ERBを使って、HTML形式の出力を生成するためのテンプレート

を意味していたわけです。

同じように、.json.jbuilderは「JBuilderを使って、JSON形式の出力を生成するためのテンプレート」を意味します。JBuilderテンプレートの記法については6.3.2項で取り上げるので、ここではまず、「拡張子.jsonによって、テンプレートファイル.json.jbuilderが呼び出される」ことを理解しておいてください。

> **NOTE ルート定義（:format パラメーター）**
>
> 3.1.2項で、「/books(.:format)」のようなルートが定義されていたのを思い出してください。このように、アクションメソッドでは省略可能な:formatパラメーターを受け取ることで、出力形式を決めていたわけです[8]。
>
> これまで:formatパラメーターを意識せず、「http://localhost:3000/books」のように指定できたのは、:formatパラメーターの既定値がhtmlであったためです。明示的に「http://localhost:3000/books.html」としても同じ結果を得られます。

＊7　結果には、見やすいように適宜、改行とインデントを加えています。
＊8　他のアクションでも、このルールは同様です。

3.2.2 index.html.erb テンプレート

続いて books#index アクションに対応する books/index.html.erb（リスト 3-3）と、index.htm.erb から呼び出されている book/_book.html.erb（リスト 3-4）のコードです。

▼ リスト 3-3　books/index.html.erb

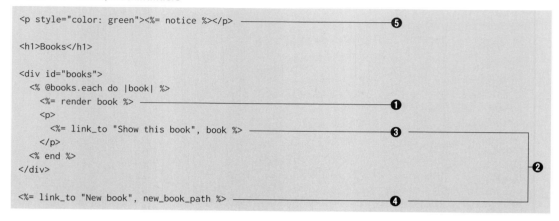

❶ 複数のビューで再利用できる内容は外部化する

一覧画面の実際の表示と比べると、随分とシンプルなテンプレートですね。実は index.html.erb は、**個々の書籍情報をもう 1 つのテンプレート（book）を使って出力しなさい**という指示を出しているだけのテンプレートです。

Scaffolding で作成したアプリでは、一覧／詳細画面ともに同じ見た目を再利用しています（詳細画面で利用した単票を、一覧画面では縦に並べているだけです）。このような場合に、それぞれのテンプレートで同じ記述を繰り返すのは無駄なので、別テンプレートとして外部化してしまうのが基本です（図 3-5）。

▼ 図 3-5　部分テンプレート

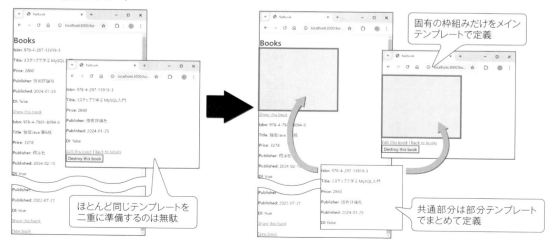

3.2 一覧画面の作成（index アクション）

　このようなおおもとのテンプレート（メインテンプレート）から呼び出される断片的なテンプレートのことを**部分テンプレート**と言います。この例であれば、books/_book.html.erb（リスト 3-4）がそれです。ファイル名の先頭に「_」（アンダースコア）を付与するのは、部分テンプレートの命名規則です（これで部分テンプレート book を定義した、と見なします）。

▼ **リスト 3-4　books/_book.html.erb**

```erb
<div id="<%= dom_id book %>">
  <p>
    <strong>Isbn:</strong>
    <%= book.isbn %>
  </p>

  <p>
    <strong>Title:</strong>
    <%= book.title %>
  </p>

  <p>
    <strong>Price:</strong>
    <%= book.price %>
  </p>

  <p>
    <strong>Publisher:</strong>
    <%= book.publisher %>
  </p>

  <p>
    <strong>Published:</strong>
    <%= book.published %>
  </p>

  <p>
    <strong>Dl:</strong>
    <%= book.dl %>
  </p>
</div>
```

　このような部分テンプレートを呼び出すのが、render メソッドの役割です。

render メソッド

```
render partial, param: value, ...
```
partial：部分テンプレート名　　param：パラメーター名　　value：パラメーター値

　たとえば部分テンプレート books/_book.html.erb に対して、引数 book（値はブロックパラメーターから渡された変数 book）を渡すならば、以下のように表します。

83

第 3 章　Scaffolding 機能による Rails 開発の基礎

```
<%= render 'book', book: book %>
```

　ただし、シンプルな部分テンプレートの呼び出しなのに、「book」という単語が 3 回も登場するのは冗長です。そこで上のコードは、

```
<%= render book %>
```

のように簡単化できます。渡されたモデルの型（ここでは Book）を元に、_book.html.erb を検索してくれるわけです。これはまさに❶のコードでもあり、この後もよく出てくる表現なので、是非覚えておきましょう。

❷ ビューヘルパーを活用する

　ビューヘルパーとは、テンプレートファイルを記述する際に役立つメソッドのこと。ビューヘルパーを利用することで、フォーム要素の生成をはじめ、文字列や数値の整形、エンコード処理など、ビューでよく利用する操作をよりシンプルに記述できます。

　たとえば、❷で使用している link_to メソッドは、与えられた引数をもとにハイパーリンクを生成するためのメソッドです。

```
<a href="<%= url%>"><%= text %></a>
```

のように記述することもできますが、HTML とスクリプトブロックが混在するのは、コードが読みにくくなる一因です。また、ビューヘルパーはモデルやルートと連携できるなど、Rails との親和性も高いので、特別な理由がないならば、できるだけビューヘルパーを利用するのが望ましいでしょう。

---

link_to メソッド

```
link_to(body, url [,html_opts])
```
body：リンクテキスト　　*url*：リンク先のパス（またはパラメーター情報）
html_opts：<a>要素に付与する属性（「*属性名: 値*」のハッシュ形式）

　たとえば、

```
<%= link_to('サポートサイト', 'https://wings.msn.to/',
  class: 'outer', title: '困った時はこちらへ！') %>
```

とした場合には、

```
<a class="outer" title="困った時はこちらへ！"
  href="https://wings.msn.to/">サポートサイト</a>
```

のようなアンカータグが生成されます。

　Rails では link_to メソッドの他にも、image_tag、form_with、text_field など、実にさまざまなビューヘルパーが用意されています。個々の使い方については、第 4 章で改めて説明します。

❸ link_to メソッドでの特殊なパス表記（オブジェクト）

ハイパーリンクを生成するという誤解のしようもないシンプルな機能を提供する link_to メソッドですが、実は注目すべきポイントはいろいろあります。

まずは、リスト 3-3 の中でも以下の箇所に注目してみましょう。

```
<%= link_to "Show this book", book %>
```

book は、each メソッドによってテンプレート変数 @books から取り出された個別の要素——つまり、Book オブジェクトです。link_to メソッドのリンク先パス（引数 url）にモデルオブジェクトが渡された場合、Rails はオブジェクトを一意に表す値、つまり、book.id を取得しようとします。id フィールドには 1、2... のような連番がセットされているはずなので、ここではリンク先のパスも 1、2... となるわけです。そして、現在のパスは「/books/」なので、最終的に「/books/1」のようなパスが生成されることになります。

❹ link_to メソッドでの特殊なパス表記（ビューヘルパー）

同じく引数 url に相当する部分で不思議な表記があります。以下のコードに注目してみましょう。

```
<%= link_to "New book", new_book_path %>
```

new_book_path は、routes.rb で resources メソッドを呼び出したときに自動的に用意されるビューヘルパーです。たとえば現在のルート定義（resources :books）では、表 3-2 のようなビューヘルパーが自動的に定義されたことになります。

▼ 表 3-2　ルート定義によって自動生成されるビューヘルパー

ヘルパー名	得られるパス
books_path	/books
book_path(id)	/books/:id
new_book_path	/books/new
edit_book_path(id)	/books/:id/edit

これらのビューヘルパーを利用することで、それぞれ対応するパスを得られるわけです。可読性の観点からも、Rails でパス指定する場合には、まずはこれらのビューヘルパーを利用すると良いでしょう[*9]。

❺ 変数 notice はメッセージの表示場所

テンプレート上部に用意された「<%= notice %>」は、名前からも想像できるように注意（notice）メッセージを表示するためのプレイスホルダーです。注意メッセージについては、改めて create アクション（3.4.2 項）でメッセージを実際にセットする際に解説するので、ここではまず、表示のための枠が用意されていたことだけを覚えておいてください。

---

*9　実は、❸ の「book」というパス表記もヘルパーを利用して「book_path(book)」と表記できます。

3.3 詳細画面の作成（show アクション）

続いて、詳細画面です。詳細画面は、一覧画面でそれぞれの明細直下にある［Show this book］リンクをクリックしたときに表示される画面のことです（図 3-6）。

▼ 図 3-6　［Show this book］リンクのクリックで、対応する書籍の詳細画面を表示

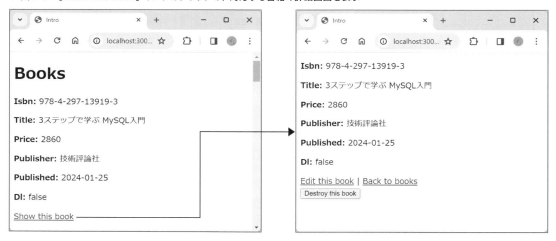

3.3.1 show アクションメソッド

books#show アクションのコードは、リスト 3-5 のとおりです。

▼ リスト 3-5　books_controller.rb

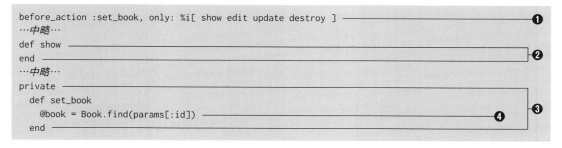

まず、❶の before_action メソッドは、アクションメソッドの前に実行すべきメソッドを指定します（このようなメソッドのことを**フィルター**と言います）。

3.3 詳細画面の作成（showアクション）

before_action メソッド

```
before_action method, only: action
```
method：フィルターとして実行されるメソッド　　*action*：フィルターを適用するアクション（配列）

　この例であれば、show／edit／update／destroyアクションを実行するに先立って、set_bookメソッドを実行しなさい、という意味になります。複数のアクションで共通するような処理は、このようにフィルターとして切り出すことで、アクションメソッドの記述をシンプルにできます（図3-7）。たとえばshowアクション（❷）であれば、まかなうべき処理はすべてフィルターに委ねられるため、メソッドの中身は空です。

▼ 図3-7　共通処理はフィルターに委ねる

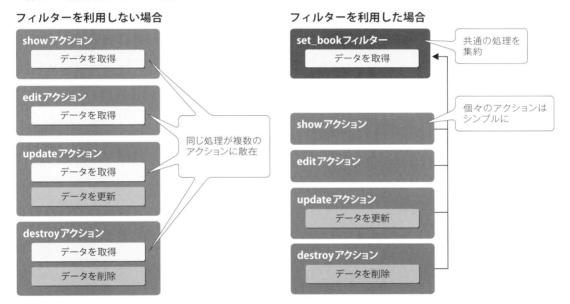

　フィルターの実処理を表しているのは❸です。フィルターでは、意図せずアクションとして呼び出されてしまうのを防ぐために、private宣言しておくのが通例です。

　フィルターの中身も読み解いていきましょう（❹）。P.78の表3-1でも見たように、showアクションはURLパターン「/books/:id(.:format)」に紐づいているのでした。つまり「/books/1」のようなURLで呼び出されることを想定しています。

　このようにURL経由で渡されたパラメーター（ここでは:id）を取得するのが、paramsメソッドの役割です。「params[:id]」で:idパラメーターの値を取得しています。

　そして、:idパラメーター（Bookオブジェクトのid）をキーにbooksテーブルを検索するのがfindメソッドの役割です。findメソッドは、与えられたid値に対応するレコードを検索し、その結果をモデルオブジェクト（ここではBookオブジェクト）として返します。

　findメソッドで得られた結果は、例によって、テンプレート側で参照できるように、テンプレート変数@bookにセットしておきます。

第 3 章　Scaffolding 機能による Rails 開発の基礎

◎ **3.3.2 show.html.erb テンプレート**

books#show アクションに対応するテンプレート show.html.erb はリスト 3-6 のとおりです。

▼ **リスト 3-6　books/show.html.erb**

```
<p style="color: green"><%= notice %></p>

<%= render @book %> ──────────────────────────────────────── ❶

<div>
  <%= link_to "Edit this book", edit_book_path(@book) %> | ───────┐
  <%= link_to "Back to books", books_path %> ────────────────────┤❷
                                                                  ┘
  <%= button_to "Destroy this book", @book, method: :delete %> ──── ❸
</div>
```

　部分テンプレートにオブジェクトを引き渡す render メソッド（❶）、resources メソッドによって自動生成された ビューヘルパー（❷）などについては、3.2.2 項でも触れているので、前掲の解説を参照してください。ここでは、button_to メソッド（❸）に注目してみましょう。

---

button_to メソッド

button_to(*name*, *opts* [, *html_opts*])

- -

name：ボタンのキャプション　　*opts*：リンク先のパス
html_opts：`<button>`要素に付与する属性（「*属性名：値*」のハッシュ形式）

---

　button_to メソッドは、ボタン形式のリンクを生成するためのメソッドです。見た目こそ異なりますが、link_to メソッドと構文はほとんど同じです。基本的な用法は 3.2.2 項を参照いただくとして、ここでは新出の method オプションに注目してみましょう。

```
<%= button_to "Destroy this book", @book, method: :delete %>
```

⬇

```
<form class="button_to" method="post" action="/books/1">
  <input type="hidden" name="_method" value="delete" autocomplete="off" />
  <button type="submit">Destroy this book</button>
  <input type="hidden" name="authenticity_token"
    value="8G6MdF24h5zSv..." autocomplete="off" />
</form>
```

　まず、button_to では HTTP POST によるリクエストが既定です。しかし、P.78 の表 3-1 を確認すると、リンク先（ここでは destroy アクション）で要求されているのは HTTP DELETE。標準的なブラウザーでは、HTTP GET ／ POST 以外のリクエストは認められていないので、このままでは destroy アクションを呼び出

88

せません。

そこで、

とりあえずHTTP POSTで送信するけど、実際にはHTTP DELETEで処理してね

という意図を伝えるのが、methodオプションです（図3-8）。内部的には、隠しフィールド_methodとして生成されます（上記コードの太字部分）[10]。

▼ 図3-8 疑似的なHTTP DELETEの表現

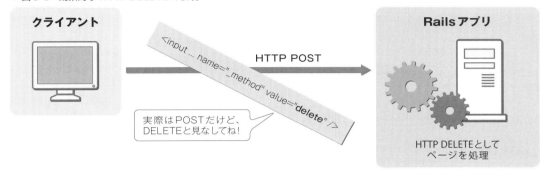

随分と回りくどいようにも思えますが、Railsでは、

- 異なるリソースは一意なURLで表す
- リソースに対する操作は、あるべきHTTPメソッド（GET、POST、PUT、DELETE）で操作する

のがお作法です。このようなルールに則ることで、統一感のある、意図を汲み取りやすいルートを設計できるからです。詳しくは第7章で改めて説明しますが、まずは

HTTP GET／POST以外のルートに対しては、methodオプションでHTTPメソッドを宣言する

と覚えておきましょう。

---

[10] ここではボタンの例を挙げていますが、リンク（link_to）でも同様です。

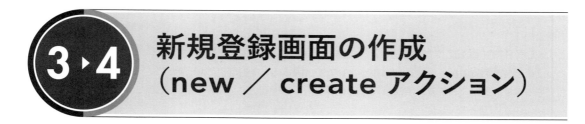

3.4 新規登録画面の作成（new／create アクション）

続いて、新規に書籍情報を登録するための登録画面を確認します（図 3-9）。新規登録画面は、一覧画面の下部から［New book］リンクをクリックすることで表示できます。

▼ 図 3-9　新規の書籍情報を登録するための画面

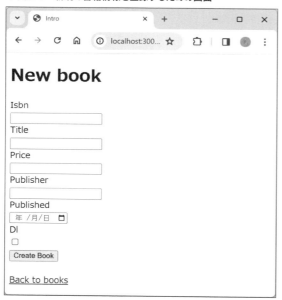

◎ 3.4.1　new.html.erb テンプレートファイル

これまでと順番は変わりますが、まずは新規登録画面を定義するテンプレートの側から見てみましょう（リスト 3-7）。

▼ リスト 3-7　books/new.html.erb

```
<h1>New book</h1>

<%= render "form", book: @book %>

<br>
```

3.4 新規登録画面の作成（new／create アクション）

```
<div>
  <%= link_to "Back to books", books_path %>
</div>
```

　先ほどの一覧／詳細画面と同じく、新規登録／編集画面も共通の見た目を利用できるので、部分テンプレートを利用しています（太字）。「book: @book」で、あらかじめ用意したモデルクラスを引き渡す構文も、3.2.2 項で触れたとおりです[*11]。

　ということで、本来のフォーム本体（_form.html.erb）の中身を読み解いていくことにしましょう（リスト 3-8）。

▼ **リスト 3-8　books/_form.html.erb**

```
<%= form_with(model: book) do |form| %>
  <% if book.errors.any? %>
    <div style="color: red">
      <h2><%= pluralize(book.errors.count, "error") %> prohibited this book from being saved:</h2>

      <ul>
        <% book.errors.each do |error| %>
          <li><%= error.full_message %></li>
        <% end %>
      </ul>
    </div>
  <% end %>

  <div>
    <%= form.label :isbn, style: "display: block" %>
    <%= form.text_field :isbn %>
  </div>

  <div>
    <%= form.label :title, style: "display: block" %>
    <%= form.text_field :title %>
  </div>

  <div>
    <%= form.label :price, style: "display: block" %>
    <%= form.number_field :price %>
  </div>

  <div>
    <%= form.label :publisher, style: "display: block" %>
    <%= form.text_field :publisher %>
  </div>

  <div>
    <%= form.label :published, style: "display: block" %>
    <%= form.date_field :published %>
```

[*11]　この例では、部分テンプレートがモデルとは別名なので、いわゆる省略構文は利用できません。

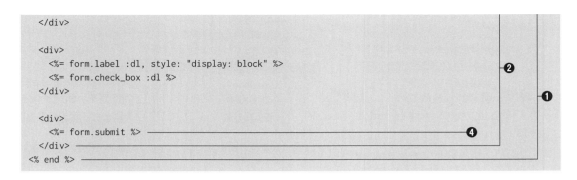

```
    </div>

    <div>
      <%= form.label :dl, style: "display: block" %>
      <%= form.check_box :dl %>
    </div>

    <div>
      <%= form.submit %>
    </div>
<% end %>
```

　薄字の部分は、入力値検証で発生したエラー情報を表示するためのコードです。

　入力値検証については5.5節で改めて説明するので、ここではまずは無視してください。以下では残るフォーム本体に関する点にフォーカスします。

❶ モデルに関連付いたフォームを定義する

　まずは、フォーム全体を囲む❶のコードに注目してみましょう。form_withメソッドはビューヘルパーの一種で、モデルに関連付いたフォームを生成します。

form_with メソッド

```
form_with(model: model [,opts]) do |form|
  ...body...
end
```

model：モデルオブジェクト　　*opts*：動作オプション（利用できるオプションは表3-3を参照）
form：モデルを引き渡すためのブロックパラメーター　　*body*：フォームの本体

▼ 表3-3　form_with メソッドの主な動作オプション

オプション	概要
url	送信先の URL
method	HTTP メソッド（既定は :post）
id	id 属性
class	class 属性

　モデルに関連付いたフォーム、という表現がややわかりにくいかもしれませんが、要は、特定のモデル（テーブル）を編集するためのフォームです。

　モデルとフォームとを関連付けることで、

- 入力値をモデルの属性に割り当てる
- 編集、エラー時などにモデルの現在値をフォームに書き戻す

などの処理も自動的に行われるので、コード量を最小限に抑えられます。

❷ モデルの属性に対応した入力要素を設置する

form_with ブロックの配下に視点を移してみると、form.label、form.text_field、form.date_field などのメソッドが呼び出されています。これらはいずれも form_with ブロックの配下で利用できるビューヘルパーで、それぞれモデルに関連付いたラベルやテキストボックス、日付選択フィールドなどのフォーム要素を生成します。

form は、form_with メソッドでブロックパラメーターとして指定した「|form|」に対応します[*12]。現在の（Book オブジェクトを表した）フォームを意味すると考えておけば良いでしょう。よって、たとえば、

```
<%= form.text_field :isbn %>
```

であれば、「Book オブジェクトを編集するフォームで isbn 属性（列）に対応するテキストボックス」を表すわけです。

これらフォーム関連のビューヘルパーについては第 4 章でも改めて説明しますが、まずはこれらのビューヘルパーに対しては、モデルの属性名に対応した名前（シンボル）を渡すという点を覚えておいてください。

上記のコードによって、以下のような <input> 要素が出力されます。

```
<input type="text" name="book[isbn]" id="book_isbn" />
```

name 属性にも「book オブジェクトの isbn 属性」という形式で名前がセットされていることが確認できます。他のフォーム要素も同様なので、最終的にはフォーム全体としては、以下のようなハッシュ形式でサーバー側にデータが渡されることになります。

```
book: {
  "isbn":"978-4-297-12490-8",
  "title":"Bootstrap 5 フロントエンド開発の教科書",
  "price":3828,
  …中略…
}
```

❸ ～ ❹ 状態に応じて出力を変化させる label ／ submit メソッド

既定では、label メソッドは対応する属性名を、submit メソッドは ［Create モデル名］ボタン（更新時は ［Update モデル名］）を生成するだけのしくみです。であれば、ビューヘルパーなど使わずに <label> ／ <input type="submit"> 要素を利用すべきでは、と思うかもしれませんが、まずはビューヘルパーを利用すべきです。

というのも、これらのヘルパーは I18n（国際化）機能に対応しており、翻訳情報を組み込む（あるいは切り替える）ことで、複数言語にも簡単に対応できるからです。現時点ではあまり恩恵を感じないかもしれませんが、まずは label ／ submit ビューヘルパーの利用を優先してください。詳しくは 11.2 節で改めて説明します。

[*12] 互いに対応関係にありさえすれば、「|f|」や「|fm|」などでも構いません。

第 3 章　Scaffolding 機能による Rails 開発の基礎

◎ 3.4.2 new ／ create アクションメソッド

　新規登録画面は、2 つのアクションから構成されています。1 つは入力フォームを表示するための new アクション、そしてもう 1 つは、フォームから［Create Book］ボタンがクリックされたときに呼び出され、データの登録処理を行う create アクションです（リスト 3-9）。

▼ リスト 3-9　books_controller.rb

```
def new
  @book = Book.new ──────────────────────────────────────── ❶
end
…中略…
def create
  @book = Book.new(book_params) ──────────────────────────── ❸

  respond_to do |format| ────────────────────────────
    if @book.save
      format.html { redirect_to book_url(@book), notice: "Book was successfully created." }
      format.json { render :show, status: :created, location: @book }
    else
      format.html { render :new, status: :unprocessable_entity }                             ❹
      format.json { render json: @book.errors, status: :unprocessable_entity }
    end
  end ────────────────────────────────────────────
end
…中略…
private
  …中略…
  def book_params
    params.require(:book).permit(:isbn, :title, :price, :publisher, :published, :dl) ──── ❷
  end
```

　ポイントとなるのは、以下の 4 点です。

❶ フォームの器となるオブジェクトを作成

　new アクションの主な役割は、フォームから入力された情報を格納するための器を用意することです。これによって、テンプレートファイルの側ではそれぞれの項目とモデル上の属性とを紐づけているわけです。

　new アクションで作成しているのは空のオブジェクトにすぎませんが、これがないと、form_with メソッドで正しくフォームを生成できません。

❷ ポストデータを取得（book_params メソッド）

　フォームからの入力値（ポストデータ）をまとめて取得するには、以下のようにします。

```
params.require(:book).permit(:isbn, :title, :price, :publisher, :published, :dl)
          モデル名                                 列名
```

これによって、フォームで book[...] と名前付けされた入力値から指定の列名だけを取り出せます[*13]。上の式による具体的な戻り値は、以下のようなハッシュです。

```
{
  "isbn"=>"978-4-297-14244-5",
  "title"=>"［改訂第3版］C#ポケット リファレンス",
  "price"=>"3520",
  "publisher"=>"技術評論社",
  "published"=>"2024-06-21",
  "dl"=>"1"
}
```

いささか冗長な記述ですが、まずはフォームからの入力値をまとめて取得する際の定型句として覚えてしまいましょう。モデル名／列名の部分は、もちろん、更新対象のテーブル／列に応じて変動します。

❸ 入力値によるモデルの再構築

ハッシュとして取得した入力値は、そのままモデルのコンストラクターに引き渡せます（実際には permit メソッドから返された戻り値を、book_params メソッド全体の戻り値として返しているので、その値をコンストラクターに渡しています）。

```
@book = Book.new(book_params)
```

これによって、モデルの属性に対して、ハッシュの対応する値がセットされるわけです。オブジェクトを（ローカル変数ではなく）インスタンス変数にセットしているのは、エラー時にはテンプレートに反映させる可能性があるためです。

オブジェクトを再構築できてしまえばあとは簡単。save メソッドを呼び出すことで、その内容をデータベースに登録できます。

❹ データの保存と結果に応じた処理の分岐

respond_to は、要求されたフォーマットに応じて応答を分岐するためのメソッド。一般的な構文は、以下のとおりです。

respond_to メソッド

```
respond_to do |format|
  format.type { statements }
  ...
end
```
----
format：フォーマット制御オブジェクト　　*type*：応答フォーマット　　*statements*：描画コード

[*13] StrongParameters という機能です。詳しくは 6.1.2 項で解説します。

たとえば以下のようなコードであれば、リクエストが〜.html、〜.json である場合それぞれの場合の応答を指定したことになります。もちろん、「format.*type* 〜」の部分は、対応したいフォーマットの数だけ列記できます。

```
respond_to do |format|
  format.html { ... }
  format.json { ... }
end
```

❹のコードは、これをより複雑にしたもので、save メソッドの戻り値によって、更に処理を分岐しています（図 3-10）。save メソッドはデータ保存の成否を true／false で返すので、最終的には「保存の成否」と「指定されたフォーマット」の組み合わせで結果が変化することになります。

▼図 3-10　データ登録時の分岐処理

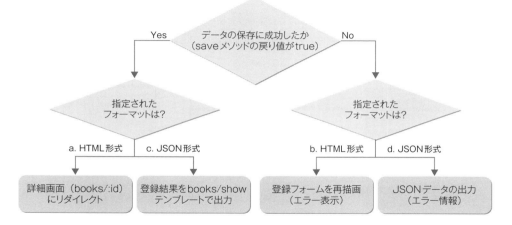

それぞれの分岐（a.〜d.）についても、意味を読み解いていきましょう。

a. 処理に成功した場合（要求フォーマットは .html）

HTML 要求で処理に成功した場合は、redirect_to メソッドが呼び出されます。

redirect_to メソッド

```
redirect_to url [,opts]
```
url：リダイレクト先のパス　　*opts*：オプション

　redirect_to メソッドは、引数 url で指定されたパスにジャンプ（リダイレクト）しなさいという意味です。3.2.2 項でも触れたように、book_url は resources メソッドによって自動生成されたビューヘルパーで、詳細画面へのリンクを生成します。そして、@book は現在の Book オブジェクトの id 値を表すので、登録デー

タの id 値が 2 であれば「/books/2」（詳細画面）にリダイレクトされることになります。

notice オプションは、リダイレクト先に伝えるべきメッセージを表します。P.88 のリスト 3-6 (show.html.erb) で、冒頭に

```
<p style="color: green"><%= notice %></p>
```

というコードがあることを確認してみましょう。notice オプションで設定したメッセージは、このように、テンプレート上では同名のローカル変数として参照できます。リダイレクト先にちょっとしたメッセージを伝達する手段としてよく利用するので、この記法はきちんと覚えておいてください。

b. 処理に失敗した場合（要求フォーマットは .html）

HTML 要求で処理に失敗した場合は、render メソッドが呼び出されます。P.41 でも触れたように、render メソッドに引数を与えることで、指定された名前のテンプレートファイルを呼び出せるのでした。

リスト 3-9 の例では「:new」が指定されているので、エラー発生時には new.html.erb（新規登録画面）を再描画するという意味になります。ここで、先ほど Book オブジェクトをインスタンス変数にセットしておいた意味も活きてきます。これによって、元の入力値を new.html.erb に反映できるのです。

c. 処理に成功した場合（要求フォーマットは .json）

b. とほぼ同じです。引数で指定された show (show.json.jbuilder) で、新規作成されたデータを出力します。その他のオプションの意味は、表 3-4 のとおりです。

▼ 表 3-4 render メソッドの動作オプション

オプション	概要
status	応答時に使用する HTTP ステータス[14]
location	リソース位置を表す URL

HTTP ステータス「201 Created」(:created) は正しくリソースが作成できたことを意味します。併せて付与される Location ヘッダー (location) は、新規に生成されたリソースの位置を通知します。これをどのように処理するかはクライアントの実装に依存するので、現時点では特に気にしなくても良いでしょう。

d. 処理に失敗した場合（要求フォーマットは .json）

最後に、JSON 要求で処理に失敗した場合です。この場合は、render メソッドでエラーメッセージを出力します。json オプションは、指定された値を JSON 形式で出力しなさい、という意味です。

この例であれば、@book.errors 属性（エラー情報）をもとに応答を生成します。HTTP ステータス「422 Unprocessable Entity」(:unprocessable_entity) はエンティティ（データ）を処理できなかったことを表します。

---

[14] サーバー側の処理結果を伝えるコードです。代表的なものに「200 OK」「404 Not Found」「500 Server Error」などがあります。詳細は 6.2.2 項も併せて参照してください。

第3章　Scaffolding 機能による Rails 開発の基礎

NOTE 利用できるフォーマット

respond_to メソッドで利用できるフォーマットは、Rails の action_dispatch/http/mime_types.rb で定義されています。既定では、html、xml、json、rss、atom、yaml、text、js、css、csv、ics などが定義されています。もしもこれ以外のフォーマットを利用したい場合には、/config/initializers フォルダー配下に mime_types.rb のような初期化ファイルを用意して、以下のような形式でフォーマットの登録を行ってください。

```
Mime::Type.register "text/richtext", :rtf ——————————— リッチテキスト (.rtf) 形式を有効化
```

COLUMN 　　　　　きれいなコードを書いていますか? ― コーディング規約

　Ruby の長所の 1 つとして、コードを記述する際の自由度の高さが挙げられます。もっとも、「自由」は、ストレスなくコーディングを進めるという意味では良いことですが、複数人で開発を行う場合にはデメリットとなることがあります。不統一なコードは、そのまま可読性の低下にもつながるからです。

　ちょっとした書き捨てのスクリプトを記述する場合ならともかく、将来的に保守を必要とするアプリの開発では、一定の規約に沿ってコーディングを進めるべきでしょう。

　そこで登場するのが**コーディング規約**です。コーディング規約とは、インデントやスペースの付け方、識別子の命名規則、その他、推奨される記法についてまとめたものです。コーディング規約に従うことで、コードが読みやすくなるだけでなく、潜在的なバグを減らせるなどの効果も期待できます。

　以下に、Ruby のコーディング規約としてよくまとまっているページを紹介します。

- Ruby Style Guide (https://rubystyle.guide/)
- Ruby コーディング規約（https://shugo.net/ruby-codeconv/codeconv.html)
- The Unofficial Ruby Usage Guide (https://www.caliban.org/ruby/rubyguide.shtml)

　これらの規約が、きれいなコードを書く方法のすべてというわけではありません。しかし、少なくともコーディング規約に従っておくことで「最低限汚くない」コードを記述できるはずです。最初はなかなか気が回らないかもしれませんが、こうした作法は初学者のうちから気にかけておくことが大切です。

3.5 編集画面の作成（edit／update アクション）

既存の書籍情報を更新するための編集画面を確認します。編集画面は、詳細画面で［Edit this book］リンクをクリックしたときに表示される画面です（図 3-11）。

▼ 図 3-11　［Edit this book］リンクのクリックで、対応するレコードの編集画面を表示

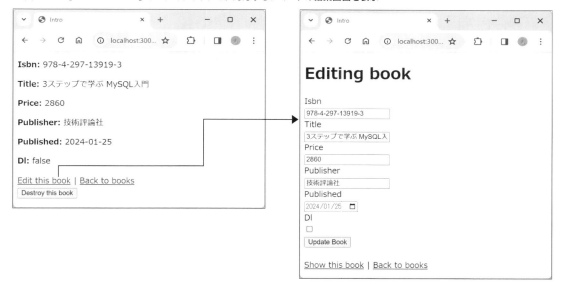

3.5.1　edit／update アクションメソッド

編集画面には 2 つのアクションが関係します。1 つは編集フォームを表示するための edit アクション、そしてもう 1 つが、フォームから［Update Book］ボタンがクリックされたときに呼び出され、データの更新処理を行う update アクションです（リスト 3-10）。

▼ リスト 3-10　books_controller.rb

```
before_action :set_book, only: %i[ show edit update destroy ]
…中略…
def edit
end
…中略…
def update
```

第 3 章　Scaffolding 機能による Rails 開発の基礎

```
  respond_to do |format|
    if @book.update(book_params)
      format.html { redirect_to book_url(@book), notice: "Book was successfully updated." }
      format.json { render :show, status: :ok, location: @book }
    else
      format.html { render :edit, status: :unprocessable_entity }
      format.json { render json: @book.errors, status: :unprocessable_entity }
    end
  end
end
…中略…
private
  …中略…
  def set_book
    @book = Book.find(params[:id])
  end
end
```

　まず、edit アクションでは、set_book フィルター経由で Book オブジェクトを取り出しているだけです。
フィルター、id パラメーターの授受[*15] については、show アクション（3.3.1 項）でも触れているので、特筆
すべき点はありません。
　update アクションの方も「入力値のデータベースへの反映→結果に基づく出力の分岐」という流れはほぼ
create アクション（3.4.2 項）と同じですが、一部異なるポイントもあります。太字で表された、以下のコー
ドです。

```
if @book.update(book_params)
```

　既存のオブジェクトを更新するには、update メソッドを利用します。update メソッドは、引数に渡された
値でオブジェクトの対応する属性を書き換え、その結果をデータベースに保存します。利用にあたっては、あ
らかじめ find メソッドなどで更新対象のオブジェクトを取得しておく必要がある点に注意してください（この場
合であれば、set_book フィルターで取得しています）。

update メソッド

update(*attrs*)

attrs：更新データ（「*属性名:値*」のハッシュ形式）

　update メソッドは save メソッドと同じく、更新の成否を true ／ false で返すので、ここではその性質を
利用して、出力を分岐しています（図 3-12）。

───────────
＊15 P.78 の表 3-1 も確認してください。edit アクションは「/books/1/edit」のような URL に紐づけられているのでした。

100

▼ 図 3-12 データ更新時の分岐処理

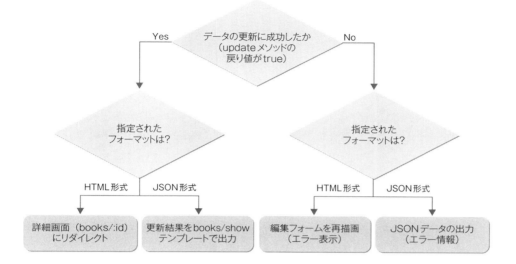

◎ 3.5.2 edit.html.erb テンプレートファイル

edit アクションに対応する edit.html.erb は、new.html.erb（3.4.1 項）と同じく、部分テンプレート _form.html.erb を呼び出しているだけの、ほとんど空のテンプレートです（リスト 3-11）。

▼ リスト 3-11　books/edit.html.erb

```
<h1>Editing book</h1>

<%= render "form", book: @book %>

<br>

<div>
  <%= link_to "Show this book", @book %> |
  <%= link_to "Back to books", books_path %>
</div>
```

以上終わり、でも良いのですが、_form.html.erb について少しだけ補足しておきましょう（あくまで余談なので、読み飛ばしても構いません）。_form.html.erb では form_with メソッドでフォームを出力していたのを覚えているでしょうか。以下の部分です。

```
<%= form_with(model: book) do |form| %>
```

form_with メソッドに渡されるオブジェクトが空であるかどうかによって、実は出力の内容が変化するのです。以下は new ／ edit アクションそれぞれの出力の違いです（上が new アクション、下が edit アクション）。

第 3 章　Scaffolding 機能による Rails 開発の基礎

```
<form action="/books"❶ accept-charset="UTF-8" method="post">        new

<form action="/books/1"❶ accept-charset="UTF-8" method="post">       edit
  <input type="hidden" name="_method" value="patch"❷ autocomplete="off" />
```

❶ 送信先のアドレスが変化する

@book オブジェクトの内容が空であるかどうかによって（正確にはオブジェクトの内容が新規レコードであるかどうかによって）、form_with メソッドは action 属性の内容を変化させます。オブジェクトが新規レコードである場合には create アクションへの、既存レコードである場合には update アクションへの URL を生成します。

❷ HTTP メソッドの情報を追加する

レコード更新（オブジェクトが空でない）の場合には、_method パラメーター（値は、ここでは patch）が隠しフィールドとして渡されることになります。これは、更新データが HTTP PATCH で送信されることを「便宜的に」宣言しているのでした。

P.78 の表 3-1 をもう一度確認してみましょう。update アクションは本来、HTTP PATCH メソッドで呼び出されるべきメソッドです。しかし、一般的なブラウザーは HTTP PATCH に対応していません。そこでとりあえず HTTP POST で送信するけれど、実際には HTTP PATCH として処理してね、ということを Rails に伝えているわけですね。3.3.2 項で触れた delete と同じです。

> **NOTE** ▎**Rails 3 では HTTP PUT**
>
> 　古い話題になりますが、Rails 3 では、更新処理には HTTP PUT が採用されていました。これが Rails 4 以降で HTTP PATCH に振り替えられたのは、HTTP PUT が本来「リソースの完全な置換」「冪等（べきとう）」という性質を持つべきものであるからです。冪等とは数学用語の一種で、「同じ操作を何度行っても同じ結果が返される性質」を言います。
>
> 　しかし、Rails における更新は、必ずしもそれらの条件に合致しません。一般的な更新ですべての情報を完全に置き換えることは恐らく稀です。そして、たとえば created_at ／ updated_at 列は更新のたびに変更されます。つまり、同じデータを送信したとしても、得られる結果は同じではありません。
>
> 　そこで Rails 4 以降では、より実態に即した HTTP PATCH（冪等でない、部分更新）を採用することになりました。ただし、後方互換性に配慮して、Rails 7 でも依然として HTTP PUT は update アクションに紐づいています。P.78 の表 3-1 で update メソッドだけが HTTP PATCH ／ PUT の双方に対応していたのも、このためです。

102

3.6 削除機能の確認（destroy アクション）

最後は、既存の書籍情報を削除するための destroy アクションを確認します（リスト 3-12）。destroy アクションは詳細画面で［Destroy this book］ボタンをクリックしたときに呼び出されます（図 3-13）。

▼ 図 3-13　詳細画面から［Destroy this book］ボタンをクリックすることで、データを削除

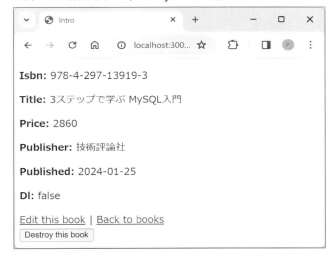

▼ リスト 3-12　books_controller.rb

```ruby
before_action :set_book, only: %i[ show edit update destroy ]
…中略…
def destroy
  @book.destroy!

  respond_to do |format|
    format.html { redirect_to books_url, notice: "Book was successfully destroyed." } ──❶
    format.json { head :no_content } ──────────────────────────────────────────────────❷
  end
end

private
  def set_book
    @book = Book.find(params[:id])
  end
```

destroyアクションは「/books/1」のようなURLで呼び出されることを想定しています。ここではURL経由で渡されたidパラメーターをキーにBookオブジェクトを取得し、これを削除しているわけです[*16]。データを削除するのはdestroy!メソッドの役割です。

削除処理に成功した後は、例によって、要求されたフォーマットに応じて処理を分岐します。

❶ 要求フォーマットが.htmlの場合

redirect_toメソッドで一覧画面にリダイレクトします。redirect_toメソッドに渡しているbooks_urlは、3.2.2項でも触れたヘルパーメソッドです。

noticeオプションで指定された文字列はindex.html.erbに引き渡されて、削除成功のメッセージを表示するために利用されるのでした。

❷ 要求フォーマットが.jsonの場合

JSON形式の要求では、headメソッドを呼び出しています。

headメソッド

```
head status
```
status：応答ステータス

headメソッドはHTTPステータス（処理結果）だけを通知し、コンテンツ本体を出力しないメソッドです。ここでは「204 No Content」（:no_content）を指定しているので、「処理は成功したが、特に返すべきコンテンツはない」ことを通知しています。

クライアントに返すべきコンテンツがない場合に便利なメソッドです。

 「!」付きのメソッド

destroy!末尾の「!」に違和感がある人もいるかもしれませんが、ここまでがメソッドの名前です。Rails（Ruby）では、特別な意味のあるメソッドには「!」を付けて、「!」なしのメソッドと区別するということがよくあります。たとえば、以下の具合です。

- destroy：データを削除し、失敗したらfalseを返す
- destroy!：データを削除し、失敗したらActiveRecord::RecordNotDestroyed例外を発生

ただし、これはあくまで「!」による区別の一例で、「!」に失敗時処理**以外**の意図を持たせているライブラリは、いくらでもあります。あくまで!付きメソッドは!なしの同名のメソッドとなんらかの区別をしている、程度の意味で理解しておくと良いでしょう。

＊16　set_bookフィルターについては、3.3.1項も併せて参照してください。

3.7 準備：基本編で使用するプロジェクト

3.7 準備：基本編で使用するプロジェクト

以上で導入編は完了です。次の章からは Rails アプリの構成要素を個別に取り上げながら、より詳細に踏み込んでいきます。サンプルプロジェクトもこれまでは自分で作成した intro プロジェクトを利用してきましたが、ここからはダウンロードサンプルに同梱されている railbook プロジェクトを利用するものとします[17]。

◎ 3.7.1 サンプルプロジェクトの準備方法

railbook プロジェクトを利用するには、ダウンロードサンプルの /samples フォルダー配下にある /railbook フォルダーを任意のフォルダー（たとえば「c:¥data」）にコピーしてください。

P.28 と同じ要領で、/railbook フォルダーを開いたら、ターミナルから以下のコマンドを実行してください。

```
> bundle install                                              ライブラリのインストール
Bundle complete! 19 Gemfile dependencies, 108 gems now installed.
Use `bundle info [gemname]` to see where a bundled gem is installed.

> rails db:migrate                                            マイグレーションの実行
== 20240303223900 CreateBooks: migrating ======================================
-- create_table(:books)
   -> 0.0013s
…中略…
== 20240327051128 CreateMessages: migrated (0.0030s) ==========================

> rails db:fixtures:load                                      フィクスチャを展開

> rails dbconsole                                             データベースを開く *18
SQLite version 3.46.0 2024-05-23 13:25:27 (UTF-16 console I/O)
Enter ".help" for usage hints.

sqlite> .tables                                   データベースに含まれるテーブルをリスト表示
action_mailbox_inbound_emails    comments
…中略…
authors                          reviews
authors_books                    schema_migrations
books                            users

sqlite> .quit                                                SQLite クライアントを終了
```

---

* 17 　一部の例外を除きます。各節に該当するプロジェクトについては「本書の読み方」も併せて参照してください。

* 18 　テーブルの確認は、SQLTools 拡張から行っても構いません。

105

これでアプリ実行に必要なライブラリ／データベースが準備できます。以降、もしもデータベースを初期状態に戻したくなった場合には、以下のコマンドでデータベースを再作成できます。

```
> rails db:reset DISABLE_DATABASE_ENVIRONMENT_CHECK=1    現在のテーブルレイアウトでデータベースを再作成
> rails db:fixtures:load                                  フィクスチャを展開
```

> **NOTE ルート定義について**
>
> 以降の章では、特筆していない限り、「コントローラー名 / アクション名」の形式でアクセスできるよう、ルートを定義しているものとして進めます（紙面上には明記しません）。たとえば、ViewController コントローラーの keyword アクションには、「〜 /view/keyword」でアクセスが可能です。
>
> ただし、:id パラメーターを伴うなど、特殊なルートについては、適宜、本文や注で補足していくものとします。詳しいルート定義については、routes.rb も併せて参照してください。

3.7.2 データベースの構造

railbook プロジェクトでは、図 3-14 のようなテーブルを用意しています。関係するサンプルを実行する際には、これらテーブルのフィールドレイアウトを再確認してください。なお、表 3-5 〜 3-11 では Rails の予約フィールドである id（主キー列）、created_at（作成日時）、updated_at（更新日時）は省略しています。

▼ 図 3-14　本書で使用するデータベース

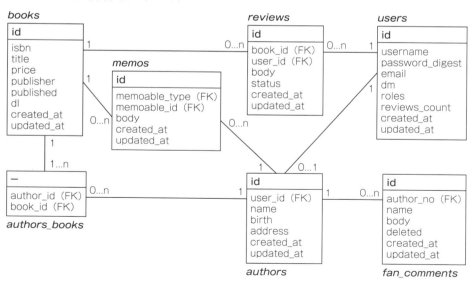

3.7 準備：基本編で使用するプロジェクト

▼ 表 3-5 books テーブルのフィールドレイアウト

列名	データ型	概要
isbn	string	ISBN コード
title	string	書名
price	integer	価格
publisher	string	出版社
published	date	刊行日
dl	boolean	ダウンロードサンプルの有無

▼ 表 3-6 reviews テーブルのフィールドレイアウト

列名	データ型	概要
book_id	integer	books テーブルと紐づく外部キー
user_id	integer	users テーブルと紐づく外部キー
status	integer	レビューのステータス
body	text	レビュー本文

▼ 表 3-7 authors テーブルのフィールドレイアウト

列名	データ型	概要
user_id	integer	users テーブルと紐づく外部キー
name	string	著者名（ペンネーム）
birth	date	生年月日
address	text	住所

▼ 表 3-8 authors_books テーブルのフィールドレイアウト[*19]

列名	データ型	概要
author_id	integer	authors テーブルと紐づく外部キー
book_id	integer	books テーブルと紐づく外部キー

▼ 表 3-9 users テーブルのフィールドレイアウト

列名	データ型	概要
username	string	ユーザー名
password_digest	string	パスワード（ハッシュ化済み）
email	string	メールアドレス
dm	boolean	広告メールを受け取るか
roles	string	ロール名
reviews_count	integer	投稿したレビュー数

▼ 表 3-10 fan_comments テーブルのフィールドレイアウト

列名	データ型	概要
author_no	integer	authors テーブルと紐づく外部キー
name	string	投稿者名
body	string	コメント本文
deleted	boolean	削除フラグ

[*19] authors_books テーブルには主キー列 id や created_at ／ updated_at 列は存在しません。

第 3 章　Scaffolding 機能による Rails 開発の基礎

▼ 表 3-11　memos テーブルのフィールドレイアウト

列名	データ型	概要
memoable_type	string	memos テーブルと紐づくテーブル
memoable_id	integer	memoable_type 列で指定されたテーブルと紐づく外部キー
body	string	メモ本文

　なお、特定の節でのみ利用しているテーブル、および、Rails のコンポーネントで利用するテーブルについては、ここでは割愛しています。該当する節の解説を参照してください。

COLUMN　　　　　　　　**Rails を支える標準基盤 ― Rack**

　Rack とは、HTTP サーバーとアプリ／フレームワークとの間を仲介する共通の基盤（インターフェイス）です。インターフェイスと言うと難しく聞こえるかもしれませんが、Rack で決められた規約は、以下の点だけです。

リクエストをあらかじめ用意した call メソッドで処理し、その結果を「ステータスコード、HTTP ヘッダー、レスポンス本体」のセットで返すこと

　Rack を利用することで、アプリの窓口部分が統一されるので、Rack 対応のサーバーやフレームワークとの連携が容易になるというメリットがあります。

　Rails も、この Rack の規約に則った Rack フレームワークです。プロジェクトルートに注目すると、config.ru（リスト 3-13）というファイルがありますが、これも実は Rack 標準の設定ファイルで、アプリ起動時にエントリーポイントとして読み込まれます。

▼ リスト 3-13　config.ru

```
require_relative "config/environment"

run Rails.application
Rails.application.load_server
```

基本編

第 **4** 章

ビュー開発

導入編を終えたところで、本章からはもう少し踏み込んで、Model − View − Controller の個々の要素をより詳しく見ていくことにしましょう。まず本章では、もっとも馴染みやすく結果も確認しやすい View について解説していきます。具体的には、導入編でも登場したレイアウト、部分テンプレート、ビューヘルパーについて詳説するとともに、ビューヘルパーの自作についても解説します。ビューヘルパーの自作はやや高度な話題なので、興味のない方はスキップしても構いませんが、前半のビューヘルパー、レイアウト、部分テンプレートはいずれもビュー開発には欠かせない重要なテーマです。確実に理解しておきましょう。

4-1 フォーム関連のビューヘルパー

　まずは、フォーム要素に関係したビューヘルパーからです。ここまではScaffolding機能で自動生成したテキストボックスや日付選択ボックスなどを確認しただけでしたが、フォーム系のヘルパーには、その他にも、表4-1のようなものが用意されています。

　他のビューヘルパーと比べても利用頻度が高いものが多いので、それぞれの用法と使い分けとをきちんと理解しておいてください。

▼表4-1　フォーム関連のビューヘルパー

メソッド	概要
form_with	フォーム
label	ラベル
text_field	テキストボックス
password_field	パスワード入力ボックス
text_area	テキストエリア
file_field	ファイル選択ボックス
check_box	チェックボックス
radio_button	ラジオボタン
select	選択ボックス／リストボックス
hidden_field	隠しフィールド
email_field	メールアドレス入力ボックス
number_field	数値入力ボックス
range_field	範囲バー
search_field	検索ボックス

メソッド	概要
telephone_field	電話番号入力ボックス
url_field	URL入力ボックス
color_field	色選択ボックス
date_field	日付入力ボックス
datetime_field	日付時刻入力ボックス
datetime_local_field	日付時刻入力ボックス（ローカル）
time_field	時刻入力ボックス
month_field	月入力ボックス
week_field	週入力ボックス
submit	サブミットボタン
fields_for	form_withブロック配下のサブフォーム

　なお、ここからはビューヘルパー中心の解説となってくるため、アクションメソッド側にコードがいらない例も多く出てきます。そのようなケースでは、アクションメソッドは省略し、テンプレートファイルだけを記述するものとします。これはRailsでは、

アクションメソッドが存在しない場合、テンプレートファイルを直接見に行く

という決まりがあるためです。たとえば、view/keyword.html.erbというテンプレートは、アクションメソッドがなくても「～/view/keyword」というURLで呼び出すことができます[1]。

---

[1] 当然、対応するルートが定義されていることは前提です。

4.1.1 フォーム生成の基礎

フォームの基本は、form_with ブロックと、配下の「f.～」呼び出しです。ただし、オプションによって挙動が変化します（図 4-1）。

▼ 図 4-1 form_with メソッド

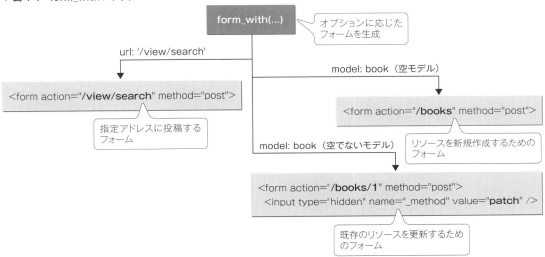

modelオプションを指定している場合には、指定されたモデルに紐づいたフォームを生成します。一方、modelオプションを省略することで、前提となるモデルが存在しない——モデルの編集目的ではないフォーム（汎用フォーム）を生成することも可能です。

前者のパターンは 3.4.1 項でも触れているので、本項では汎用フォームの例について触れます。たとえばリスト 4-1 は、サイト検索を想定したフォームです。

▼ リスト 4-1　view/keyword.html.erb

```
<%= form_with(url: '/view/search') do |f| %>
  <%= f.label :keywd, '検索キーワード' %>：
  <%= f.text_field :keywd, value: 'Rails', size: 30 %>
  <%= f.submit '検索' %>
<% end %>
```

```
<form action="/view/search" accept-charset="UTF-8" method="post">
  <input type="hidden" name="authenticity_token"
    value="23xz0l..." autocomplete="off" />
  <label for="keywd">検索キーワード</label>：
  <input value="Rails" size="30" type="text" name="keywd" id="keywd" />
  <input type="submit" name="commit" value="検索" data-disable-with="検索" />
</form>
```

第 4 章　ビュー開発

　model オプション（モデル）が存在しない場合、ポスト先も自動では決まらなくなるので、url オプション（ポスト先）は必須です。

　form_with ブロックの配下は、3.4.1 項で触れたものとほぼ同じです。ただし、前提となるモデルがないので、既定値を指定したい場合には value オプション（太字）などを明示的に指定する必要があります。

> **NOTE　ポスト先のルートも忘れずに**
>
> 　リスト 4-1 では、現在のアクションだけでなく、ポスト先のアクションに対してもルートを定義しておく必要があります。ポスト先のルートを定義する際には、（get メソッドの代わりに）post メソッドを利用する点にも注目です。
>
> ```
> get  'view/keyword' ──────────────────────── 現在のルート
> post 'view/search' ──────────────────────── ポスト先のルート
> ```
>
> 　get メソッドが HTTP GET で呼び出されるルートを表すのに対して、post は HTTP POST で呼び出されるルートを表すわけです。

> **NOTE　以前の Rails では？**
>
> 　バージョン 5.0 以前の Rails では、モデルを伴うかどうかによって form_for（モデルあり）、form_tag（モデルなし）と使い分けていました。しかし、Rails 5.1 で form_with が追加されたことで、このような使い分けはもはや不要です。特別な理由がない限り、旧式の form_for ／ form_tag メソッドは利用すべきではありません。

◎ 4.1.2 <input>、<textarea> 要素を生成する ── *xxxxx*_field、text_area、radio_button、check_box メソッド

　ここからは具体的な入力フィールドについて解説していきます。*xxxxx*_field、text_area、radio_button、check_box メソッドは、それぞれ対応する <input>、<textarea> 要素を生成します。

`xxxxx_field ／ text_area ／ radio_button ／ check_box メソッド`

```
xxxxx_field(prop [,opts])
text_area(prop [,opts])
radio_button(prop, value [,opts])
check_box(prop [,opts [,checked = "1" [,unchecked = "0"]]])
```

xxxxx：入力要素の種類（指定可能な値は図4-2を参照）　　*prop*：モデルの属性
opts：<input>／<textarea>要素の属性　　*value*：value 属性の値
checked／*unchecked*：チェック／非チェック時のvalue属性

112

*xxxxx*_field には、いくつかの種類があります。図 4-2 に、それぞれの *xxxxx*_field メソッドの実行結果をまとめます[*2]。

▼ 図 4-2 フォーム要素を生成するビューヘルパー

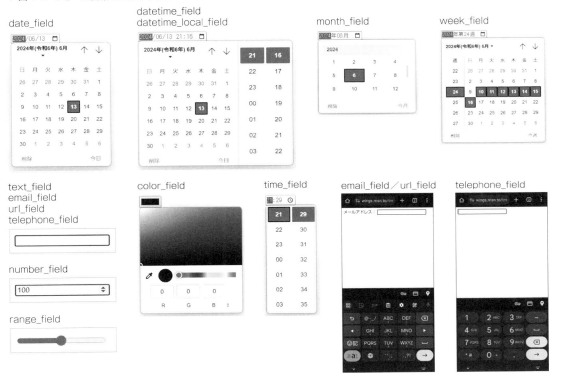

ブラウザーによっては対応していない要素もありますが、その場合は標準のテキストボックスを表示するだけなので、まずは用途に適した *xxxxx*_field を利用するべきです。用法はいずれも同じなので、リスト 4-2 では代表して text_field メソッドの用法だけを示します。

▼ リスト 4-2　view/field.html.erb

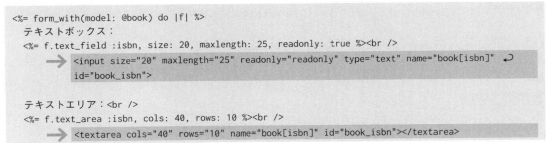

[*2] それぞれパソコン版 Chrome での結果です。ただし、図 4-2 右下の email_field／url_field／telephone_field は Android 環境での結果を示しています。スマホ環境では、それぞれの入力値に適したソフトウェアキーボードが表示されます。

第 4 章　ビュー開発

```
ラジオボタン：
<label><%= f.radio_button :publisher, '技術評論社', class: :rd %>技術評論社</label>
<label><%= f.radio_button :publisher, '翔泳社', class: :rd %>翔泳社</label>
<label><%= f.radio_button :publisher, '日経BP', class: :rd %>日経BP</label><br />
   <label><input class="rd" type="radio" value="技術評論社" name="book[publisher]" ↵
   id="book_publisher_技術評論社" />技術評論社</label>
   <label><input class="rd" type="radio" value="翔泳社" name="book[publisher]" ↵
   id="book_publisher_翔泳社" />翔泳社</label>
   <label><input class="rd" type="radio" value="日経BP" name="book[publisher]" ↵
   id="book_publisher_日経bp" />日経BP</label><br />

チェックボックス：
<label><%= f.check_box :dl, { class: 'chk'}, 'yes', 'no' %>ダウンロードサンプルあり？</label><br />
   <label><input name="book[dl]" type="hidden" value="no" autocomplete="off" /><input ↵
   class="chk" type="checkbox" value="yes" name="book[dl]" id="book_dl" /> ↵
   ダウンロードサンプルあり？</label><br />

<% end %>
```

　コードと実際の出力を比べれば使い方は自明ですが、1 点のみ、check_box メソッドの結果に注目です。
　check_box メソッドは、本来の <input type="checkbox"> 要素と、同名の <input type="hidden"> 要素を出力します。これはチェックボックスがチェックされなかった場合にも、チェックされなかったという情報（既定では 0）をサーバーに送信するための方策です。
　隠しフィールドが存在せず、かつ、チェックボックスがチェックされなかった場合、ブラウザーはサーバーに対してなんら値を送信しないため、チェックボックスそのものが存在しないのか、チェックボックスは存在するが、チェックされていないだけなのかを判別することができません。
　このような細かなフォローが為されている点も、ビューヘルパーを利用すべき理由の 1 つです。

◎ 4.1.3 選択ボックス／リストボックスを生成する ― *xxxxx*_select メソッド

　入力要素の中で、選択ボックス／リストボックスは中々に複雑で、生成のためのメソッドがさまざまに用意されています。

▌基本的な選択ボックスを生成する ― select メソッド

　まずはもっともシンプルな select メソッドからです。

select メソッド

```
select(prop, choices [,opts [,html_opts]])
```
prop：モデルの属性　　　choices：<option>要素の情報（配列／ハッシュ）
opts：動作オプション（表4-2を参照）　　html_opts：<select>要素の属性

114

4.1 フォーム関連のビューヘルパー

▼ 表 4-2 select メソッドの動作オプション（引数 opts のキー）

オプション	概要
include_blank	空のオプションを先頭に追加するか（true、もしくは表示テキストで指定）
disabled	無効にするオプション（文字列、または配列）
selected	選択されたオプション（オブジェクトの値とは異なる値を選択させたい場合）

具体的な例も見てみましょう（リスト 4-3）。

▼ リスト 4-3　上：view_controller.rb、下：view/select.html.erb

```
def select
  @book = Book.new(publisher: '技術評論社')
end

<%= form_with(model: @book) do |f| %>
  <%= f.select :publisher, ['技術評論社', '翔泳社', '日経BP'],
    { include_blank: '選択してください' }, class: 'pub' %><br />
      ❶ <select class="pub" name="book[publisher]" id="book_publisher">
          <option value="">選択してください</option>
          <option selected="selected" value="技術評論社">技術評論社</option>
          <option value="翔泳社">翔泳社</option>
          <option value="日経BP">日経BP</option>
        </select>

  <%= f.select :publisher,
    { '技術評論社' => 1, '翔泳社' => 2, '日経BP' => 3 } %><br />
      ❷ <select name="book[publisher]" id="book_publisher">
          <option value="1">技術評論社</option>
          <option value="2">翔泳社</option>
          <option value="3">日経BP</option>
        </select>

  <%= f.select(:publisher,
    [['技術評論社', 1], ['翔泳社', 2], ['日経BP', 3]]) %><br />
      ❸ <select name="book[publisher]" id="book_publisher">
          <option value="1">技術評論社</option>
          <option value="2">翔泳社</option>
          <option value="3">日経BP</option>
        </select>

  <%= f.select :publisher, ['技術評論社', '翔泳社', '日経BP'],
    { include_blank: '選択してください' }, multiple: true %><br />
      ❹ <input name="book[publisher][]" type="hidden" value="" autocomplete="off" />
        <select multiple="multiple" name="book[publisher][]" id="book_publisher">
          <option value="">選択してください</option>
          <option selected="selected" value="技術評論社">技術評論社</option>
          <option value="翔泳社">翔泳社</option>
          <option value="日経BP">日経BP</option>
        </select>

<% end %>
```

115

❶が select メソッドの基本的なパターンです。モデルでの publisher 列の値と等しい <option> 要素に selected 属性が付与されていることが確認できます。include_blank パラメーターで指定した空のオプションは先頭に追加されます。

❷〜❸は、<option> 要素の value 属性とテキストとを区別したい場合の例です。引数 choices に「テキスト => value 属性」のハッシュ形式、または「[テキスト ,value 属性]」の配列形式で指定できます[*3]。

❹は第 4 引数 html_opts に multiple パラメーターをセットすることで、（選択ボックスではなく）リストボックスを生成しています。size パラメーターで表示行数を指定することもできます。

データベースの情報をもとに選択肢を生成する ― collection_select メソッド

collection_select メソッドは前項でも紹介した select メソッドの発展形で、<option> 要素の情報をデータベースの値をもとに生成します。

collection_select メソッド

```
collection_select(prop, collection, value, text [,opts [,html_opts]])
```

prop：モデルの属性　　　collection：<option>要素のもととなるオブジェクト配列
value：オブジェクト（引数collection）でvalue属性に割り当てられる項目
text：オブジェクト（引数collection）でテキストに割り当てられる項目
opts：動作オプション（P.115の表4-2を参照）　　html_opts：<select>要素の属性

select メソッドと異なるのは、引数 collection、value、text の部分です。引数 collection で <option> 要素のもととなるオブジェクト配列を渡し、引数 value と text でどの列（属性）を value 属性やテキストとして割り当てるかを指定します（図 4-3）。

▼ 図 4-3　collection_select メソッド

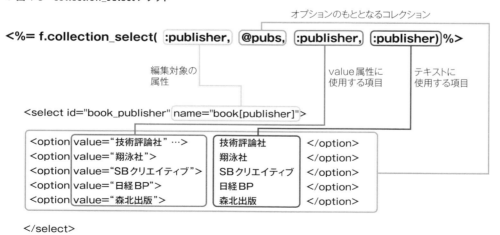

[*3] ここでは便宜的に value 属性として 1、2、3 と割り振っています。実際の publisher 列とは値が一致しないので、selected 属性はどの <option> 要素にも付与されません。

具体的な例も見てみましょう（リスト 4-4）。

▼ リスト 4-4　上：view_controller.rb、下：view/col_select.html.erb

```ruby
def col_select
  # フォームのもととなるモデルを準備
  @book = Book.new(publisher: '技術評論社')  ───────────────────────❶
  # 選択オプションの情報を取得
  @pubs = Book.select(:publisher).distinct*4
end
```

```erb
<%= form_with(model: @book) do |f| %>
  <%= f.collection_select :publisher, @pubs, :publisher, :publisher %>
<% end %>
```

⬇

```html
<select name="book[publisher]" id="book_publisher">
  <option selected="selected" value="技術評論社">技術評論社</option>
  <option value="翔泳社">翔泳社</option>
  <option value="SBクリエイティブ">SBクリエイティブ</option>
  <option value="日経BP">日経BP</option>
  <option value="森北出版">森北出版</option>
</select>
```

　このサンプルでは、books テーブルから取り出した出版社の一覧（@pubs）をもとに <option> 要素を生成しています。value 属性、テキストにはともに publisher 列を割り当てていますが、（もちろん）異なる列の値を割り当てることもできます。

　また、form_with ブロックに割り当てているモデル @book の publisher 列が「技術評論社」なので（❶）、確かに <select> 要素の既定値も「技術評論社」となります。

選択ボックスの選択肢をグループ化する ― grouped_collection_select メソッド

　選択ボックスでは、<optgroup> 要素を利用して選択肢をグループで分類できます。選択肢が多い場合には、グループ化することで選択ボックスが見やすく、また、選びやすくなります。たとえば、以下は著者（Author）単位でグループ分けした書籍タイトルを選択ボックスに表示する HTML とその実行結果です。

```html
<select name="review[book_id]" id="review_book_id">
  <optgroup label="山田祥寛">
    <option value="1">3ステップで学ぶ MySQL入門</option>
    <option value="2">独習Java 第6版</option>
    <option value="5">作って学べるHTML＋JavaScript</option>
    <option value="6">改訂3版JavaScript本格入門</option>
    <option value="8">Pythonでできる！株価データ分析</option>
```

＊4　select メソッドは、テーブルからの取得列を指定します（5.2.6 項も参照）。ここでは「SELECT DISTINCT publisher FROM books」のような SQL 命令を発行していると考えてください。

```
      <option value="9">Vue 3 フロントエンド開発の教科書</option>
    </optgroup>
    <optgroup label="佐藤一郎">
      <option value="2">独習Java 第6版</option>
      <option value="3">これからはじめるReact実践入門</option>
      <option value="4">Nuxt 3 フロントエンド開発の教科書</option>
    </optgroup>
    <optgroup label="鈴木花子">
      <option value="7">Androidアプリ開発の教科書</option>
      <option value="10">独習C# 第5版</option>
    </optgroup>
</select>
```

▼ 図 4-4　選択オプションをグループ化した選択ボックス

　grouped_collection_select メソッドは、このような <select> － <optgroup> － <option> 要素のセットを生成するためのビューヘルパーです。やや複雑なメソッドなので、順を追って利用方法を見ていきましょう。

1 アソシエーションを定義する

　grouped_collection_select メソッドを利用するには、関連するテーブルと対応するモデル、関連（アソシエーション）をあらかじめ準備しておく必要があります。本項の例であれば、あらかじめ図 4-5 のようなテーブルとアソシエーションが定義されているものとします[5]。

---

[5] アソシエーションに関する詳細は、5-6 節で改めて説明します。

▼ 図4-5　関連テーブルと、そのリレーションシップ

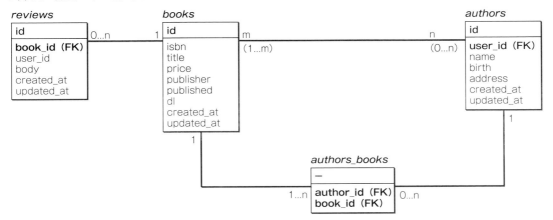

2 アクションメソッドを準備する

アクションメソッドで、編集対象のモデルとグループ（<optgroup>要素）のもととなるオブジェクト配列を生成しておきます（リスト4-5）。

▼ リスト4-5　view_controller.rb

```
def group_select
  @review = Review.new
  @authors = Author.all
end
```

3 テンプレートファイルを作成する

準備ができたら、あとはテンプレートファイルで grouped_collection_select メソッドを呼び出すだけです（リスト4-6）。

▼ リスト4-6　view/group_select.html.erb

```
<%= form_with(model: @review) do |f| %>
  レビュー対象書籍：
  <%= f.grouped_collection_select :book_id, @authors, :books, :name, :id, :title %>
<% end %>
```

grouped_collection_select メソッドの構文は、以下のとおりです。

grouped_collection_select メソッド

```
grouped_collection_select(prop, collection, group, group_label,
  option_key, option_value [,opts [,html_opts]])
```

prop：モデルの属性　　*collection*：<optgroup>要素のもととなるオブジェクト配列
group：配下の<option>要素を取得するメソッド（引数collectionのメンバー）
group_label：<optgroup>要素のlabel属性となる項目（引数collectionのメンバー）
option_key：<option>要素のvalue属性に割り当てられる項目（引数groupのメンバー）
option_value：<option>要素のテキストに割り当てられる項目（引数groupのメンバー）
opts：動作オプション（P.115の表4-2を参照）　　*html_opts*：<select>要素の属性

引数がかなり複雑になっていますが、引数と実際の要素との関係を整理すれば、そこまで難しいことはありません。grouped_collection_select メソッドとアソシエーション、そして、結果となる <select> 要素の関係を図 4-6 に示します。

▼ 図 4-6　grouped_collection_select メソッド

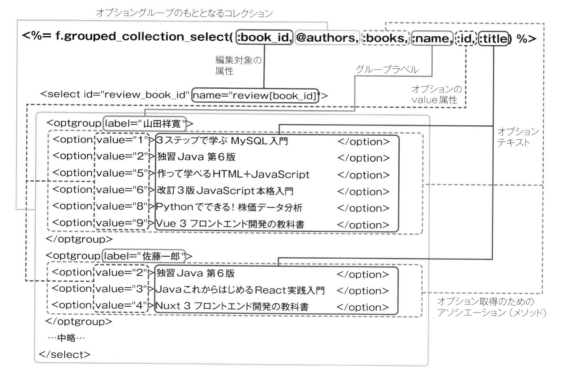

サンプルを実行し、P.118 の図 4-4 のような結果が得られれば成功です。

日付／時刻選択のための選択ボックスを生成する ― datetime_select ／ date_select ／ time_select メソッド

日付／時刻の入力に特化した選択ボックスを生成する datetime_select ／ date_select ／ time_select のようなメソッドもあります。

---

xxxxx_select メソッド (xxxxx は datetime、date、time)

xxxxx_select(*prop* [,*opts* [,*html_opts*]])

---

prop：モデルの属性　　*opts*：動作オプション (表4-3で後述)　　*html_opts*：\<select\>要素の属性

たとえば、@book オブジェクトの published 属性を編集するための選択ボックスは、date_select メソッドを利用して、リスト 4-7 のように表します。

▼ **リスト 4-7　上：view_controller.rb、下：view/dat_select.html.erb**

```
def dat_select
  @book = Book.find(1)
end

<%= form_with(model: @book) do |f| %>
  <%= f.date_select :published, use_month_numbers: true %>
<% end %>
```

```
<select id="book_published_1i" name="book[published(1i)]">
  …中略…
  <option value="2023">2023</option>
  <option value="2024" selected="selected">2024</option>
  <option value="2025">2025</option>
  …中略…
</select>
<select id="book_published_2i" name="book[published(2i)]">
  <option value="1" selected="selected">1</option>
  <option value="2">2</option>
  <option value="3">3</option>
  …中略…
</select>
<select id="book_published_3i" name="book[published(3i)]">
  …中略…
  <option value="24">24</option>
  <option value="25" selected="selected">25</option>
  <option value="26">26</option>
  …中略…
</select>
```

date_select メソッドは既定で月の部分を「January」のような英語表記で返します。これは日本人にとっ

第 4 章　ビュー開発

てはあまりわかりやすい状態ではないので、最低でも use_month_numbers オプションを有効にし、月の表示を数値にしておくと良いでしょう。

その他、*xxxxx*_select メソッドで利用可能なオプションについては、表 4-3 にまとめておきます。

▼ **表 4-3　*xxxxx*_select メソッドで利用可能なオプション**

オプション名	概要	date_select	datetime_select	time_select
use_month_numbers	月を数値で表示するか	○	○	×
use_two_digit_numbers	月日を 2 桁で表示するか	○	○	×
use_short_month	月名を省略表示するか（例：Jan）	○	○	×
add_month_numbers	数値＋月名で表示するか	○	○	×
use_month_names	月名をカスタマイズする(use_month_names: % w (睦月 如月 弥生 ...))	○	○	×
date_separator	年月日の間の区切り文字（既定は ""）	○	○	×
start_year	開始年（既定は「Time.now.year - 5」）	○	○	×
end_year	終了年（既定は「Time.now.year + 5」）	○	○	×
year_format **6.0**	年のフォーマット	○	×	×
day_format	日付のフォーマット	○	×	×
discard_day	日の選択ボックスを非表示にするか	○	○	×
discard_month	月の選択ボックスを非表示にするか	○	○	×
discard_year	年の選択ボックスを非表示にするか	○	○	×
order	項目の並び順を指定（既定は [year, month, day]）	○	○	○
include_blank	ブランクを含めて表示するか	○	○	○
include_seconds	秒数の選択ボックスを表示するか	×	○	○
default	既定の日付を設定（例：default: 3.days.from_now）	○	○	○
disabled	選択無効にするか	○	○	○
prompt	選択値の一番上の表示を指定（例：prompt: { day: 'Select day', month: 'Select month', year: 'Select year' }）	○	○	○
datetime_separator	日付と時刻の間の区切り文字	×	○	×
time_separator	時分の間の区切り文字	×	○	○
ampm	AM/PM 形式	×	○	○
discard_type	名前の型部分を破棄（例：<select id="date_year" name="date[year]"> → <select id="date_year" name="date">)	○	○	○
prefix	名前の接頭辞を設定（既定は date）	○	○	○
field_name	フィールド名（既定は select_*xxxxx* メソッドの *xxxxx* 部分）	×	×	×
selected	実際の値を上書きする値	○	○	×

122

4.1 フォーム関連のビューヘルパー

> **NOTE 年月日／時分秒に特化したビューヘルパー**
>
> この他にも、年月日／時分秒に特化したビューヘルパーとして、select_year、select_month、select_day、select_hour、select_minute、select_second などがあります（表4-4）。それぞれのビューヘルパーでも、表4-3 で紹介したものと同じオプションが利用できます。
>
> ▼ 表 4-4　select_*xxxxx* メソッドで使えるオプション[6]
>
> | 共通 | include_blank、prompt、prefix、field_name、discard_type |
> |---|---|
> | select_year | start_year、end_year、discard_year |
> | select_month | use_month_numbers、use_short_month、add_month_numbers、use_month_names、use_two_digit_numbers、discard_month |
> | select_day | discard_day、use_two_digit_numbers |
> | select_hour | ampm |

◎ 4.1.4 曜日の選択ボックスを生成する ― weekday_select メソッド 7.0

Rails 7.0 では、曜日の入力に特化した選択ボックスを生成する weekday_select メソッドが追加となりました。

---

weekday_select メソッド

weekday_select(*prop* [,*opts* [,*html_opts*]])

- -
prop：モデルの属性　　*opts*：動作オプション（利用可能なオプションは表4-5）　　*html_opts*：\<select\>要素の属性

▼ 表 4-5　動作オプション（引数 opts）

オプション	概要	既定値
index_as_value	true の場合、value 属性には 0（日曜）〜 6（土曜）を設定	false
day_format	曜日の出力フォーマットを表すキー名。:day_names（標準の表記）、:abbr_day_names（省略名）など	:day_names
beginning_of_week	週はじまりの曜日	Date.beginning_of_week

具体的な例も確認しておきましょう（リスト 4-8）[7]。

▼ リスト 4-8　view/week_select.html.erb

```
<%= form_with(model: @book) do |f| %>
  <%= f.weekday_select :published, index_as_value: true,
      day_format: :abbr_day_names, beginning_of_week: :sunday %>
<% end %>
```

---

[6]　select_minute、select_second では共通のオプションだけが利用できます。

[7]　サンプルでは、エラーが出ないよう、引数 prop に published 属性を渡していますが、もちろん、実際には内容に応じた項目を割り当ててください。

```
<select name="book[published]" id="book_published">
  <option value="0">Sun</option>
  <option value="1">Mon</option>
  <option value="2">Tue</option>
  <option value="3">Wed</option>
  <option value="4">Thu</option>
  <option value="5">Fri</option>
  <option value="6">Sat</option>
</select>
```

4.1.5 データベースの情報をもとにラジオボタン／チェックボックスを生成する ─ collection_radio_buttons／collection_check_boxes メソッド

　collection_select メソッドのラジオボタン／チェックボックス版とも言える collection_radio_buttons／collection_check_boxes メソッドもあります（リスト 4-9）。構文も、まさに collection_select メソッドに準じるので、詳しくは 4.1.3 項も併せて参照してください。

▼ リスト 4-9　上：view_controller.rb、下：view/col_radio.html.erb

```
def col_radio
  @book = Book.new(publisher: '技術評論社')
  @books = Book.select(:publisher).distinct
end
```

```
<%= form_with(model: @book) do |f| %>
  <%= f.collection_check_boxes(:publisher, @books, :publisher, :publisher) %><br />
  <%= f.collection_radio_buttons(:publisher, @books, :publisher, :publisher) %>
<% end %>
```

```
<input type="hidden" name="book[publisher][]" value="" autocomplete="off">
<input type="checkbox" value="技術評論社" checked="checked"
  name="book[publisher][]" id="book_publisher_技術評論社">
<label for="book_publisher_技術評論社">技術評論社</label>
<input type="checkbox" value="翔泳社"
  name="book[publisher][]" id="book_publisher_翔泳社">
<label for="book_publisher_翔泳社">翔泳社</label>
<input type="checkbox" value="SBクリエイティブ"
  name="book[publisher][]" id="book_publisher_sbクリエイティブ">
<label for="book_publisher_sbクリエイティブ">SBクリエイティブ</label>
<input type="checkbox" value="日経BP"
  name="book[publisher][]" id="book_publisher_日経bp">
<label for="book_publisher_日経bp">日経BP</label>
<input type="checkbox" value="森北出版"
  name="book[publisher][]" id="book_publisher_森北出版">
```

```html
<label for="book_publisher_森北出版">森北出版</label>

<input type="hidden" name="book[publisher]" value="" autocomplete="off">
<input type="radio" value="技術評論社" checked="checked"
  name="book[publisher]" id="book_publisher_技術評論社">
<label for="book_publisher_技術評論社">技術評論社</label>
<input type="radio" value="翔泳社" name="book[publisher]"
  id="book_publisher_翔泳社">
<label for="book_publisher_翔泳社">翔泳社</label>
<input type="radio" value="SBクリエイティブ" name="book[publisher]"
  id="book_publisher_sbクリエイティブ">
<label for="book_publisher_sbクリエイティブ">SBクリエイティブ</label>
<input type="radio" value="日経BP" name="book[publisher]"
  id="book_publisher_日経bp">
<label for="book_publisher_日経bp">日経BP</label>
<input type="radio" value="森北出版" name="book[publisher]"
  id="book_publisher_森北出版">
<label for="book_publisher_森北出版">森北出版</label>
```

4.1.6 form_with ブロックの中で異なるモデルを編集する ─ fields_for メソッド

form_with ブロックの配下では、モデルを固定して入力フォームを生成するのが基本ですが、fields_for メソッドを利用することで、複数のモデルを対象とした複合フォームを生成することもできます。

たとえば、図 4-7 のような関係を持った users（ユーザー基本情報）、authors（著者情報）テーブルをまとめて編集したい場合などに利用できるでしょう。

▼ 図 4-7　関連テーブルと、そのリレーションシップ

なお、リスト 4-10 のサンプルでは、users／authors テーブルと対応するモデルが存在しており、双方のモデルにアソシエーション（関連）が設定されていることを前提としています。アソシエーションについては 5.6 節を参照してください。

▼ リスト 4-10　上：view_controller.rb、下：view/fields_for.html.erb

```
def fields_for
  @user = User.find(1)
```

第 4 章　ビュー開発

```
end
```

```erb
<%= form_with(model: @user, url: { action: :create }) do |f| %>
  <div class="field">
    <%= f.label :username, 'ユーザー名：' %><br />
    <%= f.text_field :username %>
  </div>
  <div class="field">
    <%= f.label :email, 'メールアドレス：' %><br />
    <%= f.text_field :email %>
  </div>
  <%= field_set_tag '著者情報', class: 'author' do %>
    <%= fields_for @user.author do |af| %>                     ❶
      <div class="field">
        <%= af.label :name, '著者名：' %><br />
        <%= af.text_field :name %>
      </div>
      <div class="field">                                      ❷
        <%= af.label :birth, '誕生日：' %><br />
        <%= af.text_field :birth %>
      </div>
    <% end %>
  <% end %>
  <%= f.submit '登録' %>
<% end %>
```

▼図 4-8　ユーザー情報と付随する著者情報を編集するためのフォーム

　fields_for メソッドは、form_for ブロックの配下で利用することを目的としたビューヘルパーで、form_for 配下でその部分だけを別のモデルを対象としたサブフォームに切り替えることができます。

fields_for メソッド

```
fields_for(var) do |f|
  ...body...
end
```
----
var：対象となるモデルオブジェクト　　*f*：モデルオブジェクト　　*body*：フォームの本体

❶では引数 var として @user.author を渡しているので、ユーザー情報に関連付いた著者情報（Author オブジェクト）を編集の対象とします。また、❷で field_set_tag というメソッドを利用している点にも注目です。field_set_tag メソッドはフォーム要素をグループ化するためのメソッドで、この例のようなサブフォームを表現するのに利用します。このメソッドによって <fieldset> 要素と <legend> 要素が生成されます。

field_set_tag メソッド

```
field_set_tag([legend [,opts]) do
  ...content...
end
```
----
legend：サブフォームのタイトル　　*opts*：<fieldset>要素の属性　　*content*：<fieldset>要素配下のコンテンツ

以上を理解した上で、実際に生成される HTML のコードも確認しておきましょう。

```
<form ...>
  …中略…
  <div class="field">
    <label for="user_email">メールアドレス：</label><br>
    <input type="text" value="yyamada@example.com"
      name="user[email]" id="user_email">
  </div>
  <fieldset class="author">
    <legend>著者情報</legend>
    <div class="field">
      <label for="author_name">著者名：</label><br>
      <input type="text" value="山田祥寛" name="author[name]"
        id="author_name">
    </div>
    <div class="field">
      <label for="author_birth">誕生日：</label><br>
      <input type="text" value="1975-12-04" name="author[birth]"
        id="author_birth">
    </div>
  </fieldset>
  <input type="submit" name="commit" value="登録" data-disable-with="登録" />
</form>
```

太字部分に注目してみるとわかるように、確かに form_for 直下のフォーム要素は User モデルに対応して「user[...]」に、fields_for 配下のフォーム要素は Author モデルに対応して「author[...]」に、それぞれ名前付けされています。

4.2 文字列／数値関連のビューヘルパー

ビューヘルパーには、文字列や数値データを加工し、人間の目により読みやすい形式で整えるためのメソッドが用意されています。本節では、これら加工系のヘルパーについてまとめます。

4.2.1 HTML エスケープを無効化する ─ raw メソッド

テンプレートへの文字列の埋め込みは、初歩的な（そして、典型的な）脆弱性の一因となる可能性があります。たとえばユーザーが入力した文字列をそのまま表示するアプリがあったとします。そのアプリに対して、ユーザーが JavaScript のコードを混入させたとしたら？　アプリ上では、開発者ではない第三者が任意のコードを実行できることになってしまいます。

▼ 図 4-9　クロスサイトスクリプティング（XSS）

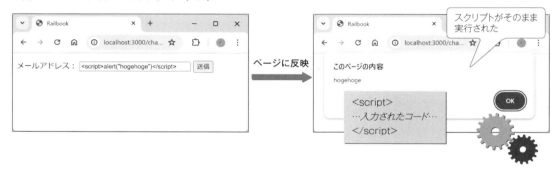

図 4-9 は、**クロスサイトスクリプティング（XSS）** と呼ばれる脆弱性の、ごく簡単化した例です。しかし、Rails（ERB）では、<%=...%> によるテキスト埋め込みにも、セキュリティ的な配慮が為されています。たとえば以下の例を見てみましょう（リスト 4-11）。

▼ リスト 4-11　view/raw.html.erb

```
<% msg = <<EOS
<h1>Railsアプリプログラミング</h1>
<img src="https://wings.msn.to/image/wings.jpg" />
EOS
%>
<%= msg %>                                                                    ❶
```

▼ 図 4-10　HTML 文字列がそのまま表示される

　文字列に HTML のタグが含まれていても、内部的にエスケープ処理[*8]されて、ただの文字列としてページに埋め込まれているわけです。これによって、意図しないコードの混入を未然に防げます。
　もちろん、アプリが生成した HTML をそのままページに反映させたいというケースもあります。そのような場合には、❶を以下のいずれかで書き換えてください。

▼ 図 4-11　HTML がページに反映される

　<%==...%>（イコールが 2 個）、または raw メソッドで指定された式の値は、エスケープされずにそのままページに反映されることが確認できます。いずれも同じ意味ですが、一般的には、よりシンプルな <%==...%> を利用した方が良いでしょう。raw メソッドは、主に自作のビューヘルパー定義など、Ruby コードの中でエスケープを制御する際に利用します。

> **NOTE　信頼できるコンテンツだけに利用する**
>
> 　繰り返しですが、エスケープ処理の漏れは、時として脆弱性の一因にもなります。<%==...%>、raw を利用する際には、渡される文字列が信頼できる内容であるのか（＝適切なエスケープ処理が既に為されているのか）をあらかじめ確認してください。<%==...%>、raw メソッドが、文字列の安全を保証してくれるわけではありません。

[*8]　「<」「>」のような HTML の予約文字を「<」「>」のような文字列に置き換えることを言います。

4.2.2 改行文字を<p>／
要素で置き換える —— simple_format メソッド

simple_format メソッドは、与えられた文字列を以下の規則で整形します。

- 文字列全体を <p> 要素で囲む
- 単一の改行文字には
 を付与
- 連続した改行文字には </p><p> を付与

simple_format メソッドを利用することで、改行文字を含むテキストをブラウザー上でも正しく表示できるようになるわけです（文字列にいくら改行が含まれていても、そのままではブラウザー上では改行されません！）。

simple_format メソッド

```
simple_format(text [,html_opts [,opts]])
```
text：整形対象のテキスト　　*html_opts*：<p>要素に付与する属性　　*opts*：動作オプション（表4-6を参照）

▼ 表 4-6　simple_format メソッドの動作オプション（引数 opts のキー）

オプション	概要
sanitize	危険なタグ／属性を除去するか（既定は true）
wrapper_tag	テキストを囲むのに利用する要素名（既定値は p）

以下に、具体的な例も見てみましょう（リスト 4-12）。

▼ リスト 4-12　view/simple_format.html.erb

```
<%
article = <<EOL
WINGSニュース特別号

こんにちは。
WINGSプロジェクトの山田です。
今日は、おすすめ書籍の特集をお送りします。
<script>alert('Happy Rails!!');</script>
EOL
%>
<%= simple_format(article, class: :article) %>
```

```
<p class="article">WINGSニュース特別号</p>

<p class="article">こんにちは。
<br />WINGSプロジェクトの山田です。
<br />今日は、おすすめ書籍の特集をお送りします。
<br />alert('Happy Rails!!');
</p>
```

simple_formatメソッドによって付与されたタグは太字で表しています。引数html_optsで指定された属性は、テキストに付与されたすべての<p>要素に対して適用される点にも注目です。

引数optsを利用した場合

リスト4-12の太字のコードを書き換えて、動作オプション（引数opts）を追加してみましょう（リスト4-13）。

▼ リスト4-13　view/simple_format.html

```
<%= simple_format(article, { class: :article },
  { sanitize: false, wrapper_tag: 'blockquote' }) %>
```

```
<blockquote class="article">WINGSニュース特別号</blockquote>

<blockquote class="article">こんにちは。
<br />WINGSプロジェクトの山田です。
<br />今日は、おすすめ書籍の特集をお送りします。
<br /><script>alert('Happy Rails!!');</script>
</blockquote>
```

sanitizeオプションをfalseにした結果、<script>が除去されていないこと（＝ページを起動したタイミングで「Happy Rails!!」というダイアログが表示されること[*9]）、wrapper_tagオプションを指定した結果、段落が（<p>要素ではなく）<blockquote>要素で囲まれることを、それぞれ確認してください。

4.2.3　文字列を指定桁で切り捨てる ― truncateメソッド

投稿記事やメール本文をリスト表示するような状況を考えてみましょう。タイトルだけを見ても内容がわかりにくいけれども、いちいち本文を開いて確認するのは面倒、というようなケースはよくあります。そのような場合、一覧に本文の（たとえば）先頭100文字を表示すれば、内容を判別しやすくなります。

こうした場合に利用できるのがtruncateメソッドです。truncateメソッドを利用することで、与えられた文字列を特定の桁数で切り捨てた結果を返します。

truncate メソッド

truncate(*text* [,*opts*])

text：切り捨て対象の文字列　　*opts*：動作オプション（利用可能なオプションは表4-7を参照）

[*9]　タグの除去にはsanitizeヘルパーが利用されています。詳しくは4.2.8項も併せて参照してください。

第4章　ビュー開発

▼ 表 4-7　切り捨ての動作オプション（truncate メソッドの引数 opts）

オプション	概要	既定値
length	切り捨ての桁数（文字単位）	30
separator	切り捨て箇所を表す文字	-
omission	切り捨て時に末尾に付与する文字列	...

それぞれのオプションの意味については、実際の挙動を確認した方が良いでしょう（リスト 4-14）。

▼ リスト 4-14　view/truncate.html.erb

```
<% msg = '<strong>Rails</strong>はRubyベースのフレームワークです。Railsに影響を受けたフレーム
ワークには、LaravelやDjangoなどがあります。' %>
<%= truncate(msg, length: 50) %>
       ➡ ❶ &lt;strong&gt;Rails&lt;/strong&gt;はRubyベースのフレームワークです。Railsに...
<%= truncate(msg, length: 50, separator: '。') %>
➡ ❷ &lt;strong&gt;Rails&lt;/strong&gt;はRubyベースのフレームワークです...
<%= truncate(msg, length: 50, omission: '...後略...') %>
       ➡ ❸ &lt;strong&gt;Rails&lt;/strong&gt;はRubyベースのフレームワークです。R...後略...
```

❶は変数 msg の内容を末尾の省略文字を含めて 50 文字になるよう無条件に切り捨てる、もっともシンプルな例です。マルチバイト文字をしっかり文字数で認識している点に注目してください。

❷は separator オプションを追加した例です。この場合、length オプションで指定した文字数を超えない範囲で、separator オプションで指定した文字が登場するもっとも長い範囲で文字列を切り捨てます。これによって、より自然な箇所で文字列を切り捨てることができます（図 4-12）。

▼ 図 4-12　truncate メソッド

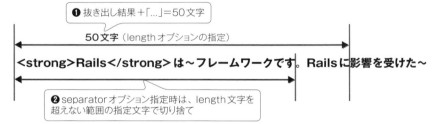

❸は、omission オプションの例です。既定では truncate メソッドは切り捨てた文字列の末尾に「...」を付与しますが、omission オプションで任意の文字列を指定することもできます。

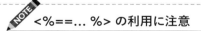 **<%==... %> の利用に注意**

truncate メソッドで処理された文字列を <%==... %>（4.2.1 項）でそのまま出力するのは避けるべきです。というのも、文字列の切り捨てによって「危険な」文字列ができている可能性があるためです。

たとえば「<h1> 表題 </h1>」のような文字列が「<h1> 表題 ...」のようになっている可能性があります。この場合、閉じタグがないために以降のレイアウトが乱れる原因になります。

4.2　文字列／数値関連のビューヘルパー

◎ **4.2.4** 文字列から特定の部分のみを抜粋する ― **excerpt** メソッド

excerpt メソッドは、文字列から特定の文字列を中心に、前後の文字列を抜き出します。よく似たメソッドに truncate メソッド（前項）もありますが、truncate メソッドが文字数で引用箇所を決めるのに対して、excerpt メソッドは特定のキーワードで決めるため、引用の目的がはっきりしている場合、より的確に抜粋できるというメリットがあります（たとえば全文検索の結果を表示するようなケースでは、検索キーワードを中心に文章を抜き出した方が意味があります）。

---

excerpt メソッド

```
excerpt(text, phrase [,opts])
```

text：抜粋対象となる文字列　　*phrase*：検索文字列
opts：動作オプション（利用可能なオプションは表4-8を参照）

▼ 表 4-8　excerpt メソッドの動作オプション（引数 opts のキー）

オプション	概要	既定値
radius	抜き出す前後の文字数	100
omission	抽出時に前後に付与する文字列	...

いずれのオプションも直感的にわかりやすいものだと思いますが、具体的なサンプルでも挙動を確認してみましょう（リスト 4-15）。

▼ リスト 4-15　view/excerpt.html.erb

```
<% msg = 'RailsはRubyベースのフレームワークです。Railsに影響を受けたフレームワークには、Laravelや ↩
Djangoなどがあります。' %>
<%= excerpt(msg, 'Laravel', radius: 10) %>
        ➡ ❶...フレームワークには、LaravelやDjangoなどが...
<%= excerpt(msg, 'Rails', radius: 10) %>
        ➡ ❷RailsはRubyベースのフ...
<%= excerpt(msg, 'Laravel', radius: 10, omission: '～') %>
        ➡ ❸～フレームワークには、LaravelやDjangoなどが～
```

❶は変数 msg から「Laravel」という文字を中心に、その前後の 10 文字を抜き出します。excerpt メソッドのもっともシンプルな例です。

❷では引数 phrase を「Rails」に変更しています。文字列の中に合致するものが複数ある場合、excerpt メソッドは最初に合致した箇所から抽出します。また、前方が文字列の先頭なので、文字列の省略を表す「...」が付与されない点にも注目です。

❸は omission パラメーターを指定した例です。これによって、前後の省略記号を「～」に置き換えています。

4.2.5 テーブルやリストの背景色をn行おきに変更する ─ cycleメソッド

　cycleメソッドは、主にeachブロックの配下で利用することを想定したメソッドで、あらかじめ指定された値リストを順番に出力します。たとえば、HTMLテーブルの出力に際して、1行おきに背景色を変更したい場合などに便利です。

cycleメソッド

cycle(*value* [, ...] [,name: *cname*])

value：値リスト　　*cname*：サイクル名（既定はdefault）

　サイクル名（引数cname）は、サイクルを識別するための名前です。ページ内で複数のcycleメソッドを利用する場合に指定します。
　たとえばリスト4-16は、2.4.7項のlist.html.erb（リスト2-11）をcycleメソッドを使って書き換えたものです。

▼ リスト4-16　hello/list.html.erb

```
<% @books.each do |book| %>
  <tr class="<%= cycle('table-primary', '') %>">
    <td><%= book.isbn %></td>
    …中略…
  </tr>
<% end %>
```

▼ 図4-13　1行おきに背景色を変更

ISBNコード	書名	価格	出版社	刊行日	ダウンロード
978-4-297-13919-3	3ステップで学ぶMySQL入門	2860円	技術評論社	2024-01-25	false
978-4-7981-8094-6	独習Java 第6版	3278円	翔泳社	2024-02-15	true
978-4-8156-1948-0	これからはじめるReact実践入門	4400円	SBクリエイティブ	2023-09-28	false
978-4-297-13685-7	Nuxt 3 フロントエンド開発の教科書	3520円	技術評論社	2023-09-22	true
978-4-296-07070-1	作って学べるHTML＋JavaScript	2420円	日経BP	2023-07-06	false
978-4-297-13288-0	改訂3版JavaScript本格入門	3520円	技術評論社	2023-02-13	true
978-4-7981-7613-0	Androidアプリ開発の教科書	3135円	翔泳社	2023-01-24	true
978-4-627-85711-7	Pythonでできる! 株価データ分析	2970円	森北出版	2023-01-21	true
978-4-297-13072-5	Vue 3 フロントエンド開発の教科書	3960円	技術評論社	2022-09-28	true
978-4-7981-7556-0	独習C# 第5版	4180円	翔泳社	2022-07-21	true

4.2 文字列／数値関連のビューヘルパー

値リストとして table-primary[*10]、空文字列が交互に出力されていることを確認できます。もちろん、リスト項目を増やすことで、3、4 行以上のサイクルで背景色を循環させることも可能です。

サイクルの現在値を取得する

読み込む値を次に進めず、現在の値を取得するのみの current_cycle メソッドも用意されています。ループ内で同一のサイクル値を取得したい場合に利用します。

current_cycle メソッド

```
current_cycle(cname = 'default')
```
cname：サイクル名

たとえば、リスト 4-16 を current_cycle メソッドを使って書き換えてみます（リスト 4-17）。

▼ リスト 4-17　hello/list.html.erb

```
<% @books.each do |book| %>
  <tr>
    <td class="<%= cycle('table-primary', '') %>">                    ❶
      <%= book.isbn %></td>
    <td class="<%= current_cycle %>">                                 ❷
      <%= book.title %></td>
    …中略…
  </tr>
<% end %>
```

❶では値リストを定義＆循環しますが、❷では現在の値を取得しているだけです（循環はしません）。これによって、❶❷でいずれも同じ値を得られるわけです。

その他、現在のサイクルを初期化する reset_cycle メソッドも用意されています。

reset_cycle メソッド

```
reset_cycle(cname = 'default')
```
cname：サイクル名

◎ 4.2.6　特定のスタイルクラスを付与する — class_names メソッド 6.1

class_names メソッドを利用することで、条件の真偽に応じたスタイルクラスの付与がよりシンプルなコードで表現できます。

[*10] Bootstrap（2.4.7 項）で提供されているスタイルクラスです。テーブル組みに対して背景色を設定しています。

第 4 章　ビュー開発

class_names メソッド

```
class_names(name: flag, ...)
```

name：スタイルクラスの名前　　*flag*：クラスを付与するか

たとえばリスト 4-18 は、リスト 4-16 を class_names メソッドを使って書き換えた例です。

▼ **リスト 4-18　hello/list.html.erb**

```
<% @books.each_with_index do |book, index| %>
  <tr class="<%=class_names('table-primary': index % 2 != 0)%>">
    <td><%= book.isbn %></td>
    …中略…
  </tr>
<% end %>
```

配列からインデックス値／値を順に取り出すには、（each メソッドの代わりに）each_with_index メソッド
を利用します。あとは、class_names メソッドに対して、

インデックス値が 2 で割り切れない（＝奇数である）

という条件式を渡すことで、条件に合致した場合にだけ table-primary スタイルクラスが適用されるようになり
ます。

class_names メソッドのその他の記法

class_names メソッドには、ハッシュの他にも以下のような引数を渡すことが可能です。

```
class_names('main', 'contents')
        ❶ main contents
class_names(nil, false, '', 108, 'contents', { even: true })
        ❷ 108 contents even
```

文字列群を渡した場合には、そのまま空白区切りで連結した結果が返されます（❶）。❷のように任意の値
を列挙することも可能です。この場合も値を文字列として連結する点は同じですが、ハッシュからは値が true
であるキーだけを抜き出しますし、nil ／ false ／空文字列も除外されます。

◎ 4.2.7　特定のキーワードをハイライト表示する ─ highlight メソッド

highlight メソッドを利用すると、文字列に含まれる特定の文字列をハイライト表示できます。

highlight メソッド

```
highlight(text, phrases [,highlighter: replaced])
```

text：ハイライト処理するテキスト　　*phrases*：ハイライトするキーワード（配列指定も可）
replaced：ハイライト文字列（置き換え文字列のフォーマット）

136

4.2 文字列／数値関連のビューヘルパー

具体的な例も見てみましょう（リスト 4-19）。

▼ **リスト 4-19　view/highlight.html.erb**

```
<% msg = 'RailsはRubyベースのフレームワークです。Railsに影響を受けたフレームワークには、Laravelや
Djangoなどがあります。' %>
<%= highlight(msg, 'Rails') %>
```
❶ `<mark>Rails</mark>はRubyベースのフレームワークです。<mark>Rails</mark>に影響を受け↩`
`たフレームワークには、LaravelやDjangoなどがあります。`
```
<%= highlight(msg, ['Rails', 'フレームワーク'],
    highlighter: '<a href="search?keywd=\1">\1</a>') %>
```
❷ `<a href="search?keywd=Rails">Rails</a>はRubyベースの<a href="search?keywd=↩`
`フレームワーク">フレームワーク</a>です。<a href="search?keywd=Rails">Rails</a>↩`
`に影響を受けた<a href="search?keywd=フレームワーク">フレームワーク</a>には、Laravelや↩`
`Djangoなどがあります。`

❶は、highlight メソッドのもっとも基本的な用法です。highlight メソッドは既定で、引数 text の中で引数 phrases に合致した文字列を <mark> ～ </mark> で囲みます[11]。<mark> 要素は、既定では背景を黄色くハイライトしますが、もちろん、必要に応じて、自分でスタイル定義しても構いません。

❷は、引数 phrases を配列で指定するとともに、highlighter オプションを指定した例です。highlighter オプションでは <mark> ～ </mark> の代わりに、文字列をハイライトするためのフォーマットを指定します。「/1」はハイライト文字列（サンプルでは Rails、フレームワーク）を埋め込むべきプレイスホルダーを表します。

◎ 4.2.8　文字列から要素を除去する ― sanitize メソッド

sanitize メソッドは、与えられた文字列から要素と属性を除去します。<%=...%> ／ <%==...%> は HTMLを完全に無効化するか有効化するかですが、sanitize メソッドを利用すると、特定の要素／属性だけを有効化できます。たとえば、掲示板やブログなどのアプリでエンドユーザーによるタグ付けを認める場合には、最低限のタグだけを許可することで、セキュリティを維持しやすくなります。

sanitize メソッド

sanitize(*html* [,*opts*])

----
html：HTML文字列　　*opts*：許可する要素／属性

引数 opts には tags ／ attributes オプションで、それぞれ許可する要素／属性を指定できます（逆に、ここで指定されなかった要素／属性はすべて除去されます）。具体的な例も見てみましょう（リスト 4-20）。

---

[11] <mark> は、特定のテキストをハイライトするためのタグです。<strong> や <em> にも似ていますが、単に目立たせるだけでなく、その箇所に対して他からなんらかの言及(参照)がされていることを期待しています。言及とは、たとえば、本文でも触れているような検索キーワードのようなケースです。

137

第 4 章　ビュー開発

▼ リスト 4-20　view/sanitize.html.erb

```
<%
msg = <<EOL
<p style="color:Red">Railsについて<br />質問があります。</p>
<strong id="hoge" class="myclazz">至急</strong>
<a href="JavaScript:alert('NG')">こちらに回答お願いします。</a>
<a href="https:/wings.msn.to">サポートサイト</a>
EOL
%>
<%= sanitize msg %>
➊ <p>Railsについて<br>質問があります。</p>
   <strong class="myclazz">至急</strong>
   <a>こちらに回答お願いします。</a>
   <a href="https://wings.msn.to">サポートサイト</a>

<hr />
<%= sanitize msg, tags: %w(p a), attributes: %w(id class href style) %>
➋ <p style="color: Red;">Railsについて質問があります。</p>
   至急
   <a>こちらに回答お願いします。</a>
   <a href="https://wings.msn.to">サポートサイト</a>
```

➊は、引数 opts を指定しなかった場合です。この場合、既定で決められた要素／属性だけが除去されます。具体的には、

- 要素：script、iframe、object、style、link、meta、フォーム系の要素
- 属性：src、style、on*xxxxx*

などが対象となります。

➋は、引数 opts で許可すべき要素／属性を明示した例です。ここでは、<p> ／ <a> 要素、id ／ class ／ href ／ style 属性を除いて、要素／属性を除去しています。ただし、sanitize メソッドは **JavaScript 疑似プロトコル**（javascript:// ～）のようなプロトコルは無条件で危険であると見なします。よって、これを含んでいる href 属性は常に除去の対象になります。

> **NOTE**
>
> ## tags ／ attributes オプションの既定値
>
> tags ／ attributes オプションのルールは大概アプリ一律に決まります。そのような場合には、設定ファイルで既定値を設定した方がコードはすっきりします（リスト 4-21）。
>
> ▼ リスト 4-21　application.rb
>
> ```
> config.action_view.sanitized_allowed_tags = %w(p a)
> config.action_view.sanitized_allowed_attributes = %w(id class href style)
> ```

4.2　文字列／数値関連のビューヘルパー

◎ **4.2.9** 数値をさまざまな形式で加工する — **number_xxxxx メソッド**

Rails には数値を加工するためのさまざまな専用ヘルパーが用意されています（表 4-9）[12]。

▼ **表 4-9　数値を加工するための number_xxxxx メソッド**

メソッド	概要
number_to_currency(*num* [, *opts*])	数値 num を通貨形式に変換
number_to_human(*num* [, *opts*])	数値 num を 10、100、1000... の単位に変換
number_to_human_size(*num* [, *opts*])	バイト単位の数値 num を KB、MB... に変換
number_to_percentage(*num* [, *opts*])	数値 num をパーセント形式に変換
number_with_delimiter(*num* [, *opts*])	引数 num に対して桁区切り文字を追加
number_with_precision(*num* [, *opts*])	引数 num を特定の桁数で丸め

引数 opts は動作オプションを表します。利用できるオプションを、表 4-10 にまとめておきます[13]。表の右側はメソッドごとのオプションの既定値を示しています（単に○とあるものは［概要］列で別に既定値を示しています）。

▼ **表 4-10　number_xxxxx 関連メソッドの動作オプション（cur：number_to_currency、hum：number_to_human、h_s：number_to_human_size、per：number_to_percentage、del：number_with_delimiter、prec：number_with_precision。%u は単位、%n は数値の絶対値）**

オプション	概要	cur	hum	h_s	per	del	prec
locale	使用するロケール（既定は現在のロケール）	○	○	○	○	○	○
precision	数値の桁数	2	3	3	2	—	3
separator	小数点記号	.	.	.	.	.	.
delimiter	桁区切り文字	,	,	,	,	,	,
round_mode	丸めルール	○	○	○	○	—	○
	:up 切り上げ／**:down、:truncate** 切り捨て／**:half_up、:default** 四捨五入（既定）／**:half_down** 五捨六入／**:half_even、:banker** 四捨六入／**:ceiling、:ceil** 数値の大きい方に繰り上げ／**:floor** 数値の小さい方に繰り下げ						
unit	単位	$	—	—	—	—	—
units	単位名を表すハッシュ（整数部は :unit、:ten、:hundred、:thousand、:million、:billion、:trillion、:quadrillion。小数部は :deci、:centi、:mili、:micro、:nano、:pico、:femto）	—	○	—	—	—	—
format	形式	%u%n	%n %u	—	%n%		

---

[12] ちなみに、文字列の加工には String#sprintf メソッド、日付データの加工には Time#strftime メソッドと、それぞれ Ruby 標準のメソッドを利用できます。

[13] number_xxxxx メソッドで指定できるオプションの一部は、ロケール単位で辞書ファイル（11.2 節）として既定値を設定することもできます。

negative_format	負数の形式	-%u%n	—	—	—	—	—
strip_insignificant_zeros	小数末尾の0を削除するか	false	true	true	false	—	false
significant	trueの場合はprecisionが全体桁数（有効桁数）を、falseの場合は小数点以下の桁数を表す	—	true	true	false	—	false

それぞれの基本的な例も見てみましょう（リスト4-22）。

▼ リスト4-22　view/number_to.html.erb

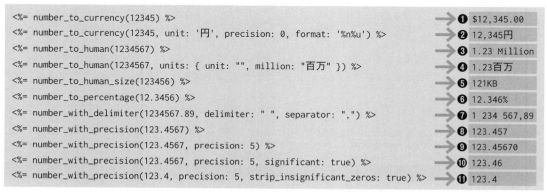

❶は number_to_currency メソッドのもっともシンプルな例です。ただし、number_to_currency メソッドの既定の通貨は「$」、小数点以下桁数も2桁なので、最低でも❷のように unit／precision パラメーターと併せて利用するのが一般的でしょう。

❸❹は number_to_human メソッドの例です。既定では桁数に応じて thousand、million などの表記が付与されるので（❸）、日本語対応のためには最低でも units パラメーターの設定は必須です。❹の例では million パラメーターに対して「百万」という表記を割り当てています。もちろん、必要に応じて表4-10のパラメーターをハッシュ形式で渡すことも可能です。

❺❻の number_to_human_size／number_to_percentage メソッドは、値に応じてKB、MB...のような単位、または「%」表記で値を表示します。いずれのメソッドも日本で一般に利用されている単位（記号）で結果を返すので、殊更にパラメーターを指定する必要なく利用できます。

❼の number_with_delimiter メソッドは、数値そのものの丸めは行わず、桁区切り文字や小数点を変更したい場合に利用します。❽以降の number_with_precision メソッドの方が高機能なので、通常、あまり利用する機会はありません。

❽～⓫の number_with_precision メソッドは指定された桁数で数値の丸めや表記を統一するためのメソッドです。単位を伴わない汎用的なメソッドですので、数値加工ではもっとも利用する機会が多いでしょう。

❾～❿は precision／significant パラメーターの例です。significant パラメーターは precision パラメーターの挙動を制御するためのパラメーターです。false（または省略）時、precision パラメーターの値は小数点以下の桁数を表すものと見なされるので、❾は不足桁を補った 123.45670 が返されます。一方、significant パラメーターが true の場合、precision パラメーターは全体桁数（有効桁数）を表すものと見

なされます（❿）。よって、整数部＋小数部が 5 桁となるよう丸められた 123.46 が返されます。

❶の strip_insignificant_zeros パラメーターは小数末尾の 0 を削除します。この場合、precision パラメーターが 5 なので、まずは 123.40000 のようになるはずですが、0 が削除された結果、123.4 が返されます。

COLUMN   **Rails API モード**

近年のトレンドとして、ビュー（画面）の制御はクライアントサイド技術（JavaScript）に任せ、サーバーサイド（Rails）はデータの生成に特化する（図 4-14）、という状況も増えてきました。

▼ 図 4-14　Rails とクライアントサイド技術との役割分担

もちろん、以前の Rails でも、データ生成のために JBuilder ／ Builder（6.3.2 項）のようなテンプレートエンジンをはじめ、render メソッドにも json ／ xml のようなオプションを提供しており、これらを利用することで、JSON ／ XML 形式のデータを生成できます。しかし、Rails が画面を生成しないならば、標準プロジェクトが提供するライブラリは重すぎます。

そこで Rails 5 以降では、データ生成に必要なミドルウェアだけから構成される API モードが搭載されました。API モードを利用することで、プロジェクト全体が軽量化され、レスポンス速度を改善できます。API モードでプロジェクトを作成するには、rails new コマンドに --api オプションを付与するだけです。

```
> rails new myapp --api
```

API モードでは、テンプレートをはじめとして、JavaScript ／ CSS ファイルが生成されず、また、これらに関連するライブラリが組み込まれなくなります。更に、コントローラーも（従来の ActionController::Base ではなく）データ生成に特化した ActionController::API クラスを継承するようになります。

実際には、Rails がデータ生成に完全に特化できる局面は限定されるかもしれませんが、そのような局面では API モードを積極的に活用していくことをお勧めします。

4.3 リンク関連のビューヘルパー

本節では、リンク関連のビューヘルパーを紹介します。アンカータグを生成するもの、URL文字列を生成するもの、などがあります。

4.3.1 ハイパーリンクを生成する ― link_to メソッド

ハイパーリンクを生成するのは、link_to メソッドの役割です。

link_to メソッド

```
link_to(body, url [,html_opts])
```
body：リンクテキスト　url：リンク先のURL（3.2.2項も参照）　html_opts：動作オプション（表4-11を参照）

▼ 表4-11　link_to メソッドのオプション（引数 html_opts のキー）

オプション	概要
method	リンク時に使用するHTTPメソッド（:post、:put、:patch、:delete）
data	独自のデータ属性（「名前：値」のハッシュ形式）
属性名	id、class、style などの属性

link_to メソッドについては 3.2.2 項でも既に解説済みです。リスト 4-23 では、その理解を前提に、未出のコード例をいくつか補足しておきます。

▼ リスト4-23　view/link.html.erb

```
<%= link_to 'サポートサイト', 'https://wings.msn.to/' %>
        ❶ <a href="https://wings.msn.to/">サポートサイト</a>

<%= link_to 'トップ', { controller: :hello, action: :index },
  id: :link, class: :menu %>
        ❷ <a id="link" class="menu" href="/hello/index">トップ</a>

<% @book = Book.find(1) %>
<%= link_to book_path(@book) do
  image_tag "https://wings.msn.to/books/#{@book.isbn}/#{@book.isbn}.jpg"
end %>
        ❸ <a href="/books/1"><img src="https://wings.msn.to/books/978-4-297-13919-3/↩
           978-4-297-13919-3.jpg"></a>
```

❶は、link_to メソッドのもっともシンプルな例です。引数 body ／ url で指定されたリンクテキスト、URL に基づいて、アンカータグを生成します。

ただし、❶のような外部リンクを link_to メソッドで生成する意味はあまりありません。Rails の中ではルート定義に基づいてコントローラー名（controller）／アクション名（action）から動的に URL を生成するのが一般的でしょう（これによって、ルート設計に変更があった場合にも、リンクに影響が出にくくなるからです）。

その例が❷です。引数 url をハッシュの形式で指定します。引数 url で指定できるハッシュキーについては次項で詳述するので、併せて参照してください。

❷はまた、引数 html_opts を指定した例でもあります。このように、複数のハッシュをメソッドに引き渡す場合には、前方のハッシュを {...} で囲まなければなりません[*14]。たとえば、以下のコードは正しく解釈されません。

```
<%= link_to 'トップ', controller: :hello, action: :index,
  id: :link, class: :menu %><br />
```

```
<a href="/hello/index?class=menu&id=link">トップ</a><br />
```

この場合、controller 以降のすべてのキーが引数 url に吸収されてしまうためです。

❸は、リンクテキストをブロックで表した例です。リンクテキストを動的に生成する場合に利用します。

◎ 4.3.2 ルート定義から動的に URL を生成する ― url_for メソッド

url_for メソッドは、引数に与えられたオプション情報から URL 文字列を生成します。テンプレートで url_for メソッドを利用する機会は少ないかもしれませんが、link_to メソッドでの引数 url の指定は url_for メソッドのそれに準じます。url_for メソッドで動的な URL 生成の理解を深めてください。

url_for メソッド

url_for(*opts*)

opts：URLの生成オプション（表4-12を参照）

▼ 表 4-12 url_for メソッドのオプション（引数 opts のキー）

オプション	概要
controller	コントローラー名
action	アクション名
host	ホスト名（現在のホストを上書き）
protocol	プロトコル（現在のプロトコルを上書き）
anchor	アンカー名
only_path	相対 URL を返すか（プロトコル／ホスト名／ポート番号を省略するか）。host が指定されなかった場合、既定は true

---

* 14　単一のハッシュである（＝引数 html_opts が省略された）場合は、{...} で囲まなくても構いません。

trailing_slash	末尾にスラッシュを付与するか
user	HTTP 認証に使用するユーザー名
password	HTTP 認証に使用するパスワード

具体的な例も見てみましょう。なお、url_for メソッドは、link_to メソッドと同じく、ルート定義をもとにリンク先 URL を生成します。前提となるルート定義も、併せて示しておきます（リスト 4-24）。

▼ リスト 4-24　上：view/urlfor.html.erb、下：routes.rb

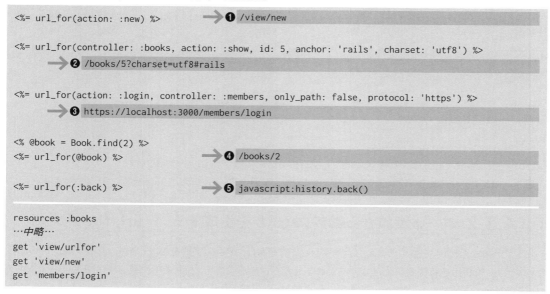

url_for メソッドは、まず現在のコンテキスト（コントローラー名やアクション名、その他パラメーター）を基点に URL を生成します。たとえば、❶のように action パラメーターだけを指定した場合には、コントローラー名は現在のもの（ここでは view）を使用します。

❷は id／anchor／charset などのパラメーターを指定した例です。id はルート定義（/books/:id(.:format)）に含まれているので、そのまま URL の一部として取り込まれますし、anchor パラメーターはアンカー（「#〜」の部分）として URL の末尾に付与されます。予約パラメーターでもなく、ルート定義にも含まれていない――charset のようなパラメーターが指定された場合、クエリ情報として追加される点にも注目してください。

❸は only_path パラメーターを false にした例です。url_for メソッドは既定でサイトルートからの相対パスを生成しますが、only_path パラメーターを false に指定することで、プロトコル／ホスト名を含んだ絶対パスを返します。

❹のようにオブジェクトを引き渡すこともできます。この場合、オブジェクトの主キー値に応じて「/books/2」のようなパスが生成されます。

❺は url_for メソッドの特殊な用法です。引数に :back を指定した場合、url_for メソッドは Referer

ヘッダー[15] の値を返します。Referer ヘッダーが空の場合には「javascript:history.back()」という JavaScript 疑似プロトコルを返します。history.back とは、「ブラウザーの履歴に基づいて、1 つ前のページに戻りなさい」という意味です。

 オプションの既定値を設定

　コントローラー側で default_url_options メソッドをオーバーライドすることで、url_for メソッドに既定で渡すパラメーターを指定できます。たとえば、リスト 4-25 は ViewController コントローラー配下のすべてのリンクに charset パラメーターを付与する例です[16]。

▼ **リスト 4-25** view_controller.rb

```
def default_url_options(options = {})
  { charset: 'utf-8' }
end
```

　この状態でリスト 4-24 の view/urlfor.html.erb を実行すると、たとえば❶の結果は「/view/new?charset=utf-8」となります。

4.3.3 条件に応じてリンクを生成する ― link_to_if / link_to_unless メソッド

　link_to メソッドの派生形として、条件式の正否に応じてリンクを生成する link_to_if / link_to_unless メソッドもあります。

link_to_if / link_to_unless メソッド

```
link_to_if(condition, name [,url [,html_opts]], &block)
link_to_unless(condition, name [,url [,html_opts]], &block)
```

condition：条件式　　*name*：リンクテキスト　　*url*：リンク先のURL（3.2.2項も参照）
html_opts：動作オプション（P.142の表4-11を参照）　　*&block*：代替コンテンツ

　link_to_if メソッドは、引数 condition が true の場合にはアンカータグを、false の場合には引数 name に基づいて固定テキストのみを出力します。ただし、引数 &block（ブロック）を指定した場合には、引数 name の代わりにブロックの内容を出力します。
　link_to_unless メソッドは、link_to_if メソッドとは逆に、引数 condition が false の場合にアンカータグを出力します（リスト 4-26）。

---

*15 Referer ヘッダーは、現在のページへのリンク元ページを表します。
*16 アプリ共通で利用するパラメーターを指定したい場合は、Application コントローラー（6.6 節）に記述します。

第 4 章　ビュー開発

▼リスト 4-26　上：view/linkif.html.erb、下：routes.rb

```
<% ##@user = User.new %>
<%= link_to_if @user.nil?, 'ログイン',
  controller: :login, action: :index %>
     ➊ <a href="/login/index">ログイン</a>／ログイン


<%= link_to_unless @user, 'ログイン',
  controller: :login, action: :index %>
     ➋ <a href="/login/index">ログイン</a>／ログイン


<%= link_to_if @user.nil?, 'ログイン',
  controller: :login, action: :index do |name|
  link_to 'マイページ', controller: :login, action: :info
end %>
     ➌ <a href="/login/index">ログイン</a>／<a href="/login/info">マイページ</a>
```

```
get 'view/linkif'
get 'login/index'
get 'login/info'
```

➊は、変数 @user が空の場合に［ログイン］リンクを生成します。同じ内容を link_to_unless メソッドで表すと、➋のように記述できます（@user が存在しなければ、リンクを生成しなさい、という意味です）。

冒頭のコードを有効化することで、リンクがただのテキストになることも確認してみましょう[17]。リスト中の結果は、前方が冒頭のコードをコメントアウトした場合、後方がコメント解除した場合を表しています。

➌は、link_to_if メソッドでブロックを定義した例です。この場合、引数 condition（@user.nil?）が false である場合に、テキストではなく、ブロックで指定されたリンクを出力します。ブロックには、ブロックパラメーターとして引数 name（リンクテキスト）が渡されます。よって、➌では @user が空の場合には［ログイン］リンクを、そうでない場合には［マイページ］リンクを出力します。

◎ 4.3.4　現在のページの場合はリンクを無効にする ─ link_to_unless_current メソッド

link_to_unless メソッドの特殊形として、link_to_unless_current メソッドがあります。これは、リンク先が現在のページである場合には（リンクの代わりに）テキストのみを出力します（リスト 4-27）。レイアウト上で共通メニューなどを生成する場合に便利なメソッドです。

構文そのものは link_to メソッドに準じるので、4.3.1 項も併せて参照してください。

▼リスト 4-27　上：view/current.html.erb、下：routes.rb

```
<%= link_to_unless_current '一覧へ', action: :current %> |
<%= link_to_unless_current '詳細へ', action: :detail %>
```

```
get 'view/current'
```

---

[17] ここでは便宜上、User オブジェクトをインスタンス化しているだけですが、実際のアプリではログインユーザーの情報が入っていることを想定しています。

146

```
get 'view/detail'
```

```
一覧へ｜
<a href="/view/detail">詳細へ</a>
```

現在のアクションがcurrentなので、確かにcurrentアクションへのリンクは無効化され、テキストだけが出力されていることが確認できます。

4.3.5　メールアドレスへのリンクを生成する ― mail_to メソッド

mail_toメソッドは、指定されたメールアドレスに基づいてmailto:リンクを生成します。

mail_to メソッド

```
mail_to(address [,name [,opts]])
```

address：メールアドレス　　name：リンクテキスト（省略時はメールアドレス）
opts：動作オプション（利用可能なオプションは表4-13を参照）

▼ 表4-13　mail_to メソッドの動作オプション（引数 opts のキー）

オプション	概要
subject	メールの件名
body	メール本文
cc	カーボンコピー
bcc	ブラインドカーボンコピー

リスト4-28に、具体的な例も示します。

▼ リスト4-28　view/mailto.html.erb

❸のように引数optsを指定する場合、引数nameは省略できないので、明示的にnilを指定しています。cc／subjectオプションは、自動的にエンコード処理される点にも注目です。

第 4 章　ビュー開発

4.4　その他のビューヘルパー

本節では、ここまでの節では扱えなかったその他のビューヘルパーについてまとめます。

4.4.1　構造化データをダンプ出力する ― debug メソッド

テンプレートに渡された配列やオブジェクトの内容を確認するには、debug メソッドを利用すると便利です。debug メソッドは、指定された変数の内容を人間の目にも読みやすい YAML 形式（2.4.2 項）で出力します。テンプレートに意図したデータが渡されているかを確認したい場合に重宝するでしょう。

---

debug メソッド

debug(*obj*)

obj：出力対象のオブジェクト

たとえばリスト 4-29 は、テンプレート変数 @books の内容を出力する例です。2.4.7 項で作成した list.html.erb（リスト 2-11）に以下の 1 行を追加してみましょう（太字部分）。

▼ リスト 4-29　hello/list.html.erb

```
</table>
<%= debug(@books) %>
```

▼ 図 4-15　オブジェクト配列をリスト形式で表示

debug メソッドは YAML 形式に変換した結果をエスケープ処理し、かつ、<pre> 要素で修飾したものを返すので、そのままブラウザー上で参照できます。

◎ 4.4.2 スクリプトブロックの中に出力コードを埋め込む ― concat メソッド

テンプレートファイルにおいて <%...%>、<%=...%> のような構文があることは、既に何度か述べているとおりです。出力を伴う式は <%=...%> で、制御構文など出力を伴わないコードは <%...%> で記述するのが基本です。

もっとも、<%...%> の中でちょっとした出力を行いたいこともあります。たとえば、リスト 4-30 のようなケースです。

▼ リスト 4-30　view/conc.html.erb

```
<td><%= book.price %>円
  <% if book.price >= 3500 %>
    <%= image_tag 'expensive.gif' %>*18
  <% end %>
</td>
```

▼ 図 4-16　価格が 3500 円以上の場合に画像を表示

「price 属性の値が 3500 円以上の場合に <img> 要素を出力しなさい」という命令ですが、<%...%>、<%=...%> ブロックがこま切れに発生するのが冗長に思えます。このようなケースでは、リスト 4-31 のように

---

* 18　image_tag メソッドは <img> 要素を生成するためのビューヘルパーです。詳細は 9.2.2 項も参照してください。

149

記述した方がスマートでしょう。

▼ リスト 4-31　view/conc.html.erb

```
<td><%= book.price %>円
  <% if book.price >= 3500
    concat image_tag 'expensive.gif'
  end %>
</td>
```

　concatメソッドは、このように<%...%>ブロックの中で指定された文字列（または式の結果）を出力する命令です。テンプレートの中で利用できるput／printメソッドと捉えても良いでしょう。<%...%>の中でちょっとした文字列を出力するには便利なヘルパーですし[19]、後述する自作のビューヘルパーでも最終的な出力のために利用することになります。

4.4.3　出力結果を変数に格納する ― capture メソッド

　captureメソッドを利用すると、断片的なテンプレートの結果を変数に格納できます。部分テンプレートにするほどでもないものの、テンプレートの複数箇所で何度も参照するようなコンテンツを定義する際に便利です。

capture メソッド

```
@var = capture do
  ...template...
end
```

@var：変数　　*template*：変数に格納する任意のテンプレート

　たとえばリスト4-32は、テンプレートの内容を変数currentにセットし、その内容を別の場所で出力する例です。

▼ リスト 4-32　view/capture.html.erb

```
<% current = capture do %>
ただいまの時刻は<%= Time.now %>です。
<% end %>

<%= current %>
<div style="color:Red"><%= current %></div>
```

```
ただいまの時刻は2024-03-10 16:42:09 +0900です。
<div style="color:Red">ただいまの時刻は2024-03-10 16:42:09 +0900です。</div>
```

---

[19] concat命令による出力は、あくまでシンプルなものに留めるべきです。たとえば、concatメソッドが連綿と続くコードは記述すべきではありません。

4.4.4 サイトのFaviconを定義する ─ favicon_link_tagメソッド

ファビコン（Favicon）とはFavorite Iconの略で、サイトに関連付けられたアイコンを指します。ブックマークやアドレス欄、タブなどでは、ページタイトルやURLと併せてファビコンが表示されます（図4-17）。文字列だけの表示よりも視認性が良いため、最近ではほとんどのサイトがファビコンに対応しています。

▼ 図4-17 ファビコンの表示（著者サポートサイトの場合）

このようなファビコン定義のための<link>要素を出力するのが、favicon_link_tagメソッドの役割です。

favicon_link_tagメソッド

```
favicon_link_tag([src [,opts]])
```

src：アイコン画像のパス（既定はfavicon.ico）　　*opts*：<link>要素に付与する属性

アイコン画像のファイル名に決まりはありませんが、favicon.icoとするのが一般的です（/app/assets/imagesフォルダー配下に配置します）。最近のブラウザーは.svg形式や.png形式にも対応していますが、まずは複数サイズの画像を1個にまとめられる.ico形式にしておくのが無難です。

具体的な例を、リスト4-33に示します。

▼ リスト4-33 layouts/application.html.erb

1、2行目はいずれも❶のコードを出力します。まずは、引数なしのもっともシンプルなパターンで十分でしょう。

❷はファビコンとして.png形式を指定した例です。この場合、引数optsでtypeパラメーターを明示的に指定する必要があります。

なお、ファイル名の末尾に付与されている「favicon-**e65a94b...15bb**.ico」（太字）のような文字列はダイジェストと呼ばれるもので、Asset Pipelineという機能によって自動生成される、キャッシュ制御のための情報です。9.1.5項で詳しく解説するので、現時点では気にしなくても構いません。

4.5 ビューヘルパーの自作

ここまで見てきたように、Railsではビュー開発を支援するビューヘルパーを標準で数多く提供しています。しかし、実際にアプリを開発していく上では「このようなヘルパーも欲しい」と思う局面はよくあるはずです。そのような場合、Railsではビューヘルパーを自作することもできます。

4.5.1 シンプルなビューヘルパー

まずはもっともシンプルな形でビューヘルパーを作成してみましょう。たとえばリスト4-34は、与えられた日付／時刻値（Timeオブジェクト）を日本語形式に整形するformat_datetimeヘルパーの例です。

▼ リスト4-34　view_helper.rb

```ruby
module ViewHelper
  # datetime：整形対象の日付時刻値（Timeオブジェクト）
  # type：出力形式（日付時刻：datetime、日付のみ：date、時刻のみ：time）
  def format_datetime(datetime, type = :datetime)
    # 引数datetimeがnilの場合は空文字列を返す
    return '' unless datetime
    # 引数typeの値に応じて対応するフォーマット文字列をセット
    case type
      when :datetime
        format = '%Y年%m月%d日 %H:%M:%S'
      when :date
        format = '%Y年%m月%d日'
      when :time
        format = '%H:%M:%S'
    end

    # 指定されたフォーマットで日付時刻値を整形
    datetime.strftime(format)
  end
end
```

ビューヘルパーは、/app/helpersフォルダー配下の*xxxxx*_helper.rbに記述するのが基本です。たとえばここでは、ViewControllerコントローラーに対応するview_helper.rb（ViewHelperモジュール）にヘルパーを定義しています。

format_datetimeメソッドに注目してみると、ビューヘルパーとはいっても単なるメソッドであることがわかります。引数として受け取ったdatetime（日付時刻値）、type（フォーマット種別）をもとに、日付時刻値

を整形し、戻り値として返しているだけです。

実際に、テンプレートから format_datetime メソッドが正しく呼び出せることも確認してみます（リスト4-35）。

▼ リスト 4-35　view/helper.html.erb

```
<% current = Time.now %>
<%= format_datetime(current, :date) %>
```

```
2024年03月10日
```

ビューヘルパーを呼び出すには、これまでと同じく「メソッド名（引数, ...）」のように呼び出すだけです。太字の部分を「:datetime」「:time」と変更して、それぞれ結果が「2024 年 03 月 10 日 14:35:05」「14:35:05」のように変化することも確認してください。

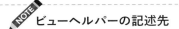 **ビューヘルパーの記述先**

Rails 7 の既定では、/app/helpers フォルダー配下からすべての *xxxxx*_helper.rb が読み込まれます。ただし、ヘルパーをわかりやすく整理するという意味では、以下のルールでヘルパーを書き分けるのがお勧めです。

- コントローラー固有のヘルパー：コントローラー名 _helper.rb
- アプリ全体で利用するヘルパー：application_helper.rb

なお、すべてのヘルパーを有効にするということは「ヘルパー名が重複する危険が高まる」という問題との背中合わせでもあります。application_helper.rb と、現在のコントローラーに対応したコントローラー名 _helper.rb だけを読み込むように制限を課すことも可能です。これには application.rb に以下の設定を追加してください。

```
config.action_controller.include_all_helpers = false
```

◎ 4.5.2　HTML 文字列を返すビューヘルパー

form_with や link_to のように、ビューヘルパーの結果として HTML 文字列を返したいことはよくあります。その場合は tag メソッドを使って、HTML 文字列を組み立てるのが便利です。

たとえばリスト 4-36 は、与えられたオブジェクト配列 collection から属性値（prop）の箇条書きリストを生成する list_tag メソッドの例です。

第 4 章　ビュー開発

▼ リスト 4-36　view_helper.rb

```ruby
module ViewHelper
  # collection：リストのもととなるオブジェクト配列
  # prop：一覧する属性の名前
  def list_tag(collection, prop)
    tag.ul do
      # <ul>要素配下の<li>要素を順に生成
      collection.each do |el|
        concat tag.li el.attributes[prop]          ❶
      end
    end
  end
end
```

❷

❶ タグ文字列は tag メソッドで生成する

tag メソッドは、指定された情報に基づいてタグ文字列を組み立てます。

tag メソッド [20]

```
tag.name [contents,] [opts]
```

name：タグ名　　*contents*：配下のコンテンツ　　*opts*：属性（「名前: 値, ...」形式）

たとえば

```
tag.div 'こんにちは、世界！', class: 'hoge', data: { id: 20 }
```

であれば、

```html
<div class="hoge" data-id="20">こんにちは、世界！</div>
```

のようなタグ文字列を生成します。data-*xxxxx* 属性は、data オプションのサブオプションとして指定する点にも注目です。

同様に、❶の記述であれば、

```html
<li>3ステップで学ぶ MySQL入門</li>
```

のようなタグが生成できます。

attributes は、モデルクラスから指定された属性値を取得するためのメソッドです。element.*prop* と同じ意味ですが、この場合は属性名を文字列として渡したいので、attributes メソッドを使っています。

---

[20]　よく似たメソッドに content_tag メソッドもありますが、現時点ではレガシーの扱いです。下位互換性のために残されているだけなので、今後は tag メソッドを優先して利用してください。

❷ 引数 contents はブロックでも表せる

tag メソッドの引数 contents（タグ本体）はブロックとして表すこともできます。より複雑な（長い）文字列、階層的なタグ文字列を組み立てる場合には、こちらの構文を利用した方が良いでしょう。この例であれば、<ul> 要素の配下に、❶で生成された <li> 要素が列挙されることになります。

> **NOTE 文字列の連結は避ける**
>
> 簡単なタグ文字列であれば、文字列を直接に操作しても良いではないかと思うかもしれませんが、それは避けるべきです。というのも、tag メソッドであれば、タグそのものと値（本体テキスト、属性値など）を区別して、適切にエスケープ処理してくれますが、文字列操作ではこれらをすべて自分でまかなう必要があります。それは煩雑であるだけでなく、エスケープ漏れの原因ともなります。

では、list_tag メソッドの動作も確認しておきましょう（リスト 4-37）。

▼ **リスト 4-37** view/helper2.html.erb

```erb
<% @books = Book.all %>
<%= list_tag @books, 'title' %>
```

▼ **図 4-18** 書籍名を箇条書きリストとして表示

◎ 4.5.3 本体を持つビューヘルパー

form_with ／ tag メソッドのように、本体を持つビューヘルパーを定義することもできます。本項では、次のような構文を持ち、<blockquote> 要素を生成する blockquote_tag メソッドを実装してみます。<blockquote> 要素は他の文書からの引用を表します。

155

第4章 ビュー開発

blockquote_tag メソッド

```
blockquote_tag(cite, citetext [,options]) do
  ...body...
end
```

cite：引用元サイトのURL　　*citetext*：引用元サイトの名前　　*options*：<blockquote>要素に付与する任意の属性
body：<blockquote>要素の本体

やや複雑なヘルパーなので、最初に利用例とその結果から確認しておきます（リスト 4-38）。

▼ リスト 4-38　view/helper3.html.erb

```erb
<%= blockquote_tag('https://wings.msn.to', 'サーバーサイド技術の学び舎', class: 'quote') do %>
  WINGSプロジェクトは、当初、ライター山田祥寛のサポート（検証・査読・校正作業）集団という位置づけ
で開始されたコミュニティでしたが、2002年12月にメンバーを大幅に増強し、本格的な執筆者プロジェクト
として生まれ変わりました。<br />
  <%= image_tag('https://wings.msn.to/image/wings.jpg') %>
<% end %>
```

```html
<blockquote class="quote" cite="https://wings.msn.to">
  WINGSプロジェクトは、当初、ライター山田祥寛のサポート（検証・査読・校正作業）集団という位置づけ
で開始されたコミュニティでしたが、2002年12月にメンバーを大幅に増強し、本格的な執筆者プロジェクト
として生まれ変わりました。<br>
  <img src="https://wings.msn.to/image/wings.jpg">
</blockquote>
<cite>出典：サーバーサイド技術の学び舎</cite>
```

このような blockquote_tag メソッドを実装するのは、以下のコードです（リスト 4-39）。

▼ リスト 4-39　view_helper.rb

```ruby
module ViewHelper
  …中略…
  def blockquote_tag(cite, citetext, options = {}, &block)
    # 引数optionsに引数citeで指定された引用元URLを追加
    options.merge! cite: cite                                    ──❷
    # <blockquote>要素を生成
    quote_tag = tag.blockquote capture(&block), **options        ──❶
    # 引用元を表す<cite>要素を生成
    c_tag = tag.cite "出典：#{citetext}"
    # <blockquote>要素と<cite>要素とを連結した結果を返す
    quote_tag.concat(c_tag)
  end
end
```

❶ ブロックを定義して処理する

ビューヘルパーの本体を受け取れるようにするには、引数としてブロックを受け取る &block を設置しておきます。ブロック &block の内容を処理しているのは capture メソッド（4.4.3 項）です。capture メソッドは与えられたスクリプトブロックを解釈し、その結果を文字列として返すのでした。

ここまでできてしまえば、あとはブロックの結果をもとに前項と同じく必要なタグ構造を組み立てていくだけです。

❷ 任意の属性を受け取る

もう 1 つ、サンプルで注目しておきたいのは引数 options です。ビューヘルパーでは、生成される要素に対して任意の属性を付与したいというケースは、よくあります。そのような場合には、サンプルのように引数 options でハッシュを受け取れるようにしておいて、必要に応じて、❷のように必須の属性（ここでは cite 属性）を結合します。

「*属性名:値*」の形式のハッシュは、展開演算子「**」を介することで tag メソッドに引き渡すことができます。

以上を理解したら、サンプルを実行してみましょう。冒頭で示したような結果が得られれば blockquote_tag メソッドは正しく動作しています。

> **NOTE** 省略可能なブロックを定義する
>
> ブロックの有無を判定して、ブロックが存在する場合にはブロックの内容を利用し、さもなければ引数の内容を利用する、というようなこともできます（link_to_if メソッドのようなケースです）。たとえば、以下は blockquote_tag メソッドを書き換えて、ブロックが指定されなかった場合に引数 body の内容を本体として利用するようにしたものです（変更部分を太字で示します）。
>
> ```ruby
> def blockquote_tag2(cite, citetext, body = '', options = {}, &block)
>   options.merge! cite: cite
>   quote_tag = tag.blockquote block_given? ? capture(&block) : body, **options
>   …中略…
> end
> ```
>
> block_given? メソッドでブロックの有無を判定し、ブロックがある場合には capture メソッドで &block を処理し、ない場合には引数 body の内容を取得しています。

第 4 章　ビュー開発

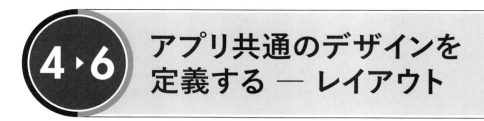

4.6　アプリ共通のデザインを定義する ── レイアウト

　ここでビューヘルパーの話題はいったん一区切りとし、ここからは第 2 章でも扱ったレイアウトに関する補足です。**レイアウト**、あるいは**レイアウトテンプレート**とは、ヘッダー、メニュー、フッターのようなサイトの共通レイアウトを定義する ── いわばデザインの外枠です。レイアウトを利用することで、たとえば図 4-19 のような構造のサイトも簡単に実装できます。

▼ 図 4-19　レイアウトを利用したサイトデザインの例

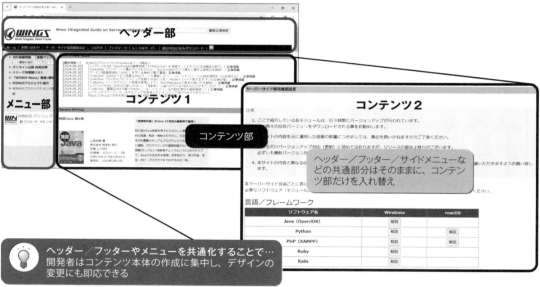

　ヘッダーやフッター、メニューなどアプリ共通の部分はレイアウトとして用意しておき、コンテンツ部分だけをページ単位で作成するわけです。
　レイアウトの基本については 2.3.4 項で触れているので、忘れてしまったという方は、まずそちらを先に参照してください。以下では、2.3.4 項の理解を前提に、より詳しい解説を進めます。

◎ 4.6.1　レイアウトを適用するさまざまな方法

　Rails では、特になにも指定しない場合、/app/views/layouts フォルダー配下の application.html.erb（リスト 2-6）をレイアウトとして適用しようとします。application.html.erb はプロジェクトを作成した時点

で既にできているはずなので、通常はこれをもとにカスタマイズを進めるのが良いでしょう。

もっとも、実際のアプリでは必ずしもすべてのページで1つのレイアウトを共有しているとは限りません。特定のコントローラーやアクションの単位でレイアウトを変更したい、そもそもレイアウトを適用したくない、ということもあるでしょう。

以下では、それぞれの方法について、レイアウト適用の優先順位が低い順に解説します。

（1）コントローラー単位でレイアウトを設定する

コントローラー単位のレイアウトは、/app/views/layouts フォルダー配下に「コントローラー名 .html.erb」という名前で保存します。books コントローラーであれば、/app/views/layouts/books.html.erbです。

コントローラー名 .html.erb が存在しない場合は、継承をたどって、親コントローラーのレイアウトを適用しようとします。

（2）コントローラー単位でレイアウトを設定する（layout メソッド）

layout メソッドを利用すると、コントローラークラスの中で明示的に、適用すべきレイアウトを指定できます（リスト 4-40）。

▼ リスト 4-40　books_controller.rb

```
class BooksController < ApplicationController
  layout 'product'
  …中略…
end
```

この例では、/app/views/layouts/product.html.erb がコントローラー既定のレイアウトとして適用されます。

（3）アクション単位でレイアウトを設定する

アクション単位でレイアウトを変更するには、render メソッドで layout オプションを指定します（リスト 4-41）。

▼ リスト 4-41　view_controller.rb

```
def adopt
  render layout: 'sub'
end
```

この例では、/app/views/layouts/sub.html.erb が adopt アクションのレイアウトとして適用されます。

ちなみに、render メソッドの layout オプション、または、（2）の layout メソッドで false を指定すると、レイアウト機能を無効化することもできます[21]。

---

[21] その他、render メソッドで plain ／ file ／ inline などのオプションを指定した場合も、レイアウトは適用されなくなります。

第4章　ビュー開発

4.6.2　ページ単位でタイトルを変更する

　レイアウトにも、通常のテンプレートファイルと同じく、テンプレート変数を埋め込めます。ですから、ページごとにタイトルを変更するならば、レイアウトをリスト4-42のように記述すれば良いでしょう。

▼**リスト4-42　layouts/application.html.erb**

```
<!DOCTYPE html>
<html>
<head>
  <title><%= @title || 'Rails入門' %></title>
```

　ここでは、テンプレート変数 @title が空（未設定）である場合には既定の「Rails入門」を、そうでない場合には @title の値を、それぞれタイトルとして割り当てています。

▎補足：個々のテンプレートでタイトルを指定する

　provide ヘルパーを利用すると、テンプレートからレイアウト側にタイトルを引き渡すこともできます（リスト4-43）。

▼**リスト4-43　view/provide.html.erb**

```
<% provide :title, 'provideヘルパーの例' %>
```

　これをレイアウトから参照するには、yield メソッドを利用します（リスト4-44）。

▼**リスト4-44　layouts/application.html.erb**

```
<title><%= yield(:title).presence || 'Rails入門' %></title>
```

　先ほどと同じく、テンプレートで :title キーが指定されなかった場合に備えて、キーが存在しない場合の既定のタイトルを設定しておくのが望ましいでしょう。presence は、タイトル（yield の戻り値）が空でなければ、そのままタイトルを、さもなくば nil 値を返すためのメソッドです。

　なお、ここではキー名を :title としていますが、名前は自由に決めて構いません。また、provide メソッドを列挙することで、複数のキーを指定することもできます（タイトルだけでなく、一般的なパラメーターを渡すのにも利用できるということです）。

4.6.3　レイアウトに複数のコンテンツ領域を設置する

　既定のレイアウト（application.html.erb）は、初期状態でコンテンツ領域を1つだけしか持っていません。しかし、ときには複数のコンテンツ領域を持たせたいこともあるでしょう。たとえば、メインコンテンツ以外にもヘッダーの一部をページ単位に切り替えたいといったケースです（図4-20）。

▼ 図4-20　複数のコンテンツを含むレイアウト

このようなケースでは、レイアウトに複数の「<%= yield %>」を埋め込みます。たとえばリスト4-45は、複数のコンテンツ領域を定義したレイアウトの例です。

▼ リスト4-45　layouts/layout.html.erb

```erb
<!DOCTYPE html>
<html>
<head>
  <title><%= @title ? @title : 'Rails入門' %></title>
  <meta name="viewport" content="width=device-width,initial-scale=1">
  <%= csrf_meta_tags %>
  <%= csp_meta_tag %>
  <%= stylesheet_link_tag "application" %>
  <%= javascript_importmap_tags %>
</head>
<body>
<%= yield :extend_menu %>  ← 追加したコンテンツ領域
<hr />
...その他の固定コンテンツ...
<hr />
<%= yield %>  ← 既定のコンテンツ領域
</body>
</html>
```

第 4 章　ビュー開発

　複数のコンテンツ領域を定義する場合には、yield メソッドの引数として領域名を指定します。上の例では、既定のコンテンツ領域と、:extend_menu という名前のコンテンツ領域を定義しています[*22]。

　このようなレイアウトに対してコンテンツを埋め込むには、テンプレートファイルで content_for メソッドを利用します（リスト 4-46）。

▼ リスト 4-46　上：view_controller.rb、下：view/multi.html.erb

```
def multi
  render layout: 'layout' ────────────────────────────── レイアウト layout.html.erb を適用
end

<% content_for :extend_menu do %> ──────────────
  [<%= link_to '関連情報', action: :relation %>]
  [<%= link_to 'ダウンロード', action: :download %>]          ❶
  [<%= link_to 'アンケート', action: :quest %>]
<% end %> ────────────────────────────────
<div id="main"> ────────────────────────────
...コンテンツ本体...                                        ❷
</div> ─────────────────────────────────────
```

　名前付きのコンテンツ領域にセットするコンテンツは、content_for ブロックで定義します（❶）。

content_for メソッド

```
content_for(name) do
  ...content...
end
```
----
name：コンテンツ名　　　*content*：コンテンツ本体

　この例であれば、［関連情報］［ダウンロード］［アンケート］リンクを :extend_menu コンテンツとして定義しています。content_for メソッドを利用した場合にも、既定のコンテンツは、これまでと同じく特別な囲みなどを意識することなく、トップレベルで記述できます（❷）。

　以上を理解したら、サンプルを実行してみましょう。図 4-21 のように、画面上下のコンテンツ領域にそれぞれのコンテンツが埋め込まれていることが確認できれば成功です。

[*22] 実は、既定のコンテンツ領域も「yield :layout」のように記述できますが（:layout は既定のコンテンツ領域を表す名前です）、冗長なだけで意味はないので、「:layout」は略記するのが普通です。

162

▼ 図 4-21 複数のコンテンツ領域にテンプレートの内容が反映

なお、指定されたコンテンツがテンプレートに存在しない場合にも yield メソッドは例外を発生しません。よって、テンプレートによっては存在しない（＝ページによって有無が分かれる）任意のコンテンツ領域をレイアウト側で定義しておくということも可能です。

4.6.4 レイアウトを入れ子に配置する

たとえば、図 4-22 のような構造の企業サイトを想定してみてください。

▼ 図 4-22 より複雑なサイトデザインの例

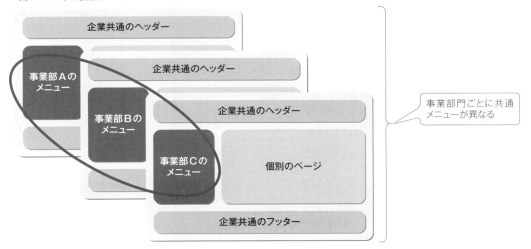

ヘッダー／フッター部分は企業共通ですが、メニュー部分は事業部門ごとに異なります。このようなケースで、それぞれの事業部門レイアウトに企業共通のヘッダーデザインまで持たせるのは望ましくありません。ヘッダーデザインに変更が生じた場合、すべての事業部門レイアウトを修正する必要があるためです。

このような場合には、レイアウトを入れ子にすることで、ヘッダー／フッター部分を 1 つのレイアウトとして管理できます（図 4-23）。

第4章　ビュー開発

▼ 図4-23　レイアウトは入れ子にもできる

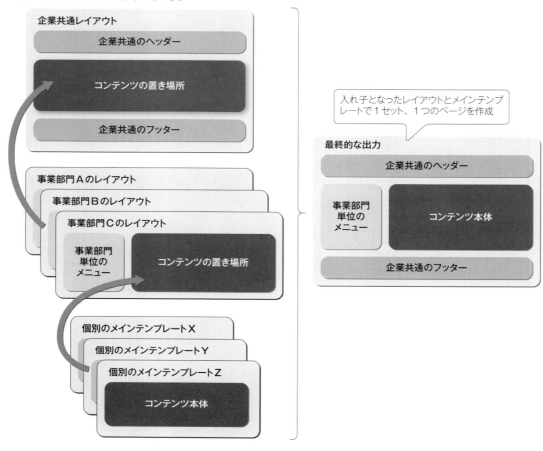

リスト4-47のapplication.html.erbはアプリ共通のレイアウト、layouts/child.html.erbは入れ子部分のレイアウトを表します。

▼ リスト4-47　上：layouts/application.html.erb、下：layouts/child.html.erb

```
<!DOCTYPE html>
<html>
  <head>
    <title>Railbook</title>
    <meta name="viewport" content="width=device-width,initial-scale=1">
    <%= csrf_meta_tags %>
    <%= csp_meta_tag %>
    …中略…
    <%= stylesheet_link_tag "application" %>
    <%= javascript_importmap_tags %>
  </head>
  <body>
```

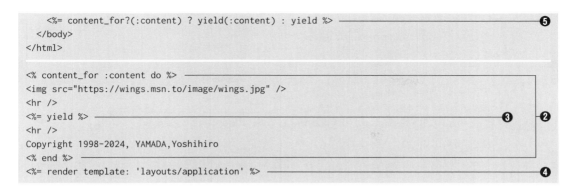

これらのレイアウトを呼び出すのが、リスト 4-48 のアクション／テンプレートです。

▼ リスト 4-48　上：view/nest.html.erb、下：view_controller.rb

▼ 図 4-24　入れ子になったレイアウトを適用

　Rails では、本質的な意味でレイアウトのネストに対応しているわけではありません。レイアウト定義を複数に分割し、呼び出しを工夫することで、ネストを表現していると考えた方が良いでしょう。
　具体的には、図 4-25 のような構造となっています。

第4章　ビュー開発

▼図4-25　レイアウトを入れ子にするしくみ

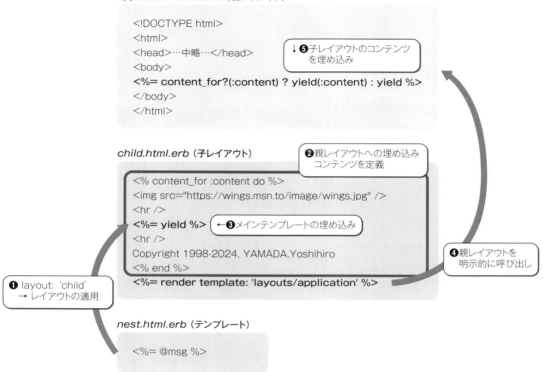

　まず nest アクションは、対応するテンプレートとして nest.html.erb を、layout オプションで子レイアウト child.html.erb を呼び出しています（❶）[23]。ここまでは、これまでと同じ考え方です。

　続いて、子レイアウト child.html.erb に注目すると、コンテンツが content_for メソッドで定義されていることが確認できます（❷）。テンプレート nest.html.erb で既に既定のコンテンツ（:layout）が暗黙的に使われてしまっているので、区別するために :content コンテンツを定義しているのです。:content コンテンツの配下では、コンテンツ :layout を埋め込むための yield メソッドを呼び出します（❸）。

　ここまではほぼ標準的なレイアウト呼び出しですが、ここから更にレイアウトをネストさせるために必要な記述が❹のコードです。子レイアウト child.html.erb から親レイアウト application.html.erb を呼び出すためには、render メソッドの template オプションを利用して、明示的に呼び出す必要があるのです[24]。

　最後は、親レイアウト application.html.erb の記述です。❺のコードに注目です。content_for? メソッドは指定されたコンテンツが存在するかどうかを判定します。ここでは、content コンテンツの有無を確認し、存在する場合は :content コンテンツを、そうでない場合には標準の :layout コンテンツを呼び出すようにして

---

[23] layout メソッド（4.6.1項）でレイアウトを指定しても構いません。
[24] template を省略して、「render 'layouts/application'」のようには記述できません。テンプレート（レイアウト）の中で template を省略した場合、部分テンプレート（4.7節）の呼び出しを意味してしまうためです。

4.6 アプリ共通のデザインを定義する ― レイアウト

います[25]。

いかがですか。説明にするとやや複雑ですが、入れ子のレイアウトとは要は、

- 子レイアウトから親レイアウトの呼び出し（❹）
- 親レイアウト→ :content コンテンツ→ :layout コンテンツの呼び出し

によって実現しているにすぎません。

サンプルでは 2 階層のレイアウトを実装しましたが、理屈上は 3 階層以上のレイアウトを定義することも可能です。ただし、あまりに深いネストはレイアウト管理をかえって難しくします。できれば 2 階層、多くてもせいぜい 3 階層程度に留めておくのが望ましいでしょう。

COLUMN **コードの改行位置には要注意**

Rails（Ruby）では、基本的に改行で文の区切りを表すのが基本です。しかし、「次の行に文が継続するのが明らかな場合だけ」例外的に空白文字と見なされ、行継続が認められます。よって、たとえば以下は正しい Rails のコードです。行末にカンマがあるので、「明らかに次の行に継続している」ことがわかるからです。

```
redirect_to book_url(@book),                      次の行への継続が明らか
  notice: "Book was successfully created."
```

しかし、以下のようなコードは SyntaxError（文法エラー）となります。行末が引数値で終わっているため、次の行に継続していないと見なされてしまうのです。

```
redirect_to book_url(@book)                    次行への継続が明らかでない
  , notice: "Book was successfully created."
```

このようなケースでは、先の例のようにカンマを 1 行目に持ってくるか、行末にバックスラッシュを付与してください。行末のバックスラッシュは、行継続を意味する特殊文字です。

```
redirect_to book_url(@book)\
  , notice: "Book was successfully created."
```

---

[25] すべてのページがネスト構造を採っているならば、?: 演算子による判定は不要です。しかし、ここではネストしていない他のページに影響が出ないよう、このような条件分岐を記述しています。

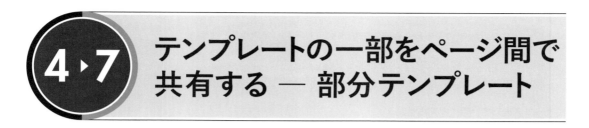

部分テンプレートとは、一言で言うならば、断片的なテンプレートファイルです。複数のページで共通で利用するような領域がある場合には、部分テンプレートを利用することで、個々のテンプレートで同じようなコードを記述する必要がなくなります（図4-26）。

▼図4-26 部分テンプレート

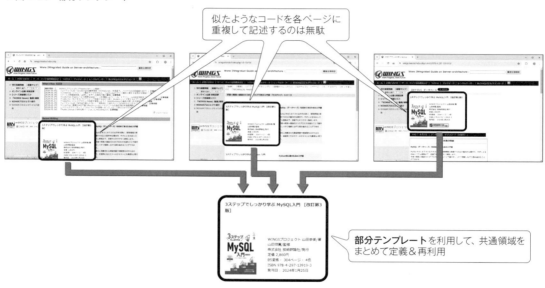

レイアウトに似ているようにも思えますが、レイアウトがヘッダーやフッターのようなページの外枠を定義するために利用するのに対して、部分テンプレートはもう少し断片的なページの共通領域を定義するために利用するのが一般的です。

部分テンプレートについては3.2.2項でも触れているので、忘れてしまったという人は、まずはそちらを先に参照してください。以下では、3.2.2項の理解を前提に、より詳しい解説を進めます。

4.7.1 部分テンプレートの配置

部分テンプレートの保存先は、最低限、/app/viewsフォルダー配下であればどこでも構いませんが、一般的には、以下のフォルダーに保存することをお勧めします。

4.7 テンプレートの一部をページ間で共有する — 部分テンプレート

- 特定のコントローラーでのみ共有：/views/ コントローラー名
- アプリ全体で共有：/views/application

以上のルールに従うことで、部分テンプレートが整理しやすくなるだけでなく、呼び出しのコードをよりシンプルにできます。たとえば /views/application フォルダー配下のテンプレートは、パスなどを意識することなく、

```
<%= render 'book' %>
```

で呼び出せます（いわゆるグローバルな部分テンプレートです）。
　更に、特定のモデルに紐づいたような部分テンプレートについては、「_ モデル名 .html.erb」のように命名しておくことで、呼び出しのコードを簡単化できます（3.2.2 項でも触れたとおりです）。

◎ 4.7.2 部分テンプレートが受け取る引数を宣言する 7.1

　部分テンプレートでは、任意の引数を受け取ることができます。3.2.2 項ではモデルを受け渡す例を見ましたが、以下ではもう少し簡単な例を見てみましょう。リスト 4-49 は、4.5.1 項でも紹介した format_datetime ヘルパーを部分テンプレートとして書き換えた例です。

▼ リスト 4-49　上：view/_datetime.html.erb、下：view/local.html.erb

```
<% case type %>
  <% when :datetime %>
    <p><%= datetime.strftime("%Y年%m月%d日 %H:%M:%S") %></p>
  <% when :date %>
    <p><%= datetime.strftime("%Y年%m月%d日") %></p>
  <% when :time %>
    <p><%= datetime.strftime("%H:%M:%S") %></p>
  <% else %>
    <p>Invalid type</p>
<% end %>

<%= render 'datetime', datetime: Time.mktime(2024, 12, 4), type: :date %> ————————❶
```

　引数 datetime（日付）、type（出力形式）を受け取って、その日付を指定形式で表示するわけです。このような部分テンプレートには「引数：値 , ...」の形式で値を渡せます（❶）。
　構文そのものは誤解する余地はありませんが、このようなコードには問題があります。たとえば❶を

```
<%= render 'datetime' %>
```

のように、引数なしで書き換えた場合には、「undefined local variable or method `type'」（type が未定義）のようなエラーとなってしまうのです。
　これを回避するために、従来は部分テンプレートの先頭に、以下のようなコードを記述していました。

169

第 4 章　ビュー開発

```
<% datetime ||= Time.now %>
<% type ||= :datetime %>
```

datetime ／ type パラメーターが空であった場合に、それぞれ既定値として現在時刻（Time.now）、日付時刻（datetime）を指定しなさい、という意味です。

これでも最低限の要件は満たしますが、Rails 7.1 ではより明示的に受け取る引数を宣言するための構文が追加されました。

引数の宣言

```
<%# locals: (name: default, ...) -%>
```
---
name：引数名　　*default*：既定値（省略可）

先ほどの _datetime.html.erb であれば、リスト 4-50 のように修正します。

▼ **リスト 4-50　view/_datetime.html.erb**

```
<%# locals: (datetime: Time.now, type: :datetime) -%>
<% case type %>
```

これによって引数が省略された場合にも、指定された既定値が適用されるようになりますし、そもそもここで明示されていない引数は受け取れなくなります（エラーとなります[*26]）。

コメント構文なので、Rails 7.0 以前の環境でも影響はしませんし、部分テンプレートのルールを明確にするという意味でも、極力明示することをお勧めします。

◎ 4.7.3　部分テンプレートにレイアウトを適用する
── パーシャルレイアウト

メインテンプレートと同じく、部分テンプレートに対してもレイアウトを適用できます。これを通常のレイアウトと区別して、**パーシャルレイアウト**と呼びます。

具体的な例として、部分テンプレート books/_book.html.erb に対して、パーシャルレイアウトとして books/_frame.html.erb を適用してみましょう（リスト 4-51）。

▼ **リスト 4-51　上：books/_book.html.erb、下：books/_frame.html.erb**

```
<p>
<%= book.title %><br />
<%= book.publisher %>/発行<br />
定価 <%= book.price %>円（＋税）<br />
ISBN <%= book.isbn %><br />
発刊日： <%= book.published %>
</p>
```

────────
[*26] 引数を一切受け付けたくない場合には、<%# locals: () -%> のように表します。

170

```
<div style="border: 1px solid #f00; background-color: #ff0">
  <%=yield %>
</div>
```
①

部分テンプレートの埋め込み先を yield で表す点は、通常のレイアウトと同じで（①）、ファイル名の先頭に「_」を付与する点は部分テンプレートと同じです。まさしくパーシャル（部分テンプレート）に対応したレイアウトなわけです。

このようなパーシャルレイアウト＋部分テンプレートを呼び出しているのが、リスト 4-52 のコードです。

▼ リスト 4-52　上：view_controller.rb、下：view/partial_layout.html.erb

```
def partial_layout
  @book = Book.find(1)
end
```

```
<div id="info">
  <%= render partial: 'books/book', layout: 'books/frame',
    locals: { book: @book }%>
</div>
```

レイアウトを呼び出すのは、render（layout）メソッドの役割です。呼び出しのパスは部分テンプレートと同じく、本来のパスからアンダースコアと拡張子を取り除いたもの（ここでは「frame」）です。

layout オプションを指定した場合、以下の点にも注意してください。

- 部分テンプレートの指定は partial オプションで
- その他のパラメーターは locals オプション配下で

それぞれ明示的に指定しなければなりません[*27]。

以上を理解したところで、サンプルを実行してみましょう。図 4-27 のようにパーシャルレイアウトが適用されて、書籍情報に背景や枠線が付与されます。

▼ 図 4-27　パーシャルレイアウトが適用された

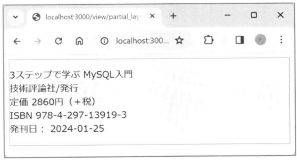

[*27] これは、一般的な部分テンプレート呼び出しの完全形（省略なしの構文）です。たとえばリスト 3-3（books/index.html.erb）の①は、<%= render partial: 'book', locals: { book: book } %> としても同じ意味です。

4.7.4 コレクションに繰り返し部分テンプレートを適用する ─ collection オプション

render メソッドの collection オプションを利用すると、コレクション（配列）に対して、部分テンプレートを適用するようなコードをシンプルに記述できます。

collection オプションの基本的な例

まずは、先ほど作成した部分テンプレート _book.html.erb を利用して、オブジェクト配列 @books の内容を順に出力する例からです（リスト 4-53）。

▼ リスト 4-53　上：view_controller.rb、下：view/partial_col.html.erb

```ruby
def partial_col
  @books = Book.all
end
```

```erb
<div id="list">
  <%= render partial: 'books/book', collection: @books %>
</div>
```

▼ 図 4-28　コレクション @book の内容を _book.html.erb で順に表示

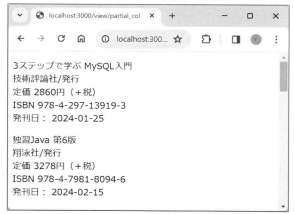

collection オプションを利用することで、コレクション @books の内容がなくなるまで順に部分テンプレートが適用されるわけです。

なお、collection オプションを指定した場合も、パーシャルレイアウトの時と同じく、partial／locals オプションを省略できない点に注意です。コレクション内の要素は、部分テンプレート名に対応して自動的にローカル変数 book に割り当てられるので、意識する必要はありません。

NOTE: collection オプションを利用しない場合

リスト 4-53 の太字部分は、以下のコードと同じ意味と考えれば良いでしょう。ただし、冗長な記述を自ら望んで求めることはありません。あくまで参考コードとしてのみ確認してください。

```
<% @books.each do |book| %>
  <%= render 'books/book', book: book %>
<% end %>
```

部分テンプレートで利用できる予約変数

collection オプションを使った場合、部分テンプレートでは「*部分テンプレート名 _iteration*」という予約変数（イテレーション変数）を利用できます。

リスト 4-51 の books/_book.html.erb の例であれば、リスト 4-54 のようにすることでリストに連番を付与できます。

▼ リスト 4-54　books/_book.html.erb

```
<p>
<%= book_iteration.index + 1 %><br />
```

▼ 図 4-29　書籍情報に連番が付与された

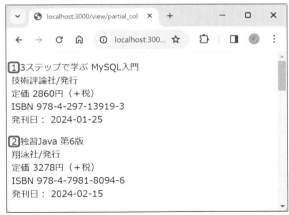

イテレーション変数は、index の他にも表 4-14 のようなメソッドを持っています。

▼ 表 4-14　イテレーション変数の主なメソッド

メソッド	概要
size	要素の数
first?	最初の要素か
last?	最後の要素か

173

collectionオプションの省略形

リスト 4-53 の view/partial_col.html.erb のコードは省略して、リスト 4-55 のように記述することもできます。

▼ リスト 4-55　view/partial_col.html.erb

```
<div id="list">
  <%= render @books %>
</div>
```

この場合、render メソッドは配列 @books を構成するモデル（ここでは Book）をもとに、対応する部分テンプレート books/_book.html.erb を呼び出し、コレクションを処理するわけです[28]。これは 3.2.2 項でも紹介したのと同じ省略記法です。

区切りテンプレートを定義する

collection + spacer_template オプションを利用すると、テンプレート同士を区切るセパレーター（テンプレート）を指定することもできます。たとえばリスト 4-56 は、書籍情報同士を水平線で区切る例です。

▼ リスト 4-56　上：view/partial_spacer.html.erb、下：view/_separator.html.erb

```
<div id="list">
  <%= render partial: 'books/book', collection: @books,
    spacer_template: 'separator' %>
</div>
```

```
<hr />
```

▼ 図 4-30　繰り返し出力される部分テンプレートが水平線で区切られる

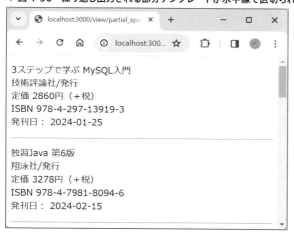

---

[28] あくまでモデルをもとにテンプレートを検出するので、配列に異なる種類のモデルが混在していても構いません。たとえば、配列の中に Book モデルと Magazine モデルが混在していたら、books/_book.html.erb と magazines/_magazine.html.erb を検索します。

基本編

第 **5** 章

モデル開発

本章では、Rails によるモデル開発には欠かせない Active Record の解説を中心に、データベースアクセスや入力値検証の基本的な方法について解説します。また、本章後半では開発時のデータベース管理に不可欠のマイグレーションファイルやフィクスチャについても詳細に踏み込みます。

導入編では言われるがままに手順を追っていたという方も、本章で Rails におけるデータベース管理の知識を深めてください。

5.1 データ取得の基本 — find メソッド

　find メソッドは、Active Record によるもっとも基本的な検索の手段で、主キーによる検索を担当します。3.3.1 項でも解説済みなので、忘れてしまったという人は、そちらを先に参照してください。以下では、3.3.1 項の理解を前提に、より詳しい解説を進めます。

5.1.1 主キー列による検索

まずは、もっとも基本的な find メソッドの用法からです。

find メソッド

```
find(keys)
```
keys：主キー値（配列での指定も可）

　主キーを 1 つだけ指定する例は 3.3.1 項などでも何度か登場したので、ここでは主キーを複数指定する例を見てみましょう（リスト 5-1）。

▼ **リスト 5-1　record_controller.rb**

```ruby
def find
  @books = Book.find([2, 5, 10])
  render 'hello/list'*¹
end
```

▼ **図 5-1　主キー値が 2、5、10 であるレコードのみを取得**

　find メソッドでは、引数に配列を渡すことで、それぞれの主キー値に合致するレコードをすべて取り出すことができます。「find(2, 5, 10)」のように指定しても構いません。

＊1　hello/list.html.erb は 2.4.7 項でも紹介したものです。

サンプルを実行した後、Puma のコンソールにも以下のような SELECT 命令が出力されていることを確認しておきましょう。

```
SELECT "books".* FROM "books" WHERE "books"."id" IN (?, ?, ?)  [["id", 2], ["id", 5], ["id", 10]]❶
```

❶は「"id" IN（～）」の対応する「?」に対して、それぞれ 2、5、10 を割り当てなさい、という意味です。
なお、本章の結果は、以降でも Puma のコンソールに出力される SQL 命令で表記するものとします（一部の例外を除きます）。Active Record を利用することで、基本的にはアプリ側で直接に SQL 命令を記述する必要はなくなりますが、それは SQL をまったく意識しなくて良いということではありません。複雑な条件句を指定した場合や、意図した結果を得られない場合などは、生の SQL 命令を確認することで問題を特定できることがあるからです。

5.1.2 任意のキー列による検索 ― find_by メソッド

find メソッドの派生形として、find_by メソッドもあります。find_by メソッドは、任意の列をキーにテーブルを検索し、ヒットした最初の 1 件を取得します。

find_by メソッド

```
find_by(key: value [, ...])
```
key：検索するフィールド名　　value：検索値

たとえばリスト 5-2 は、出版社（publisher 列）が「技術評論社」である書籍を取得する例です。

▼ **リスト 5-2　record_controller.rb**

```ruby
def find_by
  @book = Book.find_by(publisher: '技術評論社')
  render 'books/show'
end
```

```
SELECT "books".* FROM "books" WHERE "books"."publisher" = ? LIMIT ?
  [["publisher", "技術評論社"], ["LIMIT", 1]]
```

ここでは、LIMIT 句で取得行が 1 行に制限されている点に注目です（複数の行がヒットしても、find_by メソッドが返すのは常に先頭の 1 件だけということです）。その性質上、find_by メソッドは最初から結果が 1 件に絞り込めるようなケースで利用すべきです[*2]。

「フィールド名：値」を列挙することで、論理積演算子（AND）を含んだ、より複雑な検索も可能です。たとえばリスト 5-3 は、出版社（publisher 列）が「技術評論社」で、価格（price 列）が 3960 円である書籍情報を取得する例です。

[*2] レコードの順序は不定なので、複数行がヒットした場合でも「先頭の」レコードを特定できないからです。そのようなケースでは、後述する where／order／limit メソッドの組み合わせを利用すべきです。

第 5 章 モデル開発

▼ リスト 5-3　record_controller.rb

```ruby
def find_by_multi
  @book = Book.find_by(publisher: '技術評論社', price: 3960)
  render 'books/show'
end
```

```
SELECT "books".* FROM "books" WHERE "books"."publisher" = ? AND
  "books"."price" = ? LIMIT ?  [["publisher", "技術評論社"], ["price", 3960], ["LIMIT", 1]]
```

NOTE　Rails のコンソールを活用する

　モデルクラスの挙動を手軽に確認したいならば、いちいちアクションメソッドを記述せずに、Rails コンソールを利用しても良いでしょう。Rails コンソールは、rails console コマンドで起動できます[*3]。

```
> rails console                                              ← コンソールを起動
Loading development environment (Rails 7.1.3.4)
irb(main):001> book = Book.new(isbn: '978-4-297-13062-6', title: ↵
'Ruby on Rails 7ポケットリファレンス')                          ← 書籍データ1件を新規作成
=>
#<Book:0x0000016fe33be508
...

irb(main):002:0> book.save                                   ← データを保存
  TRANSACTION (0.1ms)  begin transaction
  Book Create (1.4ms)  INSERT INTO "books" ("isbn", "title", "price", "publisher", "published", "dl", ↵
"created_at", "updated_at") VALUES (?, ?, ?, ?, ?, ?, ?, ?) RETURNING "id"  [["isbn", ↵
"978-4-297-13062-6"], ["title", "Ruby on Rails 7ポケットリファレンス"], ["price", nil], ↵
["publisher", nil], ["published", nil], ["dl", nil], ["created_at", "2024-06-13 09:22:10.528995"], ↵
["updated_at", "2024-06-13 09:22:10.528995"]]
  TRANSACTION (6.0ms)  commit transaction
=> true

irb(main):003:0> new_book = Book.last                        ← 末尾の書籍データを取得
  Book Load (0.3ms)  SELECT "books".* FROM "books" ORDER BY "books"."id" DESC LIMIT ?  [["LIMIT", 1]]
=>
#<Book:0x0000016fddf5b920
...

irb(main):004:0> new_book.title                              ← 取得した書籍データのタイトルを表示
=> "Ruby on Rails 7ポケットリファレンス"

irb(main):005:0> quit                                        ← コンソールを終了
```

　コンソールは、既定では開発環境で起動します。異なる環境で起動したい場合は、「rails console -e test」のように環境名を指定してください。また、「rails console -s」[*4] のように起動すると、コンソール終了時にデータベースに対するすべての変更をロールバックできます。

[*3]　Rails 7.2 では、Rails コンソールのプロンプトが「アプリ名(環境名の短縮形)>」に変更されました。たとえば「railbook(dev)>」となります。
[*4]　-s オプションの代わりに、--sandbox オプションを利用しても構いません。

178

5.2 複雑な条件で検索を実行する — クエリメソッド

5·2 複雑な条件で検索を実行する — クエリメソッド

allメソッドやfindメソッドは手軽に利用できる検索の手段ですが、シンプルであるがゆえに、利用できる状況も限られます。より複雑な条件式を指定したり、ソート、グループ化、範囲抽出、結合などを行ったりするには、本節で扱うクエリメソッドを利用するのが望ましいでしょう。

5.2.1 クエリメソッドの基礎

Railsではデータ取得のために、表5-1のようなメソッドを用意しています。

▼ 表5-1　主なクエリメソッド

メソッド	概要	メソッド	概要
where	条件でフィルタリング	offset	抽出を開始する数を指定
or	OR条件を追加	group	特定のキーで結果をグループ化
not	否定の条件式を追加	having	GROUP BYに更に制約を付ける
order	並べ替え	joins	他のテーブルと結合
reorder	ソート式を上書き	left_outer_joins	他のテーブルと左外部結合
select	列の指定	includes	関連するモデルをまとめて取得
distinct	重複のないレコードを取得	readonly	取得したオブジェクトを読み取り専用に
limit	抽出するレコード数を指定	none	空の結果セットを取得

これらクエリメソッドは、findやfind_byなどのメソッドと違って、その場ではデータベースにアクセスしません。ただ、条件句を追加した結果をActiveRecord::Relationオブジェクトとして返すだけです。そして、結果が必要になったところではじめて、データベースに問い合わせるのです（これを**遅延ロード**と言います）。

クエリメソッドのこの性質を利用することで、（たとえば）以下のような記述が可能となります。

```
@books = Book.where(publisher: '技術評論社').order(published: :desc)
```

上の例では、whereメソッドで条件式（WHERE句）を追加した後、orderメソッドでソート式（ORDER BY句）を追加しているので、最終的に以下のようなSQLが生成されます。メソッド呼び出しを連鎖して条件を積み上げるそのさまから、クエリメソッドのこのような性質と記法のことを**メソッドチェーン**と呼びます。

```
SELECT "books".* FROM "books" WHERE "books"."publisher" = '技術評論社' ORDER BY "books"."published" DESC
```

メソッドチェーンを利用することで、複合的な条件もごく自然なコードで指定できます。

179

5.2.2 基本的な条件式を設定する ― where メソッド

クエリメソッドの基本を理解したところで、個別の構文について見ていくことにしましょう。まずは、条件句を設定するための where メソッドからです。

where メソッド

```
where(exp)
```
exp：条件式を表すハッシュ

where メソッドのもっとも簡単な使い方は、条件式をハッシュで表現することです。たとえばリスト 5-4 は、出版社が「技術評論社」である書籍を抽出する例です。

▼ リスト 5-4　record_controller.rb

```ruby
def where
  @books = Book.where(publisher: '技術評論社')
  render 'hello/list'
end
```

```
SELECT "books".* FROM "books" WHERE "books"."publisher" = ?  [["publisher", "技術評論社"]]
```

等価演算子を使った条件式は、このように where メソッドの引数 exp に対して「*フィールド名*：*値*」の形式で表現します。

その他にも引数 exp の指定を変更することで、さまざまな条件式を表現できます。表 5-2 には、リスト 5-4 の太字部分に相当するコードのみを挙げているので、適宜、差し替えて実行結果を確認すると良い勉強になるでしょう。

▼ 表 5-2　where メソッドでのさまざまな条件式

No.	引数 exp	自動生成された SELECT 命令（コンソール出力）
1	publisher: '技術評論社', price: 3520	SELECT "books".* FROM "books" WHERE "books"."publisher" = ? AND "books"."price" = ? [["publisher", "技術評論社"], ["price", 3520]]
2	published: '2024-01-01'..'2024-12-31'	SELECT "books".* FROM "books" WHERE "books"."published" BETWEEN ? AND ? [["published", "2024-01-01"], ["published", "2024-12-31"]]
3	publisher: ['技術評論社', '翔泳社']	SELECT "books".* FROM "books" WHERE "books"."publisher" IN (?, ?) [["publisher", "技術評論社"], ["publisher", "翔泳社"]]
4	price: 3500..	SELECT "books".* FROM "books" WHERE "books"."price" >= ? [["price", 3500]]

1. のように「*フィールド名*：*値*」の組を複数指定した場合、条件式は論理積（AND）で連結されます。論理和（OR）を含む条件式の表現方法については、この後で説明します。

2. は BETWEEN 演算子を指定する例です。範囲式（..）で境界値を指定します。3. のように値を配列で指定した場合には、IN 演算子が生成されます。

4. は終端なしの Range です。Ruby 2.6 で終端なしの Range オブジェクトがサポートされたのに伴い、where メソッドでも対応しました（Rails 6.1 以降）。「3500..」は「3500..Float::INFINITY」と同じ意味です。

複数の条件式を OR 連結する

上でも見たように、where メソッドは複数の条件式を AND 連結します。これを OR 連結とするには、or メソッドを利用してください（リスト 5-5）。

▼ リスト 5-5　record_controller.rb

```
def where_or
  @books = Book.where(publisher: '技術評論社').or(Book.where(price: 3000..))
  render 'hello/list'
end
```

```
SELECT "books".* FROM "books" WHERE ("books"."publisher" = ? OR "books"."price" >= ?)
 [["publisher", "技術評論社"], ["price", 3000]]
```

or メソッドによって、2 個の ActiveRecord::Relation オブジェクトを結合するわけです。ただし、（当然ですが）結合対象の ActiveRecord::Relation オブジェクトは互換性がなければなりません。つまり、両者は同じモデルで、WHERE 条件式だけが異なる ActiveRecord::Relation でなければなりません[*5]。たとえば以下のような式は、互換性エラーとなります。

```
@books = Book.where(publisher: '技術評論社').or(Book.where(price: 3000..).limit(1))
```

OR ／ AND 混合の条件式を生成する 7.1

Rails 7.1 では where メソッドにタプル型の引数を受け入れる構文が追加されました。具体的には、

[列名 1, 列名 2, ...] => [[値 1-1, 値 1-2, ...], [値 2-1, 値 2-2, ...]]

のような形式で条件式を指定できます。これによって、「列名 1, 列名 2, ...」の組み合わせが「値 1-1, 値 1-2, ...」または「値 2-1, 値 2-2, ...」であるレコードを検索できます。

以下、具体的な例も見てみましょう。リスト 5-6 は「技術評論社の書籍でサンプルありのもの」、もしくは「日経 BP の書籍でサンプルなしのもの」を取得する例です。

[*5] グループ化されている場合には、HAVING 条件式だけが異なることを許されます。

第5章 モデル開発

▼ リスト5-6　record_controller.rb

```
def where_tuple
  @books = Book.where([:publisher, :dl] => [['技術評論社', true], ['日経BP', false]])
  render 'hello/list'
end
```

```
SELECT "books".* FROM "books" WHERE ("books"."publisher" = ? AND "books"."dl" = ? OR ↩
"books"."publisher" = ? AND "books"."dl" = ?)  [["publisher", "技術評論社"], ["dl", 1], ↩
["publisher", "日経BP"], ["dl", 0]]
```

5.2.3　プレイスホルダーによる条件式の生成 ― where メソッド（2）

ハッシュによる条件式の指定は手軽な反面、表現には限界があります。そこでwhereメソッドでは、条件式をプレイスホルダー付きの文字列で指定する方法を提供しています。

where メソッド（2）

where(*exp* [,*value*, ...])

exp：条件式（プレイスホルダーを含むこともできる）　　*value*：プレイスホルダーに渡すパラメーター値

プレイスホルダーとは、文字どおり、パラメーターの置き場所のことです。プレイスホルダーを利用することで、条件式に対して実行時に任意のパラメーターを引き渡せます。

具体的な例も見てみましょう。リスト5-7は、指定された出版社（publisher列）の書籍から指定価格以上（price列）のデータを取得する例です。

▼ リスト5-7　上：record_controller.rb、下：routes.rb

```
def ph1
  @books = Book.where('publisher = ? AND price >= ?',
    params[:publisher], params[:price])
  render 'hello/list'
end
```

```
# ルートパラメーター:publisherは出版社名、:priceは価格
get 'record/ph1/:publisher/:price' => 'record#ph1'
```

```
SELECT "books".* FROM "books" WHERE (publisher = ? AND price >= ?)  [[nil, "技術評論社"], [nil, "3600"]]
```

※「~/record/ph1/技術評論社/3600」でアクセスした場合

引数 exp に含まれる「?」がプレイスホルダーです。プレイスホルダーにセットすべきパラメーター値は、第2引数以降で指定します（図5-2）。

▼ 図 5-2　プレイスホルダーと where メソッド

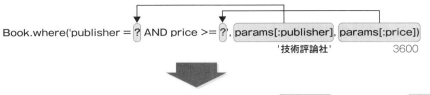

プレイスホルダーを利用することで、条件式そのものとパラメーター値とを明確に分離できるので、複雑な条件式になった場合にもコードの見通しを維持しやすいというメリットがあります[*6]。

プレイスホルダーは引数 exp の中に複数設置することもできます。ただし、その場合は第 2 引数以降のパラメーター値も**プレイスホルダーの記述順**に並べる必要があります。

名前付きパラメーターと名前なしパラメーター

リスト 5-7 では「?」という形式でプレイスホルダーを表しましたが、Rails では「: 名前」の形式でプレイスホルダーを表すこともできます。前者を**名前なしパラメーター**、後者を**名前付きパラメーター**と呼びます。

リスト 5-7 を名前付きパラメーターで書き換えると、リスト 5-8 のように表せます。

▼ リスト 5-8　record_controller.rb

```
def ph1
  @books = Book.where('publisher = :publisher AND price >= :price',
    publisher: params[:publisher], price: params[:price])
  render 'hello/list'
end
```

名前付きパラメーター（: 名前）の名前は自由に決めて構いませんが、関係がわかりやすいように比較対象となるフィールドと同名にするのが一般的です。名前付きパラメーターに対しては、値も「名前 : 値」のハッシュとして割り当てます。いずれも、値をあとから動的に割り当てられるという点は同じですが、両者を比べてみると、記法としての性質上、表 5-3 のような長所／短所があります。

▼ 表 5-3　名前付きパラメーターと名前なしパラメーターの長所／短所

	長所	短所
名前付きパラメーター	パラメーターと値の対応がわかりやすい	記述はやや冗長
名前なしパラメーター	記述はシンプル	パラメーターと値の対応関係がわかりにくい パラメーターの増減や順番の変化に影響を受けやすい

両者の長所／短所が表裏一体であることが見て取れます。通常は、パラメーター数が少ない場合は名前なしパラメーターを、多い場合には名前付きパラメーターを、という使い分けをおすすめします。

[*6]　入力値に基づく条件式を文字列連結（展開）で生成するのは避けてください。プレイスホルダーを利用しない条件式の生成は、**SQL インジェクション**と呼ばれる脆弱性の原因となる可能性があります。

第 5 章　モデル開発

◎ 5.2.4　否定の条件式を表す ── not メソッド

否定を表す not メソッドを where メソッドと併せて利用することで、NOT 条件をよりスマートに表現できます。たとえばリスト 5-9 は、指定の ISBN コード**以外**の書籍を取得する例です。

▼ リスト 5-9　上：record_controller.rb、下：routes.rb

```
def not
  @books = Book.where.not(isbn: params[:id]) ─────────────────────────────────── ❶
  render 'hello/list'
end

# ルートパラメーター：idはISBNコード
get 'record/not(/:id)' => 'record#not'
```

```
SELECT "books".* FROM "books" WHERE "books"."isbn" != ?  [["isbn", "978-4-297-13919-3"]]
```

※「〜/record/not/978-4-297-13919-3」でアクセスした場合

not メソッドに渡せる条件式は、where メソッドのそれに準じます。この例であれば、指定の条件を「!=」演算子で反転している点に注目してください。

▌指定のレコードを結果から除外する 6.0

Rails 6.0 以降では、指定のレコードを結果から除外するための excluding メソッドも利用できます。not メソッドとは異なりますが、特定のレコード「以外」を、より簡潔に表現するのに役立ちます。

たとえばリスト 5-10 は、id=1 の書籍以外に属するレビューを取得する例です。

▼ リスト 5-10　record_controller.rb

```
def excluding
  @reviews = Review.excluding(Book.find(1).reviews)
  render 'reviews/index'
end
```

◎ 5.2.5　データを並べ替える ── order メソッド

取得したデータを特定のキーで並べ替えるには、order メソッドを使用します。

order メソッド
order(*sort*)
sort：ソート式（「フィールド名：*並び順* ，...」の形式。並び順は :asc ／ :desc）

たとえばリスト 5-11 は、出版社（publisher 列）が「技術評論社」である書籍情報を、刊行日（published 列）について降順で並べ替える例です。

184

▼ リスト 5-11　record_controller.rb

```
def order
  @books = Book.where(publisher: '技術評論社').order(published: :desc)
  render 'hello/list'
end
```

```
SELECT "books".* FROM "books" WHERE "books"."publisher" = ? ORDER BY "books"."published" DESC
[["publisher", "技術評論社"]]
```

:asc（昇順）は省略しても構いません。たとえば、刊行日について昇順に並べたい場合には「〜.order(:published)」のように表します。

また、以下のように、複数のソート式を列挙しても構いません。

```
@books = Book.where(publisher: '技術評論社').order(published: :desc, price: :asc)
```

```
SELECT "books".* FROM "books" WHERE "books"."publisher" = ? ORDER BY "books"."published" DESC,
"books"."price" ASC [["publisher", "技術評論社"]]
```

ソート式を上書きする ─ reorder メソッド

複数の order メソッドを連結した場合、Rails は両者を連結した ORDER BY 句を生成します（リスト 5-12）。

▼ リスト 5-12　record_controller.rb

```
def reorder
  @books = Book.order(:publisher).order(:price)
  render 'hello/list'
end
```

```
SELECT "books".* FROM "books" ORDER BY "books"."publisher" ASC, "books"."price" ASC
```

しかし、以前のソート式を破棄して、新たにソート式を加えたい場合もあるでしょう。そのようなケースでは、reorder メソッドを利用します。reorder メソッドの構文は order メソッドのそれに準じますが、前の order メソッドを無視する点が異なります。

```
@books = Book.order(:publisher).reorder(:price)
```

```
SELECT "books".* FROM "books" ORDER BY "books"."price" ASC
```

上書きではなく、単に前のソート式を打ち消したいならば、reorder メソッドに nil を指定します。

```
@books = Book.order(:publisher).reorder(nil)
```

```
SELECT "books".* FROM "books"
```

指定の順序でレコードを並べ替える ― in_order_of メソッド 7.0

少々変わったソートメソッドとして、in_order_of メソッドがあります。

in_order_of メソッド

```
in_order_of(column, values)
```
column：ソートキー　　*values*：並び順を表す値リスト

たとえばリスト 5-13 は、books テーブルの内容を「技術評論社⇒翔泳社⇒ SB クリエイティブ⇒日経 BP ⇒森北出版」の順でソートする例です。

▼ リスト 5-13　record_controller.rb

```
def in_order
  @books = Book.in_order_of(:publisher, %w(技術評論社 翔泳社 SBクリエイティブ 日経BP 森北出版))
  render 'hello/list'
end
```

```
SELECT "books".* FROM "books" WHERE "books"."publisher" IN ('技術評論社', '翔泳社', ↩
'SBクリエイティブ', '日経BP', '森北出版') ORDER BY CASE WHEN "books"."publisher" = '技術評論社' ↩
THEN 1 WHEN "books"."publisher" = '翔泳社' THEN 2 WHEN "books"."publisher" = 'SBクリエイティブ' ↩
THEN 3 WHEN "books"."publisher" = '日経BP' THEN 4 WHEN "books"."publisher" = '森北出版' ↩
THEN 5 END ASC
```

内部的には、CASE 演算子で値リスト（引数 values）に対して先頭から 1 〜 5 の数値を割り当て、その値でソートをしています。

数値、辞書順以外の特別なルールでの並べ替えに役立つメソッドです。

5.2.6　取得列を明示的に指定する ― select メソッド

Active Record では、既定ですべての列を取得しようとします（つまり「SELECT * FROM ...」を発行します）。しかし、巨大なテーブルで不要な列まで無条件に取り出すことはメモリリソースの無駄遣いです。

そこで登場するのが select メソッドです。select メソッドによって取得列を明示的に指定できます。データ

の取得に際しては、まず、行／列はできるだけ絞り込むのが基本と考えるべきでしょう。

> **select メソッド**
>
> select(*cols*)
>
> *cols*：取得する列

たとえばリスト 5-14 は、価格（price 列）が 4000 円以上の書籍のみを取得する例です。取得列は書名（title 列）と価格（price 列）のみとします。

▼ リスト 5-14　record_controller.rb

```
def select
  @books = Book.where(price: 4000..).select(:title, :price)
  render 'hello/list'
end
```

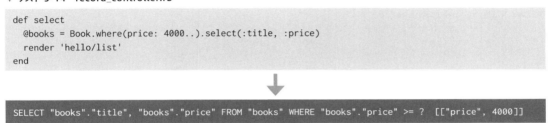

```
SELECT "books"."title", "books"."price" FROM "books" WHERE "books"."price" >= ?  [["price", 4000]]
```

select メソッドで取得列を限定した場合、取得していない列にアクセスしようとすると、ActiveModel::MissingAttributeError 例外が発生します。たとえば、上のサンプルはブラウザー上では図 5-3 のようなエラーを返すでしょう。これは hello/list.html.erb で取得列以外の isbn や publisher などの列にアクセスしようとしているためです（取得列である title と price 以外の列へのアクセスを削除することで、正しく動作するようになります）。

▼ 図 5-3　取得列以外にアクセスした場合

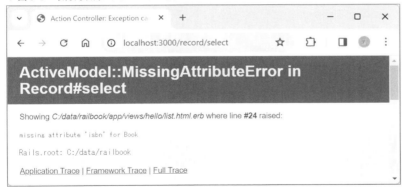

また、select メソッドを利用することで、SQL 関数の呼び出しも可能になります。具体的な例については、5.2.9 項も参照してください。

187

5.2.7 重複のないレコードを取得する ─ distinct メソッド

distinct メソッドは、結果セットから重複した行を除去します。SELECT 命令の DISTINCT 句に相当します。

distinct メソッド

```
distinct(flag = true)
```
flag：重複を除去するか

たとえばリスト 5-15 は、books テーブルから重複のない出版社（publisher 列）情報を取得する例です。

▼ リスト 5-15　record_controller.rb [7]

```
def select2
  @pubs = Book.select(:publisher).distinct.order(:publisher)
end
```

```
SELECT DISTINCT "books"."publisher" FROM "books" ORDER BY "books"."publisher" ASC
```

一度追加した DISTINCT 句を破棄するには、引数 flag に false を指定してください。

```
@pubs = Book.select(:publisher).distinct.distinct(false)
```

```
SELECT "books"."publisher" FROM "books"
```

5.2.8 特定範囲のレコードだけを取得する ─ limit ／ offset メソッド

limit メソッドと offset メソッドとを組み合わせることで、特定範囲のレコードだけを取得することもできます。

limit ／ offset メソッド

```
limit(rows)
offset(off)
```
rows：最大取得行数　　off：取得開始位置（先頭行を0でカウント）

たとえばリスト 5-16 は、刊行日（published 列）について降順に並べたときに、5 〜 7 件目となるデータを取得する例です。

---

[7] 対応するテンプレートファイル select2.html.erb は紙面上では割愛します。完全なコードはダウンロードサンプルを参照してください。

▼ リスト5-16　record_controller.rb

```ruby
def offset
  @books = Book.order(published: :desc).limit(3).offset(4)
  render 'hello/list'
end
```

```
SELECT "books".* FROM "books" ORDER BY "books"."published" DESC LIMIT ? OFFSET ?  [["LIMIT", 3], ↵
["OFFSET", 4]]
```

「5〜7件目を取得」＝「5件目から最大3件を取得」というわけです。limit ／ offset メソッドを利用する場合には、レコードの並び順が決まっていないと意味がないので、原則、order メソッドとセットで利用します。

limit ／ offset メソッドを利用することで、ページング処理を実装することもできます。たとえばリスト5-17 は、3件単位でリストをページングする例です。「〜 /record/page/2」のような URL を指定すると、対応するページを表示できます。

▼ リスト5-17　上：record_controller.rb、下：routes.rb

```ruby
def page
  page_size = 3  # ページ当たりの表示件数
  page_num = params[:id] == nil ? 0 : params[:id].to_i - 1  # 現在のページ数
  @books = Book.order(published: :desc).limit(page_size).offset(page_size * page_num)
  render 'hello/list'
end


# ルートパラメーター:idはページ番号
get 'record/page(/:id)' => 'record#page'
```

▼ 図5-4　「〜 /record/page」「〜 /record/page/2」でアクセスした場合

現在のページ数（page_num）はルートパラメーター（params[:id]）経由で取得します。:id パラメーターが指定されなかった場合に備えて、nil 判定を加えるのを忘れないようにしてください（先頭ページは 0 とします）。あとは、ページサイズ（ページ当たりの表示件数）と現在のページ数との積で、レコードの取得開始行（オフセット位置）を求められます。

先頭／末尾のレコードを取得する ― first ／ last メソッド

結果セットの先頭／末尾レコードを取得する場合、limit メソッドを使っても構いませんが、より直感的に利用できる first ／ last メソッドが用意されています。たとえば、刊行日（published 列）について降順に並べたときに末尾に来るレコードを取得するには、リスト 5-18 のように表します。

▼ リスト 5-18　record_controller.rb

```
def last
  @book = Book.order(published: :desc).last
  render 'books/show'
end
```

```
SELECT "books".* FROM "books" ORDER BY "books"."published" ASC LIMIT ?  [["LIMIT", 1]]
```

降順にしたときの末尾なので、自動的に最適化し、昇順にしたときの先頭を取得しているわけです[*8]。

なお、first ／ last メソッドはクエリメソッドでは**ありません**。遅延ロードも対象外となるため、メソッドチェーンの途中には記述できない点に注意してください（必ず末尾に記述します）。

◎ 5.2.9　データを集計する ― group メソッド

特定のキーで結果をグループ化するには、group メソッドを利用します。

group メソッド

group(*key*)

key：グループ化キー（カンマ区切りで複数指定も可）

たとえばリスト 5-19 は、books テーブルの内容を出版社（publisher 列）でグループ化し、出版社ごとの価格の平均値を求める例です。

▼ リスト 5-19　上：record_controller.rb、下：record/groupby.html.erb

```
def groupby
  @books = Book.select('publisher, AVG(price) AS avg_price').group(:publisher)
end
```

---

*8　ORDER BY 句が明記されていない場合、first ／ last メソッドは主キーについてソートした結果に基づいて、先頭／末尾レコードを取得します。

```html
<table class="table">
<tr>
  <th>出版社</th><th>価格</th>
</tr>
<% @books.each do |book| %>
  <tr>
    <td><%= book.publisher %></td>
    <td><%= book.avg_price.round %>円</td>*9
  </tr>
<% end %>
</table>
```

▼ 図 5-5　出版社ごとの平均価格を一覧表示

出版社	価格
SBクリエイティブ	4400円
技術評論社	3465円
日経BP	2420円
森北出版	2970円
翔泳社	3531円

　SQL 関数は、select メソッドから呼び出せます。select メソッドの中で演算子や関数を利用した場合には、演算列にアクセスできるよう AS 句で別名（エイリアス）を付与するのも忘れないようにしてください。select メソッドで宣言された別名には、もともと定義されていた列名と同じく「オブジェクト名.別名」の形式でアクセスできます（太字）。

　サンプルを実行したら、例によって Puma のコンソールで SELECT 命令も確認しておきましょう。

```
SELECT publisher, AVG(price) AS avg_price FROM "books" GROUP BY "books"."publisher"
```

5.2.10　集計結果をもとにデータを絞り込む ― having メソッド

　having メソッドを利用することで、集計した結果をもとに、更にデータを絞り込むことも可能です。

---

*9　round メソッドは、与えられた数値を四捨五入します。

> **having メソッド**
>
> having(*exp* [,*value*, ...])
>
> *exp*：条件式（プレイスホルダーを含むこともできる）　　*value*：プレイスホルダーに渡すパラメーター値

たとえばリスト 5-20 は、リスト 5-19 を書き換えて、平均価格が 3500 円以上である出版社の情報だけを取得する例です。

▼ リスト 5-20　record_controller.rb

```ruby
def havingby
  @books = Book.select('publisher, AVG(price) AS avg_price').group(:publisher).
    having('AVG(price) >= ?', 3500)
  render 'record/groupby'
end
```

```
SELECT publisher, AVG(price) AS avg_price FROM "books" GROUP BY "books"."publisher" HAVING ↵
(AVG(price) >= ?) [[nil, 3500]]
```

◎ 5.2.11　条件句を破壊的に代入する ― where! メソッド

条件式を破壊的に[*10]追加する where! などのメソッド（「!」付きメソッド）も利用できます。where! の他にも、order!、select!、limit!、offset!、group!、having!、distinct! など、ほとんどのクエリメソッドは「!」付きで呼び出すことが可能です。これらを、本書では便宜的に「破壊的クエリメソッド」と呼びます。破壊的クエリメソッドを利用することで、複数の文で段階的に条件式を追加する際にも、変数への再代入が必要なくなります（リスト 5-21）。

▼ リスト 5-21　record_controller.rb

```ruby
def where2
  @books = Book.all
  @books.where!(publisher: '技術評論社') ─────────────────────────┐
  @books.order!(:published) ──────────────────────────────────────┤❶
  render 'hello/list'
end
```

```
SELECT "books".* FROM "books" WHERE "books"."publisher" = ? ORDER BY "books"."published" ASC ↵
[["publisher", "技術評論社"]]
```

[*10] 標準の where メソッドは、追加した条件式を戻り値として返します（＝もとのオブジェクトに影響を及ぼしません）。一方、「破壊的に」とはメソッドの実行によってオブジェクト自身の内容を変更することを言います。

❶のコードは、従来の「!」なしメソッドで表すならば、以下のようになります。

```
@books = @books.where(publisher: '技術評論社')
@books = @books.order(:published)
```

これだけのコードなのに、破壊的メソッドを利用した方がだいぶシンプルですね（もちろん、この例であれば、これまでと同じくメソッドチェーンによる組み立てで十分なので、あくまで文をばらした場合の例として見てください）。

5.2.12 クエリメソッドによる条件式を除去する ─ unscope メソッド

本節冒頭でも触れたように、クエリメソッドはその場では実行されません。条件式を積み重ねて、最終的に結果が必要になってはじめて、クエリが実行されるのです。よって、実行する前であれば、一度追加した条件式（の一部）を取り消すこともできます。これを行うのが unscope メソッドです。

unscope メソッド

unscope(*skips*)

skips：除外する条件式

たとえばリスト 5-22 は、指定された where ／ order ／ select 条件のうち、where ／ select を除去する例です。

▼ リスト 5-22　record_controller.rb

```
def unscope
  @books = Book.where(publisher: '技術評論社').order(:price)
    .select(:isbn, :title).unscope(:where, :select)
  render 'hello/list'
end
```

```
SELECT "books".* FROM "books" ORDER BY "books"."price" ASC
```

where メソッドで複数の条件式を追加した場合には、検索列の単位で条件を削除することもできます。たとえばリスト 5-23 は、dl 列に対する条件だけを除去する例です。

▼ リスト 5-23　record_controller.rb

```
def unscope2
  @books = Book.where(publisher: '技術評論社', dl: true).order(:price)
    .unscope(where: :dl)
  render 'hello/list'
end
```

```
SELECT "books".* FROM "books" WHERE "books"."publisher" = ? ORDER BY "books"."price" ↵
ASC  [["publisher", "技術評論社"]]
```

ただし、unscope メソッドが除外する対象は、unscope メソッドが呼び出されるまでに追加された条件式です。unscope 以降に追加された条件式は除外されません。

5.2.13 空の結果セットを取得する ─ none メソッド

none メソッドを呼び出すと、空の結果セットを取得できます。と、それだけ聞くと「どんな場合に利用するの?」と思うかもしれませんが、以下のようなケースです。

リスト 5-24 は、ルートパラメーター経由で all、new、cheap いずれかのキーワードを与えると、「すべての書籍情報」「刊行日の新しい書籍 5 冊」「安い書籍 5 冊」をそれぞれ返します。また、想定以外のキーワードを渡した場合は、空の結果を返します。

▼ リスト 5-24　上：record_controller.rb、下：routes.rb

```ruby
def none
  case params[:id]
    when 'all'
      @books = Book.all
    when 'new'
      @books = Book.order('published DESC').limit(5)
    when 'cheap'
      @books = Book.order(:price).limit(5)
    else
      @books = Book.none
  end
  render 'hello/list'
end

# ルートパラメーター:idはall、new、cheapのいずれか
get 'record/none (/:id)' => 'record#none'
```

▼ 図 5-6　キーワードに応じて異なる結果を表示（左：~/record/none/all、中：~/record/none/new、右：~/record/none/dummy でアクセスした場合）

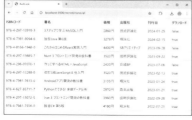

ポイントとなるのは太字の部分です。この部分を「@books = nil」とするのは誤りです。その場合、「undefined method `each' for nil:NilClass」のようなエラーが発生することになります。hello/list.html.erb（2.4.7項）では、モデルの配列を each メソッドで繰り返し処理することを想定していますが、nilには each メソッドはありませんよ、と怒られているわけです。エラーを回避するには、each メソッドを呼び出す前に、変数 @books の内容が nil であるかどうかを判定しなければなりません。

しかし、none メソッドを利用することで、戻り値は ActiveRecord::NullRelation（Relation）オブジェクトとなります。この場合、中身が空なだけでそれ自体は結果セットなので、そのまま each メソッドを呼び出してもエラーにはなりません[11]。

COLUMN	Rails アプリのバージョンアップ

Rails は現在も精力的にアップデートを継続しています。開発途中で Rails がバージョンアップした場合にも、可能な範囲で最新バージョンに追随しておくのが望ましいでしょう。既存アプリのバージョンアップは、以下の手順で可能です（以下は Rails 7.1 → 7.2 のバージョンアップを想定した例です）。

■1 Gemfile を更新する

```
gem "rails", "~> 7.2.0"                                            Rails のバージョンを修正
```

■2 Rails 本体とアプリ本体とを更新する

```
> bundle update                                                    Rails 本体の更新
> rails app:update                                    アプリ内の /config、/bin などを更新
> rails db:migrate                                          追加されたマイグレーションを実行
```

■3 設定ファイル /config/new_framework_defaults_7_2.rb が生成されるので、その中の設定を1つずつコメント解除、再起動を繰り返す（問題なければ、.rb ファイルを削除）

■4 設定ファイル /config/application.rb を編集する

```
config.load_defaults 7.2
```

■3 の new_framework_defaults_7_2.rb は、Rails 7.2 の新しい既定値が列挙された設定ファイルです。■3 では、その中の設定を1つずつコメント解除、再起動を繰り返し、アプリへの影響がないことを確認しているわけです。問題が発生した場合には、Rails 7.2 での既定の設定が悪さをしているので、application.rbに従来までの設定を明示するなど、個々に対処します。

いかがですか。互換性の問題がなければ、アップデートそのものは比較的簡単に進められることが見て取れます。

---

[11] このように Null 状態を表す（なにもしない）オブジェクトのことを **NullObject**（**ヌルオブジェクト**）と言います。

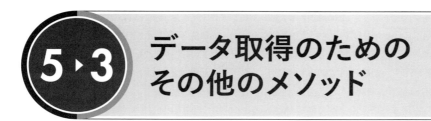

5.3 データ取得のための その他のメソッド

　Active Record ではまず、all ／ find ／クエリメソッドさえ理解しておけば、おおよその基本的な取得処理はまかなえるはずです。本節では、これら以外に知っておくと便利ないくつかのメソッドを紹介しておきます。

◎ 5.3.1 指定列の配列を取得する ─ pluck メソッド

　pluck メソッドを利用することで、指定された列を配列として取得できます。

pluck メソッド

```
pluck(column , ...)
```
column：フィールド名

　たとえばリスト 5-25 は、取得した結果セットから title ／ price 列を抽出する例です。

▼ リスト 5-25　record_controller.rb
```ruby
def pluck
  render plain: Book.where(publisher: '技術評論社').pluck(:title, :price)
end
```

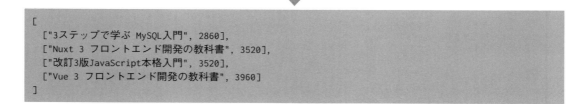

```
[
  ["3ステップで学ぶ MySQL入門", 2860],
  ["Nuxt 3 フロントエンド開発の教科書", 3520],
  ["改訂3版JavaScript本格入門", 3520],
  ["Vue 3 フロントエンド開発の教科書", 3960]
]
```

▍指定列の先頭の値を取得する 6.0

　指定列のセットを配列として返す pluck に対して、指定列の先頭の値だけを取得する pick メソッドもあります。たとえばリスト 5-26 は、刊行日が一番新しい書籍のタイトルを取得する例です。

▼ リスト5-26　record_controller.rb

```
def pick
  render plain: Book.order(published: :desc).pick(:title)
end
```

↓

独習Java 第6版

5.3.2　データの存在を確認する ── exists?メソッド

　データを取得するのではなく、指定されたデータが存在するかを確認したいだけの場合には、exists?メソッドを利用します。たとえばリスト5-27は、出版社（publisher列）が「新評論社」であるデータが存在するかどうかを確認するためのコードです。

▼ リスト5-27　record_controller.rb

```
def exists
  flag = Book.where(publisher: '新評論社').exists?
  render plain: "存在するか？ : #{flag}"
end
```

↓

```
SELECT 1 AS one FROM "books" WHERE "books"."publisher" = ? LIMIT ?
  [["publisher", "新評論社"], ["LIMIT", 1]]
```

　存在チェックだけなので、実際に発行されるSELECT命令も最低限、「与えられた条件で先頭の1件、ダミー列のみ」を取得していることが確認できます。whereメソッドと連携する他、以下のような記述もできます。

```
Book.exists?(1)                         # id値が1であるレコードが存在するか
Book.exists?(['price > ?', 5000])       # price列が5000より大きいレコードが存在するか
Book.exists?(publisher: '技術評論社')    # publisher列が技術評論社のレコードが存在するか
Book.exists?                            # booksテーブルに1件でもデータが存在するか
```

5.3.3　よく利用する条件句をあらかじめ準備する ── 名前付きスコープ

　データベース検索のコードを記述していくと、同じような検索条件がそちこちに登場することはよくあります。たとえばユーザーテーブルで性別（sex列）や年齢（old列）を管理しているとしたら、成人男性を取り出すために「old >= 20 AND sex = 'male'」のような条件式を何度も記述することになるかもしれません。
　そこで登場するのが**名前付きスコープ**（Named Scope）です。名前付きスコープとは、特定の条件式やソート式などをあらかじめモデル側で名前付けしておくことで、利用時にも名前で呼び出せるようにするしくみです。名前付きスコープを利用することで、呼び出しのコードがより直感的に記述できますし、条件に変更があった場合にも修正箇所を限定できるというメリットがあります（図5-7）。

第 5 章　モデル開発

▼ 図 5-7　スコープ利用のメリット

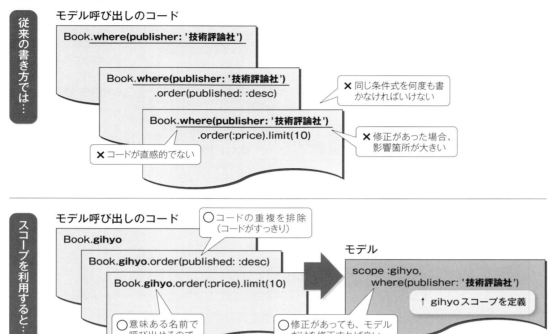

　具体的な例を見てみましょう。ここで紹介するのは、モデルクラス Book に以下のような名前付きスコープを定義する例です。

- 技術評論社の書籍のみを取得する gihyo スコープ
- 刊行日の新しい順に並べる newer スコープ
- 刊行日の新しいものから先頭 10 件を取得する top10 スコープ

　名前付きスコープはモデルクラス（この場合であれば Book クラス）で定義します（リスト 5-28）。これまでモデルクラスそのものをあまり意識することはありませんでしたが、2.4.3 項の手順によって既に /app/models フォルダーに作成されているはずです。

▼ リスト 5-28　book.rb

```
class Book < ApplicationRecord
  scope :gihyo, -> { where(publisher: '技術評論社') }
  scope :newer, -> { order(published: :desc) }
  scope :top10, -> { newer.limit(10) }
end
```

　名前付きスコープを定義するための構文は、以下のとおりです。

5.3 データ取得のためのその他のメソッド

名前付きスコープ

```
scope name , -> { exp }
```
name：スコープの名前　　*exp*：条件式

where ／ order ／ limit などクエリメソッドの構文は 5.2 節で紹介済みなので、そちらを参照してください。

太字部分のように、名前付きスコープは一から設定するだけでなく、既存の名前付きスコープ（ここでは newer スコープ）をもとに作成することもできます。既存の名前付きスコープは「スコープ名 . クエリメソッド (...)」のような形式で連鎖できます。

名前付きスコープを定義できたら、コントローラー側からこれを呼び出してみましょう。リスト 5-29 は、技術評論社で刊行日の新しい書籍 10 件を抽出する例です。

▼ リスト 5-29　record_controller.rb

```ruby
def scope
  @books = Book.gihyo.top10
  render 'hello/list'
end
```

```
SELECT "books".* FROM "books" WHERE "books"."publisher" = ? ORDER BY "books"."published"
DESC LIMIT ?  [["publisher", "技術評論社"], ["LIMIT", 10]]
```

定義済みのスコープをそのままメソッドチェーンとして連鎖させることができるわけです。何度も利用する条件式はできるだけスコープとしてまとめておくことで、コードをぐんと読みやすくできるでしょう。

NOTE　名前付きスコープはパラメーター化も可能

名前付きスコープには引数を渡すこともできます。たとえばリスト 5-30 は、指定された出版社の最新書籍 5 件を取り出す whats_new スコープを定義する例です。

▼ リスト 5-30　book.rb

```ruby
scope :whats_new, ->(pub) {
  where(publisher: pub).order(published: :desc).limit(5)
}
```

whats_new スコープは、以下のように呼び出せます。似たような条件句がある場合にも、このようにパラメーター化することで、いくつもスコープを定義せずに済みます。

```ruby
@books = Book.whats_new('技術評論社')
```

5.3.4 既定のスコープを定義する ― default_scope メソッド

よくある抽出／ソート条件に名前を付けて、モデル呼び出しのコードをわかりやすくする名前付きスコープに対して、モデル呼び出しの際に既定で適用される**デフォルトスコープ**という機能もあります。

たとえばレビュー情報（reviews テーブル）の内容を常に投稿日降順で取り出すのであれば、これを毎回、呼び出しのコードで指定するのは面倒です。しかし、デフォルトスコープを利用すれば、指定された条件が必ず適用されるので、呼び出しのコードがシンプルになります。

たとえばリスト 5-31 は、reviews テーブルに対して投稿日の降順というデフォルトスコープを適用し、アクションメソッドから実際に呼び出す例です。

▼ リスト 5-31　上：review.rb、下：record_controller.rb

```
class Review < ApplicationRecord
  …中略…
  default_scope { order(updated_at: :desc) }
end
```

```
def def_scope
  @reviews = Review.all
  render 'reviews/index'
end
```

```
SELECT "reviews".* FROM "reviews" ORDER BY "reviews"."updated_at" DESC
```

デフォルトスコープを定義するのは、default_scope メソッドの役割です。

default_scope メソッド

default_scope *exp*
exp：条件式

この例では「updated_at: :desc」というソート式を指定しているので、「Review.all」と指定した場合でも、SQL 命令には自動的に ORDER BY 句が追加されていることが確認できます。

デフォルトスコープで指定された条件式は、個別の問い合わせで order／where メソッドを指定した場合でも取り消されることはありません。個別の問い合わせで指定された条件は、order メソッドであれば第 2 キー以降に追加されるだけですし、where メソッドであれば AND 演算子で追加されます。

デフォルトスコープを解除したい場合には、unscope メソッド（5.2.12 項）、または unscoped メソッドを利用してください。unscoped メソッドはそれまでに追加したすべてのクエリを破棄します。

5.3 データ取得のためのその他のメソッド

◎ 5.3.5 検索結果の行数を取得する ― count メソッド

特定の条件で絞り込んだ結果セットの件数を取得するには、count メソッドを利用します。たとえばリスト 5-32 は、出版社（publisher 列）が「技術評論社」である書籍の件数を求める例です。

▼ リスト 5-32　record_controller.rb

```ruby
def count
  cnt = Book.where(publisher: '技術評論社').count
  render plain: "#{cnt}件です。"
end
```

```sql
SELECT COUNT(*) FROM "books" WHERE "books"."publisher" = ?  [["publisher", "技術評論社"]]
```

コンソールから確認すると、count メソッドはクエリメソッドに従ってデータを絞り込んだ上で、その結果を SQL の COUNT 関数でカウントしていることがわかります。where メソッドと連携する他にも、count メソッドを使って以下のような記述もできます。

```ruby
cnt = Book.count                 # テーブルのレコード件数
cnt = Book.count(:publisher)     # publisher列が空でないレコードの件数 ──────❶
cnt = Book.distinct.count(:publisher) # publisher列の値の種類（出版社の数）
```

❶は、いわゆる SQL の「COUNT(publisher)」です。もしも「COUNT(*)」を表したいならば、単に count、または count(:all) とします。

◎ 5.3.6 特定条件に合致するレコードの平均や最大／最小を求める

count メソッドの仲間として、表 5-4 のような集計メソッドも用意されています。

▼ 表 5-4　Active Record で利用できる集計メソッド（引数 col は列名）

メソッド	概要
average(col)	平均値
minimum(col)	最小値
maximum(col)	最大値
sum(col)	合計値

たとえばリスト 5-33 は、出版社（publisher 列）が「技術評論社」である書籍の平均価格を求める例です。

▼ リスト 5-33　record_controller.rb

```ruby
def average
  price = Book.where(publisher: '技術評論社').average(:price)
  render plain: "平均価格は#{price}円です。"
```

201

```
end
```

```
SELECT AVG("books"."price") FROM "books" WHERE "books"."publisher" = ?  [["publisher", "技術評論社"]]
```

　averageメソッドをはじめとした集計メソッドは、取得した結果セット全体を集計する場合に、selectメソッドを利用するよりもシンプルにコードを記述できるでしょう。

　集計メソッドは、groupメソッドと一緒に利用することもできます。たとえばリスト5-34は、5.2.9項の例を集計メソッドを使って書き換えたものです。

▼ **リスト5-34　上：record_controller.rb、下：record/groupby2.html.erb**

```
def groupby2
  @books = Book.group(:publisher).average(:price)
end
```

```
<table class="table">
<tr>
  <th>出版社</th><th>価格</th>
</tr>
<% @books.each do |key, value| %>
<tr>
  <td><%= key %></td>
  <td><%= value.round %>円</td>
</tr>
<% end %>
</table>
```

```
SELECT AVG("books"."price") AS "average_price", "books"."publisher" AS "books_publisher" FROM ↵
"books" GROUP BY "books"."publisher"
```

　グループ化キー（groupメソッド）と集計列（averageメソッド）を取得列とするSELECT命令が生成されるわけです。ただし、集計メソッドを利用した場合、戻り値は「*グループ列の値：集計値*」形式のハッシュとして返される点に注意してください。そのため、テンプレートファイルでもkeyとvalueという仮変数で、それぞれの値にアクセスする必要があります。

◎ 5.3.7　生のSQL命令を直接指定する ― find_by_sql メソッド

　Active Recordでは原則として、まずクエリメソッドを利用するべきですし、クエリメソッドでまかなえないようなケースはあまり考えられません。しかし、それでもあまりに複雑な問い合わせは、生のSQL命令で記述した方がかえってわかりやすいという場合もあるでしょう。

　そのようなケースでは、find_by_sqlメソッドを利用してください。たとえばリスト5-35は、5.2.10項のリスト5-20をfind_by_sqlメソッドで書き換えた例です。

▼ リスト5-35　record_controller.rb

```ruby
def literal_sql
  @books = Book.find_by_sql(['SELECT publisher, AVG(price) AS avg_price FROM "books" GROUP BY ↩
publisher HAVING AVG(price) >= ?', 3500])
  render 'record/groupby'
end
```

find_by_sqlメソッドでは、「[*SQL命令*, *値*, ...]」のような配列形式でSELECT命令を指定するのが基本ですが、SQL命令にプレイスホルダーが含まれない場合は、単に文字列としてSELECT命令のみを指定しても構いません。

find_by_sqlメソッド

find_by_sql(*sql*)

sql：SQL命令と検索値の配列

SQL命令に精通した人にとっては、find_by_sqlメソッドの方が手軽に感じるかもしれません。しかし、（繰り返しですが）Railsではまずクエリメソッドを利用するのが基本です。find_by_sqlメソッドを利用することは、それだけ特定のデータベースに依存する原因になることを理解してください。

5.3.8　SQL命令を非同期に実行する ― load_asyncメソッド 7.0

load_asyncメソッドを利用することで、クエリを非同期実行できるようになります。シンプルなメソッドですが、これでクエリを並行に実行できるようになるので、（たとえば）実行時間の長いクエリ、互いに独立したクエリを複数実行しなければならないような状況では、処理時間を短縮できる可能性があります。

利用方法は簡単。たとえばリスト5-36は、リスト2-9を非同期化した例です。

▼ リスト5-36　上：hello_controller.rb、下：development.rb

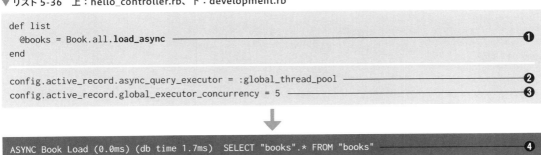

load_asyncは、ActiveRecord::Relationクラスのメソッドです（❶）。よって、allをはじめ、クエリメソッド（5.2節）などの末尾に付与するだけで、クエリを非同期化できます。

ただし、利用にあたっては設定ファイルから非同期クエリを明示的に有効化しておかなければなりません。

第 5 章　モデル開発

async_query_executor パラメーターがその設定です（**❷**）。既定は nil（無効）で、非同期クエリを実行するには表 5-5 の値を設定してください。

▼ 表 5-5　async_query_executor パラメーターの設定値

設定値	概要
:global_thread_pool	すべてのデータベースで単一のプールを利用
:multi_thread_pool	データベース単位に 1 つのプールを利用

global_executor_concurrency パラメーター（**❸**）は、並行に実行できる非同期クエリの個数を表します。既定は 4 なので、そのままの値で良い場合は、明示的に指定しなくても構いません[*12]。

非同期クエリが有効になっている場合、ログにも「ASYNC Book Load」のようなヘッダーが付くことを確認してください（**❹**）。

┃集計メソッド、単一の値を返すメソッドを非同期化する ― async_*xxxxx*メソッド `7.1`

load_async は便利なメソッドですが、その性質上、利用できるのは ActiveRecord::Relation を返すメソッドに限られていました（つまり、all メソッドや 5.2 節で紹介したクエリメソッドです）。

よって、Rails 7 では、たとえば単一の値を返す pick メソッド、集計メソッドなどを非同期化することはできませんでした。しかし、これが Rails 7.1 で改善されて、それぞれのメソッドに対応した非同期メソッドが追加されています。

- async_count
- async_sum
- async_minimum
- async_maximum
- async_average
- async_pluck
- async_pick
- async_ids
- async_find_by_sql
- async_count_by_sql

詳細は対応する同期メソッド（async_count であれば count）を参照いただくとして、ここでは先ほどのリスト 5-33 を非同期化してみます[*13]（リスト 5-37）。

▼ リスト 5-37　record_controller.rb

```
def average
  price = Book.where(publisher: '技術評論社').async_average(:price)
  render plain: "平均価格は#{price.value}円です。"
end
```

async_*xxxxx* メソッドの戻り値は、非同期処理を管理するための Promise オブジェクトです。実際の戻り値を取得するには value メソッドにアクセスしなければならない点に注意してください。

[*12] ただし、並行数の増加はそのままメモリ消費の増加にもなります。結果、パフォーマンス低下の原因となる場合もあるので、メモリの状況を確認しながら調整してください。

[*13] async_*xxxxx* メソッドを実行する際にも、リスト 5-36 の設定パラメーターは必要です。処理が非同期化されない場合は、development.rb の設定も再確認してください。

5.3.9 補足：スロークエリを監視する

データベースへの問い合わせは一般的にオーバーヘッドの大きな処理です。特に複雑な結合、条件式を伴うクエリは意図せずして、処理のボトルネックとなる場合があります。Rails アプリを運用する上で、このようなボトルネックを監視しておくことは大切です。

そして、そのようなしくみを提供するのが Active Support Instrumentation（以降、Instrumentation）の役割です。Instrumentation を利用することで、フレームワーク内部でのさまざまな処理を計測できるようになります。

たとえばリスト 5-38 は、クエリの実行に 5000 ミリ秒以上かかった場合に、その内容をログ出力する例です。Instrument の処理は初期化ファイル（2.5.1 項）として準備します。初期化ファイルは /config/initializers フォルダーに、任意の名前で保存できるのでした。ここでは subscribe_query.rb という名前で用意しています。

▼ リスト 5-38　subscribe_query.rb

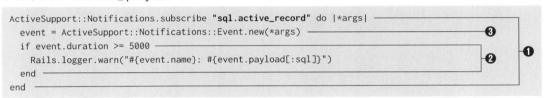

計測を有効にするのは、subscribe メソッドの役割です（❶）。太字の部分は計測する処理（**フック**）で、sql.active_record であれば Active Record でのクエリ処理を計測することを意味します。Instrumentation ではあらかじめ用意されたフックを購読（subscribe）し、得られた情報をもとに配下のブロックで処理するのが基本です（まずは、計測情報をログなどに記録するのが一般的です）。

この例であれば、クエリ実行に 5000 ミリ秒以上かかった場合に、クエリ内容をログ出力しています（❷[*14]）。計測情報はブロックパラメーター（ここでは *args）に渡されるので、❸のように ActiveSupport::Notifications::Event クラスに詰め込んでおきましょう。これで計測情報に対して Event オブジェクト経由でアクセスできるようになるので便利です（subscribe メソッドのブロックはここまでがイディオムと捉えておいて構いません）。

Event オブジェクトからアクセスできるメンバーには、表 5-6 のようなものがあります。

▼ 表 5-6　Event クラスの主なメンバー

メンバー	概要
name	フック名
duration	実行時間
payload	ペイロード
transaction_id	トランザクション id

payload には、フック固有のさまざまな情報が格納されています。この例では発行されたクエリを取得していますが、その他にもフックごとにさまざまな情報が用意されています。具体的な内容は、以下のページも参照してください。

[*14] ログについては、6.2.7 項で改めて詳説します。

- Active Support Instrumentation で計測
  https://railsguides.jp/active_support_instrumentation.html

Instrumentation ではスロークエリだけでなく、コントローラー／ビュー、メーラー、ジョブなど、さまざまな処理を監視できることが見て取れるはずです。

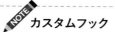カスタムフック

フックは、フレームワークがあらかじめ用意したものだけではありません。アプリ独自のフックを作成することも可能です。これには、以下のような instrument ブロックを、アプリで計測ポイントに埋め込むだけです。

```
ActiveSupport::Notifications.instrument 'hello.list.railbook', type: 'all', hoge: 'x' do
  ...計測対象の処理...
end
```

この例であれば、hello.list.raibook フックを定義したことになります。フックを購読する方法については本文でも触れたとおりで、初期化ファイルで subscribe メソッドを呼び出すだけです。太字で渡した情報には、先ほどの payload からアクセスが可能です。

5.4 レコードの登録／更新／削除

SELECT命令について理解できたところで、本節ではINSERT（追加）／UPDATE（更新）／DELETE（削除）処理を行ってみましょう。

もっとも、基本的なINSERT／UPDATE／DELETEについては、第3章で解説済みです。本節では第3章では解説しきれなかった箇所についてのみ補足するので、save／update／destroyなどのメソッドについては該当の項を参照してください[15]。

5.4.1 単一のレコードを登録／更新する — create／updateメソッド

レコードの登録／更新にはsave、create／updateなどのメソッドを利用できます。既に第3章で触れた記法もありますが、改めてここで記法の違いを整理しておきましょう。いずれが優れるというものではありませんが、表現の引き出しを増やしておくのは良いことです。

createメソッド

たとえばリスト5-39のコードは、意味的に等価です（実際の挙動は、「〜/record/create」から確認できます）。

▼ リスト5-39　record_controller.rb

```
book = Book.new
book.isbn = '978-4-297-14244-5'
book.title = '［改訂第3版］C#ポケットリファレンス'
…中略…
book.save

book = Book.create(isbn: '978-4-297-14244-5',
  title: '［改訂第3版］C#ポケットリファレンス', ...)
```

リスト5-39（上）ではsaveメソッドではじめて保存される（＝属性への代入だけでは保存されない）点を、改めて確認しておきましょう。

一方、リスト5-39（下）のcreateメソッドでは、「*列名 : 値 , ...*」形式でレコード値を渡すことで、各列への代入と保存とをまとめて実行してくれます。戻り値は生成されたモデルオブジェクトです。

---

[15] 本節では、実行によってデータベースが書き変わるサンプルが多くあります。データベースを初期状態に戻す方法については、3.7.2項も参照してください。

第 5 章　モデル開発

update メソッド

同じく、save、update メソッドを使った等価のコードを並べます（リスト 5-40。実際の挙動は、「〜 /record /update」から確認できます）。

▼ リスト 5-40　record_controller.rb

```
book = Book.find(1)

// saveメソッドによる更新
book.title = 'MySQL入門 第2版'
book.price = 3000
…中略…
book.save

// updateメソッドによる更新
book.update(title: 'MySQL入門 第2版', price: 3000, ...)
```

update メソッドでも、create メソッドと同じく、「列名：値 , ...」形式でレコード値を渡すだけです。

◎ 5.4.2　複数のレコードをまとめて挿入する ― insert_all メソッド 6.0

insert_all メソッドを利用すると、複数レコードをまとめて挿入できます。

insert_all メソッド

```
insert_all(data [,opts])
```

data：挿入するレコード　　opts：挿入オプション（利用可能なオプションは表5-7を参照）

▼ 表 5-7　挿入オプション（引数 opts）

オプション	概要
returning	戻り値として返す列（PostgreSQL のみ）
unique_by	重複を判定する列（PostgreSQL ／ SQLite のみ）
record_timestamps	タイムスタンプを自動設定

リスト 5-41 は、books テーブルに対して、複数のレコードをまとめて挿入する例です。

▼ リスト 5-41　record_controller.rb

```
def insert_all
  @books = Book.insert_all([
    { isbn: '978-4-297-13919-9', title: '3ステップで学ぶ Ruby入門', price: 2860,
      publisher: '技術評論社', published: '2024-07-30', dl: true },
    { isbn: '978-4-999-24521-0', title: '速習 Rails', price: 1000,
      publisher: 'WINGS', published: '2024-08-31', dl: true}
  ], record_timestamps: true)
```

208

```
    render plain: @books.to_a    # 結果：[{"id"=>11}, {"id"=>12}]
end
```

```
INSERT INTO "books" ("isbn","title","price","publisher","published","dl","created_at",
"updated_at") VALUES ('978-4-297-13919-9', '3ステップで学ぶ Ruby入門', 2860, '技術評論社',
'2024-07-30', 1, STRFTIME('%Y-%m-%d %H:%M:%f', 'NOW'), STRFTIME('%Y-%m-%d %H:%M:%f', 'NOW')),
('978-4-999-24521-0', '速習 Rails', 1000, 'WINGS', '2024-08-31', 1, STRFTIME('%Y-%m-%d %H:%M:%f',
'NOW'), STRFTIME('%Y-%m-%d %H:%M:%f', 'NOW')) ON CONFLICT  DO NOTHING RETURNING "id"
```

　insert_all メソッドは、既定で挿入したレコードの id 列を含んだオブジェクト配列を返しますが、:returning オプションで「%i[id title price]」のように列名を指定することで、戻り値に対応する列を含めることもできます。

重複したレコードは更新する ── upsert_all メソッド

　重複したレコードは更新する――いわゆる UPSERT に対応した upsert_all メソッドもあります。構文は insert_all メソッドに準ずるので、さっそくサンプルで動作を確認してみましょう（リスト 5-42）。

▼ リスト 5-42　上：record_controller.rb、下：20240303223900_create_books.rb

```ruby
def upsert_all
  @books = Book.upsert_all([
    { isbn: '978-4-297-13919-9', title: '3ステップで学ぶ Ruby入門', price: 3000,
      publisher: '技術評論社', published: '2024-07-30', dl: true },
    { isbn: '978-4-297-13919-9', title: 'はじめてのRuby入門', price: 2900,
      publisher: '技術評論社', published: '2024-07-30', dl: true },
    { isbn: '978-4-888-54321-0', title: '速習 Rails 7', price: 1000,
      publisher: 'WINGSプロジェクト', published: '2024-08-31', dl: true }
  ], unique_by: :isbn, record_timestamps: true)
  render plain: '更新完了'
end

def change
  …中略…
  add_index :books, :isbn, unique: true ──────────────────────────────❶
end
```
❷（右側、2項目を指すブレース）

　upsert_all メソッドでは、レコードの重複を一意列でもって判定します。あらかじめテーブルの対象列（本書であれば、books テーブルの isbn 列）に Unique 制約を付与しておきましょう。ちなみに、ダウンロードサンプルでは、あらかじめ❶の設定が指定された状態になっています[16]。

　あとは、unique_by オプションで isbn 列が重複の判定キーであることを明示するだけです。サンプルを実行後、SQLTools 拡張などから参照すると、重複したレコードは後のもの（ここでは「はじめての Ruby 入門」）が優先されていることを確認できます（❷）。

---

[16] コマンドからマイグレーションファイルを生成するならば、「isbn:string:uniq」のように指定できます。

5.4.3 複数のレコードをまとめて更新する ― update_all メソッド

update_all メソッドを利用すると、特定の条件に合致するレコードをまとめて更新できます。

update_all メソッド

```
update_all(updates)
```
updates：SET句（更新値）

たとえばリスト 5-43 は、出版社（publisher 列）を「技術評論社」から「Gihyo」に修正する例です。

▼ リスト 5-43　record_controller.rb

```
def update_all
  cnt = Book.where(publisher: '技術評論社').update_all(publisher: 'Gihyo')
  render plain: "#{cnt}件のデータを更新しました。"
end
```

```
UPDATE "books" SET "publisher" = ? WHERE "books"."publisher" = ?  [["publisher", "Gihyo"], ↵
["publisher", "技術評論社"]]
```

where メソッドで対象のレコードを絞り込んでおいて、update_all メソッドで更新列と値を指定するわけです。

order／limit メソッドと併用することで、「特定の並び順で先頭 n 件のみを更新する」という操作も可能になります。たとえばリスト 5-44 は、刊行日（published 列）が古いもの 5 件について、価格（price 列）を 2 割引きする例です。

▼ リスト 5-44　record_controller.rb

```
def update_all2
  cnt = Book.order(:published).limit(5)
    .update_all('price = price * 0.8')
  render plain: "#{cnt}件のデータを更新しました。"
end
```

```
UPDATE "books" SET price = price * 0.8 WHERE ("books"."id") IN (SELECT "books"."id" FROM "books" ↵
ORDER BY "books"."published" ASC LIMIT ?)  [["LIMIT", 5]]
```

5.2.8 項でも触れたように、limit／order メソッドはセットで利用するのが基本です。

なお、update_all メソッドでは、リスト 5-43 のように更新値をハッシュで指定する他、この例のように文字列（式）で指定することもできます（太字部分）。

5.4.4 入力値を正規化する — normalizes メソッド 7.1

正規化とは、この場合は、モデルに渡された値を特定の形式で揃えることを言います。たとえばメールアドレスを登録する際、「hoge@example.com」と「HOGE@example.com」のような形式が混在しているのは望ましくありません。検索に際して目的のレコードがマッチしなくなることがあるからです。

そこで Rails 7.1 で追加されたのが normalizes メソッドです。normalizes メソッドを利用することで、データを保存する際に暗黙的に値を指定の形式に変換（正規化）できるようになります。

たとえばリスト 5-45 は User モデルの email 属性を登録する際に、「値から前後の空白を除去するとともに、小文字に変換する」例です。

▼ リスト 5-45　上：user.rb、下：record_controller.rb

```ruby
class User < ActiveRecord::Base
  normalizes :email, with: -> email { email.strip.downcase }
end

def normalizes
  user = User.find(1)
  user.update(email: '   HOGE@EXAMPLE.COM   ');
  render plain: user.email  # 結果：hoge@example.com
end
```

normalizes メソッドの構文は、以下のとおりです。

normalizes メソッド

```
normalizes(*names, opts)
```

names：正規化対象の列（可変長引数）　　*opts*：動作オプション（利用可能なオプションは表5-8を参照）

▼ 表 5-8　normalizes メソッドの主な動作オプション

オプション	概要
with	正規化のための式
apply_to_nil	nil 値にも正規化を適用するか（既定値は false）

with オプション（ラムダ式）は、引数として列の値を受け取り、変換した結果を戻り値として返す必要があります。この例であれば、受け取ったメールアドレスから前後の空白を除去（strip）し、小文字に変換（downcase）したものを返しています。

record#normalizes アクションを実行した後、SQLTools 拡張などからも該当レコードの email 列が正規化されている（＝前後の空白が除去され、小文字化されている）ことを確認しておきましょう。

正規化は検索時にも有効

ちなみに、normalizes メソッドは検索の際にも適用されます。

▼ リスト 5-46　record_controller.rb

```
def normalizes2
  @user = User.find_by(email: "\tHOGE@EXAMPLE.com\n")
  render 'users/show'
end
```

```
SELECT "users".* FROM "users" WHERE "users"."email" = ? LIMIT ?  [["email", "hoge@example.com"], ["LIMIT", 1]]
```

　たとえばリスト 5-46 のような例でも、前後から空白（\t、\n）を除去し、小文字化したもので問い合わせが発生するので、きちんと該当のレコードを得られます。

5.4.5　レコードを削除する ─ destroy ／ delete メソッド

　Rails では、既存のレコードを削除するためのメソッドとして、destroy と delete というよく似た 2 種類のメソッドを用意しています。

delete ／ destroy メソッド

```
delete(keys)
destroy(keys)
```

keys：主キー値（配列での指定も可）

　それぞれのメソッドを呼び出した例を見てみましょう（リスト 5-47）[*17]。

▼ リスト 5-47　record_controller.rb

```
Book.destroy(1)
```

```
Book.delete(1)
```

　それぞれのコードは「～ /record/del」からアクセスできます。いずれも指定されたレコードが削除されますが、内部的な挙動が異なります。実行時に出力されるログを確認してみましょう（上が destroy、下が delete の結果）。

```
SELECT "books".* FROM "books" WHERE "books"."id" = ? LIMIT ?  [["id", 1], ["LIMIT", 1]]
DELETE FROM "books" WHERE "books"."id" = ?  [["id", 1]]
```

```
DELETE FROM "books" WHERE "books"."id" = ?  [["id", 1]]
```

[*17] ここではクラスメソッドとして呼び出す例を挙げていますが、インスタンスメソッドとして利用することも可能です。具体的なコードは 3.6 節も参照してください。

destroy メソッドは SELECT → DELETE の順で、delete メソッドは DELETE だけが実行されていること
が確認できます。

この違いは、後々にアソシエーションやコールバックという機能を利用したときに現れてきます。それぞれの
詳細は後節に譲りますが、Active Record の機能をきちんと利用したい場合には destroy メソッドを、単純
にデータの削除だけが実施されれば良いという場合には delete メソッドを利用するという使い方になるでしょ
う。delete メソッドの制約を理解していないうちは、まずは destroy メソッドを優先して利用することをお勧
めします。

◎ 5.4.6 複数のレコードをまとめて削除する ― destroy_all メソッド

destroy_all メソッドは、特定の条件に合致するレコードをまとめて削除します。たとえばリスト 5-48 は、
書籍 ID が 1 であるレビューをすべて削除する例です。

▼ リスト 5-48　record_controller.rb

```
def destroy_all
  Review.where(book: 1).destroy_all ─────────────────────────────────────❶
  render plain: '削除完了'
end
```

↓

```
SELECT "reviews".* FROM "reviews" WHERE "reviews"."book_id" = ?
  [["book_id", 1]]
begin transaction
DELETE FROM "reviews" WHERE "reviews"."id" = ?  [["id", 1]]
commit transaction
begin transaction
DELETE FROM "reviews" WHERE "reviews"."id" = ?  [["id", 2]]
commit transaction
…後略…
```

destroy_all メソッドが SELECT → DELETE の順で個別のレコードを削除しているのは、destroy メソッ
ドの場合と同じです。太字を delete_all メソッドで書き換えた場合、単一の DELETE 命令で複数レコードを
一括削除することも確認しておきましょう。

▌削除条件をまとめて記述する ― destroy_by ／ delete_by メソッド 6.0

リスト 5-48 でも見たように、destroy_all ／ delete_all メソッドに条件を加えるには、where メソッドを
組み合わせる必要があります。しかし、Rails 6.0 以降で追加された destroy_by ／ delete_by メソッドを利
用することで、条件式をまとめて指定できるようになります。ちょっとした簡単化のメソッドです。

以下は、リスト 5-48 −❶を destroy_by メソッドで書き換えた例です。

```
Review.destroy_by(book: 1)
```

5.4.7 トランザクション処理を実装する ― transaction メソッド

トランザクション処理とは、一言で言うならば、それ全体として「成功」するか「失敗」するかしかない、ひとかたまりの処理のこと。ある一連の処理がすべて成功すればトランザクション処理は成功ですし、処理が1つでも失敗すればトランザクション処理は失敗し、それまでに実行された処理はすべて無効となります。

たとえば、銀行でのお金の振り込みを思い浮かべてみてください。振り込みという処理は、ごく単純化すると、

- 振り込み元口座からの出金
- 振り込み先口座への入金

から成り立っています。

もしこのような振り込み処理で、出金には成功したのに、（通信の障害などが原因で）入金に失敗してしまったとしたらどうでしょう。振り込み元口座の残高は減っているのに、振り込み先口座の残高は増えないという、おかしなことになってしまいます。逆の場合も同じです。

こうした不整合は、（当然）システム的には絶対あってはならない問題です。入金／出金という2つの処理は「両方とも成功するか」、さもなければ「両方とも失敗」しなければなりません。つまり、入金と出金とは意味的に関連するひとまとまりの処理、すなわちトランザクションとして扱うべき処理と言えます。

さて、入金と出金という処理を1つのトランザクションとして扱うということは、どういうことなのでしょうか。まず、トランザクションを開始すると、ある処理（命令）を実行しても、その変更は、すぐにはデータベースに反映されません。

たとえば、最初に行われる出金処理は、その段階では確定されません。仮登録された状態と見なされます。そして、その後の入金処理が成功したタイミングではじめて出金／入金という双方の処理を確定するわけです。これがトランザクション処理です。なお、トランザクション処理を確定することを**コミット**（Commit）と言います。

逆に、出金、あるいは入金処理が失敗した場合、トランザクションは仮登録の状態となっている処理をもとに戻します。このような巻き戻し処理を**ロールバック**（Rollback）と言い、トランザクションに属するすべての処理を「なかったこと」にします（図 5-8）。

▼ 図 5-8 トランザクション処理

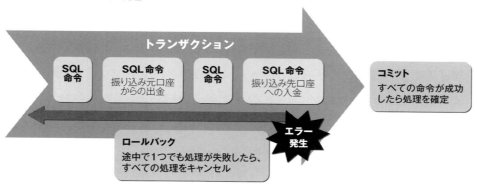

5.4　レコードの登録／更新／削除

　これが、トランザクション処理は「すべて成功」か「すべて失敗」しかないということの意味です。あえて難しい言い方をすると、トランザクションは「複数の処理を行う場合に、データ間の整合を保つ（＝矛盾を防ぐ）ためのしくみ」であるとも言えます。

トランザクション処理の挙動を確認する

　前置きが長くなってしまいましたが、ここからはトランザクションを利用した基本的なコードを見てみましょう。リスト5-49は、トランザクションの中でわざと例外を発生させ、処理がロールバックされることを確認する例です。

▼ リスト 5-49　record_controller.rb

```ruby
def transact
  Book.transaction do
    b1 = Book.new({isbn: '978-4-297-13062-6',
      title: 'Rails 7ポケットリファレンス',
      price: 2580, publisher: '技術評論社', published: '2017-04-17'})
    b1.save!
    raise '例外発生：処理はキャンセルされました。'                    ❷        ❶
    b2 = Book.new({isbn: '978-4-297-13062-7',
      title: 'Rubyポケットリファレンス',
      price: 2500, publish: '技術評論社', published: '2024-09-10'})
    b2.save!
  end
  render plain: 'トランザクションは成功しました。'
rescue => e
  render plain: e.message                                                 ❸
end
```

↓

例外発生：処理はキャンセルされました。

　トランザクションを利用するには、モデルクラス経由[18]でtransactionメソッドを呼び出し、その配下に一連の処理を記述します。この例であれば、❶のブロックがトランザクションとして管理される処理です。

　トランザクションはtransactionブロックを抜けたタイミングでコミットされる一方、ブロックの配下で例外が発生した場合はロールバックされます。ここでは、❷で例外を発生させているので、この時点でトランザクションはロールバックされ、rescueブロック（❸）の中で例外処理が行われるというわけです（図5-9）。サンプルを実行した後、データベースの内容を確認しても、確かにデータが登録されて**いない**ことが確認できるはずです。

＊18　トランザクションは（モデル単位でなく）接続単位で管理されます。transactionメソッドはインスタンス経由で呼び出しても構いません。

215

▼ 図 5-9 transaction ブロック

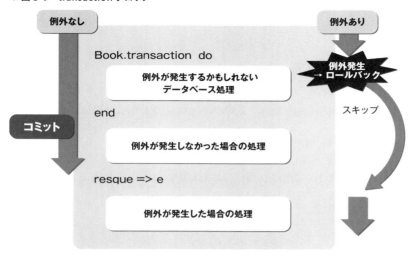

　ちなみに、❷のコードをコメントアウトした上でサンプルを実行すると、transaction ブロックは正しく終了して、トランザクションがコミットされます。データベースを確認すると、2 件のレコードが追加されているのがわかるはずです（図 5-10）。

▼ 図 5-10　SQLite クライアントから books テーブルの内容を確認

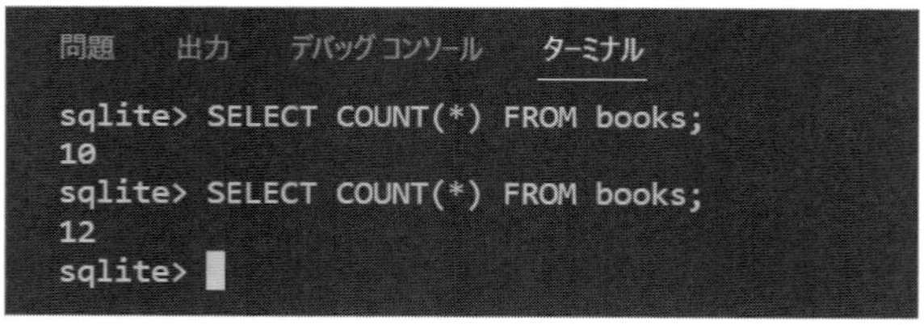

```
sqlite> SELECT COUNT(*) FROM books;
10
sqlite> SELECT COUNT(*) FROM books;
12
sqlite>
```

　なお、save ／ save! メソッドの違いは P.104 の［Note］でも触れたとおりです。save メソッドが保存の成否を true ／ false で返すのに対して、save! メソッドは保存に失敗した場合に例外を返します。トランザクションの中では保存に失敗した場合、例外をトリガーにロールバックするので、save! メソッドを利用しているのです。

トランザクション分離レベルを指定する

　transaction メソッドでは、トランザクション分離レベルを指定することもできます[19]。**分離レベル**とは、複数のトランザクションを同時実行した場合の挙動を表すものです。分離レベルが高ければそれだけデータの整合性は高まりますが、同時実行性は低下します。利用できる分離レベルには、表 5-9 のようなものがあります。

---

* 19　ただし、データベースが分離レベルに対応していることが前提です。たとえば SQLite の分離レベルサポートは限定的です。

5.4 レコードの登録／更新／削除

▼表 5-9 分離レベルの分類（レベルの低い順に表記）

分離レベル	非コミット読み込み	反復不能読み込み	幻像読み込み
:read_uncommitted	発生	発生	発生
:read_committed	－	発生	発生
:repeatable_read	－	－	発生
:serializable	－	－	－

　分離レベルは「非コミット読み込み」「反復不能読み込み」「幻像読み込み」といった問題（表 5-10）が発生するかどうかによって分類できます。

▼表 5-10 複数のトランザクション間で起こりうる問題

問題	問題の内容
非コミット読み込み	未コミット状態のデータを他のトランザクションから読み込んでしまう
反復不能読み込み	あるトランザクションが複数回にわたって同一のデータを読み込んだ場合に、他のトランザクションからの変更によって読み込む値が変化してしまう
幻像読み込み	あるトランザクションが複数回にわたって同一のデータを読み込んだ場合に、他のトランザクションからの挿入／変更によって、初回読み込みでは見えなかったデータが現れたり、存在していたデータが消えてしまう

　分離レベルは、transaction メソッドの isolation オプションで指定できます。以下は、具体的なコード例と、データベースとして MySQL を利用している場合に生成される SQL 命令です。

```ruby
Book.transaction(isolation: :repeatable_read) do
  @book = Book.find(1)
  @book.update(price: 3000)
end
```

```
SET TRANSACTION ISOLATION LEVEL REPEATABLE READ
BEGIN
SELECT `books`.* FROM `books` WHERE `books`.`id` = 1 LIMIT 1
UPDATE "books" SET "books"."price" = 3000, "books"."updated_at" = "2024-07-06 03:13:43.257853"
WHERE "books"."id" = 1
COMMIT
```

5.4.8 オプティミスティック同時実行制御

　Rails アプリに限らず、一般的に Web アプリでは、同一のレコードに対して複数のユーザーが同時に更新しようとする状況が頻繁に発生します。

▼ 図 5-11　同時実行による競合の発生

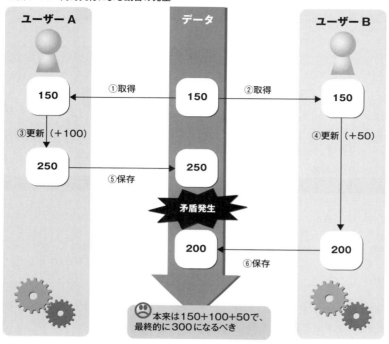

たとえば図 5-11 では、ユーザー A ／ B が同一のレコードを同時に取得しています。この状態でユーザー A → B の順でレコードを更新したとしたらどうでしょう。ユーザー A による変更は（結果的に）なかったものとして無視されてしまうのです。他のユーザーはもちろん、ユーザー B もユーザー A による変更があったことを知るすべはありません。このような状況のことを、更新の**競合**と言います。

Active Record では、このような競合の発生を防ぐために**オプティミスティック同時実行制御（楽観的同時実行制御）**という機能を用意しています。以下に具体的な手順を追ってみることにしましょう[20]。

1 テーブルに lock_version 列を追加する

Active Record には、行単位にバージョン番号を持たせることで、更新（競合）の有無を検出するしくみがあります。

この場合、対象のテーブルにも、あらかじめバージョンを管理するための lock_version 列を加えておく必要があります。たとえば本書では、表 5-11 のような members テーブルを作成するものとします。

▼ 表 5-11　members テーブルのフィールドレイアウト

列名	データ型	概要
name	string	氏名
email	string	メールアドレス
lock_version	integer	バージョン番号（既定値は 0）

---

[20] ダウンロードサンプルでは、完成したコードを準備済みです。本文は一からコードを組み立てるための手順を示しています。

ここでは、Scaffolding 機能を利用して、member テーブルを利用するためのアプリを作成します。

```
> rails generate scaffold member name:string email:string lock_version:integer
```

20240312054731_create_members.rb のようなマイグレーションファイルが作成されるので、リスト 5-50 のように編集します。lock_version 列には既定値として 0 を設定しなければならない点に要注意です。

▼ リスト 5-50　20240312054731_create_members.rb

```
create_table :members do |t|
  …中略…
  t.integer :lock_version, default: 0

  t.timestamps
end
```

マイグレーションファイルは、これまでと同じく rails db:migrate コマンドで反映しておきます。

2 オプティミスティック同時実行制御を実装する

オプティミスティック同時実行制御を利用するには、自動生成されたアプリの入力フォームを、リスト 5-51 のように編集します。

▼ リスト 5-51　members/_form.html.erb

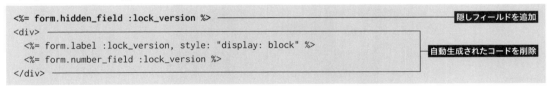

lock_version 列の値を隠しフィールドとして受け渡しするわけです。

3 オプティミスティック同時実行制御の挙動を確認する

それではさっそく、具体的な挙動を確認してみましょう。同じレコードに対するメンバー更新画面を 2 つのブラウザーで開いた上で、順に更新処理を行います。すると、あとから更新処理を実行した方のブラウザーでは、図 5-12 のようなエラーメッセージが表示されます。

▼ 図 5-12　競合検出時には ActiveRecord::StaleObjectError 例外を発生

このように、オプティミスティック同時実行制御では、「たぶん競合は起こらないであろう」ことを前提に、データの取得時にはなにもせず、更新時に競合をチェックするのが特徴です。Optimistic（楽観的）と呼ばれる所以です[*21]。

SQLTools拡張からmembersテーブルを確認し、lock_version列がインクリメントされていることも確認しておきましょう（図5-13）。

▼図5-13　該当する列のlock_version列がインクリメントされた

本項冒頭で述べたように、lock_version列は行のバージョンを管理するための列です。Active Recordではデータ取得時のバージョンと更新時のバージョンを比較し、双方が異なっている場合には（他のユーザーが更新してしまったと見なして）競合エラーを発生しているのです（図5-14）。正しく更新できた場合には、lock_version列をインクリメントし、バージョンを進めます。

▼図5-14　オプティミスティック同時実行制御

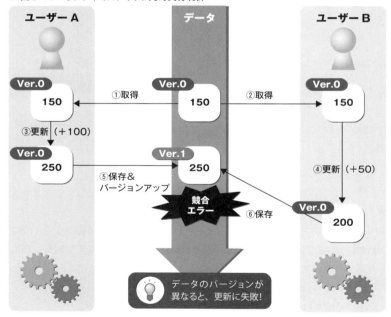

4 例外検出時のコードを記述する

以上で、最低限のオプティミスティック同時実行制御は動作していますが、例外メッセージがそのまま表示されるのは好ましくありませんので、例外処理を追加しておきます（リスト5-52）。

[*21] これに対して、最初から競合が発生するであろうことを前提に制御する手法のことを**ペシミスティック（悲観的）同時実行制御**と言います。

▼ リスト 5-52　members_controller.rb

```
def update
  …中略…
  rescue ActiveRecord::StaleObjectError
    render plain: '競合エラーが発生しました。'
end
```

　この状態で❸と同じ手順を踏むと、図 5-15 のように、競合発生時にエラーメッセージが表示されるようになります[22]。

▼ 図 5-15　競合検出時にはエラーメッセージを表示

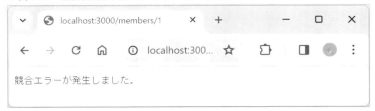

> **NOTE　うまく動作しない場合**
>
> オプティミスティック同時実行制御がうまく動作しない場合、以下のような原因が考えられます。ダウンロードサンプルではすべて準備済みですが、自分で一から用意した場合には、もう一度、本文の手順と意味を確認してください。
>
> 1. lock_version 列に初期値 0 がセットされていない
> 2. lock_version 列の値がフォームから送信されていない
> 3. 設定ファイルで config.active_record.lock_optimistically パラメーターが false（既定値は true）になっている

● 5.4.9　列挙型のフィールドを定義する ― Active Record enums

　特定の数値リストに意味を持たせて、データベースに保存したいということはよくあります。本書のサンプルであれば、reviews テーブル（3.7.2 項）の status フィールドが、その例です。status は integer 型の列で、それぞれの値が表 5-12 の意味を持つものとします。

▼ 表 5-12　status フィールドの意味

値	意味
0	下書き（draft）
1	公開済（published）
2	削除済（deleted）

---

[22] もちろん、エラーメッセージをテンプレート変数にセットした上で、編集画面を再描画しても良いでしょう。ここでは簡略化のために最低限テキストを表示するに留めています。

第 5 章　モデル開発

このようなフィールドを操作する際に、0、1、2 という便宜的な数値で操作するよりも、draft、published、deleted のようなキーワードで操作／参照できた方がコードの可読性は改善します。そのような状況で利用するのが、**Active Record enums** です。

実際の動作を、具体的なコードで確認してみましょう。

❶ status フィールドの初期値を設定する

rails generate コマンドで自動生成したマイグレーションファイルは、ほとんどそのまま利用できますが、最低限、Active Record enums を適用するフィールド（ここでは status 列）には、既定値として 0 をセットしておく必要があります（リスト 5-53）。

▼ リスト 5-53　**20240303224000_create_reviews.rb**

```ruby
create_table :reviews do |t|
  …中略…
  t.integer :status, default: 0, null: false
  t.text :body
  …中略…
end
```

❷ status フィールドに列挙体を定義する

あとは、モデルクラスの対象列（ここでは Review クラスの status 属性）に対して、列挙体を定義するだけです（リスト 5-54）。これで、表 5-12 のような数値とキーワードの対応関係ができあがります。

▼ リスト 5-54　**review.rb**

```ruby
class Review < ApplicationRecord
  enum status: { draft:0, published:1, deleted:2 }
  …中略…
end
```

❸ Active Record enums を利用して status フィールドにアクセスする

それでは、Active Record enums の機能を利用して、Review モデルから現在のステータス情報を更新／参照してみましょう（リスト 5-55）。

▼ リスト 5-55　**record_controller.rb**

```ruby
def enum_rec
  @review = Review.find(1)
  @review.published!                                              ❶
  render plain: "ステータス：#{@review.status}"    # 結果：published  ❷
end
```

```
UPDATE "reviews" SET "status" = ?, "updated_at" = ? WHERE "reviews"."id" = ?  [["status", 1], ↩
["updated_at", "2024-03-12 06:30:25.660731"], ["id", 1]]                               ❸
```

まず、Active Record enums では「*enum で定義したキーワード +!*」形式のメソッドで、status フィールドを設定できます。この例であれば、published!、draft!、deleted! メソッドを利用できます（❶）。

また、status 属性に直接アクセスした場合、戻り値は（数値ではなく）キーワードとなります（❷）。数値として値を取得したい場合には、以下のようなコードを書いてください。

```
Review.statuses[@review.status]
```

statuses はモデルに定義した列挙型をハッシュとして返します。ここでは、そのブラケット構文でキーに対応する値を取得しているわけです（ちなみに、データベースに保存されるのはあくまで数値で、開発者が意識することはありません❸）。

太字の部分を「@review.published?」とすることで、現在のステータス値が published であるかどうかを true ／ false で得ることもできます（同様に、draft?、deleted? のようなメソッドも利用できます）。

NOTE 列挙体から選択ボックスを生成する

フィールドに列挙体を定義した場合、スキャフォールディングで自動生成されたフォームも Active Record enums に対応するように編集する必要があります（リスト 5-56）。

▼ **リスト 5-56　reviews/_form.html.erb**

```
<div>
  <%= form.label :status, style: "display: block" %>
  <%= form.select :status, Review.statuses.keys.to_a, {} %>
</div>
```

enum のすべての値（ハッシュ）には、「Review.statuses」（複数形）でアクセスできます。

Active Record enums のさまざまな記法

Active Record enums の基本を理解できたところで、その他にも知っておきたい代表的な記法をまとめておきます[23]。

（1）列挙値は配列としても定義できる

リスト 5-54 の太字部分は、配列として以下のように記述しても同じ意味です。

```
enum status: [:draft, :published, :deleted]
```

---

* 23　（2）〜（4）のコードは「〜 /record/enum_scope」から確認できます。

第5章　モデル開発

この場合、データベースには配列のインデックス値がセットされます。0 スタートの列挙値を定義するならば、配列を利用するとコードがシンプルになります。

ただし、その性質上、自分で数値を設定できない、あとから列挙値を追加／削除した場合、既存の値がずれる可能性がある、などの問題もあります。一般的には、わずかな手間を惜しまず、列挙値はハッシュで定義するのが安全でしょう。

（2）列挙値をスコープとして利用する

たとえば、以下のようにすることで、ステータスが published であるレビューだけを取得できます。

```
@reviews = Review.published
```

この場合の published はスコープ（5.3.3 項）として扱えるので、もちろん、クエリメソッドをつなげることも可能です。

```
@reviews = Review.published.where('updated_at > ?', 6.months.ago)
```

（3）否定のスコープを利用する `6.0`

Rails 6.0 以降では、更に not_draft、not_published、not_deleted などの否定のスコープも追加されました。

```
@reviews = Review.not_published
```

この例であれば、ステータスが published で**ない**レビューだけを取得できます。

（4）不正な値も排除できる

draft!、published!、deleted! のような更新メソッドを利用する他、シンプルに status 属性に値を設定することもできます。

```
@review.status = 1
@review.status = :published
```

ただし、その場合は、列挙値として定義されていない値が設定されると、ArgumentError 例外（不正な設定値）が発生します。列挙値を定義することで、データの登録／更新時に不正な値を排除することもできるわけです。

◎ 5.4.10　暗号化した値を保存する `7.0`

Rails 7.0 では、特定のフィールド（属性）を暗号化した上でデータベースに保存することが可能になりました。もちろん、暗号化された値は取得時には復号されるので、出し入れに際して暗号の有無を意識する必要は

ありません。

では、具体的な手順を見ていきます。本節では、reviewsテーブルのbodyフィールドを暗号化するものとします。

1 暗号化キーを生成する

暗号化のためのキー情報を取得するには、以下のコマンドを実行します。

```
> rails db:encryption:init
Add this entry to the credentials of the target environment:

active_record_encryption:
  primary_key: DhoNz9HHv6gx9X...
  deterministic_key: MYPPaRBENhidhi...
  key_derivation_salt: 5xSp6bmYJ1DvhsH...
```

実行結果の太字部分が生成された暗号化キーの集合なので、あとで利用できるようにコピーしておきます。

2 credentials.yml.enc をエディターで開く

credentials.yml.encは暗号化キーなどの機密情報を管理するためのファイルです。セキュリティ上の理由から、それ自体が暗号化されており、そのまま開いても、意味のない文字列が並ぶだけです。

これを復号したものをエディターで開くには、以下のコマンドを利用してください（上がWindows環境、下がmacOS環境）。codeはVSCodeを開くためのコマンドです。

```
> $Env:EDITOR="code --wait"
> rails credentials:edit

$ EDITOR="code --wait" rails credentials:edit*24
```

3 ファイルを編集する

yyyymmdd-xxxxx-xxxxxx-credentials.yml（*yyyymmdd*は日付、*xxxxx-xxxxxx*は任意の英数字）が開くので、手順 1 で生成したキー情報（太字部分）を追記してください。ファイルを保存して閉じると、コマンドラインに「File encrypted and saved」のようなメッセージが表示されて、編集した内容が暗号化＆保存されます。

暗号化キー

.encファイルの暗号化に使用しているキーは、/config/master.keyで管理されています。プロジェクト作成時に自動生成されるので、まずはあまり意識する機会もありませんが、あくまで秘匿情報にアクセスするためのマスター

---

*24 あらかじめPATHにcodeを追加しておきます。これには、Command＋Shift＋Pキーを押してコマンドパレットを開き、検索窓に「Shell」と入力、「シェルコマンド : PATH内に 'code' コマンドをインストールします〜」を選択してください。

キーです。不特定多数で共有してはいけません（実際、Rails 既定の設定で master.key は .gitignore に登録されており、Git での管理からも除外されています）。

4 モデルクラスを暗号化対応する

この例であれば、Review クラスをリスト 5-57 のように編集します。encripts メソッドでは、暗号化すべきフィールドを列記してください。

▼ リスト 5-57　review.rb

```
class Review < ApplicationRecord
  encrypts :body
end
```

5 データベースに値を出し入れする

ダウンロードサンプルには reviews テーブルに対応した Scaffolding があらかじめ用意されています。「～/reviews」にアクセスし、新規のレビュー情報を登録した上で、これを SQLTools 拡張などから確認してみましょう（図 5-16）。

▼ 図 5-16　暗号化された上で記録された本文

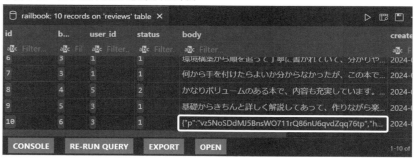

body 列の値が確かに暗号化されていることが確認できます。また、ブラウザー上から一覧画面を参照し、レビュー本体を参照できる（＝値が復号されている）ことも確認してください。

> **NOTE** 非暗号化データのサポート
>
> データの移行期などは、同じテーブル（列）に暗号化されていないデータが混在している場合があるかもしれません。そのような状況では、development.rb に以下の設定を追加することで、非暗号化データも扱えるようになります。
>
> ```
> config.active_record.encryption.support_unencrypted_data = true
> ```

5.4 レコードの登録／更新／削除

　ただし、暗号化データ、非暗号化データが混在する状況は望ましくありません。あくまで一時的な措置と捉えてください。

5.4.11 補足：その他の更新系メソッド

　ここまでに紹介したものの他にも、Active Record には更新／削除に関わるさまざまなメソッドが用意されています。表 5-13 に、前項までで紹介しきれなかったものの中から、有用と思われるメソッドをまとめておきます。

▼ 表 5-13　Active Record のその他の更新系メソッド

メソッド	概要
create_or_find_by(*attrs*) **6.0**	指定された値でレコードを作成。ただし、重複エラーが発生した場合は既存のデータを取得
increment(*attr*, *num* = 1)	指定された列 attr を値 num でインクリメント
decrement(*attr*, *num* = 1)	指定された列 attr を値 num でデクリメント
new_record?	現在のオブジェクトは未保存（新規レコード）か
persisted?	現在のオブジェクトは保存済みか（new_record? の反対）
toggle(*attr*)	指定されたブール型列 attr の値を反転
touch([*name*])	updated_at/on 列を現在時刻で更新（引数 name 指定時はその列も更新）
changed	取得してから変更された列名の配列
changed?	取得してからなんらかの変更がされたか
changed_attributes	変更された列の情報（「*列名 => 変更前の値*」のハッシュ）
changes	変更された列の情報（「*列名 => [変更前の値 , 変更後の値]*」のハッシュ）
previous_changes	保存前の変更情報（「*列名 => [変更前の値 , 変更後の値]*」のハッシュ）
*xxxxx*_previously_was **6.1**	保存前の値（*xxxxx* は列名）
destroyed?	現在のオブジェクトが削除済みか
lock	オブジェクトをロック

5.5 検証機能の実装

エンドユーザーから入力された値は、まず「正しくないこと」を前提に、アプリは実装されるべきです。善意であると悪意であるとに関わらず、ユーザーとは間違える生き物であるからです。

不正な値によってアプリが予期せぬ動作をしたり、ましてや例外でクラッシュしてしまったりというような状況は、絶対に避けなければなりません。また、悪意あるユーザーが意図的に不正な値を入力することで、データを盗聴／破壊しようと試みるケースも少なくありません。入力値を検証することは、このような攻撃のリスクを最小限に抑える、セキュリティ対策の一環でもあるのです。

もっとも、このような検証機能を一から実装するのは、なかなか面倒なことです。しかし、Active Model の Validation 機能を利用することで、(たとえば) 必須検証や文字列検証、正規表現検証のように、アプリでよく利用するような検証処理をシンプルなコードで実装できるようになります。

5.5.1 Active Model で利用できる検証機能

Active Model では、検証処理の内容に応じて、それぞれ専用の検証クラス (ActiveModel::Validations::xxxxxValidator クラス) を提供しています。表 5-14 に、Active Model が提供する検証クラスと、それぞれで指定可能なパラメーターをまとめます[25]。

▼ 表 5-14 Active Model で利用できる検証機能

検証名	検証内容 パラメーター	エラーメッセージ 意味
acceptance	チェックボックスにチェックが入っているか	must be accepted
	accept	チェック時の値 (既定は 1)
confirmation	2 つのフィールドが等しいか	doesn't match confirmation
	ー	ー
exclusion	値が配列／範囲に含まれて**いない**か	is reserved
	in	比較対象の配列、または範囲オブジェクト
inclusion	値が配列／範囲に含まれているか	is not included in the list
	in	比較対象の配列、または範囲オブジェクト
format	正規表現パターンに合致しているか	is invalid
	with	正規表現パターン

---

[25] ここでは検証名として、実際に検証機能を呼び出すための名前を記載しています。実際のクラス名は「ActiveModel::Validations::xxxxxValidator」のようになります (xxxxx が検証名。たとえば acceptance 検証であれば、ActiveModel::Validations::AcceptanceValidator)。

length	文字列の長さ（範囲／完全一致）をチェック	–
	minimum	最小の文字列長
	maximum	最大の文字列長
	in、within	文字列長の範囲（range 型）
	tokenizer	文字列の分割方法（ラムダ式）
	is	文字列長（長さが完全に一致していること）
	too_long	maximum パラメーターに違反したときのエラーメッセージ
	too_short	minimum パラメーターに違反したときのエラーメッセージ
	wrong_length	is パラメーターに違反したときのエラーメッセージ
numericality	数値の大小／型をチェック （チェック内容はパラメーターで指定可）	is not a number
	only_integer	整数であるかを検証
	greater_than	指定値より大きいか
	greater_than_or_equal_to	指定値以上か
	other_than	指定値以外
	equal_to	指定値と等しいか
	less_than	指定値未満か
	less_than_or_equal_to	指定値以下か
	in	指定範囲内か
	odd	奇数か
	even	偶数か
presence	値が空でないか	can't be empty
	–	–
absence	値が空であるか	must be blank
	–	–
uniqueness	値が一意であるか	has already been taken
	scope	一意性制約を決めるために使用する他の列
	case_sensitive	大文字小文字を区別するか（既定は true）
comparison **7.0**	2 つの値を比較	failed comparison
	greater_than	指定値より大きいか
	greater_than_or_equal_to	指定値以上か
	equal_to	指定値と等しいか
	less_than	指定値未満か
	less_than_or_equal_to	指定値以下か
	other_than	指定値と異なる値か

◎ 5.5.2 検証機能の基本

　検証機能を利用するのはさほど難しいことではありません。ここでは具体的な実装例として、第 3 章で作成した書籍情報アプリに対して検証機能を実装してみましょう。実装する検証ルールは、表 5-15 のとおりです。

第 5 章　モデル開発

▼ 表 5-15　実装する検証ルール

フィールド	検証ルール
isbn	必須検証／一意検証／文字列長検証（17 文字）／正規表現検証（978-4-[0-9]{2,7}-[0-9]{1,6}-[0-9X]{1}）
title	必須検証／文字列長検証（1 〜 100 文字）
price	数値検証（整数／ 10000 未満）
publisher	候補値検証（技術評論社／翔泳社／ SB クリエイティブ／日経 BP ／森北出版のいずれか）

では、具体的な手順を追っていきます。

■1 モデルクラスに検証ルールを定義する

検証ルールは、モデルクラス（ここでは book.rb）に宣言するのが基本です（リスト 5-58）。

▼ リスト 5-58　book.rb

```ruby
class Book < ApplicationRecord
  validates :isbn,
    presence: true,
    uniqueness: true,
    length: { is: 17 },
    format: { with: /\A978-4-[0-9]{2,5}-[0-9]{2,5}-[0-9X]\z/ }
  validates :title,
    presence: true,
    length: { minimum: 1, maximum: 100 }
  validates :price,
    numericality: { only_integer: true, less_than: 10000 }
  validates :publisher,
    inclusion:{ in: ['技術評論社', '翔泳社', 'SBクリエイティブ', '日経BP', '森北出版'] }
  …中略…
end
```

検証ルールを宣言するのは、validates メソッドの役割です。

validates メソッド

```
validates field [, ...] name: params
```

field：検証対象のフィールド名（複数指定も可）　　name：検証名
params：検証パラメーター（「パラメーター名：値」のハッシュ、またはtrue）

　リスト 5-58 では、それぞれのフィールド単位に validates メソッドを呼び出していますが、「validates :first_name, :last_name, ...」のように複数のフィールドに対してまとめて検証ルールを適用することもできます。複数のフィールドが同一の検証ルールを持つ場合には、このように記述した方がコードはシンプルになるでしょう。

　引数 name と params には検証ルールをハッシュ形式で指定します。検証パラメーター（引数 params）が不要である場合には、検証を有効にする意味で true とだけ指定してください。

5.5 検証機能の実装

2 検証を実行する

検証はデータの保存時に自動的に行われるので、基本的にアプリ側ではあまり意識することはありません。たとえば、books#create アクションを例に見てみましょう。3.4.2 項でも説明した内容ですが、以下に再掲します（リスト 5-59）。

▼ リスト 5-59　books_controller.rb

```
def create
  @book = Book.new(book_params)
  respond_to do |format|
    if @book.save
      ...保存（検証）に成功した場合の処理...
    else
      ...保存（検証）に失敗した場合の処理...
    end
  end
end
```

create アクションであれば、save メソッドが呼び出されるタイミングで、入力値が検証されます。save メソッドは検証が成功した場合にのみデータを保存し、失敗した場合には保存処理を中断し、戻り値として false を返します。そのため、アクションメソッド側でも save メソッドの戻り値に応じて結果処理を分岐すれば良かったわけです。

ちなみに、save メソッドの他にも、検証処理は以下のメソッドを実行する際に実行されます。

- create
- create!
- save
- save!
- update
- update!

逆に、以下のメソッドでは検証処理がスキップされ、値の正否に関わらず、オブジェクトはそのままデータベースに反映されます。

- decrement!
- decrement_counter
- increment!
- increment_counter
- insert
- insert!
- insert_all
- insert_all!
- save(validate: false)
- toggle!
- touch
- touch_all
- update_all
- update_attribute
- update_column
- update_columns
- update_counters
- upsert
- upsert_all

これらのメソッドは、既になんらかの方法で値が検証済みである場合、もしくは、あらかじめ信頼できる値であることがわかっている場合にのみ利用してください。

231

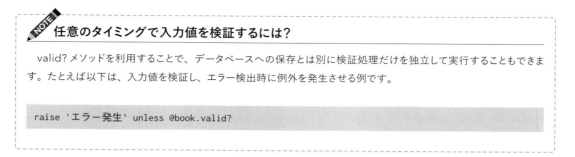

3 検証エラーを表示する

検証エラーを表示しているのは、部分テンプレート _form.html.erb の以下の箇所（リスト 5-60）です（3.4.1 項では解説をスキップした箇所ですが、覚えていますか？）。

▼ リスト 5-60　books/_form.html.erb

```erb
<% if book.errors.any? %>
  <div style="color: red">
    <h2><%= pluralize(book.errors.count, "error") %> prohibited this book from being saved:</h2>

    <ul>
      <% book.errors.each do |error| %>
        <li><%= error.full_message %></li>
      <% end %>
    </ul>
  </div>
<% end %>
```

検証エラーに関する情報を取得しているのは、モデルオブジェクトの errors メソッドです。errors メソッドは戻り値を ActiveModel::Errors オブジェクトとして返すので、❶では any? メソッドを呼び出して、エラーの有無をチェックしているわけです。エラーが存在する場合には、配下のブロックでエラーメッセージをリスト表示します。

❷では、count メソッドでエラー数を取得し、表示しています。ビューヘルパー pluralize は与えられた数値によって単数形／複数形の単語を返すメソッドです。日本語で利用する機会はあまりないでしょう。

あとは、❸でエラーメッセージをリスト表示するだけです。full_messages メソッドはオブジェクトに格納されているすべてのエラーメッセージを配列として返します。

4 エラー表示関連のスタイルを確認する

検証エラーが発生した場合には、対象要素を表す <label> ／ <input> 要素が <div> 要素によって囲まれます。たとえば以下は、isbn フィールドにエラーがあった場合の出力です。

```html
<div>
  <div class="field_with_errors"><label style="display: block" for="book_isbn">Isbn</label></div>
  <div class="field_with_errors"><input type="text" value="" name="book[isbn]" id="book_isbn" /></div>
</div>
```

> **NOTE** 自動生成される要素そのものを変更するには？
>
> 自動生成される要素そのものを変更するには、設定ファイルから field_error_proc パラメーターを設定してください。たとえばリスト 5-61 は、エラーとなった要素を <div> ではなく、<b> 要素で括る場合の設定です。
>
> ▼ リスト 5-61　development.rb
>
> ```
> config.action_view.field_error_proc =
>   Proc.new{ |html_tag, instance| ("<b>#{html_tag}</b>").html_safe }
> ```

<div> 要素には class 属性（値は field_with_errors）が付与されているので、あとはスタイルシートでデザインを付与すれば、エラーの発生箇所を視覚的に目立たせることができます。

たとえばリスト 5-62 は、その例です。application.css はアプリ作成時に /app/assets/stylesheets フォルダーに作成されたもので、標準のレイアウトからもインポートされています（既定では中身は空です）。

▼ リスト 5-62　application.css

```
.field_with_errors {
  background-color: Pink;
  display: table;
}
```

以上、Scaffolding 機能を利用しているならば、モデルクラスに検証ルールを追加するだけで検証機能が利用できてしまうことがおわかりになると思います（そうでなくとも、アクションメソッド／テンプレートファイルに記述しなければならないコードはごくわずかです）。

それではさっそく、サンプルアプリを起動し、新規登録画面からあえて不正なデータを入力してみましょう。図 5-17 は、そもそもなにも入力しなかった場合のエラー表示です。

▼ 図 5-17　エラー発生時のフォーム表示

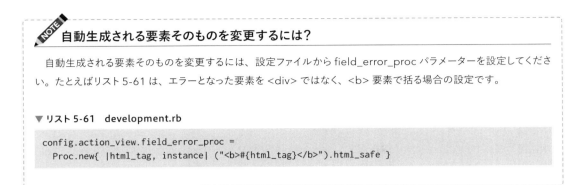

第 5 章　モデル開発

◎ **5.5.3**　その他の検証クラス

ほとんどの検証機能（検証クラス）は前項の手順で利用できますが、いくつかの検証機能については使用にあたって注意すべき点があります。ここでは、comparison ／ acceptance ／ confirmation ／ uniqueness 検証について補足しておきます。

█comparison 検証 ─ 比較検証 **7.0**

数値の比較については従来バージョンでも numericality 検証がありましたが、文字列、日付など他の型での比較には検証コードを自作する必要がありました。しかし、Rails 7.0 以降では汎用的な比較に対応した comparison 検証が追加されています。

たとえばリスト 5-63 は、Author モデルに対して誕生日（birth）が 2020/12/31 以前であることを検証するためのコードです。

▼ **リスト 5-63　author.rb**

```
class Author < ApplicationRecord
  …中略…
  validates :birth,
    comparison: { less_than: Date.new(2020, 12, 31) }
end
```

ちなみに、比較値（太字部分）は : シンボル形式で表すことで、他の列と比較することもできます。たとえば「less_than: :started」であれば、birth 列が started 列よりも前であることを検証します。

ただし、その時どきで変動する値と比較する際には要注意です。というのも、

```
less_than: Date.today
```

は意図したように動作しないかもしれません。

Date.today が（検証タイミングではなく）初回起動時に解釈されるからです。そこで検証時に常に式を評価するには、比較値をラムダ式とします。

```
less_than: -> _ { Date.today }
```

ラムダ式は現在のモデルオブジェクトを受け取り、比較値を返すようにします[26]。これで正しく「birth 列が現在日付よりも前であること」を表現できます。

█acceptance 検証 ─ 受諾検証

acceptance 検証は、（たとえば）ユーザーが利用規約などに同意しているかを検証するために利用します。他の検証と異なる点は、acceptance 検証ではデータベースに対応するフィールドを用意する必要がないとい

---

[26]　ただし、この例ではモデルオブジェクトは不要なので、アンダースコア（_）で「使わない引数」であることを明示しています。

234

う点です。「同意」という行為はあくまでデータ登録時にチェックするだけの用途で、データベースに保存する必要はないためです。

たとえば、ここではユーザー情報（users テーブル）を登録する際に、利用規約に同意させるフォームを作成してみましょう。Scaffolding によって生成されるフォームは 3.4.1 項でも解説済みなので、ここでは差分のコードについてのみ紹介していきます（リスト 5-64）。

▼ リスト 5-64　上：users_controller.rb、中：user.rb、下：users/_form.html.erb

```
def user_params
  params.require(:user).permit(:username, :password_digest, :email, :dm, :roles, ↵
:reviews_count, :agreement)                                                    ❷
end

class User < ApplicationRecord
  validates :agreement, acceptance: true                                       ❶
end

  <%= form.number_field :reviews_count %>
</div>
<div>
  <%= form.label :agreement, style: "display: block" %>
  <%= form.check_box :agreement %>                                             ❹ ❸
</div>
<div>
  <%= f.submit %>
</div>
```

たとえば図 5-18 は、利用規約に同意しなかった（＝チェックを入れなかった）場合の結果です。

本項冒頭でも触れたように、acceptance 検証ではテーブル側に対応するフィールドを設置する必要はありません。acceptance 検証を宣言（❶）したところで、対応する仮想フィールド（ここでは :agreement）が内部的に自動生成されるためです。仮想フィールドは、あくまで検証のためにのみ利用されます。

あくまでデータベースには存在しないフィールドなので、Scaffolding 機能でも :agreement フィールドは自動生成されません。よって、コントローラー／ビュー側にも手動で❷、❸

▼ 図 5-18　利用規約に同意しなかった場合

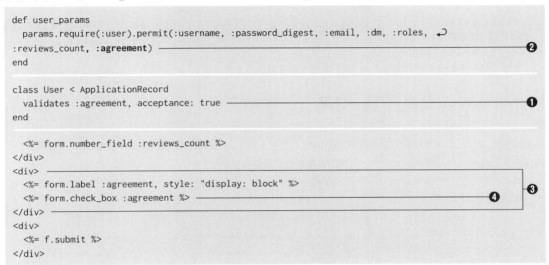

のコードを追加しておく必要があります[*27]。

　ちなみに、acceptance 検証ではチェックボックスのチェック時の値を表す accept パラメーターを指定することもできます。たとえば、❹で、

```
<%= form.check_box :agreement, {}, 'yes' %>
```

のようなチェックボックスが設置されていたとしたら、モデル側（❶）では、

```
validates :agreement, acceptance: { accept: 'yes' }
```

のように、対応する値を受け取れるようにしておく必要があります。

confirmation 検証 ― 同一検証

　confirmation 検証は、パスワードやメールアドレスなど重要な項目を確認のために 2 回入力させる場合に、両者が等しいかどうかを確認します。acceptance 検証と同じく、確認用のフィールドは仮想的に準備されるので、データベースに対応するフィールドを用意する必要はありません。

　具体的な例も見てみましょう。リスト 5-65 は、先ほどのユーザー登録フォームに［email_confirmation］欄（確認メールアドレス）を追加し、［email］欄（メールアドレス）と比較するサンプルです。

▼ リスト 5-65　上：users_controller.rb、中：user.rb、下：users/_form.html.erb

```ruby
def user_params
  params.require(:user).permit(:username, :password_digest, :email, :email_confirmation, :dm,
  :roles, :reviews_count, :agreement)
end
```

```ruby
class User < ApplicationRecord
  …中略…
  validates :email, confirmation: true
end
```

```erb
<div>
  <%= form.label :email, style: "display: block" %>
  <%= form.text_field :email %>
</div>

<div>
  <%= form.label :email_confirmation, style: "display: block" %>
  <%= form.text_field :email_confirmation %>
</div>
```

[*27] ❷は StrongParameters の宣言です。これがないと、フォームからのポスト時に accept 検証が正しく動作しません。

▼ 図 5-19 メールアドレスが異なる場合のエラー

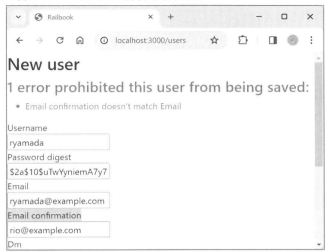

confirmation 検証を有効にした場合、もとのフィールド名に「_confirmation」という接尾辞を加えた仮想的な属性が追加されます。コントローラー／テンプレートファイルにも「xxxxx_confirmation」という名前で入力要素を用意しておきましょう。

uniqueness 検証 ── 一意性検証

uniqueness 検証は、指定されたフィールドの値が一意であるかどうかをチェックします。たとえば、5.5.2 項の例であれば、検証時に以下のような SELECT 命令が発行されます。

```
SELECT 1 AS one FROM "books" WHERE "books"."isbn" = ? LIMIT ?  [["isbn", "978-4-297-13919-3"], ["LIMIT", 1]]
```

もっとも、状況によっては複数のフィールドで一意になるようチェックしたい場合もあるでしょう。たとえば、books テーブルで書名（title 列）と出版社（publisher 列）で一意になるよう検証したいという場合には、リスト 5-66 のように記述します。

▼ リスト 5-66　book.rb

```ruby
validates :title, uniqueness: { scope: :publisher }
```

この場合、内部的には以下のような SELECT 命令が発行されます。

```
SELECT 1 AS one FROM "books" WHERE "books"."title" = ? AND "books"."publisher" = ? LIMIT ?  [["title", "3ステップで学ぶ MySQL入門"], ["publisher", "技術評論社"], ["LIMIT", 1]]
```

5.5.4 検証クラス共通のパラメーター

検証クラスには、表 5-14 で示した以外にも、すべての検証クラス共通で利用できるパラメーターがあります（表 5-16）。

▼ 表 5-16 検証クラスの共通パラメーター

パラメーター	概要
allow_nil	nil の場合、検証をスキップ
allow_blank	nil と空白の場合、検証をスキップ
message	エラーメッセージ
on	検証のタイミング。既定は save 時
if	条件式が true の場合にのみ検証を実施
unless	条件式が false の場合にのみ検証を実施

以下では、それぞれのパラメーターについて詳細を解説していきます。

空白時に検証をスキップする ─ allow_nil ／ allow_blank パラメーター

任意入力の項目ですべての検証が実行されてしまうのは望ましくありません（実質、任意入力である意味がありません）。また、必須項目であっても、必須検証が適用されているならば、未入力時に他の検証エラーまで出力されてしまうのは冗長でしょう。

たとえば、5.5.2 項の例で、isbn フィールドで既に必須エラーが発生しているのに、文字列長エラー／正規表現エラーまで表示されているのは余計です。必要以上のエラーメッセージは、本来のエラー原因をわかりにくくする原因ともなります（図 5-20）。

▼ 図 5-20 isbn フィールドだけでも 3 種類のエラーが表示

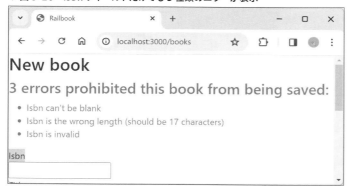

そこで登場するのが allow_nil ／ allow_blank パラメーターです。これらのパラメーターを有効（true）にしておくことで、対象の項目が空である場合に検証をスキップさせることができます。両者の違いは、前者が nil のみを空と見なすのに対して、後者は nil と空文字列を空と見なす点です。

たとえばリスト 5-67 は、isbn フィールドが空の場合に uniqueness ／ length ／ format 検証をスキップするように、リスト 5-58 を修正した例です。

▼ リスト 5-67　book.rb

```
validates :isbn,
  presence: true,
  uniqueness: { allow_blank: true },
  length: { is: 17 , allow_blank: true },
  format: { with: /\A978-4-[0-9]{2,5}-[0-9]{2,5}-[0-9X]\z/, allow_blank: true }
```

　図 5-21 は、isbn フィールドを空の状態でフォーム送信した結果です。今度は、必須エラーだけが出力されていることが確認できます。

▼ 図 5-21　必須エラーだけを出力

検証のタイミングを制限する ― on パラメーター

▼ 図 5-22　ユーザー情報の編集画面（［規約に同意］チェックがないのでエラー）

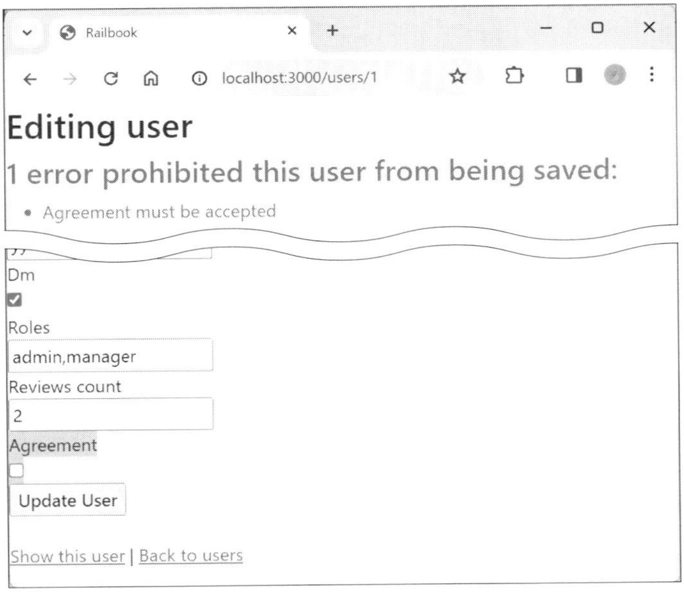

　検証クラスは、既定でデータ保存時に入力値を検証します。しかし、検証の種類によっては、データの新規登録／更新いずれかのタイミングでのみ処理を行いたいというケースもあるでしょう。たとえば、5.5.3 項の例で規約同意の有無（acceptance）をチェックしましたが、これは一般的には、ユーザー情報の更新時には不要なチェックです。

　しかし、現在の状態では更新フォームでも acceptance 検証が働いてしまい、無条件にエラーが発生してしまいます（図 5-22）。

第 5 章　モデル開発

そこで登場するのが on パラメーターです。on パラメーターを利用することで、検証発生のタイミングを制限できます（表 5-17）。

▼ 表 5-17　on パラメーターの設定値

設定値	概要
create	新規登録時のみ
update	更新時のみ
save	新規登録／更新時の双方（既定）

さっそく、User クラスの acceptance 検証を修正してみましょう（リスト 5-68）。

▼ リスト 5-68　user.rb

```
class User < ApplicationRecord
  validates :agreement, acceptance: { on: :create }
end
```

もう一度、編集画面からユーザー情報を修正してみると、今度は検証エラーが発生することなく、正しくデータを更新できます。

エラーメッセージを修正する ― message パラメーター

これまでの結果を見てもわかるように、検証クラスが生成する既定のエラーメッセージは英語です。検証機能を利用する上では、最低でもエラーメッセージを日本語化しておく必要があるでしょう。

エラーメッセージを修正するもっとも手軽な方法は、message オプションを指定することです。たとえばリスト 5-69 は、5.5.2 項で作成したサンプルのエラーメッセージを日本語化したものです（一部抜粋）。

▼ リスト 5-69　book.rb

```
validates :isbn,
  presence: { message: 'は必須です'},
  uniqueness: { allow_blank: true,
    message: 'は一意でなければなりません (%{value}) ' },
  length: { is: 17 , allow_blank: true,
    message: 'は%{count}桁でなければなりません (%{value}) ' },
  format: { with: /\A978-4-[0-9]{2,5}-[0-9]{2,5}-[0-9X]\z/,
    allow_blank: true, message: 'は正しい形式ではありません (%{value}) ' }
```

メッセージを指定するだけのパラメーターですが、幾つか注意すべき点があります。

（1）既定で先頭に属性名が追加される

message パラメーターの側も、属性名を加味して「は必須です」のような値を指定します。属性名には、現時点では列名の先頭を大文字にしたものが渡されますが、こちらを日本語化することももちろん可能です。具体的な方法は 11.2.4 項で改めます。

240

（2）プレイスホルダーを埋め込める

message パラメーターには、%{value}、%{count} のような形式でプレイスホルダーを埋め込めます。%{value} は入力された値を、%{count} は最大値や最小値などの検証パラメーターを表します。よって、%{count} を利用できるのは length や numericality 検証などに限定されます。

（3）検証の種類に応じてメッセージ設定パラメーターを持つものもある

たとえば length 検証の maximum パラメーターに違反したときのエラーメッセージは（message ではなく）too_long パラメーターで表します。詳しくは、表 5-14 も参照してください。

条件付きの検証を定義する ― if ／ unless パラメーター

特定の条件配下でのみ実行すべき検証を定義するには、if ／ unless パラメーターを使用します。たとえば、5.5.3 項で見たユーザー登録画面を例にしてみます。このフォームで「メール通知を有効化」（dm）欄にチェックした場合にのみ、メールアドレスを必須としてみましょう（リスト 5-70）。

▼ リスト 5-70　user.rb

```
class User < ApplicationRecord
  validates :email,
    presence: { unless: ->(u) { u.dm.blank? } }
end
```

if ／ unless パラメーターには、条件式を表すラムダ式を指定するわけです。ラムダ式は、引数として、現在のモデルオブジェクト（ここでは引数 u）が渡されるので、これをもとに条件を記述します。

この例であれば「dm フィールドが空（blank?）でなければ、presence 検証を有効にしなさい」という意味になります。if オプションで、

```
presence: { if: ->(u) { u.dm.present? } }
```

のように表しても構いません。

if ／ unless オプションには、条件式をシンボルで指定することも可能です。

```
class User < ApplicationRecord
  validates :email, presence: { unless: :sendmail? }

  def sendmail?
    dm.blank?
  end
end
```

シンボル指定では、シンボルに対応するメソッドを別に定義する必要があります。一般的には、シンプルな条件式であればラムダ式を、より複雑な条件を切り出したい場合にはシンボルを、と使い分けると良いでしょう。

複数項目にまとめて条件を指定する

特定の条件を満たした場合、まとめて複数の検証を有効（無効）にしたいというケースもあるでしょう。そのようなときには、with_optionsメソッドを利用することで、条件式をまとめて記述できます。

たとえばリスト5-71は、「メール通知を有効化」（dm）欄をチェックした場合にのみ、メールアドレス／ロール欄を必須とする例です。

▼ リスト5-71　user.rb

```ruby
with_options unless: ->(dm) { dm.blank? } do |dm|
  dm.validates :email, presence: true
  dm.validates :roles, presence: true
end
```

5.5.5　自作検証クラスの定義

Active Modelでは、標準でさまざまな検証クラスを提供していますが、本格的にアプリを構築する上では、標準の検証機能だけではまかなえない部分も出てきます。そのような場合には、検証クラスを自作することも可能です。

さっそく、いくつかの実装例を示していきます。

パラメーターを持たない検証クラス

まずは、もっともシンプルな、パラメーターを受け取らない検証クラスからです。ISBNコードの妥当性を検証するためのIsbnValidatorクラスを定義してみましょう（リスト5-72）。検証クラスは/app/modelsフォルダーに配置するものとします。

▼ リスト5-72　isbn_validator.rb

```ruby
class IsbnValidator < ActiveModel::EachValidator              ──❶
  def validate_each(record, attribute, value)                 ──❷
    record.errors.add(attribute, 'は正しい形式ではありません。') \
      unless /\A978-4-[0-9]{2,5}-[0-9]{2,5}-[0-9X]\z/ === value &&
        value.length == 17                                    ──❸
  end
end
```

検証クラスは、ActiveModel::EachValidatorの派生クラスとして（❶）、「*検証名* Validator」の形式で命名する必要があります。ActiveModel::EachValidatorは検証クラスの基本機能を提供するクラスです。

検証クラスの実処理を定義するのは、validate_eachメソッドです（❷）。validate_eachメソッドは、引数として、

- 検証対象のモデルオブジェクト（record）
- 検証対象のフィールド名（attribute）
- 検証対象の値（value）

を受け取ります。メソッド配下では、これらの値を利用して、実際の検証処理を行うわけです。検証時に発生したエラー情報は、errors.add メソッドを介してモデルオブジェクト record に登録する必要があります（❸）。この例では入力値 value が

- あらかじめ与えられた正規表現パターン（ISBN コードの形式）とマッチするか
- 文字列長が 17 文字であるか

を確認し、条件に満たない場合にエラーメッセージを登録しています。

　検証クラスの準備ができてしまえば、これを利用するのは簡単です。Book クラスの isbn フィールドに対して適用した format 検証を、IsbnValidator クラスによる検証で置き換えてみましょう（リスト 5-73）。

▼ **リスト 5-73　book.rb**

```
validates :isbn,
  presence: true,
  uniqueness: true,
  length: { is: 17 },
  format: { with: /\A978-4-[0-9]{2,5}-[0-9]{2,5}-[0-9X]\z/ }
  isbn: true
```

削除

　検証名は、検証クラス名の末尾から「Validator」を取り除いた上で、アンダースコア形式[*28] に変換したものとなります。具体的には、IsbnValidator であれば isbn、EmailAddressValidator であれば email_address が検証名となります。

　isbn 検証は特にパラメーターを受け取らないので、最低限、true を引き渡せば呼び出すことができます。標準的に用意された検証クラスとまったく同じ要領で呼び出せることが見て取れますね。サンプルを実行し、ISBN コードの形式チェックが動作していることも確認しておきましょう。

パラメーターを受け取る検証クラス

　続いて、パラメーター情報を受け取る検証クラスを定義してみましょう。先ほどの isbn 検証を改良して、allow_old パラメーターを受け取れるようにします（リスト 5-74）。allow_old パラメーターに true が渡された場合、isbn 検証は古い形式の ISBN コード[*29] を許可します。

▼ **リスト 5-74　上：isbn_validator.rb、下：book.rb**

```
class IsbnValidator < ActiveModel::EachValidator
  def validate_each(record, attribute, value)
    # allow_oldパラメーターが有効かどうかで正規表現を振り分け
    if options[:allow_old]
      pattern = /\A4-[0-9]{2,5}-[0-9]{2,5}-[0-9X]\z/
      len = 13
    else
      pattern = /\A978-4-[0-9]{2,5}-[0-9]{2,5}-[0-9X]\z/
```

[*28] すべての文字を小文字で表記し、単語の区切りはアンダースコア（＿）で表す記法のことを言います。
[*29] 2006 年以前に利用されていた 10 桁の ISBN コードです。現在は 13 桁の ISBN コードが利用されています。実際のコードには、ISBN コード本体（13、10 桁）に加えて、それぞれ 4、3 個のハイフンが追加されているので、桁数チェックでは 17、13 桁として判定します。

第 5 章　モデル開発

```
    len = 17
    end
    # 指定された正規表現で入力値valueを検証
    record.errors.add(attribute, 'は正しい形式ではありません。') unless pattern === value && value. ⏎
length == len
  end
end
```

```
validates :isbn,
  …中略…
  isbn: { allow_old: true }
```

　パラメーター情報には「options［パラメーター名］」でアクセスできます。上の例では、allow_old パラメーターが true ／ false いずれであるかによって、旧形式／新形式の正規表現パターンをセットし、入力値value と比較しています。

複数項目をチェックする検証

　複数の項目にまたがる検証も表現できます。たとえばリスト 5-75 は、他のフィールド値との比較検証（compare 検証）を実装する例です。ここでは、表 5-18 のパラメーター情報を受け取って、検証に使用しています。

▼ 表 5-18　compare 検証のパラメーター情報

パラメーター名	概要
compare_to	比較するフィールドの名前
type	比較の方法（:less_than、:greater_than、:equal）

▼ リスト 5-75　compare_validator.rb

```
class CompareValidator < ActiveModel::EachValidator
  def validate_each(record, attribute, value)
    # compare_toパラメーターで指定されたフィールドの値を取得
    cmp = record.attributes[options[:compare_to]].to_i  ────────────────❶
    case options[:type]
      when :greater_than    # 検証項目が比較項目より大きいか
        record.errors.add(attribute, 'は指定項目より大きくなければなりません。') unless value > cmp
      when :less_than       # 検証項目が比較項目より小さいか
        record.errors.add(attribute, 'は指定項目より小さくなければなりません。') unless value < cmp
      when :equal           # 検証項目が比較項目と等しいか
        record.errors.add(attribute, 'は指定項目と等しくなければなりません。') unless value == cmp
      else
        raise 'unknown type'
    end
  end
end
```
❷

　やや長めのコードですが、ポイントとなるのは❶だけです。指定されたフィールドの値を現在のモデルから取得するには、attributes メソッドを用います。

244

attributes メソッド

```
attributes[name]
```

name：フィールド名

これまでは、record.title のようにアクセスしてきましたが、この例では利用できません。フィールド名が、compare_to パラメーター経由で文字列として渡されるからです。このような場合には、attributes メソッドを利用することで、取得するフィールド名を文字列で指定できるようになります。

ここでは :compare_to パラメーター経由で渡されたフィールドの値を取得し、to_i メソッドで整数値に変換しています。値を取得できてしまえば、あとは❷の case ブロックで、type パラメーターに応じて値を比較するだけです。

compare 検証を利用するには、たとえば以下のように記述します。これで min_value フィールドが max_value フィールドより小さいことを検証します。

```
validates :min_value,
  compare: { compare_to: 'max_value', type: :less_than }
```

検証クラスを定義せずにカスタム検証を定義する

カスタムの検証ルールは、まず ActiveModel::EachValidator クラスを継承して実装するのが基本です。しかし、他のモデルで使いまわさないようなモデル固有の検証ルールなどは、あえてクラスとして定義するまでもないということもあるでしょう。

そのような場合には、モデルの中でプライベートメソッドとして検証ルールを定義することもできます。たとえばリスト 5-76 は、先ほどの isbn 検証をモデルクラスの中で定義した例です。

▼ **リスト 5-76　book.rb**

```
class Book < ApplicationRecord
  …中略…
  validate :isbn_valid?                                          ❷

  private
    def isbn_valid?
      errors.add(:isbn, 'は正しい形式ではありません。') unless /\A978-4-[0-9]{2,5}-[0-9]{2,5}- ↵   ❶
[0-9X]\z/ === isbn && isbn.length == 17
    end
end
```

ここでは、検証ルールをプライベートメソッド isbn_valid? として定義しています（❶）。モデルの配下なので、errors.add メソッドや属性（ここでは isbn）に直接アクセスできるという違いはありますが、基本的な記述はリスト 5-72 と同じです。

このように定義した検証メソッドは、validate メソッド（単数形）で呼び出せます（❷）。

validate メソッド

```
validate method [, ...]
```
method：検証メソッド（シンボル指定）

ここでは検証メソッドとして isbn_valid? を1つ指定しているだけですが、必要に応じて複数のメソッドを列記することもできます。

◎ 5.5.6 データベースに関連付かないモデルを定義する ― ActiveModel::Model モジュール

Active Model とは、モデルの基本的な構造や規約を決定するコンポーネントです。Active Model の機能（具体的には ActiveModel::Model モジュール）を直接利用することで、データベースと対応関係にないモデルを実装することもできます。

たとえば「データベースの項目ではないが、フォームからの入力を受け取って検証を行う」必要があるような処理を、（アクションメソッドを検証処理などで汚すことなく）モデルクラスとしてまとめるような用途で利用します。

具体的な例も示しておきます。リスト5-77は検索フォームを想定したサンプルで、ページから入力された検索キーワードを SearchKeyword モデルとしてまとめ、必須検証を実装しています。

▼ リスト5-77 search_keyword.rb

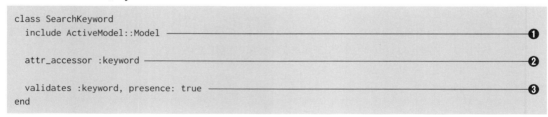

非データベース系のモデルを定義する際のルールは、主に以下の2点です。

❶ ActiveModel::Model モジュールをインクルードすること
❷ モデルとして管理すべき項目をアクセサー（attr_accessor メソッド）で定義

この例では、検索キーワードを表す keyword 属性を定義しています。もちろん、必要に応じて、複数の項目を列記しても構いません。

以上で最低限のモデルの体裁はできたので、あとは❸のように validates メソッドなどで検証ルールを定義していきます。

非データベース系のモデルを利用する

作成した SearchKeyword モデルは、これまでと同じ方法で利用できます。本来であれば、検索キーワードを受け取った後、データベースへの検索などの処理が発生するはずですが、リスト5-78では検証キーワード、

もしくは、入力に不備がある場合はエラーを表示するに留めます。

▼ リスト 5-78　上：record_controller.rb、下：record/keywd.html.erb

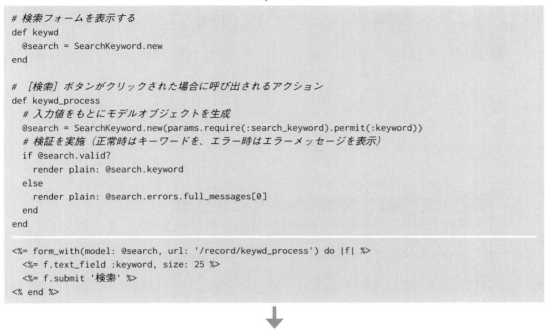

▼ 図 5-23　エラー時はエラーメッセージを表示

　これまで同様に、ビューヘルパー form_with からもモデルオブジェクトを参照できる点、検証エラーでエラーメッセージが表示される点を確認してください。

第 5 章　モデル開発

アソシエーションによる複数テーブルの処理

アソシエーション（関連）とは、テーブル間のリレーションシップをモデル上の関係として操作できるようにするしくみのこと。アソシエーションを利用することで、複数のテーブルにまたがるデータ操作もより直感的に利用できるようになります。

たとえば、図 5-24 のようなデータベースを想定してみましょう。

▼ 図 5-24　主キー／外部キーによるリレーションシップ

1 件の書籍情報（books テーブル）に対して、複数のレビュー（reviews テーブル）が結び付いている関係です。書籍情報とレビューとの対応関係は、books テーブルの id 列と reviews テーブルの book_id 列によって表現しています。

books.id 列は書籍情報を一意に識別するための**主キー**――いわゆる書籍情報の背番号です。reviews.book_id 列には、この books.id 列に対応する値をセットすることで、どの書籍情報に対応しているかを表します。このような参照キーのことを**外部キー**と呼びます。

さて、このような関係にあるテーブルから「id=1 である書籍に属するレビューを取得する」にはどうしたら良いでしょう。これまでの知識だけで記述するならば、以下のようになるでしょう。

```
@book = Book.find(1)
@reviews = Review.where(book_id: @book.id)
```

しかし、アソシエーションを利用することで、以下のように記述できるようになります。

```
@book = Book.find(1)
@reviews = @book.reviews
```

いちいち主キー／外部キーを意識して、条件式を記述しなければならなかった前者に比べると、後者がごく直感的なコードであることがおわかりになるでしょう。本節では、これらアソシエーションを利用するためのモデルの設定から操作方法までを学びます。

5.6.1 リレーションシップと命名規則

本書で扱っているデータベースのリレーションシップ（関係）を図示すると、図 5-25 のようになります。リレーションシップと一口に言っても、1：1、1：n、m：n とさまざまな関係があることが見て取れると思います。本節を読み進める前に、まずはこの関係を頭に入れておいてください。以降では、これらの関係をモデルの関連（アソシエーション）として表現していきます。

▼ 図 5-25　本書で使用するデータベース

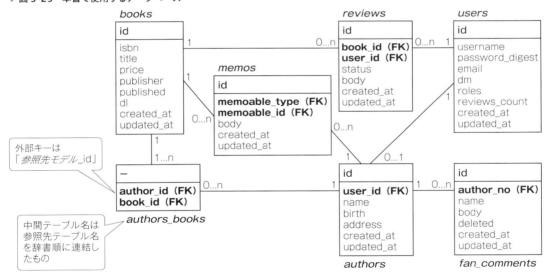

なお、Rails でリレーションシップを表現する場合、いくつか命名規則があるので、ここでまとめておきます。

- 外部キー列は「参照先のモデル名_id」の形式であること（例：book_id、user_id）
- 中間テーブルは参照先のテーブル名を「_」で連結したものであること。ただし、連結順は辞書順（例：authors_books）

中間テーブルとは、m：n の関係を表現する際に、互いの関連付けを管理するための便宜的なテーブルのこと。**結合テーブル**と呼ぶ場合もあります。

繰り返しですが、Rails では命名規則が重要です。アソシエーションで正しく参照先のテーブルが取得できないようなケースでは、まず名前付けに誤りがないかをもう一度確認してください。

> **NOTE 参照先テーブルと参照元テーブル**
>
> 関連を扱っていると、**参照先テーブル**（**被参照テーブル**）、**参照元テーブル**という言葉をよく見かけます。参照先テーブルとは、要は、関連において主キーを持つテーブルのことで、参照元テーブルとは外部キーを持つテーブルのことです。そのテーブルが外部キーによって参照されているか、それとも相手先を参照しているか、という観点での用語と考えれば良いでしょう。
>
> たとえば、図 5-25 の books／reviews テーブルの関連であれば、books テーブルが参照先テーブル、reviews テーブルが参照元テーブルということになります。もちろん、参照先／元という区別は相対的なものなので、ある関連では参照先テーブルであっても、別な関連では参照元テーブルになるということもあるでしょう（たとえば、authors テーブルは books_authors テーブルに対しては参照先テーブルですが、users テーブルに対しては参照元テーブルです）。以降でもよく登場する言葉ですので、きちんと理解しておいてください。

◎ 5.6.2 参照元テーブルから参照先テーブルの情報にアクセスする ― belongs_to アソシエーション

アソシエーションの中でももっとも基本的で、よく利用するであろう belongs_to アソシエーションです。サンプルデータベースでも、この関連はいくつか登場しますが、とりあえずここでは books／reviews テーブルを例にしてみましょう。reviews テーブルが book_id 列を外部キーに、books テーブルを参照しているという関係です（図 5-26）。

▼ 図 5-26 belongs_to アソシエーション

これを表すには、モデルクラスに対してリスト 5-79 のようなコードを追記します。

▼ リスト 5-79　review.rb

```
class Review < ApplicationRecord
  belongs_to :book
end
```

belongs_to メソッドは、現在のモデルから指定されたモデルを参照しますよ[*30]、という意味です。

belongs_to メソッド

```
belongs_to assoc_id [,opts]
```
assoc_id：関連名　　*opts*：動作オプション（5.6.8項で後述）

引数 assoc_id は関連の名前です。この名前がそのまま参照先テーブルを取得するためのアクセサーメソッドになります。基本は、モデル名（参照先のレコードは1つなので単数形）を指定します。

これによって、Review モデルを経由して Book モデルの情報を取得できます。たとえばリスト 5-80 は、id=3 であるレビューと、対応する書名を取得する例です。

▼ リスト 5-80　上：record_controller.rb、下：record/belongs.html.erb

```
def belongs
  @review = Review.find(1)
end

<h2>「<%= @review.book.title %>」のレビュー</h2>
<hr />
<p><%= @review.body %>（<%= @review.updated_at %>）</p>
```

▼ 図 5-27　レビュー本文と関連する書籍名を表示

アクションメソッドでは find メソッドで主キー検索をしているだけなので、特筆すべき点はありません。

ここで注目していただきたいのは、太字の部分です。変数 @review はレビュー情報を表す Review オブジェクトを、book はリスト 5-79 で定義した関連名を、それぞれ表します。belongs_to メソッドでアソシエーションを設定することで、このように関連名を属性のように表して、関連するオブジェクトにアクセスできるのです。

Puma のコンソールで、どのような SELECT 命令が発行されているのかも確認しておきましょう。

```
SELECT "reviews".* FROM "reviews" WHERE "reviews"."id" = ? LIMIT ?  [["id", 1], ["LIMIT", 1]]
SELECT "books".* FROM "books" WHERE "books"."id" = ? LIMIT ?  [["id", 1], ["LIMIT", 1]]
```

[*30] ちょっと難しげに言うならば、現在のモデルが指定されたモデルに従属している、と言い換えても良いかもしれません。

@review.book を参照したタイミングで、reviews テーブルの book_id 列（外部キー）の値をもとに books テーブルが検索されていることが確認できます。

5.6.3　1：n の関係を表現する ─ has_many アソシエーション

続いて、1：n の関連を表す has_many アソシエーションです。前項の belongs_to メソッドでは参照元テーブル→参照先テーブルという一方向の関係を表すだけですが、has_many アソシエーションを利用することで、ようやく双方向の関係を定義できることになります[*31]（図 5-28）。

▼図 5-28　has_many アソシエーション

1：n の関係を表すには、参照先のモデルに対して、リスト 5-81 のようなコードを追記します。

▼リスト 5-81　book.rb

```
class Book < ApplicationRecord
  has_many :reviews
end
```

has_many メソッドは、1 つの Book オブジェクトに対して複数の Review オブジェクトが存在しますよ、という意味になります。

has_many メソッド

has_many *assoc_id* [,*opts*]

assoc_id：関連名　　*opts*：動作オプション（5.6.8項で後述）

関連名（引数 assoc_id）には、今度はモデルの複数形を指定している点に注目してください（関連の先のオブジェクトが複数存在するからです）。

これによって、Book モデルを経由して Review モデルの情報を取得できるようになります。たとえばリスト 5-82 は、isbn 列（ISBN コード）をキーに書籍情報を取得する例ですが、books テーブルの情報に加え、書籍情報に関連付けられたレビュー情報を reviews テーブルから取得しています。

[*31] 参照先テーブルで利用できるアソシエーションには has_many メソッドの他にも、後述する has_one メソッドがあります。

▼ リスト 5-82　上：record_controller.rb、下：record/hasmany.html.erb

```
def hasmany
  @book = Book.find_by(isbn: '978-4-297-13919-3')
end
```

```
<h2>「<%= @book.title %>」のレビュー</h2>
<hr />
<ul>
<% @book.reviews.each do |review| %>
  <li><%= review.body %> （<%= review.updated_at %>） </li>
<% end %>
</ul>
```

▼ 図 5-29　書籍情報に関連付けられたレビューをリスト表示

has_many アソシエーションを設置したことで、belongs_to の場合と同じく「@book.reviews」（オブジェクト.関連名）の形式で、関連するオブジェクトを取得できるようになりました。reviews メソッドの戻り値は、今度は（単一のオブジェクトではなく）配列となります。

> **NOTE**　has_many ／ belongs_to メソッドは双方必須？
>
> 　正確には、has_many ／ belongs_to 双方の宣言によって、リレーショナルデータベースにおける 1：n の関係が表現できます（片方向のみの参照という考え方はデータベースにはないためです）。では、モデル側でも has_many ／ belongs_to 双方の記述は必須なのでしょうか。
> 　いいえ、そのようなことはありません。参照先→参照元のアクセスだけを行うのであれば has_many メソッドの宣言だけで十分ですし、参照元→参照先のアクセスだけを行うのであれば belongs_to メソッドだけの記述でも構いません。
> 　ただし、後々の利用を考慮すれば、まずは参照先／参照元モデルの双方で対となるようにアソシエーションを定義するのが望ましいでしょう。

253

5.6.4 1：1の関係を表現する ― has_one アソシエーション

1：1の関係とは、サンプルデータベースでの users テーブルと authors テーブルのような関係を言います（図 5-30）。users ／ authors テーブルでは、あるユーザーが著者としても登録されるようなモデルを想定しています（1人のユーザーが複数の著者になることはありません）。

▼ 図 5-30 has_one アソシエーション

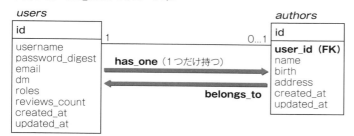

これを表すには、モデルクラスそれぞれに対して、リスト 5-83 のようなコードを追記します。

▼ リスト 5-83　上：user.rb、下：author.rb

```ruby
class User < ApplicationRecord
  has_one :author
end


class Author < ApplicationRecord
  belongs_to :user
end
```

belongs_to メソッドは、5.6.2 項でも示したように、Author モデルが User モデルを参照していることを表すアソシエーションです。そして、has_one メソッドは、1つの User オブジェクトに対して最大1つの Author オブジェクトが存在しますよ、という意味になります。前項の ［Note］でも示したように、いずれか片方からの参照であれば、has_one ／ belongs_to メソッドで必要なものだけを記述しても構いません。

has_one メソッド

has_one メソッドによって関連付くオブジェクトは1つなので、関連名（引数 assoc_id）に指定するモデル名も単数形となります。

これによって、User と Author 双方のモデルから対応する相互の情報にアクセスできるようになります。たとえばリスト 5-84 は、ユーザー名（username 列）をキーにユーザー情報を取得し、対応する著者情報がある場合は、併せて表示する例です。

▼ リスト 5-84　上：record_controller.rb、下：record/hasone.html.erb

```
def hasone
  @user = User.find_by(username: 'yyamada')
end
```

```erb
<ul>
  <li>ユーザー名：<%= @user.username %></li>
  <li>パスワード：<%= @user.email %></li>
  <% unless @user.author.nil? %>
    <li>著者名：<%= @user.author.name %></li>
    <li>住所：<%= @user.author.address %></li>
  <% end %>
</ul>
```
❶

▼ 図 5-31　ユーザー情報と対応する著者情報（存在する場合のみ）を表示

❶ では nil? メソッドで User モデルに関連付いた Author モデルが存在することを確認した上で、Author オブジェクトの属性にアクセスしています。

> **NOTE：has_one か、belongs_to か**
>
> 　1：1 の関係では、それぞれがほぼ同等の関係であるため、いずれに外部キーを持たせるべきか（いずれを has_one／belongs_to アソシエーションとするか）に悩むことがあるかもしれません。
>
> 　そのような場合は、どちらが主としてよりふさわしいかを考えてください。belongs_to（外部キー）は「従属する」という意味のとおり、主となるモデルに従うモデルという意味です。よって、従となるテーブルに belongs_to を持たせた方が自然と言えるでしょう。
>
> 　たとえば、本文の例であれば著者でないユーザーはありえますが、ユーザーでない著者はありえません。よって、ユーザーが主、著者が従と考えることができます。

5.6.5 m：n の関係を表現する（1）
— has_and_belongs_to_many アソシエーション

m：n（多：多）の関係とは、サンプルデータベースでの books ／ authors のような関係を言います（図5-32）。書籍情報には複数の著者が含まれる可能性があり、著者もまた複数の書籍を執筆している可能性があります。リレーショナルデータベースでは、このような関係を直接表現することができないので、authors_books のような形式的な中間テーブルを使って表現するのが一般的です。

▼ 図 5-32　has_and_belongs_to_many アソシエーション

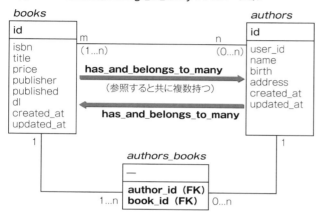

中間テーブルの名前は、参照先のテーブル名をアルファベット順に「_」で連結したものである必要があります。また、Book ／ Author モデルに対して、リスト 5-85 のように追記します。

▼ リスト 5-85　上：book.rb、下：author.rb

```
class Book < ApplicationRecord
  has_and_belongs_to_many :authors
end
```

```
class Author < ApplicationRecord
  has_and_belongs_to_many :books
end
```

m：n の関係ではどちらが主、従ということはないので、双方に対して has_and_belongs_to_many メソッドによる宣言を追加します。

---

has_and_belongs_to_many メソッド

has_and_belongs_to_many *assoc_id* [,*opts*]

assoc_id：関連名　　*opts*：動作オプション（5.6.8項で後述）

関連名は、いずれも複数形（:books や :authors など）として指定します。また、m：nの関係では、authors_books テーブルはあくまでリレーショナルデータベースの都合で作成したテーブルなので、アプリ側では特に意識する必要はありませんし、そもそもモデルとして作成する必要もありません。

それではさっそく、Book モデルを経由して Author モデルの情報を取得してみましょう。たとえばリスト5-86 は、isbn 列（ISBN コード）をキーに書籍と、その著者名を取得する例です。

▼ リスト5-86　上：record_controller.rb、下：record/has_and_belongs.html.erb

```
def has_and_belongs
  @book = Book.find_by(isbn: '978-4-7981-8094-6')
end
```

```
<h2>「<%= @book.title %>」の著者情報</h2>
<hr />
<ul>
  <% @book.authors.each do |author| %>
    <li><%= author.name %>（<%= author.birth %>｜<%= author.address %>）</li>
  <% end %>
</ul>
```

▼ 図5-33　書籍情報に関連付いた著者情報をリスト表示

5.6.6　m：n の関係を表現する（2）— has_many（through）アソシエーション

has_and_belongs_to_many アソシエーションは m：n の関係を表現するには手軽な方法ですが、その分、デメリットもあります。というのも、中間テーブル（先ほどの例では authors_books テーブル）を便宜的なものとして操作するため、中間テーブルに関連付け以上の情報を加えることができないのです。

つまり、has_and_belongs_to_many アソシエーションでは、図5-34 のようなケースでの m：n 関係を表すことはできません。

▼ 図 5-34　has_many（through）アソシエーション

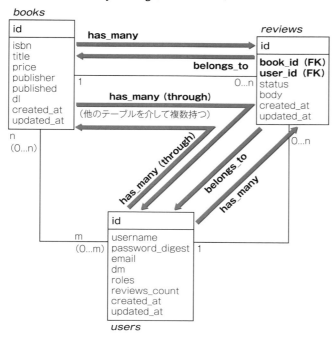

books／users テーブルが reviews テーブルを挟んで m：n の関係にあるという構成です。このような場合、reviews テーブルもそれ自体がモデルとしてアクセスできる必要があるので、リスト 5-87 のようなアソシエーションを設置する必要があります。

▼ リスト 5-87　上：book.rb、中：review.rb、下：user.rb

```
class Book < ApplicationRecord
  has_many :reviews
  has_many :users, through: :reviews
end

class Review < ApplicationRecord
  belongs_to :book
  belongs_to :user
end

class User < ApplicationRecord
  has_many :reviews
  has_many :books, through: :reviews
end
```

has_many／belongs_to アソシエーションについては、既に 5.6.2 〜 5.6.3 項でも触れたとおりです。これによって、互いの 1：n 関係を定義しておきます。

その状態で has_many（through）アソシエーションにより、books／users テーブル間を、reviews テーブルを中間テーブルとして関連付けるわけです。

5.6 アソシエーションによる複数テーブルの処理

has_many メソッド（through オプション）

has_many *assoc_id* , through: *middle_id* [,*opts*]

assoc_id：関連名　　*middle_id*：中間テーブルの関連名　　*opts*：動作オプション（5.6.8項で後述）

　has_many（through）アソシエーションを利用せず、has_many ／ belongs_to アソシエーションの組み合わせでも、Book → Review → User によるアクセスは可能です。しかし、has_many（through）アソシエーションを利用することで、Book モデルから直接 User モデルにアクセスすることが可能になります。

　具体的な例も見てみましょう。リスト 5-88 はユーザー名（username 列）をキーにユーザー情報を取得するとともに、レビューを書いたことのある書籍名を表示する例です。

▼ リスト 5-88　上：record_controller.rb、下：record/has_many_through.html.erb

```
def has_many_through
  @user = User.find_by(username: 'isatou')
end
```

```erb
<ul>
  <li>ユーザー名：<%= @user.username %></li>
  <li>メールアドレス：<%= @user.email %></li>
  <% unless @user.books.empty? %>
  <li>レビューした書籍：
    <ul>
    <% @user.books.each do |book| %>
      <li><%= book.title %></li>
    <% end %>
    </ul>
  </li>
  <% end %>
</ul>
```

❶

▼ 図 5-35　ユーザー情報と、対応するレビュー済み書籍名（存在する場合だけ）を表示

　❶ では unless + empty? メソッドで User モデルに関連付いた Book モデルが存在することを確認した上で、Book オブジェクトの属性にアクセスしています。

第 5 章　モデル開発

◎ **5.6.7** アソシエーションによって追加されるメソッド

　アソシエーションを宣言するということは、モデルに対して追加のメソッドを組み込むということでもあります。たとえば、@book.reviews、@user.books.empty? のようなメソッドも、実はアソシエーションによって自動で追加されたものだったのです。

　表 5-19 と表 5-20 に、それぞれのアソシエーションによって追加されるメソッドをまとめます。なお、association、collection はそれぞれのアソシエーションで宣言された関連名を、collection_singular は関連名を単数形で表現したものを意味するものとします。

▼ **表 5-19　belongs_to ／ has_one アソシエーションで追加されるメソッド**

メソッド	概要
例	
association	関連するモデルを取得（存在しなければ nil）
@book = @review.book　　　　　　　　　*# Review モデルに関連する Book モデルを取得*	
association =(*associate*)	関連先のモデルを割り当て[32]
@review.book = @book　　　　　　　　　*# Book モデルを Review モデルに関連付け*	
build_*association*(*attrs* = {})	関連先のモデルを新規に生成（保存はしない）
@author = @user.build_author(name: ' 掛谷奈美 ', birth: '1940-12-31', address: ' 広島県鎌ケ谷市梶野町 1-1-11') *# User に関連付いた Author を生成*	
create_*association*(*attrs* = {})	関連先のモデルを新規に生成（保存も行う[33]）
@user.create_author(name: ' 掛谷奈美 ', birth: '1940-12-31', address: ' 広島県鎌ケ谷市梶野町 1-1-11') *# User に関連付いた Author を生成*	

▼ **表 5-20　has_many ／ has_and_belongs_to_many アソシエーションで追加されるメソッド**

メソッド	概要
例	
collection	関連するモデルを取得（存在しなければ nil）
@reviews = @book.reviews(true)　　　　*# Book モデルに関連する Reviews モデル群を取得*	
collection <<(*obj* , ...)	関連するモデルを追加
@book.reviews << @review　　　　　　　*# Book モデルに Review モデルを追加*	
collection.destroy(*obj* , ...)	関連するモデルを削除
@book.reviews.destroy(@review)　　　　*# Book モデルに関連付いた Review モデルを削除*	
collection.delete(*obj* , ...)	関連するモデルを削除
@book.reviews.delete(@review)　　　　*# Book モデルに関連付いた Review モデルを削除*	
collection = *objs*	現在のモデルに関連するモデルを指定モデル群で入れ替え
@book.reviews = @new_reviews　　　　　*# Book モデルに Review モデル群を関連付け*	
*collection_singular*_ids	関連モデルの id 値を配列として取得
@review_ids = @book.review_ids　　　　*# 関連する Review モデルの id 群を取得*	
*collection_singular*_ids = ids	関連モデルの id 値を総入れ替え
@book.review_ids = @review_ids　　　　*# 関連する Review モデルの id 群を設定*	
collection.clear	関連モデルを破棄
@book.reviews.clear　　　　　　　　　*# 関連付いた Review モデルを破棄*	

＊ **32**　内部的には関連モデルの主キーを現在のモデルの外部キーに設定します。

＊ **33**　保存が失敗したときに例外を発生する create_*association*! メソッド（「!」付き）もあります。

260

collection.empty?	関連するモデルが存在するかをチェック
@book.reviews.empty?	*# Book モデルに関連付いた Review モデルが存在するか*
collection.size	関連するモデルの数を取得
@book.reviews.size	*# Book モデルに関連付いた Review モデルの数を取得*
collection.find(...)	関連モデル群から特定のモデルを抽出
@book.reviews.find(1)	*# Book モデルに関連付いた Review モデルから id=1 のものを取得*
collection.exists?(...)	関連モデル群から特定のモデルが存在するかをチェック
@book.reviews.exists?(1)	*# Book モデルに関連付いた id=1 の Review モデルが存在するか*
collection.build(*attrs* = {})	関連先のモデルを新規に生成（保存はしない）
@book.reviews.build(body: ' 良い本です。')	
collection.create(*attrs* = {})	関連先のモデルを新規に生成（保存も行う[*34]）
@book.reviews.create(body: ' 良い本です。')	
collection.where(...)	関連モデル群から指定の条件でフィルターしたモデルを抽出
@book.reviews.where(status: 1)	

◎ **5.6.8** アソシエーションで利用できるオプション

アソシエーションで利用できるオプションには、表 5-21 のようなものがあります。

本来、基本的なテーブルで既定の命名規則に沿っている場合には、特別なオプションの指定はほとんど必要ありません。しかし、独自の命名を行っている場合や、あるいは、後述するカウンターキャッシュやポリモーフィック関連のような追加機能を利用したいケースもあるでしょう。

そのような場合にも、Rails ではオプションを指定することで、さまざまなカスタマイズに対応できるようになっています[*35]。

▼ **表 5-21** アソシエーションで利用できる主なオプション（bl：belongs_to、ho：has_one、hm：has_many、hbtm：has_and_belongs_to_many）

オプション	bl	ho	hm	hbtm	概要
as	×	○	○	×	ポリモーフィック関連を有効化（親モデルの関連名）
association_foreign_key	×	×	×	○	m：n 関係で関連先への外部キー（たとえば Book モデルから見た author_id など）
autosave	○	○	○	○	親モデルに合わせて保存／削除を行うか
class_name	○	○	○	○	関連モデルのクラス名（完全修飾名）
counter_cache	○	×	○	×	モデル数を取得する際にキャッシュを利用するか
dependent	○	○	○	×	モデル削除時に関連先のモデルも削除するか

オプション	概要
:destroy	関連先のモデルで destroy メソッドを実行
:destroy_async **6.1**	関連先のモデルを非同期で削除
:delete	関連先のモデルをデータベースから直接削除（has_many では :delete_all）
:nullify	関連のみ解消。外部キーを NULL にする

[*34] 保存が失敗したときに例外を発生する *collection*.create! メソッド（「！」付き）もあります。

[*35] もっとも、命名に関するオプションはできるだけ使用しないに越したことはありません。まずは本来の命名規則に沿うのが大原則です。

foreign_key	○	○	○	○	関連で使用する外部キー列の名前
inverse_of	○	○	○	×	その関連付けからの逆関連付けの名前を指定
join_table	×	×	×	○	中間（結合）テーブルの名前
optional	○	×	×	×	関連先のオブジェクトが存在するかを検証しない
primary_key	○	×	○	×	関連で使用する主キー列の名前
polymorphic	○	×	×	×	ポリモーフィック関連を有効化
readonly	×	×	×	○	関連先のオブジェクトを読み取り専用にするか
required	○	×	×	×	関連先のオブジェクトが存在するかを検証
strict_loading 6.1	○	○	○	○	Strict Loading モード（5.6.15 項）の有効化
touch	○	×	×	×	モデル保存時に関連先オブジェクトの created_at ／ updated_at も更新
through	×	○	○	×	5.6.6 項を参照
validate	○	○	○	○	現在のモデルを保存する際、関連先の検証も実行するか

以下では、主なオプションについて、具体的な例をいくつか示します。

関連の命名を変更する

たとえば図 5-36 は、Author モデルに対して 1：n の関係にある FanComment モデル（ファンによるコメント）を追加する例です。

▼ 図 5-36　標準ルールと異なる関連

ここには、いくつか標準の動作ではまかなえない要件が含まれます。

- Author モデルからは FanComment モデルを（fan_comments メソッドではなく）comments メソッドで参照
- fan_comments テーブルの外部キーは author_no フィールド
- Author モデルから FanComment モデルを取得する際、deleted 列が false（未削除）であるものだけを抽出したい

以上の要件を満たすためには、Author モデルで has_many 関連を定義する際に、リスト 5-89 のようなオプションを設定する必要があります。

▼ リスト 5-89　author.rb [36]

```
class Author < ApplicationRecord
  has_many :comments❶, -> { where(deleted: false) }❹, class_name: 'FanComment'❷,
    foreign_key: 'author_no'❸
end
```

まず関連名は、❶のように用途に合わせて自由に付けてしまって構いません（ここまで見てきたように、関連名はそのまま関連先のテーブルを参照する際のメソッド名となります）。

ただし、既定では関連名がそのまま関連先のクラス名と見なされるため、自由に命名した場合には、class_name オプションで関連先のクラス名を宣言する必要があります（❷）。

❸は関連を形成する際の外部キーを指定しています。通常は、author_id のようにモデル名（小文字）+「_id」の形式となるはずですが、異なる命名をしている場合には、このように foreign_key オプションで明示的に宣言する必要があります。

そして、❹では FanComment モデルを参照する際の条件式を指定しています。条件式は（オプションとしてではなく）メソッドの第 2 引数にラムダ式（-> { ... }）の形式で表します。この例では、削除済みコメントは参照したくないので、deleted 列が false（未削除）のもののみに限定して取得しているわけです。ラムダ式の中では、where メソッドだけでなく、order／limit など任意のクエリメソッドを指定できます。

関連モデルの件数を親モデル側でキャッシュする ― counter_cache オプション

たとえばあるユーザー（users テーブル）が投稿したレビュー（reviews テーブル）の件数を users テーブルで保存しておければ、件数を取得するためだけに両者を結合する必要がなくなり便利です（図 5-37）。アソシエーションでは、belongs_to メソッドの counter_cache オプションを利用することで、このようなしくみを簡単に実装できます（**カウンターキャッシュ**）。

▼ 図 5-37　カウンターキャッシュ

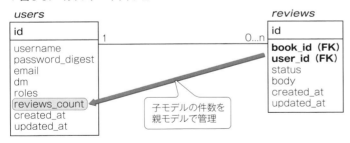

具体的な手順は、以下のとおりです。

◼1 カウンター管理のための列を作成する

まず、親テーブルに「子テーブル名 _count」という名前で integer 型の列（カウンター列）を準備します。Active Record では、このカウンター列に対して関連モデルの件数を記録することで、カウンターキャッシュを実現しているのです。この例であれば、users テーブルの reviews_count 列が、関連するレビュー数を管

---

[36] 実際の動作を確認したい場合は、ダウンロードサンプルの record/hasmany2 アクションを参照してください。

理します。

rails generate コマンドで自動生成したマイグレーションファイルは、ほとんどそのまま利用できますが、最低限、リスト 5-90 の太字部分（default オプション）の追記が必須です。カウンター列の既定値として、0 をセットしています。

▼ リスト 5-90　20240303223936_create_users.rb

```ruby
class CreateUsers < ActiveRecord::Migration[7.1]
  def change
    create_table :users do |t|
      …中略…
      t.integer :reviews_count, default: 0

      t.timestamps
    end
  end
end
```

❷ カウンターキャッシュ機能を有効にする

あとは、子モデル（ここでは Review モデル）でカウンターキャッシュを有効にするだけです（リスト 5-91）。

▼ リスト 5-91　reviews.rb

```ruby
class Review < ApplicationRecord
  belongs_to :book
  belongs_to :user, counter_cache: true
  …中略…
end
```

ただし、カウンター列が「子テーブル名_count」という命名規則に沿っていない場合、太字の部分は「counter_cache: :review_num」のように、明示的に列名を指定しなければなりません。

❸ カウンターキャッシュを利用して件数を取得する

それでは、カウンターキャッシュを利用して、User モデル経由でレビュー件数を取得してみましょう（リスト 5-92）。

▼ リスト 5-92　record_controller.rb

```ruby
def cache_counter
  @user = User.find(1)
  render plain: @user.reviews.size
end
```

```
SELECT "users".* FROM "users" WHERE "users"."id" = ? LIMIT ?  [["id", 1], ["LIMIT", 1]]
```

@user.reviews.size で Review モデルへのアクセスが発生しているにも関わらず、reviews テーブルへの問い合わせは発生して**いない**点に注目です。

size メソッドと似たようなメソッドとして、length ／ count などもありますが、これらのメソッドではカウンターキャッシュは働か**ない**ので、要注意です。

> **NOTE カウンターキャッシュのしくみ**
>
> カウンターキャッシュを有効にした状態で、子モデル（本文の例では Review モデル）を追加／削除すると、親モデルのカウンター列が自動的にインクリメント／デクリメントされます[37]。以下は、新規にレビューを登録した場合に発生する SQL 命令です。
>
> ```
> INSERT INTO "reviews" ("book_id", "user_id", "status", "body", "created_at", "updated_at")
> VALUES (?, ?, ?, ?, ?, ?) RETURNING "id"  [["book_id", 1], ["user_id", 1], ["status", 0],
> ["body", "{\"p\":\"nOwfjCztlTbHwrmBdrUhl5iQ\",\"h\":{\"iv\":\"3cFSc1a45il4zEbf\",\"at\":\
> "U+xIYDooiXM3wg0jPsqqyQ==\"}}"], ["created_at", "2024-03-14 02:31:26.037960"], ["updated_at",
> "2024-03-14 02:31:26.037960"]]
> UPDATE "users" SET "reviews_count" = COALESCE("reviews_count", 0) + ? WHERE "users".
> "id" = ?  [["reviews_count", 1], ["id", 1]]          ← カウンターをインクリメント
> ```
>
> その性質上、モデルを介さずにデータベースを更新した場合、もしくはコールバックを利用しないメソッド（たとえば delete メソッドのように）でモデルを操作した場合には、カウンターは正しく管理できません。
>
> 同じ理由から、テーブルのデータを初期化する場合には、その時点での子モデルの件数をフィクスチャなどを使って手動で反映しなければなりません。自動的に、その時点での件数が反映されるわけではないので、要注意です。

1 つのモデルを複数の親モデルに関連付ける ― ポリモーフィック関連

ポリモーフィック関連とは、1 つのモデルが複数の親モデルに紐づく関連のことを言います。具体的には、図 5-38 のような関連です。

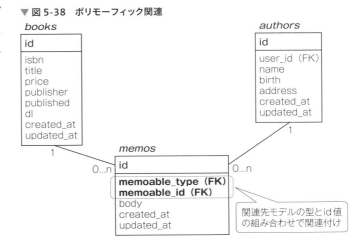

▼ 図 5-38　ポリモーフィック関連

---

[37] 内部的には、コールバック（5.7 節）というしくみを利用しています。

第 5 章　モデル開発

　この例では、Book（書籍）／ Author（著者）モデルは、それぞれのメモ情報を Memo モデルで管理しています。このようなポリモーフィック関連では、通常の外部キーだけでは紐づけを表現できないので、

- *xxxxx*_type（紐づけるモデル）
- *xxxxx*_id（外部キー）

のような列をテーブルに準備しておく必要があります。*xxxxx* はあとから指定する関連名を表します。
　そして、モデル側では以下のような宣言が必要となります。

- 親モデル側で as オプション付きの has_many メソッドを宣言
- 子モデル側で polymorphic オプション付きの belongs_to メソッドを宣言

　具体的には、リスト 5-93 のようなコードとなります。

▼ **リスト 5-93　上：book.rb、中：author.rb、下：memo.rb**

```ruby
class Book < ApplicationRecord
  …中略…
  has_many :memos, as: :memoable
  …中略…
end
```

```ruby
class Author < ApplicationRecord
  …中略…
  has_many :memos, as: :memoable
  …中略…
end
```

```ruby
class Memo < ApplicationRecord
  belongs_to :memoable, polymorphic: true
end
```

　as オプションには関連名を指定します。この例であれば、親モデル（Book ／ Author）が子モデル（Memo）から memoable という名前で参照できるよう、ポリモーフィック宣言しています。値を設定する際、

- as オプションの値
- belongs_to メソッドの引数
- 子テーブル側の *xxxxx*_type ／ *xxxxx*_id 列の *xxxxx* の部分

は、すべて同じ名前でなければならない点に注意してください。
　以上の準備ができたら、リスト 5-94 のようなアクションで memos テーブルを登録してみましょう。

▼ **リスト 5-94　record_controller.rb**

```ruby
def memorize
  @book = Book.find(1)
  # 書籍情報に関連するメモを登録
  @memo = @book.memos.build({ body: 'あとで買う' })
  if @memo.save
```

```
      render plain: 'メモを作成しました。'
    else
      render plain: @memo.errors.full_messages[0]
    end
end
```

buildメソッド（表5-20）で書籍情報に関連付いたメモ情報を生成しています。上のアクションを実行した後、SQLTools拡張などでmemosテーブルの内容を確認してみましょう。図5-39のように、memoable_type列に関連先モデルであるBookが、memoable_id列にbooksテーブルのid値がセットされていれば、ポリモーフィック関連は正しく動作しています。

▼図5-39 親テーブルにメモが紐づけされた

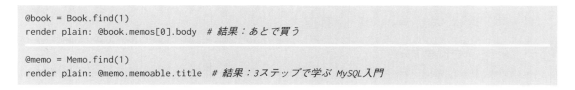

ポリモーフィック関連で紐づいたデータにアクセスするには、これまでと同じく、has_many／belongs_toメソッドで宣言された名前で参照するだけです。

```
@book = Book.find(1)
render plain: @book.memos[0].body   # 結果：あとで買う
```

```
@memo = Memo.find(1)
render plain: @memo.memoable.title   # 結果：3ステップで学ぶMySQL入門
```

いかがですか。ここで挙げているのはあくまで一例にすぎませんが、他のオプションも直感的に利用できるものが多いので、是非、自分でも実際に設定してみて、実際の挙動を確認してみてください。

5.6.9 複数のモデルをまとめて管理する ― 単一テーブル継承

たとえば図5-40のような継承関係のあるモデルがあったとします。

▼図5-40 共通属性を持ったモデル

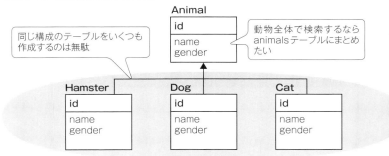

このように属性が共通しているモデルに対して、個々にテーブルを作成するのは冗長です。類似したモデルが無制限に増殖するのは望ましくありませんし、（犬ではなく）動物として横串で情報を取得したいと思っても、テーブルが異なるので、結合の手間が増えます。

このような継承関係にあるモデルは、単一のテーブルでまとめて、モデル（オブジェクト）としてのみ区別できた方が便利です。このようなしくみが Rails では標準で用意されています。**STI**（Single Table Inheritance）──単一テーブル継承です。

以下では、図 5-40 のようなモデルを STI のしくみを利用して、animals テーブルでまとめて管理する方法を紹介します[38]。

■1 モデルを作成する

おなじみの rails generate コマンドでモデルを作成します。モデルの親子関係を表すには --parent オプションを指定するだけです。

```
> rails generate model animal name:string gender:string type:string
> rails generate model hamster --parent=animal
> rails generate model dog --parent=animal
> rails generate model cat --parent=animal
```

STI を利用する際には、大元となるモデル（テーブル）は type 列を持たなければなりません。type 列でもって、実際の型（Dog、Cat、Hamster）を区別するからです。

■2 データベースを作成する

この段階でマイグレーションファイルも併せて作成されているので、rails db:migrate コマンドでテーブルを作成しておきましょう。SQLTools 拡張から、図 5-41 のような animals テーブルができていることが確認できます。

▼ 図 5-41　animals テーブルが作成された

---

[38] ダウンロードサンプルでは、完成したコードを準備済みです。本文は一からコードを組み立てるための手順を示しています。

3 animals テーブルに登録する

テーブルは単一ですが、データはそれぞれのモデルから登録できます（リスト 5-95）。

▼ リスト 5-95　record_controller.rb

```
def create_animals
  Dog.create(name: 'ハナ', gender: 'female')
  Cat.create(name: 'サクラ', gender: 'female')
  Hamster.create(name: 'マメ', gender: 'male')
  render plain: 'データを作成しました。'
end
```

SQLTools 拡張から確認すると、確かにすべてのデータが animals テーブルに格納されていること、モデルそのものは type 列で区別されていることが確認できます（図 5-42）。

▼ 図 5-42　animals テーブルの内容を確認

railbook: 3 records on 'animals' table ×

id	name	gen...	type	created_at	updated_at
Filter...	Filter...	Filter...	Filter...	Filter...	Filter...
1	ハナ	female	Dog	2024-06-03 08:21:32.400114	2024-06-03 08:21:32.400114
2	サクラ	female	Cat	2024-06-03 08:21:32.427482	2024-06-03 08:21:32.427482
3	マメ	male	Hamster	2024-06-03 08:21:32.451596	2024-06-03 08:21:32.451596

4 animals テーブルからデータを取得する

本項冒頭で触れたように、関連したデータが単一のテーブルにまとまっているので、データを取り出すのは簡単です（リスト 5-96）。

▼ リスト 5-96　上：record_controller.rb、下：record/show_animals.html.erb

```
def show_animals
  @animals = Animal.all
end
```

```
<ul>
<% @animals.each do |animal| %>
  <li>
    <%= animal.name %>: <%= animal.gender %>
    <% case animal                                  ─┐
      when Dog then concat '（ワン）'                  │
      when Cat then concat '（ニャー）'                 │ ❶
      when Hamster then concat '（チュー）'             │
      else concat '(...)'                             │
    end %>                                          ─┘
  </li>
<% end %>
</ul>
```

▼ 図 5-43 すべての動物をリスト表示

Animal モデルからアクセスすることで、種別を問わず、すべての動物を取得できるわけです。もしも種別に応じた処理を加えたいならば、❶のように型で判定することも、もちろん可能です[*39]。

そもそも特定の種別（たとえばハムスター）だけを取得したいならば、最初から「Hamster.all」で取得すれば良いだけです。

5.6.10 継承関係にないモデル同士をまとめて管理する ― Delegated Types 6.1

単一テーブル継承では、モデル同士が扱う情報がほぼ一致している場合に効果を発揮します。逆に言えば、図 5-44 のように特定のモデルでしか持たない情報が増えれば、まとめる側のテーブルは肥大化し、効率は悪くなります（単一テーブルの列は、すべてのモデルの最小公倍数でなければならないからです）。

▼ 図 5-44 STI では冗長になるケース

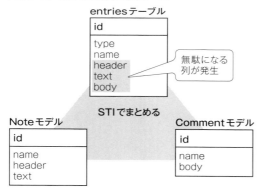

そこで Rails 6.1 では、より柔軟に複数のモデルをまとめて管理するためのしくみが提供されるようになりました。**Delegated Types** です。Delegated Types には、以下のような特徴があります。

- モデル同士に継承関係はない
- 共通した情報だけを 1 個のテーブルで管理し、モデル固有の情報は個々のテーブルで管理する
- 異なるモデルをまとめて取得できる（STI と同じ）

[*39] ここでは case 命令で型判定していますが、もちろん、is_a? / kind_of? などのメソッドを利用しても構いません。

その性質上、モデル同士が異なる情報を持つ場合にも、テーブルが肥大化する心配はありませんし、扱う情報が厳密に一致していなくても、意味的に関係するモデルをまとめて管理できるようになります[40]。

具体的な例も見てみましょう。たとえば図 5-45 は、図 5-44 を Delegated Types を使って改善した例です。Note、Comment モデルが、Entry モデルで name（名前）を共有しています。

▼ 図 5-45　Delegated Types

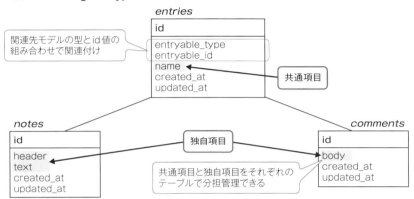

Note、Comment を束ねるための Entry モデル[41]（entries テーブル）では、*xxxxx*_type ／ *xxxxx*_id のような列を備えていなければなりません。ポリモーフィック関連と同じく、*xxxxx*_type で紐づけるモデルを、*xxxxx*_id で外部キーを表すわけですね。*xxxxx* は、あとから指定する関連名です。

加えて、モデル側でも、以下のような宣言が必要となります。

- 委譲元モデルでは delegated_type メソッドで委譲関係を宣言
- 委譲先クラスでは as オプション付きの has_one メソッドを宣言

具体的には、リスト 5-97 のようなコードとなります。

▼ リスト 5-97　上：entry.rb、中：comment.rb、下：note.rb

```
class Entry < ApplicationRecord
  delegated_type :entryable, types: %w[Comment Note]❶
end

class Comment < ApplicationRecord
  has_one :entry, as: :entryable, touch: true❷
end

class Note < ApplicationRecord
  has_one :entry, as: :entryable, touch: true❸
end
```

---

[40] 反面、テーブルは複数に分かれているので、内部的なクエリのオーバーヘッドが大きくなる可能性があります。結局のところ、STI と Delegated Types とはいずれが優れているわけではなく、要件に応じて使い分けるべきしくみです。

[41] 便宜上、本書では委譲元クラスと呼びます。対して、委譲元クラスに属するクラス（ここでは Comment ／ Note）を委譲先クラスと呼ぶものとします。

太字は互いを紐づけるための関連名です。名前は変更しても構いませんが、互いに対応関係になければなりません。また、types オプション（❶）で、委譲先モデルを列挙しておきましょう。

touch オプション（❷、❸）は子モデルが更新された場合に親モデルの更新年月日も更新するための指定です。Comment ／ Note から直接値が変更された場合にも、Entry 側の更新年月日を一致するよう、true と指定しておきます。

データの登録

以上の準備ができたら、リスト 5-98 のようなアクションで Note ／ Comment を登録してみましょう。

▼ リスト 5-98　record_controller.rb

```ruby
def create_entries
  Entry.create!(name: '佐藤理央', entryable:
    Note.new(header: 'X記事サンプル検証', text: 'Windows／macOS双方で確認'))
  Entry.create!(name: '鈴木太郎', entryable:
    Comment.new(body: 'B記事の査読完了'))
  Entry.create!(name: '山田花子', entryable:
    Note.new(header: 'Y企画構成案', text: '6月30日までに提出'))
  Entry.create!(name: '藤井次郎', entryable:
    Comment.new(body: 'A書籍の見本誌送付済'))
  render plain: 'データを作成しました。'
end
```

「関連名：委譲先オブジェクト」の形式で、委譲元／委譲先モデル双方を同時に生成できます。コードを実行した後、SQLTools 拡張から entries ／ comments ／ notes テーブルをそれぞれ確認してみましょう（図 5-46）。

▼ 図 5-46　entries ／ comments ／ notes テーブルの関係

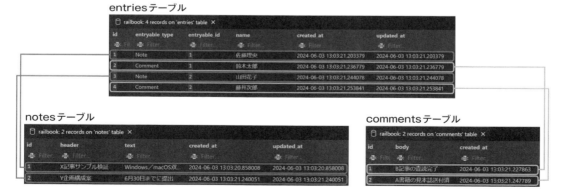

entries テーブルで comments ／ notes 共通の項目とキー情報を、comments ／ notes テーブルではそれぞれ固有の項目だけを管理しているのが見て取れます。

データの取得

アプリからもデータを取得してみましょう（リスト5-99）。

▼ リスト5-99　上：record_controller.rb、下：record/delegate_list.html.erb

```
def delegate_list
  @entries = Entry.all
end
```

```erb
<ul>
<% @entries.each do |entry|
  if entry.comment? %>
    <li><%= entry.comment.body %> (<%= entry.name %>) </li>
  <% else %>
    <li><%= entry.note.header %>: <%= entry.note.text %>
        (<%= entry.name %>) </li>
  <% end %>
end %>
</ul>
```

❶

▼ 図5-47　Entryで管理されたコメント／ノートを取得

delegated_typeメソッド（リスト5-97）の宣言によって、Entryモデルには、表5-22のようなメソッドが追加されています（太字は関連名、紐づいたモデルによって変化します[*42]）。

▼ 表5-22　delegated_typeメソッドで追加されたメソッド

メソッド	概要
entryable_class	関連付いたモデルクラス（たとえばComment）
entryable_name	関連付いたモデルの名前（たとえばcomment）
comment?	関連付いたモデルがcommentの場合にtrue
comment	関連付いたモデルがcommentの場合にはオブジェクトを、さもなくばnilを返す
comment_id	関連付いたモデルがcommentの場合にはそのid値を、さもなくばnilを返す

❶であればEntryに紐づいているのがComment／Noteであるかによって処理を分岐しているわけです。

[*42] 表5-22ではcommentの例を示していますが、同様にnote?、note、note_idのようなメソッドも追加されます。

第 5 章　モデル開発

委譲先メソッドを追加する

以上でも最低限の要件はまかなえますが、リスト 5-99 のようにモデルによって分岐しなければならないのは冗長です。そこで、ここでは Entry#body メソッドで、Note モデルは「見出し：ノート」を、Comment モデルは「コメント本文」を得られるように設定してみましょう（リスト 5-100）。

▼ リスト 5-100　上：entry.rb、下：note.rb

```
class Entry < ApplicationRecord
  delegated_type :entryable, types: %w[Comment Note]
  delegate :body, to: :entryable ──────────────────────────────❶

end


class Note < ApplicationRecord
  has_one :entry, as: :entryable, touch: true
  def body ─────────────────────────────┐
    "#{header}: #{text}"                  ├❷
  end ──────────────────────────────────┘
end
```

delegate メソッド（❶）で、body メソッドの呼び出しを、それぞれ entryable 関連（Note、Comment モデル）の同名のメソッドに委ねる、という意味になります。

あとは、委譲先モデルで body メソッドを定義しておくだけです（❷）。Node モデルの例だけを示しているのは、Comment モデルではもともと body メソッドを持っており、これをそのまま返せば良いからです。

モデルの定義に合わせて、テンプレートも修正しておきましょう（リスト 5-101）。

▼ リスト 5-101　record/delegate_list.html.erb

```
<% @entries.each do |entry| %>
  <li><%= entry.body %> (<%= entry.name %>) </li>
<% end %>
```

Entry モデルのメソッドとしてすべての情報にアクセスできるので、条件分岐もなくなり、コードがぐんと簡素化できたことが確認できます。

◎ 5.6.11　アソシエーションで関連先の存在を確認する ─ missing メソッド 6.1

Rails 6.1 以降で、アソシエーションによる関連先が存在する（しない）レコードだけを取得することも可能になっています。

たとえばリスト 5-102 は、対応する著者（:author）が存在しないユーザーだけを取得する例です。

▼ リスト 5-102　record_controller.rb

```
def missing
  @users = User.where.missing(:author)
```

```
  render 'users/index'
end
```

```
SELECT "users".* FROM "users" LEFT OUTER JOIN "authors" ON "authors"."user_id" = "users"."id" ↵
WHERE "authors"."id" IS NULL
```

「where.missing(*関連先*)」の形式で利用します。この例では、関連先が 1：1 関係なので :author としていますが、1：n 関係なのであれば :reviews のように複数形となります。

ターミナルのログに注目すると、users ／ authors テーブルを左外部結合し、その結果から authors.id 列が null のものだけを取得していることが確認できます。

関連先が存在するレコードだけを取得する ― associated メソッド 7.0

missing メソッドの逆となるのが、associated メソッドです。用法は missing メソッドと同じなので、リスト 5-102 の太字部分を associated で置き換えるだけです。

実行し、著者に紐づいているユーザーだけが取得できること、以下のようなログが出力されることを確認してください。

```
SELECT "users".* FROM "users" INNER JOIN "authors" ON "authors"."user_id" = "users"."id" WHERE ↵
"authors"."id" IS NOT NULL
```

5.6.12 関連するモデルを取得する ― extract_associated メソッド 6.0

extract_associated メソッドを利用することで、あるレコード（群）に関連するレコードをまとめて取得できます。

extract_associated メソッド

extract_associated(*association*)

association：関連名

たとえばリスト 5-103 は「技術評論社から出版されている書籍に関連付いたレビュー」を一式取得する例です。

▼ リスト 5-103　record_controller.rb

```
def associated
  @reviews = Book.where(publisher: '技術評論社').extract_associated(:reviews)
end
```

```
SELECT "books".* FROM "books" WHERE "books"."publisher" = ?  [["publisher", "技術評論社"]]
SELECT "reviews".* FROM "reviews" WHERE "reviews"."book_id" IN (?, ?, ?, ?)  [["book_id", 1], ↵
["book_id", 4], ["book_id", 6], ["book_id", 9]]
```

内部的には対象の書籍をまず特定し、その結果に基づいて IN 演算子で reviews テーブルから該当のレコードを取得しています。

5.6.13 関連するモデルと結合する ── joins メソッド

複数のテーブルを結合する場合、Rails ではアソシエーションを利用するのが基本ですが、joins メソッドを利用する方法でもほぼ同様のことができます。joins メソッドは、関連するモデルを結合し、まとめて取得するメソッドです。

joins メソッド

joins(exp)

exp：結合条件

引数 exp には、結合条件を示すために、以下のような式を指定できます。

関連名（シンボル）

指定した関連名で INNER JOIN 句を生成します。カンマ区切りで複数のシンボルを同時に指定しても構いません（リスト 5-104）。

▼ リスト 5-104　record_controller.rb

```
def assoc_join
  @books = Book.joins(:reviews, :authors).
    order('books.title, reviews.updated_at').
    select('books.*, reviews.body, authors.name')
end
```

```
SELECT books.*, reviews.body, authors.name FROM "books"
  INNER JOIN "reviews" ON "reviews"."book_id" = "books"."id"
  INNER JOIN "authors_books" ON "authors_books"."book_id" = "books"."id"
    INNER JOIN "authors" ON "authors"."id" = "authors_books"."author_id"
  ORDER BY books.title, reviews.updated_at
```

関連名 1: 関連名 2

複数モデルにまたがる結合を表します（リスト 5-105）。

▼ リスト 5-105　record_controller.rb

```ruby
def assoc_join2
  @books = Book.joins(reviews: :user).
    select('books.*, reviews.body, users.username')
end
```

```
SELECT books.*, reviews.body, users.username FROM "books"
  INNER JOIN "reviews" ON "reviews"."book_id" = "books"."id"
    INNER JOIN "users" ON "users"."id" = "reviews"."user_id"
```

　いずれの場合も、JOIN 句によって複数のテーブルの内容を単一の問い合わせで取得している点に注目してください（アソシエーションでは結合先のテーブルを参照するのに、最低でも 2 つの SQL 命令を発行する必要がありました）。

　また、joins メソッドを利用した場合、関連モデルの列には現在のモデルからアクセスします。たとえばリスト 5-106 は、リスト 5-104 に対応するビューです。body 列は reviews テーブルに、name 列は authors テーブルに属する列です。

▼ リスト 5-106　record/assoc_join.html.erb

```erb
<% @books.each do |b| %>
  <p><%= b.body %> (<%= b.title %>：<%= b.name %>) </p>
<% end %>
```

5.6.14　関連するモデルと結合する（左外部結合） — left_outer_joins メソッド

　joins メソッドの既定の動作は内部結合です。外部結合を実装したいならば、left_outer_joins メソッドを利用してください。たとえばリスト 5-107 は、books ／ reviews テーブルを左外部結合する例です。

▼ リスト 5-107　record_controller.rb

```ruby
def assoc_join_left
  @books = Book.left_outer_joins(:reviews).select('books.*, reviews.body')
end
```

```
SELECT books.*, reviews.body FROM "books"
  LEFT OUTER JOIN "reviews" ON "reviews"."book_id" = "books"."id"
```

　ちなみに、joins メソッドでも結合式を文字列として渡すことで、外部結合を表現できます。以下は、上のコードを joins メソッドで書き換えた例です。

第 5 章　モデル開発

```
@books = Book.joins('LEFT OUTER JOIN reviews ON reviews.book_id = books.id').
  select('books.*, reviews.body')
```

◎ 5.6.15　関連するモデルをまとめて取得する ─ includes メソッド

　アソシエーションで関連モデルを読み込むのは、それが必要になったタイミングです。つまり、複数のモデル
を each メソッドなどで処理し、それぞれの関連モデルを取得する際には、元モデルの数だけデータアクセス
が発生するということです。

　これは効率という意味でも望ましくないため、このような状況では includes メソッドを利用してください。
includes メソッドでは、指定された関連モデルを元モデルの読み込み時にまとめて取得することで、データア
クセスの回数を減らしています（リスト 5-108）。

▼ リスト 5-108　上：record_controller.rb、下：record_controller.rb

```
def assoc_includes
  @books = Book.includes(:reviews).all
end
```

```
<ul>
<% @books.each do |b| %>
  <li><%= b.title %>
    (<% b.reviews.each do |r| %><%= r.body %> <% end %>) </li>
<% end %>
</ul>
```

↓

```
SELECT "books".* FROM "books"
SELECT "reviews".* FROM "reviews" WHERE "reviews"."book_id" IN (?, ?, ?, ?, ?, ?, ?, ?, ?, ?) ↵
[["book_id", 1], ["book_id", 2], ["book_id", 3], ["book_id", 4], ["book_id", 5], ["book_id", 6], ↵
["book_id", 7], ["book_id", 8], ["book_id", 9], ["book_id", 10]] ─── 関連するレビュー情報をまとめて取得
```

　includes メソッドの引数には関連モデル（関連名）を指定します。

includes メソッド

```
includes(assoc, ...)
```
----
assoc：関連名

　リスト 5-108 から includes メソッド（太字部分）を外した場合、以下のように reviews テーブルへのアク
セスが何度も発生することになります。

```
SELECT "books".* FROM "books"
```

278

5.6 アソシエーションによる複数テーブルの処理

```
SELECT "reviews".* FROM "reviews" WHERE "reviews"."book_id" = ?  [["book_id",1]]
SELECT "reviews".* FROM "reviews" WHERE "reviews"."book_id" = ?  [["book_id",2]]
...book_id=1～Nまで、データ数だけのアクセス...
SELECT "reviews".* FROM "reviews" WHERE "reviews"."book_id" = ?  [["book_id",10]]
```

Strict Loading モード

Rails 6.1 では Strict Loading モードが追加され、非効率な遅延読み込み（≒ includes を介さない関連の読み込み）が発生した場合には、StrictLoadingViolationError エラーを発生するようになりました。

Strict Loading モードを有効にするには、モデルで has_*xxxxx*、belongs_to メソッドに strict_loading オプションを付与するだけです（リスト 5-109）。

▼ リスト 5-109　book.rb

```ruby
class Book < ApplicationRecord
  …中略…
  has_many :reviews, strict_loading: true
  …中略…
end
```

この状態でリスト 5-108 から includes メソッドを除去すると、StrictLoadingViolationError エラーが発生します。アソシエーション単位に strict_loading オプションを付与するのが面倒ならば、以下のようにすることでモデル全体の Strict Loading モードを有効にすることも可能です。

```ruby
class Book < ApplicationRecord
  …中略…
  has_many :reviews
  self.strict_loading_by_default = true
  …中略…
end
```

5.7 コールバック

　コールバック（コールバックメソッド）とは、Active Record による検索／登録／更新／削除、および、検証処理のタイミングで実行されるメソッドのこと。たとえば、

- ユーザー情報を登録する際にパスワードが指定されていなかったら、ランダムのパスワードを生成
- 書籍情報を削除する際に、削除される書籍情報を履歴情報として記録する
- 著者情報を削除する際に、ファイルシステムで管理していたサムネイル画像も削除
- 著者情報が登録／更新されたタイミングで、管理者にメールを送信

など、モデル操作のタイミングでまとめて実行すべき処理は、コールバックとして定義することで、同じようなコードがモデルやコントローラーに散逸するのを防げます。

　また、Active Record は、実際の保存処理とコールバックとを、1 つのトランザクション（5.4.7 項）として実行します。コールバックを利用することで、関連する一連の処理を、トランザクションを意識することなく記述できるというメリットもあります。

5.7.1　利用可能なコールバックと実行タイミング

　新規登録／更新／削除タイミングで呼び出されるコールバックには、表 5-23 のようなものがあります。表の記載順序は、コールバックの発生順序に沿っています。

▼ 表 5-23　新規作成／更新／削除タイミングで実行されるコールバック

登録	更新	削除	実行タイミング
before_validation		−	検証処理の直前
after_validation		−	検証処理の直後
before_save		−	保存の直前
around_save		−	保存の前後
before_create	before_update	before_destroy	作成／更新／削除の直前
around_create	around_update	around_destroy	作成／更新／削除の前後
after_create	after_update	after_destroy	作成／更新／削除の直後
after_save		−	保存の直後
after_commit			コミットの直後
after_create_commit	after_update_commit	after_destroy_commit	コミットの直後（after_commit のエイリアス）
after_rollback			ロールバックの直後

　その他、データの取得、オブジェクトの生成タイミングで呼び出されるコールバックもあります（表 5-24）。

▼ 表 5-24　検索／オブジェクト生成タイミングで実行されるコールバック

コールバック	実行タイミング
after_find	データベースの検索時
after_initialize	new による生成、データベースからのロード

after_find ／after_initialize メソッドには、対応する before_xxxxx メソッドがない点に注意してください。

これらのコールバックメソッドは、それぞれ表 5-25 のようなメソッドが呼び出されたタイミングで実行されます。

▼ 表 5-25　コールバックの実行タイミング

分類	トリガーとなるメソッド
作成／更新／削除系	create、create!、destroy、destroy!、destroy_all、destroy_by、save、save!、save(validate: false)、save!(validate: false)、toggle!、touch、update_attribute、update、update!、valid?
after_find	all、first、find、find_by、find_by_*、find_by_*!、find_by_sql、last
after_initialize	new、その他オブジェクト生成を伴うメソッド

逆に言えば、以下のようなメソッドでは、コールバックは呼び出されず、データの更新／削除だけが実施されます。

- decrement!
- delete_all
- increment_counter
- insert_all
- update_column
- update_counters

- decrement_counter
- delete_by
- insert
- insert_all!
- update_columns
- upsert

- delete
- increment!
- insert!
- touch_all
- update_all
- upsert_all

以上を念頭に、以降では、具体的なコールバックの実装例を見ていきましょう。

5.7.2　コールバック実装の基本

コールバックメソッドは、モデルに以下のような形式で登録する必要があります。以下は after_destroy コールバックの例ですが、他のコールバックも同じ要領で記述できます。

after_destroy メソッド

```
after_destroy :method
```

method：メソッド名

たとえばリスト 5-110 は、書籍情報（books テーブル）が削除されたタイミングで、削除された書籍情報をログに記録する例です（ログに関する詳細は 6.2.7 項も参照してください）。

第5章　モデル開発

▼ **リスト 5-110　book.rb**

```
class Book < ApplicationRecord
  after_destroy :history_book ─────────────────────────────────── ❶

  private ──────────────────────────────────────────────────────┐
    def history_book                                             │
      logger.info("deleted: #{self.inspect}")                    │ ❷
    end ─────────────────────────────────────────────────────────┘
end
```

　after_destroy メソッドで、コールバックメソッド history_book を登録し（❶）、history_book の本体はプライベートメソッドとして宣言します（❷）。

　この状態で、「〜 /books」から適当な書籍情報を削除してみましょう。Puma のコンソール、または /log/development.log に、以下のような情報が記録されていることを確認してください。

```
deleted: #<Book id: 10, isbn: "978-4-7981-7556-0", title: "独習C# 第5版", price: 4180, publisher: ↵
"翔泳社", published: "2022-07-21", dl: true, created_at: "2024-03-13 05:57:12.730028000 +0000", ↵
updated_at: "2024-03-13 05:57:12.730028000 +0000">
```

> **NOTE 条件付きでコールバックを適用する**
>
> 　特定の条件を満たした（満たさなかった）場合にのみコールバックを作動させたい場合には、if ／ unless パラメーターを指定します。たとえば、以下は publisher 列が unknown でない場合にのみ history_book コールバックを実行する例です。
>
> ```
> after_destroy :history_book,
>   unless: ->(b) { b.publisher == "unknown" }
> ```

◎ 5.7.3　コールバックのさまざまな定義方法

　コールバックメソッドはプライベートメソッドとして定義するのが、基本です。しかし状況によっては、以下のような構文で定義した方が良い場合もあります。

ブロック形式で定義する

　after_destroy メソッド[43] に対して、コールバック処理を直接ブロックとして指定することもできます（リスト 5-111）。ブロックの内容がごくシンプルである場合には、有効な記法です。

---

* 43　繰り返しですが、その他のコールバックメソッドも同様です。

▼ リスト 5-111　book.rb

```ruby
class Book < ApplicationRecord
  after_destroy do |b|
    logger.info("deleted: #{b.inspect}")
  end
  …中略…
end
```

コールバッククラスとして定義する

　コールバックを複数のモデルで共有するようなケースでは、コールバックメソッドを別のクラス（コールバッククラス）として外部化した方が再利用性という点で有利です（リスト 5-112）。

▼ リスト 5-112　上：book_callbacks.rb、下：book.rb

```ruby
class BookCallbacks
  cattr_accessor :logger ─────────────────────────────────────────────❶
  self.logger ||= Rails.logger ───────────────────────────────────────

  def after_destroy(b)
    logger.info("deleted: #{b.inspect}")
  end
end

class Book < ApplicationRecord
  after_destroy BookCallbacks.new ────────────────────────────────────❷
end
```

　コールバックメソッドそのものの記述は、これまでと同様です。しかし、1 点注意すべきは、コールバッククラスは普通の Ruby クラスなので、

そのままでは logger オブジェクトを呼び出せない

という点です。

　そこでサンプルでは、❶の処置を施しています。cattr_accessor メソッドでクラス変数 logger を定義した上で、logger に Rails.logger 経由でアプリ既定のロガーをセットしているわけです。この記述によって、普通の Ruby クラスからでも logger オブジェクトにアクセスできるようになります。

　コールバックをクラスとして定義した場合、モデル側では❷のようにそのインスタンスを渡すようにしてください。

第 5 章　モデル開発

5.8　マイグレーション

　Rails では、テーブルレイアウトを作成／変更するためのしくみとして**マイグレーション**という機能を提供しています。2.4.4 項では、単にテーブルを準備するためのしくみとしてのみ紹介したので、あまりその価値が実感できなかったかもしれませんが、Migration（移行）という名前のとおり、マイグレーション機能は開発途中でのスキーマの変化に際して真価を発揮します。

　本節ではマイグレーションのしくみを理解するとともに、マイグレーションによるさまざまなスキーマ管理の方法について学びます。マイグレーションファイルの生成／実行の基本については、2.4.4 項も併せて参照してください。

> **NOTE　本節のサンプルコード**
>
> 　ファイル名の後ろに ※ が付いているマイグレーションファイルは、他のコードに影響しないようにダウンロードサンプルでは、/tmp/migrate フォルダーに収録しています。

5.8.1　マイグレーションのしくみ

　まずは、マイグレーションがどのようなしくみであるのかを理解するために、マイグレーションの全体像を確認してみましょう（図 5-48）。

▼ 図 5-48　マイグレーションのしくみ

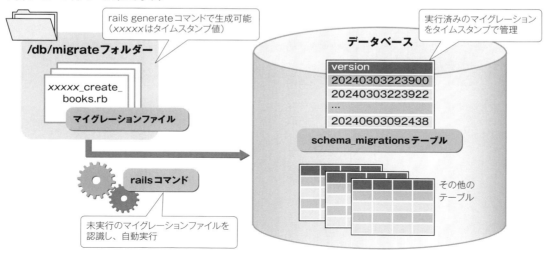

5.8 マイグレーション

まず、データベースのスキーマ変更の役割を担うのがマイグレーションファイルです。rails generate
コマンドで生成できます。マイグレーションファイルの名前には生成時のタイムスタンプ値（たとえば
20240303223900 のような）が含まれており、Rails はこの値を使って、そのスクリプトが実行済みである
かどうかを管理します。

具体的には、データベースの schema_migrations テーブルに注目してみましょう。マイグレーション機能
を利用した場合、schema_migrations テーブルに実行済みマイグレーションファイルのタイムスタンプが記録
されます[44]。Rails（rails コマンド）では、schema_migrations テーブルと /db/migrate フォルダー配下の
マイグレーションファイルとを比較し、未実行のマイグレーションを自動的に認識し、実行していたわけです。

また、マイグレーション機能では、特定タイミングまでスキーマの状態を戻したり、あるいは、指定されたバー
ジョンだけスキーマをロールバックしたり、といったこともできます。

スキーマの変動が激しい（場合によっては、過去の状態を復元させたい）ような開発の局面では、マイグレー
ションは欠かすことのできない機能です。

5.8.2 マイグレーションファイルの構造

2.4.4項で使用したマイグレーションファイルを再掲し、その基本的な構文を見ていきましょう（リスト 5-113）。

▼ リスト 5-113 20240303223900_create_books.rb

```
class CreateBooks < ActiveRecord::Migration[7.1]
  def change
    create_table :books do |t|
      t.string :isbn
      t.string :title
      t.integer :price
      t.string :publisher
      t.date :published
      t.boolean :dl

      t.timestamps
    end
  end
end
```

> **NOTE** **Migration Versioning**
>
> リスト 5-113 を眺めていると、マイグレーションファイルの先頭行にある「ActiveRecord::Migration[7.1]」とい
> う記述が気になったかもしれません。これは、Rails がマイグレーションを自動生成したときのバージョン情報を意味
> します。これによって、Rails のバージョンによってマイグレーションの挙動が変わった場合にも、それぞれのバージョ
> ンに応じた操作が可能になります（これを **Migration Versioning** と言います）。

---

[44] マイグレーションの実行履歴は rails db:migrate:status コマンドで確認できます。

第 5 章　モデル開発

マイグレーションファイルでは、まず change メソッドでスキーマ操作の実処理を表すのが基本です。change メソッドでは、テーブルの作成／削除をはじめ、インデックスの設置／破棄、フィールドの追加／変更／削除など、さまざまなメソッドを利用できますが、本項ではまず、もっともよく利用すると思われる create_table メソッド（テーブルの作成）について理解します（リスト 5-113 太字部分）。

---

create_table メソッド

```
create_table tname [,toption] do |t|
  t.type fname [,flag, ...]
  ...
end
```
----
tname：テーブル名　　　*toption*：テーブル（「オプション名: 値」の形式）　　　*type*：データ型
fname：フィールド名　　*flag*：列制約（「制約名: 値」の形式）

ポイント盛りだくさんのメソッドなので、引数の内容を順に見ていきましょう。

引数 toption ― テーブルオプション

引数 toption は、テーブル全体に関わる、またはその他、SQL の CREATE TABLE 命令に付与すべきオプション情報を指定します。具体的には、表 5-26 のようなものが指定できます。

▼ 表 5-26　引数 toption で利用できるテーブルオプション

オプション	概要	既定値
id	主キー列を自動生成するか	true
primary_key	主キー列の名前（id オプションが true の場合のみ）	id
temporary	一時テーブルとして作成するか	false
force	テーブルを作成する前にいったん既存テーブルを削除するか	false
as	テーブルを作成する際に利用する SQL	−
options	その他のテーブルオプション（例 . options: 'ENGINE=InnoDB CHARSET=utf8'）	−

ほとんどが直感的に理解できる内容ですが、primary_key、as オプションについてのみ、以下で補足しておきます。

（1）primary_key オプション **7.1**

Rails 7.1 以降では、**複合主キー**をサポートするようになり、primary_key オプションに主キー列の配列を渡せるようになりました。たとえばリスト 5-114 は、書籍情報に紐づいたノート（メモ）を表す notes テーブルを作成するマイグレーションです。

▼ リスト 5-114　20240615115327_create_notes.rb ✳

```
class CreateNotes < ActiveRecord::Migration[7.1]
  def change
    create_table :notes, primary_key: [ :isbn, :user_id ] do |t|
```

```
      t.string :isbn          // ISBNコード
      t.integer :user_id      // ユーザーid
      t.string :body          // ノート本文

      t.timestamps
    end
  end
end
```

複合主キーに対しては、find、where メソッドでも同様に配列でキーを指定します。

```
@note = Note.find(['978-4-297-13919-3', 1])

@note = Note.where(Note.primary_key => [['978-4-297-13919-3', 1], ['978-4-7981-8094-6', 2]])
```

このように、複合主キーは一見して便利にも見えますが、頻繁なデータ更新があるテーブルではインデックスの更新に悪影響をもたらしますし、アプリも若干ながら複雑になります（それと意識したコードを記述しなければなりません）。まずは、テーブルの正規化で解決できないのか（＝複合主キーでなければならないのか）を検討してください。

（2）as オプション

ちょっと変わり種のオプションとして、create_table メソッドには as オプションもあります。as オプションを利用することで、テーブルを作成する際に（ブロックで個々のフィールドを指定する代わりに）サブクエリを指定できるようになります。

たとえばリスト 5-115 は、books ／ reviews テーブルを結合した結果をもとに、テーブル current_reviews を生成するサンプルです[45]。

▼ リスト 5-115　20240410051158_create_current_reviews.rb ※

```
create_table :current_reviews, as: 'SELECT books.*, reviews.body FROM books INNER JOIN reviews ↵
ON books.id=reviews.book_id'
```

as オプションを指定した場合、create_table メソッドの本体は指定できない（＝無視される）ので注意してください。

フィールド定義は「t. データ型」で

テーブルに属するフィールドは、create_table メソッド配下の「t. データ型」メソッドで定義します。利用できるデータ型と、SQLite データベース、Ruby のデータ型との対応関係は、表 5-27 のとおりです。

＊45 この場合、テーブルそのものが作成されるだけでなく、中のデータも books ／ reviews テーブルのそれに基づいてセットされます。

第 5 章　モデル開発

▼ 表 5-27　利用できるデータ型

マイグレーション	SQLite	Ruby
integer	INTEGER	Fixnum
decimal	DECIMAL	BigDecimal
float	FLOAT	Float
string	VARCHAR(255)	String
text	TEXT	String
binary	BLOB	String
date	DATE	Date
datetime	DATETIME	Time
timestamp	DATETIME	Time
time	TIME	Time
boolean	BOOLEAN	TrueClass/FalseClass

　その他、特殊な列を定義するためのメソッドとして timestamps や references もあります。

　timestamps メソッドは、日付時刻型の created_at ／ updated_at 列を生成します。これらは Rails で決められた特別な列で、それぞれレコードの作成／更新時に作成日時や更新日時を自動設定します。データの絞り込みなどにも役立つので、まずは無条件に設置しておくのが望ましいでしょう。

　references メソッドは、外部キー列を生成します。たとえば「t.references :book」とした場合には、books テーブルへの外部キー列として book_id 列を生成します。

列制約も定義できる

　「t. データ型」メソッドには、「制約名 : 値」の形式で列制約も定義できます（表 5-28）。

▼ 表 5-28　引数 flag で利用できる列制約

制約名	概要
limit	列の桁数
default	既定値
null	null 値を許可するか（既定は true）
precision	数値の全体桁（decimal 型）。123.45 であれば 5
scale	小数点以下の桁数（decimal 型）。123.45 であれば 2
polymorphic	belong_to アソシエーションで利用する列名
index	インデックスを追加するか
collation	列の照合順序
comment	列の説明（備考）

　たとえば、books テーブルに表 5-29 のような制約を付与してみます。

▼ 表 5-29　books テーブルの制約

フィールド名	データ型	制約
isbn	VARCHAR(17)	NOT NULL
title	VARCHAR(100)	NOT NULL
price	DECIMAL	全体 5 桁（小数点以下 0 桁）
publisher	VARCHAR(20)	技術評論社（既定値）

5.8 マイグレーション

本来であれば、price のような列は INTEGER 型で定義すべきですが、今回は precision と scale の例とするためにあえて DECIMAL 型としています（リスト 5-116）。

▼ リスト 5-116 20240409063628_create_books.rb ※

```
def change
  create_table :books do |t|
    t.string :isbn, limit: 17, null: false
    t.string :title, limit: 100, null: false
    t.decimal :price, precision: 5, scale: 0
    t.string :publisher, limit: 20, default: '技術評論社'
    t.date :published
    t.boolean :dl

    t.timestamps
  end
end
```

補足：データベースの値を暗黙的に型変換する

ActiveRecord attributes API を利用することで、マイグレーションで定義された型（データベースに格納する型）を、モデル側で上書きすることもできます。

たとえば books テーブルの price フィールドは integer 型です（3.7.2 項）。しかし、なんらかの都合でアプリ側では float 型として扱いたいという状況があったとします。そのような場合には、モデルクラスに attribute メソッドでリスト 5-117 のように宣言してください。

▼ リスト 5-117 book.rb

```
class Book < ApplicationRecord
  attribute :price, :float
  …中略…
end
```

attribute メソッドの構文は、以下のとおりです。ここでは利用していませんが、default オプションで、値を得られなかった場合の既定値を指定することもできます。

attribute メソッド

attribute(*name*, *type* [,default: *value*])

- -

name：属性名　　*type*：データ型　　*value*：既定値

この状態で、リスト 5-118 のコードを実行してみましょう。

▼ リスト 5-118 record_controller.rb

```
def attr
  @book = Book.find(1)
```

第 5 章　モデル開発

```
  render plain: @book.price.class
end
```

price 属性の型を確認してみると、「Float」という結果が得られます。リスト 5-117 の太字部分をコメントアウトすると、結果は「Integer」に変化します。

◎ 5.8.3　マイグレーションファイルの作成

マイグレーションファイルを作成する方法は、以下の 2 種類に大別できます。

1. rails generate model コマンドでモデルと併せて作成する
2. rails generate migration コマンドを使って、マイグレーションファイル単体で作成する

新規にテーブルを作成する場合には、1. でモデルもろとも作成するのが手軽でしょう。既に存在するテーブルに対して、レイアウトの修正を行いたい場合には、2. の方法を利用します。

1. については既に 2.4.3 項でも解説済みなので、本項では 2. の方法を中心に解説を進めます。

rails generate コマンド（マイグレーションファイルの生成）

```
rails generate migration name [field :type ...] [opts]
```
----
name：名前　　　field：フィールド名　　　type：データ型
opts：動作オプション（P.31 表2-3の基本オプションを参照）

名前（name）とは、マイグレーションファイル（ActiveRecord::Migration 派生クラス）のクラス名です。自由に命名できますが、すべてのマイグレーションファイルの中で一意である必要があります。また、処理内容を識別しやすくするという意味でも、できるだけ具体的な名前を指定することをおすすめします（つまり、Migration1 のような名前でなく、AddBirthToAuthors のような名前が望ましいということです）。

そもそもフィールドの追加／削除を行う場合には、

- Add*Xxxxx*To テーブル名
- Remove*Xxxxx*From テーブル名

の形式に則った名前を指定すれば、マイグレーションファイルの骨組みだけでなく、具体的な追加／削除のコードも自動生成してくれます。

たとえば、以下は author テーブルに日付型の birth 列を追加する場合のコマンド例です[46]。

```
> rails generate migration AddBirthToAuthors birth:date
```

これによって、リスト 5-119 のようなコードができあがります。

---

[46] Add*Xxxxx*To テーブル名、Remove*Xxxxx*From テーブル名の *Xxxxx* の部分はあくまで便宜的なもので、追加／削除すべきフィールドは後続のオプション（「列名：データ型 ...」で決まります。よって、*Xxxxx* の部分には自由な名前を付けても構いません。ただし、しつこいようですが、できるだけ具体的な名前にすべきです。

290

5.8 マイグレーション

▼ リスト5-119　20240410064447_add_birth_to_authors.rb

```ruby
class AddBirthToAuthors < ActiveRecord::Migration[7.1]
  def change
    add_column :authors, :birth, :date
  end
end
```

果たして、change メソッドには列を追加するためのコードが自動生成されていることが確認できます。もちろん、自動生成されたコードはあくまで骨組みにすぎないので、必要に応じて、さまざまな処理を自分で追加できます。

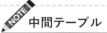

中間テーブル

マイグレーションファイルの名前（name）に、JoinTable を含めることで中間テーブル（5.6.1項）を作成することもできます。たとえば以下は、authors_books テーブル（3.7.2項）を作成するためのコマンドです。

```
> rails generate migration CreateJoinTableAuthorBook author book
```

フィールド名、データ型の指定

マイグレーションファイルを作成する際のデータ型には、「price:integer」のように標準的な型を指定するだけでなく、より細かな型オプションを付与することも可能です。もちろん、マイグレーションファイルを生成してからコードを編集しても構いませんが、コマンドで指定できるとなにかと便利なので、ここで主なものをおさえておきましょう。

（1）数値、文字列の桁数を指定

数値型、文字列型には、{...} 形式で桁数、文字数を指定することもできます[47]。

```
'title:string{15}'
'price:decimal{5,2}'
```

（2）インデックスを生成

新たに生成する列にインデックスを付与するならば、index オプションを付与します。

```
publisher:string:index
```

一意なインデックスを生成するには、uniq オプションも利用できます。

```
title:string:uniq
```

---

[47] コマンドに {} を入れる場合、PowerShell では正しく認識しません。本文のように、引数全体をクォートで括ってください。

（3）アソシエーション関連の特殊型

referencesオプションを指定することで、外部キーを持つ（= belongs_to アソシエーションを持つ）列を作成することもできます。たとえば以下の例であれば、user テーブルを参照する外部キー user_id 列を作成します。

```
user:references
```

更に、{polymorphic} 形式でポリモーフィック関連（5.6.8 項）も指定できます。たとえば以下の例であれば、ポリモーフィック関連を表す memoable_type ／ memoable_id 列が生成されます。

```
'memoable:references{polymorphic}'
```

◎ 5.8.4 マイグレーションファイルで利用できる主なメソッド

create_table メソッド以外にも、マイグレーションファイルでは表 5-30 のようなメソッドを利用できます。

▼ **表 5-30　マイグレーションファイルで利用できる主なメソッド**

メソッド	概要
add_column(*tname*, *fname*, *type* [, *opt*])	新規に列を追加
add_index(*tname*, *fname* [, *i_opt*])	新規にインデックスを追加
add_foreign_key(*tname*, *frname* [, *fr_opt*])	外部キーを追加
add_timestamps(*tname*)	created_at ／ updated_at 列を追加
change_column(*tname*, *fname*, *type* [, *opt*])	既存の列定義を変更
change_column_null(*tname*, *fname*, *null*)	引数 null が false の場合、列の NOT NULL 制約を有効化
change_column_default(*tname*, *fname*, *default*)	列の既定値を default に変更
change_table(*tname*)	テーブル定義を変更
column_exists?(*tname*, *fname* [, *type* [, *opt*]])	指定列が存在するかを確認
create_table(*tname* [, *t_opt*])	新規テーブルを追加（5.8.2 項を参照）
create_join_table(*tname1*, *tname2* [, *t_opt*])	tname1 と tname2 を紐づける中間テーブルを生成
drop_table(*tname* [, *t_opt*])	既存のテーブルを削除
drop_join_table(*tname1*, *tname2* [, *t_opt*])	tname1 と tname2 を紐づける中間テーブルを削除
index_exists?(*tname*, *fname* [, *i_opt*])	インデックスが存在するかを確認
remove_column(*tname*, *fname* [, *type*, *opt*])	既存の列を削除
remove_columns(*tname*, *fname* [, ...])	既存の列を削除（複数列対応）
remove_index(*tname* [, *i_opt*])	既存のインデックスを削除
remove_foreign_key(*tname*, *frname*)	外部キーを削除
remove_timestamps(*tname*)	既存の created_at ／ updated_at 列を削除
rename_column(*tname*, *old*, *new*)	既存の列名を old から new に変更
rename_index(*tname*, *old*, *new*)	既存のインデックス名を old から new に変更
rename_table(*tname*, *new*)	既存のテーブル名を tname から new に変更
execute(*sql*)	任意の SQL 命令を実行

※ *tname*：テーブル名　*frname*：外部テーブル名　*fname*：フィールド名　*type*：データ型　*opt*：列オプション（P.288の表5-28も参照）　*i_opt*：インデックスオプション（P.294の表5-31を参照）　*t_opt*：テーブルオプション（P.286の表5-26を参照）　*fr_opt*：外部キーオプション（P.295の表5-32を参照）

ほとんどが直感的に利用できるものばかりですが、いくつかのメソッドについて補足しておきます。

テーブル定義を変更する ─ change_table メソッド

change_table メソッドは、テーブルレイアウトの変更やインデックスの追加／削除をまとめて実行したい場合に便利なメソッドです。

---

change_table メソッド

```
change_table tname do |t|
  ...definition...
end
```

tname：テーブル名　　*definition*：修正のための命令

たとえばリスト 5-120 は、books テーブルを操作するためのコードです。

▼ **リスト 5-120　20240411061243_change_books.rb** ✂

```
def change
  change_table :books do |t|
    t.string :author
    t.remove :published, :dl
    t.index :title
    t.rename :isbn, :isbn_code
  end
end
```

change_table メソッドを利用することで、（他の add_column のようなメソッドと異なり）テーブル名を何度も記述せずにすむため、コードをよりスマートに記述できます。呼び出しのメソッドも、add_index が index に、remove_column が remove に、rename_column が rename に、それぞれ短くなっている点にも注目してください。change_table 配下で利用可能なメソッドは、以下のとおりです（構文は表 5-30 に準じます[48]）。

- index
- change
- change_default
- rename
- remove
- remove_references
- remove_index
- remove_timestamps

インデックスを追加／削除する ─ add_index ／ remove_index メソッド

インデックスを追加するのは、add_index メソッドの役割です。

---

[48] その他にも、「t. データ型」の形式でフィールドの定義ができる点はこれまでと同じです。

293

第 5 章　モデル開発

add_index メソッド

```
add_index(tname, fname [,i_opt])
```

tname：テーブル名　　fname：インデックスを付与するフィールド名
i_opt：インデックスオプション（指定可能なオプションは表5-31を参照）

▼ 表 5-31　add_index メソッドの主なオプション

オプション名	概要
unique	一意性制約を付与するか
name	インデックス名
length	インデックスに含まれる列の長さ（SQLite では未対応）

具体的な例もいくつか見てみましょう。

```
add_index :books, :title                                               ❶
add_index :books, [:publisher, :title]                                 ❷
add_index :books, [:publisher, :title], unique: true, name: 'idx_pub_title'  ❸
add_index :books, [:publisher, :title], length: { publisher: 10, title: 20 }  ❹
```

❶はもっともシンプルな例で、books テーブルの title 列についてインデックスを設置します。❷のように引数 fname を配列にすることで、publisher ／ title 列のような複数フィールドにまたがるマルチカラムインデックスを生成することもできます。

❸は引数 i_opt を指定した例です。インデックス名は既定で「テーブル名 _ フィールド名 _index」のようになりますが、自分で名前を指定したい場合には name オプションを使用してください。

❹は length オプションを利用して、publisher 列の先頭 10 桁、title 列の先頭 20 桁をもとにインデックスを作成しています。length オプションを指定することで、ディスクサイズを節約できるのみならず、INSERT 命令を高速化できます。

このように定義したインデックスは、remove_index メソッドによって破棄できます。

remove_index メソッド

```
remove_index(tname [,i_opt])
```

tname：テーブル名　　i_opt：インデックスオプション

引数 i_opt には、name（インデックス名）、または column（インデックスを構成するフィールド名）を指定できます。オプション名を省略した場合はフィールド名を指定したものと見なされます。

```
remove_index :books, :title                          books_title_index インデックスを削除
remove_index :books, column: [:publisher, :title]    publisher ／ title 列から構成されるインデックスを削除
```

294

5.8 マイグレーション

外部キー制約を追加／削除する ― add_foreign_key メソッド

外部キー制約を追加するのは、add_foreign_key メソッドの役割です。

---

add_foreign_key メソッド

add_foreign_key(*tname*, *frname* [,*fr_opt*])

---

tname：テーブル名　　*frname*：参照先のテーブル名
fr_opt：外部キーオプション（指定可能なオプションは表5-32を参照）

▼ **表 5-32　主な外部キーオプション（引数 fr_opt のキー名）**

オプション	概要
column	外部キー列の名前（既定は参照先テーブル _id）
primary_key	参照先テーブルの主キー名（既定は id）
name	制約名
on_delete	削除時の挙動
on_update	更新時の挙動

on_delete ／ on_update オプションは、参照先テーブルが更新／削除された場合の参照元テーブルの挙動を指定するための設定です。表 5-33 の値を設定できます。

▼ **表 5-33　on_delete ／ on_update オプションの設定値**

設定値	概要
:nullify	参照列の値を null に設定
:cascade	対応するレコードの値を更新
:restrict	外部キー制約違反のエラーを通知（既定）

具体的な例も見てみましょう。

```
add_foreign_key :reviews, :books                                            ❶
add_foreign_key :reviews, :books, on_update: :cascade, on_delete: :nullify  ❷
```

❶はもっともシンプルな例で、reviews テーブルから books テーブルを参照するための外部キー列 book_id に対して、外部キー制約を設定します。on_update ／ on_delete オプションの既定値は :restrict なので、この状態で（たとえば）books テーブルのレコードを削除した場合、外部キー制約でエラーとなります。

❷は明示的に on_update ／ on_delete オプションを指定した例です。on_update では :cascade が設定されているので、books テーブルの変更によって対応する reviews テーブルの外部キーも更新されます。一方、on_delete には :nullify が設定されているので、books テーブルのレコードを削除することで、reviews テーブルの外部キー列には null がセットされます。

このように、外部キー制約を設定することで、テーブル同士の整合関係を自動的に維持できるわけです。

295

第 5 章　モデル開発

任意の SQL 命令を実行する ― execute メソッド

マイグレーションファイルにはさまざまなメソッドが提供されており、基本的なスキーマ定義はおおよそまかなうことができますが、それでもすべての SQL 命令をサポートしているわけではありません。たとえばマイグレーションでは ENUM、GEOGRAPHY、XML などのデータベース固有の特殊型はもちろん、CHAR、NVARCHAR、LONGTEXT など表現できない型は多くあります。また、CHECK 制約なども定義できませんし、データベースオブジェクトとしてのビューやトリガーの作成にも対応していません。

これらを表現したいケースでは、execute メソッドで直接 SQL 命令を記述する必要があります。たとえば、以下は books テーブルから技術評論社の書籍だけを取り出すための gihyo_books ビューを定義する例です[49]。

```
execute "CREATE VIEW gihyo_books AS SELECT * FROM books WHERE publisher = '技術評論社'"
```

ただし、execute メソッドは往々にしてマイグレーションファイルの可搬性を損なう可能性があります（たとえば、SQLite で動作する SQL 命令が必ずしも MySQL で動作するとは限りません）。あくまで最終的な手段として利用するべきで、まずは標準的なメソッドでの操作を検討してください。

HABTM 中間テーブルを生成する ― create_join_table メソッド

HABTM（has_and_belongs_to_many）関係とは、5.6.5 項でも触れた m：n の関係のことです（本書の例であれば、authors_books テーブルです）。create_join_table メソッドは、HABTM 関係での中間テーブルを作成します。

create_join_table メソッド

```
create_join_table(tname1, tname2 [,t_opt])
```
tname1、tname2：紐づけるテーブル　　t_opt：中間テーブルオプション[50]

中間テーブルは、外部キー以外の列を持ってはいけないという制約がありますが、create_join_table メソッドを利用すれば、こうした制約も意識する必要がなくなります（リスト 5-121）。

▼ リスト 5-121　20240410064914_create_join_table_author_book.rb ※

```
def change
  create_join_table :authors, :books do |t|
    # t.index [:author_id, :book_id]
    # t.index [:book_id, :author_id]
  end
end
```

既定ではコメントアウトされていますが、ブロック配下でインデックスを設置することも可能です。

---

[49] Rails からビューにアクセスするには、テーブルの場合と同じく、ビューに対応する GihyoBook のようなモデルを準備してください。
[50] P.286 の表 5-26 を参照してください。ただし、id／primary_key オプションは利用できません。

5.8 マイグレーション

◎ 5.8.5 マイグレーションファイルの実行

マイグレーションファイルを実行するには、rails コマンドを利用します。2.4.4 項でも紹介したように、未実行のマイグレーションファイルを実行するだけなら、以下のコマンドで可能でした。

```
> rails db:migrate
```

rails db:migrate コマンドは、schema_migrations テーブルと現在の /db/migrate フォルダーとを比較し、未実行のマイグレーションファイルを検出&実行します。まずは、これがもっともシンプルで、よく利用するパターンだと理解しておけば良いでしょう。

もっとも、本節冒頭でも述べたように、マイグレーションの本来の目的は「いつでも特定タイミングの状態にスキーマを戻せること」です。そして、rails コマンドでは、そのためのさまざまなサブコマンドを提供しています（表 5-34）。

▼ 表5-34　マイグレーション関係の rails コマンド

コマンド	概要
例	
db:migrate	指定されたバージョンまで移行（VERSION 未指定の場合、最新に）
rails db:migrate VERSION=20241205000859	
db:rollback	指定ステップだけバージョンを戻す
rails db:rollback STEP=5	
db:migrate:redo	指定ステップだけバージョンを戻して、再度実行
rails db:migrate:redo STEP=5	
db:migrate:reset	データベースをいったん削除し、再作成の上で、最新のバージョンとなるようマイグレーションを実行
rails db:migrate:reset DISABLE_DATABASE_ENVIRONMENT_CHECK=1	

これらのサブコマンドでは、以下のようなオプションを付与することもできます。

▌RAILS_ENV オプション

rails コマンドでは、既定で database.yml で定義された開発データベース（本書では develoment.sqlite3）に対して処理を実行します[*51]。もしもテストデータベースや本番データベースに対して処理を行いたいという場合には、以下のように RAILS_ENV オプションを指定してください。

```
> rails db:migrate RAILS_ENV=test
```

▌VERBOSE オプション

rails コマンドは既定で、マイグレーションの処理過程を詳細に通知します。これらの出力を停止したいなら

---

*51 Rails では development、test、production という 3 種類の実行環境が用意されているのでした。database.yml については 2.4.2 項も参照してください。

297

第5章 モデル開発

ば、以下のように VERBOSE オプションに false をセットします。

```
> rails db:migrate VERBOSE=false
```

そもそも完全にメッセージを止めてしまうのではなく、一部のメッセージだけを抑制したり、任意のメッセージを出力したり、といったことも可能です（リスト5-122）。

▼ リスト5-122　20240411074911_add_page_to_books.rb ✳

```
def change
  say 'Add page column to books table.' ─────────────── 指定のメッセージを出力
  suppress_messages do ──────────────────┐
    add_column :books, :page, :integer         ブロック配下の出力を抑制
  end ──────────────────────────────────┘
end
```

◎ 5.8.6　リバーシブルなマイグレーションファイル

マイグレーションのルールを記述する基本は、まずは change メソッドです。Rails の change メソッドは賢くできており、スキーマをバージョンアップ（更新）する場合はもちろん、前のバージョンに戻す場合にも、自動的に「逆の処理」を生成し、特定の状態までロールバックしてくれます。

もっとも、すべてのケースでロールバックが可能というわけではありません。たとえば、drop_table メソッドは標準ではロールバックできません（＝テーブルを再作成できません）。「hoge テーブルを削除する」という情報だけでは、どんな hoge テーブルを作成して良いか、Rails が判断できないためです。標準でロールバック可能なメソッドは、以下のとおりです。

- add_column
- add_index
- add_reference
- add_timestamps
- change_table [52]
- create_table
- create_join_table
- remove_timestamps
- rename_column
- rename_index
- remove_reference
- rename_table

それ以外のメソッドを change メソッドに含んでいる場合には、以下のような方法で対処してください。

▌ロールバックのための情報を追加する ─ remove_column／drop_table メソッド

そのままではロールバックに対応していないが、情報を追加することでロールバックできるようになるメソッドがあります。remove_column／drop_table メソッドです。

remove_column メソッドは、削除する列の情報を引数で明記しておくと、ロールバック可能になります（リスト5-123）。

───────────
*52　ただし、配下で change／change_default／remove メソッドを呼び出していない場合に限ります。

298

5.8 マイグレーション

▼ リスト5-123　20240411075856_remove_birth_from_authors.rb ※

```
def change
  remove_column :authors, :birth, :date
  # 「remove_column :authors, :birth」ではデータ型が不明なのでロールバック不可
end
```

よく似たメソッドとして、複数列をまとめて削除できる remove_columns メソッドもありますが、こちらは列情報を指定できないため、ロールバックできません。

また、drop_table メソッドも、削除すべきテーブルの列情報を明示しておくことで、ロールバック可能になります。ブロック配下の列定義については、5.8.2 項の create_table メソッドに準じます。

バージョンアップ／ダウンの処理を分岐する ― reversible メソッド

reversible メソッドを利用することで、change メソッドの中でバージョンアップ時の処理とバージョンダウン時の処理を分岐して記述できるようになります。

reversible メソッド

```
reversible do |dir|
  dir.up do
    ...statements_up...
  end
  dir.down do
    ...statements_down...
  end
end
```

dir：マイグレーション処理を管理するためのオブジェクト　　*statements_up*：バージョンアップ時の処理
statements_down：バージョンダウン時の処理

たとえばリスト 5-124 は、books テーブルを作成する際に、併せて「技術評論社の書籍だけを抜き出したgihyo_books ビューを作成する」例です。5.8.4 項でも触れたように、マイグレーションではビューを生成するためのメソッドはないため、execute メソッドを利用しなければなりません。execute メソッドはロールバック不可のメソッドなので、reversible メソッドで、それぞれビューを追加／削除するための処理を表します。

▼ リスト5-124　20240411080338_create_books.rb ※

```
class CreateBooks < ActiveRecord::Migration[7.1]
  def change
    create_table :books do |t|
      …中略…
    end

    reversible do |dir|
      dir.up do
        execute 'CREATE VIEW gihyo_books AS SELECT * FROM books WHERE publisher = "技術評論社"'
      end
```

第 5 章　モデル開発

```
      dir.down do
        execute 'DROP VIEW gihyo_books'
      end
    end
  end
end
```

バージョンアップ／ダウンの処理を分岐する（2）― up ／ down メソッド

change メソッドの代わりに、バージョンアップ／ダウン時の処理を up ／ down メソッドに分離して表すこともできます。up メソッドがバージョンアップ時の処理（これまでの change メソッドですね）を、down メソッドがバージョンダウン時の処理を、それぞれ表します。たとえばリスト 5-124 を up ／ down メソッドで表したのが、リスト 5-125 です。

▼ リスト 5-125　20240411080739_create_books.rb ※

```
class CreateBooks < ActiveRecord::Migration[7.1]
  def up
    create_table :books do |t|
      …中略…
    end
    execute 'CREATE VIEW gihyo_books AS SELECT * FROM books WHERE publisher = "技術評論社"'
  end

  def down
    drop_table :books
    execute 'DROP VIEW gihyo_books'
  end
end
```

reversible メソッドと up ／ down メソッドは、互いに置き換え可能です。いずれを利用するかは、全体のうち、どの程度がロールバック可能かによって判断してください。処理のすべて（もしくは大部分）がロールバックできない場合には、up ／ down メソッドに分離した方が可読性は向上します。一方、ロールバックできない処理が一部だけの場合は、そこだけを reversible メソッドで二重化した方がコードは短くまとめられます。

いずれを利用すべきかは一概には言えませんが、後々のコードの読みやすさを考え、なんでも reversible メソッド（change メソッド）に詰め込むのは避けてください。

◎ 5.8.7　スキーマファイルによるデータベースの再構築

マイグレーションは、なるほど、とても便利なしくみですが、一からデータベースを（再）構築する上で最適なツールとは言えません。変更の履歴をすべて追うのは効率的でないだけでなく、予期せぬエラーを発生させる原因にもなるためです。

そこで Rails では、スキーマの更新履歴を表すマイグレーションファイルとは別に、最新のスキーマ情報を表すスキーマファイル（db/schema.rb）を用意しています。中身を確認するとわかりますが、スキーマファイルとは、要は「マイグレーションファイルの集合」です（リスト 5-126）。

▼ リスト 5-126　schema.rb

```
ActiveRecord::Schema[7.1].define(version: 2024_06_03_092438) do
  create_table "articles", force: :cascade do |t|
    t.string "title"
    t.date "published"
    t.datetime "created_at", null: false
    t.datetime "updated_at", null: false
  end
   …中略…
end
```

　マイグレーションの実行によって自動的に更新され、最新のスキーマ情報を Ruby スクリプトとして表現しているのです。スキーマファイルは、一からデータベースを再構築する場合はもちろん、既存のデータベースを異なるデータベースに移行する場合、複数の異なるデータベースに対応するアプリを配布する場合などに有用です[*53]。また、現在のスキーマ情報を一望したいという場合にも、スキーマファイルは利用できます。
　スキーマファイルをデータベースに展開するには、以下のようにします。

```
> rails db:schema:load
```

　現在のデータベースを破棄して、最新のスキーマ情報で再構築したいならば、以下のようにしても構いません。

```
> rails db:reset DISABLE_DATABASE_ENVIRONMENT_CHECK=1
```

　先ほど述べたように、スキーマファイルは自動的に更新されますが、手動で出力することもできます。なんらかの事情でマイグレーションを経由せずにスキーマ情報を更新した場合（本来避けるべきですが）や、既存のデータベースからスキーマファイルを生成したい、という場合などに利用できます。

```
> rails db:schema:dump
```

.sql ファイルを作成する方法

　データベースの現在のスキーマ情報を（Ruby スクリプトとしてでなく）SQL スクリプトとして取得したい場合には、設定ファイルをリスト 5-127 のように修正してください。

▼ リスト 5-127　development.rb

```
config.active_record.schema_format = :sql
```

[*53] ただし、マイグレーションファイルがそうであったように、スキーマファイルもデータベースのすべてのオブジェクトを表現できるわけではありません。可搬性と引き換えに、表現できる内容は制限されます。

第 5 章　モデル開発

その上で、rails db:schema:dump を実行することで、structure.sql のようなダンプファイルを得られます。.sql ファイルを展開するのも、これまでと同じく rails db:schema:load コマンドです[*54]。

◎ 5.8.8　データの初期化

スキーマを準備できたら、データを初期化する必要があります。Rails では、データを初期化するために、**シードファイル**と**フィクスチャ**という 2 つのアプローチを提供しています。

いずれも rails コマンド経由でデータベースにデータを提供するため、使い分けが曖昧になりやすいのですが、もともとフィクスチャ（fixture）とはソフトウェア用語でテスト時のアプリの初期状態のことを、シード（seed）とは英語で種のことを、それぞれ意味します。語源からすれば、フィクスチャはテストデータの投入に、シードファイルはマスターテーブルなどの初期データを投入するために利用するのが基本と考えれば良いでしょう。

▌シードファイル

シードファイルは、単なる Ruby のスクリプトコードにすぎません。よって、新たに覚えなければならないというものはなく、ただ Ruby（Active Record）でデータを生成／保存するコードを記述していくだけで OK です。

作成したコードは、db/seed.rb として保存してください。たとえばリスト 5-128 は、books テーブルにデータを投入するためのコードです。

▼ **リスト 5-128　seeds.rb**

```
Book.create(id: 1, isbn: '978-4-297-13919-3', title: '3ステップで学ぶ MySQL入門', price: 2860, ↩
publisher: '技術評論社', published: '2024-01-25', dl: false)
Book.create(id: 2, isbn: '978-4-7981-8094-6', title: '独習Java 第6版', price: 3278, publisher: ↩
'翔泳社', published: '2024-02-15', dl: true)
…中略…
Book.create(id: 10, isbn: '978-4-7981-7556-0', title: '独習C# 第5版', price: 4180, publisher: ↩
'翔泳社', published: '2022-07-21', dl: true)
```

作成したシードファイルは、rails コマンドによって実行できます。

```
> rails db:seed
```

データベースの作成からスキーマの構築、初期データの投入までをまとめて実行したいならば、以下のようにすることもできます。

```
> rails db:setup
```

[*54] Rails 6.1 以前では、SQL スクリプトを操作するために、専用の rails db:structure:dump ／ load コマンドが用意されていました。しかし、Rails 7 以降では削除されています。

5.8 マイグレーション

フィクスチャ

純粋な Ruby スクリプトであるシードファイルに対して、フィクスチャファイルは YAML 形式で記述できます。たとえばリスト 5-129 は、books テーブルに投入することを想定したフィクスチャです。フィクスチャファイルは /test/fixtures フォルダー配下に「テーブル名 .yml」という名前で保存します。

▼ リスト 5-129　books.yml

```
mysql:
  id: 1
  isbn: 978-4-297-13919-3
  title: 3ステップで学ぶ MySQL入門
  price: 2860
  publisher: 技術評論社
  published: 2024-01-25
  dl: false

java:
  id: 2
  isbn: 978-4-7981-8094-6
  title: 独習Java 第6版
  price: 3278
  publisher: 翔泳社
  published: 2024-02-15
  dl: true
…後略…
```

レコードを識別するラベル（ここでは mysql: など）の配下に、「フィールド名 : 値」の形式で定義するわけです。YAML 形式のインデントは、タブ文字ではなく空白（一般的には半角スペース 2 個）で表現しなければならない点に注意してください。

フィクスチャファイルでは、外部キーもよりシンプルに記述できます。たとえば、users テーブルと、これを参照する reviews テーブルであれば、リスト 5-130 のように記述できます。

▼ リスト 5-130　上：users.yml、下：reviews.yml [55]

```
yyamada:
  username: yyamada
  password_digest: $2a$10$uTwYyniemA7y7.z80yw17uqmRzN/LggEoSzUe.tXGdCUWPvYp9M2m
  email: yyamada@example.com
  dm: true
  roles: admin,manager
  reviews_count: 2

isatou:
  username: isatou
  password_digest: $2a$10$uTwYyniemA7y7.z80yw17uqmRzN/LggEoSzUe.tXGdCUWPvYp9M2m
```

---

[55] 他のサンプルに影響が出ないよう、ダウンロードサンプルでは /tmp/fixtures フォルダーに収録しています。

303

第 5 章　モデル開発

```
  email: isatou@example.com
  dm: false
  roles: admin
  reviews_count: 2
…後略…

mysql_1:
  book: mysql
  user: isatou
  status: 0
  body: 図が多く概念の説明が丁寧で初心者に優しい本です。

mysql_2:
  book: mysql
  user: hsuzuki
  status: 1
  body: 用例が多くて参考になります。値を変えて練習しています。
…後略…
```

　外部キーが「モデル名：参照先のラベル」の形式で表現されている点に注目です。本来であれば、user_id
列には users テーブルの対応する id 値がセットされるべきですが、常に参照先テーブルの id 値を意識してい
なければならないというのも面倒ですし、そもそも users テーブルの情報を変更した場合などは id 値も変化し
てしまう可能性があります。

　これは望ましい状況ではないので、ラベルでもって参照先を識別するわけです。これによって、本来の id 値
を意識することなく、両者を関連付けることができます。なお、ラベルで関連付ける場合には、users.yml ／
books.yml 側で id 値は明示せず、Rails で自動採番させるようにしてください[56]。

　作成したフィクスチャファイルは、rails コマンドによって実行できます。

```
> rails db:fixtures:load FIXTURES=books,users,reviews
```

　FIXTURES オプションを省略した場合には、/test/fixtures フォルダー配下のすべてのフィクスチャが展開
されます。

　また、現在の環境（既定は開発環境）以外にフィクスチャを展開したい場合には、マイグレーションのときと
同じく「RAILS_ENV=production」のようなオプションを付与してください。

NOTE　フィクスチャで大量データを生成する

　フィクスチャでは、テンプレートファイルのようにスクリプトブロックを埋め込むこともできます。これによって、一
定の規則を持った大量データを一気に作成できます。たとえばリスト 5-131 は、0 ～ 9 の番号が振られた書籍デー
タを生成する例です。

---

[56] ただし、自動採番とした id 値は「841205535」のようにランダムな値となってしまい、find メソッドから参照する場合に使いづらいという問題が
あります。そのため、本書メインのサンプルでは自動採番機能は利用せず、自分で id 値を採番しています。

304

5.8 マイグレーション

▼ リスト 5-131　books.yml

```
<% 0.upto(9) do |n| %>
book<%= n %>:
  isbn: 978-4-7741-5878-<%= n %>
  title: 書名タイトル<%= n %>
  price: <%= 1000 + n %>
  publisher: 出版社<%= n %>
  published: 2024-12-31
<% end %>
```

◎ **5.8.9　複数データベースへの対応** 6.0

Rails 6.0 以降では、1 つのアプリ（環境）で複数のデータベースに接続できるようになりました。具体的な手順を追いながら、個別の機能を理解してみましょう。

1 データベース定義を準備する

まずは、データベースの接続定義を準備します。たとえばリスト 5-132 は、myapp データベース（複製の myapp_replica）、subapp データベース（複製の subapp_replica）を定義した例です。

▼ リスト 5-132　database.yml (**P** railbook_multidb)

```
development:
  myapp:
    <<: *default
    database: storage/myapp.sqlite3
    migrations_paths: db/myapp_migrate
  myapp_replica:
    <<: *default
    database: storage/myapp_replica.sqlite3
    replica: true
  subapp:
    <<: *default
    database: storage/subapp.sqlite3
    migrations_paths: db/subapp_migrate
  subapp_replica:
    <<: *default
    database: storage/subapp_replica.sqlite3
    replica: true
```

development（環境）キーの配下に、データベースを識別するための名前を挟んで、その配下に本来の接続定義を記述します。その際、用途に応じて以下のキーを指定する点に注目です。

- migrations_paths：マイグレーションファイルの保存先
- replica：レプリカであることを宣言

305

第 5 章　モデル開発

migration_paths を省略した場合には、これまでと同じく /db/migrate フォルダーに生成されますが、わかりやすさという点からも明確にフォルダーを分けることをお勧めします。

replica はメインのデータベースとレプリカ（複製）とを区別するためのキーです。replica データベースに対しては、マイグレーションをはじめ、一部の Rails タスクは実行できなくなります。

2 モデルを作成する

Book ／ Article モデルを、rails generate scaffold コマンドで作成してみましょう。その際、books テーブルは myapp データベースに、articles テーブルは subapp データベースに作成するものとします[*57]。

```
> rails generate scaffold book isbn:string title:string price:integer publisher:string ↩
published:date dl:boolean --db myapp

> rails generate scaffold article title:string date:date body:string --db subapp
```

コマンドそのものはこれまでとほぼ同じですが、--db オプションで対象となるデータベースを明示している点が異なります。これによって、リスト 5-133 のようなモデルが生成されます[*58]。

▼ リスト 5-133　上：myapp_record.rb、下：book.rb（ **P** railbook_multidb）

```
class MyappRecord < ApplicationRecord
  self.abstract_class = true ─────────────────────────────────────── ❶

  connects_to database: { writing: :myapp, reading: :myapp_replica } ── ❷
end

class Book < MyappRecord
end
```

これまではモデルクラスがアプリ共通の ApplicatonRecord クラスを継承していましたが、一段、MyappRecord クラスを挟んでいる点に注目です。

MyappRecord クラスは、あくまで接続先を振り分けるためのクラスで、モデルではない（＝対応するテーブルは存在しない）ので、abstract_class メソッドで抽象クラスであることを宣言しておきましょう（❶）。

また、connects_to メソッドで接続に利用するデータベースを宣言します（❷）。既定では writing（更新用）のデータベースだけが指定されているはずなので、reading（参照用）のデータベースを追加しておきます（図 5-49）。

[*57] ここでは Scaffold の例を示しますが、model、migrate の生成コマンドでも同様です。

[*58] Article モデルも同じなので、紙面上は省略します。

▼図 5-49 複数データベースへの振り分け

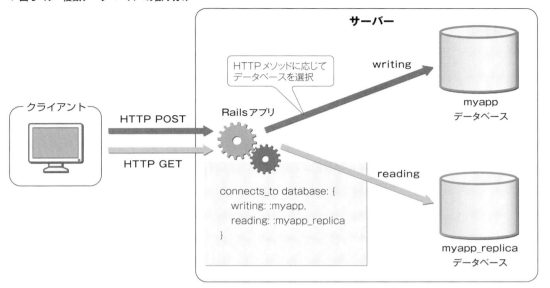

3 マイグレーションファイルを実行する

マイグレーションファイルは、database.yml の migrations_paths キーで定義されたフォルダーに保存されていることを確認しておきましょう。マイグレーションを実行するには、これまでと同じコマンドでも構いませんが、複数データベースに対応した専用コマンドも生成されるので、利用してみましょう。

```
> rails db:migrate:myapp
> rails db:migrate:subapp
```

それぞれ接続に応じたマイグレーションだけが実行されます。もちろん、従来の rails db:migrate コマンドですべてのマイグレーションが対象となります。

本来であれば、ここでデータベース側でレプリケーションのための準備を施すべきですが、ここでは簡単化のため、マイグレーションによって作成された更新用のデータベース myapp／subapp（.sqlite3 ファイル）をコピーしてそれぞれ参照用の myapp_replica／subapp_replica データベースを作成しておきます。

4 更新用／参照用データベースの切り替えを有効化する

更新用／参照用データベース自動切り替えのミドルウェアを有効化するため、以下のコマンドを実行します。

```
> rails g active_record:multi_db
      create  config/initializers/multi_db.rb
```

/config/initializers フォルダーに multi_db.rb というファイルが作成されます。設定そのものは既定でコメントアウトされているので、以下の部分についてコメントを解除（＝コードを有効化）します（リスト 5-134）。

第 5 章　モデル開発

▼ リスト 5-134　multi_db.rb (**P** railbook_multidb)

```
Rails.application.configure do
  config.active_record.database_selector = { delay: 2.seconds } ─────── データベース選択の遅延時間
  config.active_record.database_resolver = ActiveRecord::Middleware::DatabaseSelector::↵
Resolver ──────────────────────────────────── データベースを選択するためのルール
  config.active_record.database_resolver_context = ActiveRecord::Middleware::DatabaseSelector::↵
Resolver::Session ──────────────────────── データベースの選択状態を保持する方法
end
```

❺ データベースの振り分けを確認する

　以上で複数データベースを利用するための設定は完了です。最後に、アプリからデータの読み書きに応じて、更新用データベース（myapp、subapp）、もしくは参照用データベース（myapp_replica、subapp_replica）が選択されることを確認してみましょう。

　これには、手順❷で Scaffold したアプリで、books ／ articles テーブルのデータを追加／更新してみてください。追加／更新されたデータがアプリ上では反映されないこと（＝データの取得は参照用データベースを見に行っていること[59]）、SQLTools 拡張は更新用データベースだけが更新されていることを、それぞれ確認できるはずです。

---

[59] 正しくは POST、PUT、DELETE、PATCH いずれかのリクエストは writing データベースで、GET、HEAD リクエストは reading データベースで処理を試みます。

基本編

第 **6** 章

コントローラー開発

Model － View － Controller モデルにおいて、リクエスト処理の基点となるのが Controller（コントローラークラス）です。処理過程において、Model（ビジネスロジック）を呼び出し、その結果を View（ユーザーインターフェイス）に引き渡すのもコントローラークラスの役割です。コントローラークラスとは、リクエストの受信からレスポンスの送信までを一手に管理する、Rails アプリの中核と言えるでしょう。

これまでは断片的な知識の中で、コントローラークラスをなんとなく記述してきたという方も、本章で改めて知識を体系的に整理し、Rails に対する知識を深めてください。

6.1 リクエスト情報

コントローラーの役割を大まかに分類するならば、リクエスト（要求）情報の取得と、レスポンス（応答）の生成に分けられるでしょう。逆に言えば、リクエスト／レスポンス処理を理解してしまえば、コントローラーは8割がた理解したようなものです。

本節では、まず処理の入口にあたるリクエスト情報の取得から、解説を進めていくことにしましょう。

6.1.1 リクエスト情報を取得する ― params メソッド

Railsでは、クライアントから送信された値（リクエスト情報）を1つにまとめて、params[:パラメーター名]という形式でアクセスできるようにしています。ここで言うリクエスト情報とは、表6-1のようなものを指します。

▼ 表 6-1 params メソッドで取得できるリクエスト情報

種類	概要
ポストデータ	`<form method="POST">` で定義されたフォームから送信された情報
クエリ情報	URL の末尾「?」以降に「キー名＝値 &...」の形式で付与された情報
ルートパラメーター	ルートで定義されたパラメーター（「/books/1」の「1」の部分など）

たとえば、ルートパラメーター id を取得するならば、リスト 6-1 のように表します。

▼ リスト 6-1　上：ctrl_controller.rb、下：routes.rb

```
def para
  render plain: "idパラメーター： #{params[:id]}"
end
```

```
get 'ctrl/para(/:id)' => 'ctrl#para'
```

```
idパラメーター：108
```

※「〜/ctrl/para/108」でアクセスした場合

「〜/ctrl/para?id=108」のようにクエリ情報として値を与えても、同じ結果を得られることを確認してみましょう。このことからも params メソッドの戻り値が、ポストデータ、クエリ情報、ルートパラメーターの集積であることが理解できます。

配列／ハッシュの受け渡し

paramsメソッドでは、配列やハッシュを受け取ることもできます。

（1）配列の場合

paramsメソッドに配列として値を渡す場合は、キー名の末尾に[]を付与する必要があります。たとえば、クエリ情報として配列を渡すときは次のようにします。

```
~/ctrl/para_array?category[]=rails&category[]=ruby
```

このようにして受け取ったparamsメソッドの戻り値を確認してみましょう（リスト6-2）。

▼リスト6-2　ctrl_controller.rb

```
def para_array
  render plain: "categoryパラメーター： #{params[:category].inspect}"*1
end
```

```
categoryパラメーター：["rails", "ruby"]
```

確かに:categoryキーで配列を取得できていることが確認できます。「~/ctrl/para_array?category=rails&category=ruby」のように[]を除いた場合は、配列であることがRailsが認識できないため、結果が以下のようになります（片方のcategory値が無視されます）。

```
categoryパラメーター："ruby"
```

（2）ハッシュの場合

ハッシュの例は、実は既に登場しています。たとえば、_form.html.erb（3.4.1項）は、以下のようなフォームを生成します。

```
<form ...>
  …中略…
  <div class="field">
    <label style="display: block" for="book_isbn">Isbn</label>
    <input id="book_isbn" name="book[isbn]" type="text" />
  </div>
  …中略…
</form>
```

---

*1　inspectメソッドは、取得した配列やハッシュ、オブジェクトなどを人間の目にも読みやすい形式で整形するためのメソッドです。

第 6 章　コントローラー開発

　ハッシュ値を受け取るには、このように「キー[サブキー]」の形式でパラメーター名を指定すれば良いのです。
　確かにハッシュを受け取っていることも、確認しておきましょう。books_controller.rb の create アクションに対して、リスト 6-3 のコードを追加します。

▼ リスト 6-3　books_controller.rb

```
def create
  render plain: params[:book].inspect
  # 後続の処理を中断
  return
  …中略…
end
```

　この状態で、新規作成フォームから書籍情報を入力してサブミットボタンをクリックすると、以下のような結果が得られます。

```
{"isbn"=>"978-4-297-13919-9", "title"=>"3ステップで学ぶ Ruby入門", "price"=>"2860", "publisher"↩
=>"技術評論社", "published"=>"2024-07-30", "dl"=>"1"}
```

　モデルクラスでは「属性名 : 値」のハッシュを受け取ることで[*2]、対応するモデルオブジェクトを生成／更新することができるのでした。リクエスト情報をハッシュで送信することは、モデル連携のフォームを生成する際の典型的な手段と考えて良いでしょう。
　また、「book[author][address]」のようにすれば、より複雑な入れ子のハッシュを生成することもできます。

◎ 6.1.2　マスアサインメント脆弱性を回避する ― StrongParameters

　マスアサインメントとは、Active Record にもともと備えられている機能の 1 つで、モデルに対するフィールドのまとめ設定のこと。たとえば、以前の Rails 3 では、以下のような記述が可能でした（params[:book]には、フォームからの入力値がハッシュ形式で含まれているものとします）。

```
# 新規オブジェクトの生成
@book = Book.new(params[:book])
# 既存オブジェクトの更新
@book = Book.find(params[:id])
@book.update_attributes(params[:book])*3
```

　new ／ update_attributes などのメソッドに「属性名 : 値 , …」の形式で構成されるハッシュを渡すことで、それぞれ対応する属性に値を一括でセットできるのです。
　これはとても便利なしくみですが、セキュリティ的なリスクとも背中合わせです。

---

* 2　正しくは StrongParameters によるフィルターを介したハッシュ、です。詳しくは次項も参照してください。
* 3　update_attributes メソッドは、update メソッド（3.5.1 項）のエイリアスです。Rails 4 以降では update メソッドが新設されたことで、あまり利用されなくなりました。

312

たとえば、3.7.2 項の表 3-9 のようなユーザー情報テーブルにおいて、エンドユーザーがフォームから操作できるのは username ／ password ／ email ／ dm フィールドまでとし、roles（権限）フィールドは勝手に編集できないものとします。しかし、悪意あるユーザーがポストデータを改ざんして、roles をキーとしたハッシュを送信するのはさほど難しいことではありません（図 6-1）。

▼ 図 6-1　フィールドの一括設定は危険

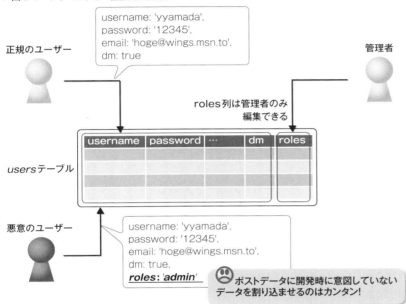

そして、このようなデータが送信された場合に、new ／ update_attributes のようなマスアサインメント系のメソッドは、無条件にすべてのフィールドを上書きしてしまうのです。結果、悪意あるユーザーが自分のアカウントに（たとえば）管理者権限を付与し、システムを自由に操作できてしまう危険があります。

これが**マスアサインメント脆弱性**です。

StrongParameters による防御策

そこで Rails 4 以降で提供されるようになったのが、**StrongParameters** と呼ばれるしくみです。Strong Parameters は、マスアサインメント脆弱性に対する、いわゆるホワイトリスト対策です。フィールド値の一括設定に先立って、あらかじめ設定可能な値を明示的に宣言しておくわけです。

具体的には、以下のような構文で利用します（図 6-2）。

StrongParameters
```
params.require(model).permit(attr, ...)
```
model：モデル名　　*attr*：取得を許可する列名

第 6 章　コントローラー開発

▼ 図 6-2　StrongParameters のしくみ

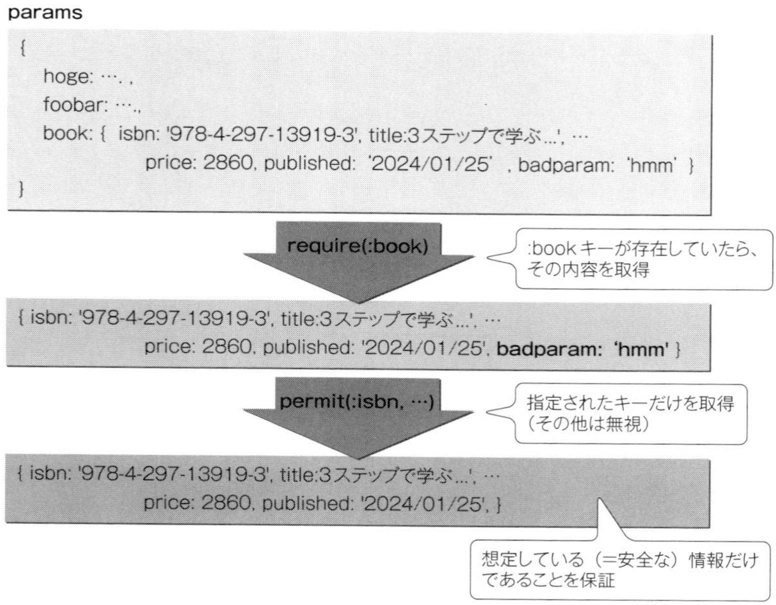

params
```
{
  hoge: …. ,
  foobar: …. ,
  book: { isbn: '978-4-297-13919-3', title:3ステップで学ぶ...', …
          price: 2860, published: '2024/01/25' , badparam: 'hmm' }
}
```

require(:book)
:book キーが存在していたら、その内容を取得

{ isbn: '978-4-297-13919-3', title:3ステップで学ぶ...', …
　　　　　price: 2860, published: '2024/01/25', **badparam: 'hmm'** }

permit(:isbn, …)
指定されたキーだけを取得（その他は無視）

{ isbn: '978-4-297-13919-3', title:3ステップで学ぶ...', …
　　　　　price: 2860, published: '2024/01/25', }

想定している（＝安全な）情報だけであることを保証

　require メソッドは、まずパラメーターの中に指定されたモデルに対応するキーが存在するかを確認し、存在する場合に、その値を返します。存在しない場合には ActionController::ParameterMissing 例外を発生します。

　permit メソッドには、モデルへの一括設定を許可する属性を指定します。戻り値として、指定のキーだけを含んだハッシュを返します。指定されないキーは、含まれていても無視されます。

　具体的なコード例も確認してみましょう。リスト 6-4 は、Scaffolding 機能で自動生成されたコード（3.4.2 項）からの抜粋です。

▼ リスト 6-4　books_controller.rb

```
def create
  @book = Book.new(book_params)─────────────────────────────❷
  …中略…
end
…中略…
def book_params
  params.require(:book).permit(:isbn, :title, :price, :publisher, :published, :dl) ─────❶
end
```

require ／ permit メソッドでフィルターしたパラメーター値（❶）を、new メソッドに引き渡しています（❷）。

　StrongParameters によるフィルターは、個別のアクションで以下のように記述しても構いません。

```
@book = Book.new(params.require(:book).permit(:isbn, :title, :price, :publisher, :published, :dl))
```

しかし、なにを入力として受け取るかは、大概、（アクション単位ではなく）コントローラー単位で決まるはずです。まずは、この例のように、プライベートメソッドとして切り出すのが、正しい作法です。すべてのアクションで、入力値は「コントローラー名_params」メソッドで受け取るとイディオム化してしまえば、StrongParametersのチェック漏れも防ぎやすくなるでしょう。

ちなみに、paramsメソッドの値をそのままnewメソッドに渡そうとすると、以下のようなエラーとなります。

```
@book = Book.new(params[:book])
```

▼図6-3　StrongParametersを利用しなかった場合のエラー

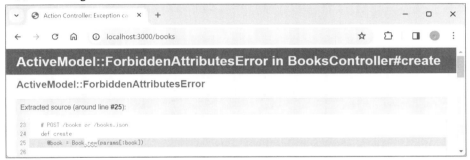

このようにStrongParametersでは、一括入力できるパラメーターをあらかじめ明示することで、想定しない値の受け渡しを未然に防いでいるのです。

NOTE　想定していないパラメーターを受け取った場合の挙動

config.action_controller.action_on_unpermitted_parametersパラメーターを利用すると、Strong Parametersで許可していないパラメーターを受け取った場合の動作を指定できます。development環境での既定値は:logで、ログに警告が表示されます（図6-4）。

▼図6-4　指定されていないパラメーターを受け取った場合

:raiseを指定することで、ActionController::UnpermittedParameters例外を発生させることもできます。

6.1.3 リクエストヘッダーを取得する ― headers メソッド

ブラウザーからサーバーに送信されるのは、なにも目に見える情報ばかりではありません。たとえば、クライアントが対応している言語、ブラウザーの種類、リンク元のページなど、さまざまな情報がブラウザーの中で生成され、サーバーに送信されています。このような不可視の情報のことを**ヘッダー情報**と言います。更に、リクエスト時に送信されるヘッダーという意味に限定した場合は、**リクエストヘッダー**とも呼ばれます（図 6-5）。

▼ 図 6-5　リクエスト情報

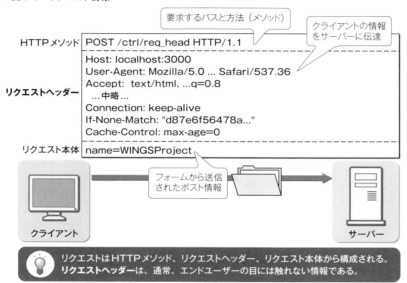

リクエストは HTTP メソッド、リクエストヘッダー、リクエスト本体から構成される。
リクエストヘッダーは、通常、エンドユーザーの目には触れない情報である。

代表的なリクエストヘッダーを、表 6-2 に挙げておきます。

▼ 表 6-2　主なリクエストヘッダー

ヘッダー名	概要
Accept	クライアントがサポートしているコンテンツの種類
Accept-Language	クライアントの対応言語（優先順位順）
Authorization	認証情報
Host	要求先のホスト名
Referer	リンク元の URL
User-Agent	クライアントの種類

Rails でこれらのリクエストヘッダーにアクセスするには、request.headers メソッドを利用します。たとえばリスト 6-5 は、User-Agent ヘッダー（クライアントの種類）を取得する例です。

▼ リスト 6-5　ctrl_controller.rb

```
def req_head
  render plain: request.headers['User-Agent']
```

```
end
```

```
Mozilla/5.0 (Windows NT 10.0; Win64; x64) AppleWebKit/537.36 (KHTML, like Gecko) Chrome/126.0.0.0 ↵
Safari/537.36
```

すべてのヘッダー情報を取得するならば、リスト 6-6 のようにも記述できます。

▼ リスト 6-6　上：ctrl_controller.rb、下：ctrl/req_head2.html.erb

```
def req_head2
  @headers = request.headers
end

<ul>
<% @headers.each do |key, value| %>
  <li><%= key %>：<%= value %></li>
<% end %>
</ul>
```

▼ 図 6-6　すべてのヘッダー情報をリスト表示

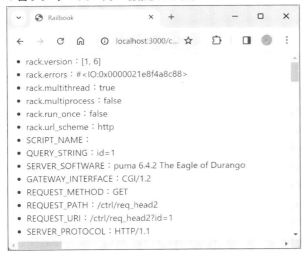

request.headers メソッドは戻り値としてハッシュを返すので、そのキー／値を each メソッドで順に取り出しているわけです。

さて、結果を眺めてみると、いくつかの点に気付くかと思います。

（1）サーバー環境変数も取得できる

headers メソッドの戻り値には、（ヘッダー情報だけでなく）サーバー環境変数などが含まれます。サーバー

第 6 章　コントローラー開発

環境変数には、たとえば表 6-3 のような情報があります[4]。

▼ 表 6-3　主なサーバー環境変数

名前	概要	戻り値（例）
GATEWAY_INTERFACE	CGI のリビジョン	CGI/1.2
QUERY_STRING	クエリ情報	id=1
PATH_INFO	パス情報	/ctrl/req_head2
REMOTE_ADDR	クライアントの IP アドレス	::1
REQUEST_METHOD	HTTP メソッド	GET
REQUEST_URI	リクエスト時の URI	/ctrl/req_head2?id=1
SERVER_NAME	サーバー名	localhost
SERVER_PORT	サーバーのポート番号	3000
SERVER_PROTOCOL	使用しているプロトコル	HTTP/1.1
SERVER_SOFTWARE	使用しているサーバーソフトウェア	puma 6.4.2 The Eagle of Durango

（2）ヘッダーの内部的な名前は「HTTP_ ～」

headers メソッドの中では、リクエストヘッダー名は「HTTP_」で始まる「すべて大文字、アンダースコア区切り」の名前になっています。つまり、User-Agent ヘッダーであれば HTTP_USER_AGENT です。

ただし、request オブジェクトは照合に先立って、名前を変換処理しています。headers メソッドのキーには User-Agent、HTTP_USER_AGENT のいずれを指定しても正しい値を取得できます（大文字小文字も区別しません[5]）。

◎ 6.1.4 リクエストヘッダーやサーバー環境変数を取得するための専用メソッド

headers メソッドの他にも、request オブジェクトではよく利用するヘッダー情報やサーバー環境変数について、取得のための専用メソッドを用意しています。専用メソッドは戻り値をそれぞれに応じた適切なデータ型で返すというだけでなく、名前に誤りがあった場合に明示的にエラーを通知してくれます（headers メソッドでは、ヘッダー名を間違えても、空の文字列が返るだけです）。

問題箇所を見つけやすくするという意味でも、そもそもコードをすっきり記述するという意味でも、専用メソッドが用意されているものについては、できるだけそちらを優先して利用すべきです。

表 6-4 は、主な専用メソッドをまとめたものです。

▼ 表 6-4　リクエストヘッダー／サーバー環境変数を取得するためのメソッド

メソッド	概要	戻り値（例）
accepts	クライアントがサポートしているコンテンツの種類	text/html：, image/webp：, application/xml：, ...*/*：
authorization	認証情報	Basic eXlhbWFkYToxMjM0NQ==
body	生のポストデータ	（StringIO オブジェクト）

---

[4]　これらの変数は、使用している環境によって変化する可能性もあります。

[5]　ヘッダー名以外は、大文字小文字も含め、正しく指定する必要があります。

content_length	コンテンツのサイズ	0
fullpath	リクエスト URL	/ctrl/req_head
get?、post?、put?、patch?、delete?、head?	HTTP GET ／ POST ／ PUT ／ PATCH ／ DELETE ／ HEAD による通信か	true
host	ホスト名	localhost
host_with_port	ポート番号付きのホスト名	localhost:3000
local?	ローカル通信であるか	true
method	HTTP メソッド	GET
port	ポート番号	3000
port_string	ポート番号（文字列）	:3000
protocol	プロトコル	http://
remote_ip	クライアントの IP アドレス	::1
request_method	HTTP メソッド（Rails 内部）	GET
scheme	スキーマ名	http
server_software	使用しているサーバーソフトウェア	puma
ssl?	暗号化通信であるか	false
standard_port?	Well-known ポートであるか	false
url	完全なリクエスト URL	http://localhost:3000/ctrl/req_head2

　request_method メソッドが返す値は Rails 内部で利用されている HTTP メソッドを意味します。つまり、method ／ request_method メソッドの値は、_method パラメーターで疑似的に HTTP PATCH ／ DELETE を作り出している場合に異なる値になるはずです。

> **NOTE リクエストヘッダーの活用方法**
>
> 　普段、我々の目には触れないためか、存在そのものを忘れがちなヘッダー情報ですが、その中には、Web アプリを開発する上で重要な手がかりとなる情報が多く含まれています。
>
> 　たとえば、Referer ヘッダーはリンク元の URL を表します。この情報を収集すれば、自分のサイトに対して、ユーザーがどのような経路でアクセスしているのかを分析できるので、サイト構造やデザインを改善する手がかりになるでしょう。
>
> 　Accept-Language ヘッダーは、ブラウザーの言語設定を表します。この情報を利用すると、クライアントに応じて表示言語を切り替えることもできます（この方法については、11.2 節でも後述します）。
>
> 　更に、クライアントが使用しているブラウザーの種類を表す User-Agent のようなヘッダーもあります。この情報をログとして記録しておけば、使用ブラウザーの傾向を把握できるため、特にフロントエンドを実装する際の指標となるでしょう。また、ブラウザーの種類に応じて、適切なコンテンツ形式を選択的に出力するようなことも可能です（たとえば、デスクトップブラウザーと画面サイズの小さい携帯端末向けのブラウザーとでは、コンテンツも区別する必要があるでしょう[6]）。
>
> 　サンプルを見てもわかるように、Rails でヘッダー情報にアクセスするのは難しいことではありません。取得したヘッダー情報をアプリの中でどのように利用するか、改めて意識してみると良いでしょう。

---

[6] 　6.6.4 項で扱っている browser ライブラリでも、ブラウザー識別のために内部的に User-Agent ヘッダーに頼っています。

6.2 レスポンスの操作

Railsでは、アクションでの処理結果を出力するために、表6-5のようなメソッドを提供しています（以降、便宜的に**レスポンスメソッド**と呼びます）。アクションメソッドでは、これらのメソッドのいずれかを利用して、レスポンスを生成するのが基本です[7]。

▼ 表6-5 主なレスポンスメソッド

メソッド	概要
render	テンプレートの呼び出しやテキスト／スクリプトの出力など、汎用的な結果出力の手段
redirect_to	指定されたアドレスに処理をリダイレクト
send_file	指定されたファイルを出力
send_data	指定されたバイナリデータを出力
head	応答ヘッダーのみを出力

6.2.1 テンプレートファイルを呼び出す ― render メソッド

レスポンスメソッドの中でももっとも基本的で、頻繁に利用するのが render メソッドです。そもそもアクションで明示的にレスポンスメソッドが呼び出されない場合には、暗黙的に render メソッドが呼び出され、該当するテンプレートファイルが実行されるのでした（2.3節）。

これまでも度々利用してきたメソッドなので、本項ではここまでの理解を前提に、より詳しい説明を進めます。

テンプレートを明示的に指定する

たとえば ctrl#res_render アクションが既定で呼び出すテンプレートは、ctrl/res_render.html.erb[8] です。一般的には、既定の動作で構いませんが、複数のアクションで同一のテンプレートを共有するなどの理由から、使用するテンプレートを明示したい場合があります。そのような場合には、以下のように表します。

```
render 'index'                              ❶ ctrl/index.html.erb を利用
render 'hello/view'                         ❷ hello/view.html.erb を利用
render 'C:/data/template/list.html.erb'     ❸ C:/data/template/list.html.erb を利用
```

現在のフォルダー（/ctrl）を基点に異なるテンプレートを呼び出す❶と、異なるフォルダーを呼び出す❷です。絶対パスでアプリ外のテンプレートを呼び出すこともできますが（❸）、あまり利用することはないでしょう

---

[7] 応答を直接操作するための response オブジェクトもありますが、Rails では response オブジェクトを直接操作する機会はあまりありません。

[8] 正確には、指定されたフォーマットによって拡張子は変化します。

（一般的には❶、❷が中心です）。

　以下のように、明示的にオプション名を付けて表しても同じ意味です（ただし、冗長なだけなので、一般的には省略して表します）。

```
render action: 'index'
render template: 'hello/view'
render file: 'C:/data/template/list.html.erb'
```

NOTE 二重レンダリングの注意

　render メソッドを利用していると、「Render and/or redirect were called multiple times in this action（アクションの中で複数回レンダリングはできない）」というエラーに見舞われることがあります。たとえば、以下のようなケースです。

```
def double_render
  @book = Book.find(6)
  if @book.reviews.empty?
    render 'simple_info'
  end
  render 'details_info'
end
```

　上は、@book.reviews.empty? メソッドが true の場合、simple_info テンプレートが呼び出され、そうでない場合は details_info テンプレートが呼び出されることを意図したコードですが、そうはなりません。simple_info テンプレートが呼び出された場合も、それで処理は終わらず、続けて details_info テンプレートが呼び出されてしまうのです。アクションの途中で render／redirect_to メソッドを呼び出す場合には、「render 'simple_info' **and return**」のようにして、明示的にアクションを終了するようにしてください。

▌レスポンスをインラインで設定する ― plain／html オプション

　render メソッドの役割はテンプレートを呼び出すだけではありません。自らコンテンツを出力するための機能も備えています。本来、コントローラー側で出力を生成するのは、Model − View − Controller の考え方に反しますが、デバッグなどの用途で活用できるでしょう。

　まずは、plain オプションからです。こちらは既に何度も登場してきたオプションで、指定された文字列をそのまま出力します。

```
render plain: '<div style="color: Red;">今日は良い天気ですね。</div>'
```

▼ 図 6-7　プレーンなテキストとして文字列を表示

　出力はあくまで text/plain 形式なので、HTML タグが含まれていたとしても、タグとは見なさない点に注目です。これをタグとして認識したいならば、html オプションを利用します。

```
render html: '<div style="color: Red;">今日は良い天気ですね。</div>'.html_safe
```

▼ 図 6-8　文字列を HTML として解釈

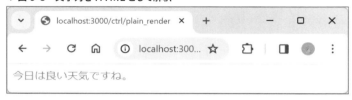

　ただし、HTML 文字列をそのまま渡すだけでは、エスケープ処理されてしまいます。html_safe メソッドで文字列が「安全な」HTML であることをマークしなければならないのです[*9]。図 6-9 は、太字部分を削除した結果です。

▼ 図 6-9　html_safe メソッドを削除した場合

インラインのテンプレートを指定する ― inline オプション

　inline オプションでは、指定された文字列を ERB テンプレートとして解釈した上で、その結果を出力します。<%=...%>、<%...%> に対応した html オプションと言い換えても良いでしょう。

```
render inline: 'リクエスト情報：<%= debug request.headers %>'
```

[*9]　ただし、html_safe メソッドは、安全であることをアプリ開発者が宣言するだけで、Rails がなにかしら安全を保証するものではありません。利用にあたっては、意図しないタグが含まれないかを確認するようにしてください。

なお、plain／html／inline オプションを指定した場合、既定ではレイアウトが適用**されません**。（あまりその必要性はないと思いますが）レイアウトを利用したい場合には、明示的に layout オプション（4.6.1 項）を指定してください。

コンテンツタイプを指定するには？

render メソッドでは、それぞれ指定したオプションによってコンテンツタイプが決まります。

- plain：text/plain
- json（6.3.1 項）：application/json
- xml（6.3.1 項）：application/xml
- それ以外：text/html

これらのコンテンツタイプを変更したいという場合は、content_type オプションを利用してください。

```
render plain: str, content_type: 'text/comma-separated-values'
```

6.2.2 空のコンテンツを出力する ─ head メソッド

コンテンツ本体は必要なく、ただ処理結果（ステータスコード）だけを返したいというケースもあるでしょう。たとえば、JavaScript からの非同期通信で、サーバー側での処理結果のみを呼び出し元に通知したいなどのケースです。

そのような場合に利用するのが、head メソッドです。head メソッドは、ステータスコード／レスポンスヘッダーの出力に特化したメソッドです。

head メソッド

```
head status [,opts]
```

status：ステータスコード（利用可能な定数は表6-6）　　*opts*：応答ヘッダー（「ヘッダー名: 値」の形式）

▼ 表 6-6　主なステータスコード

シンボル	ステータスコード	意味
:ok	200	成功
:created	201	リソースの生成に成功
:moved_permanently	301	リソースが恒久的に移動した
:found	302	リソースが一時的に移動した
:see_other	303	リソースが別の場所にある
:unauthorized	401	認証を要求
:forbidden	403	アクセスが禁止されている
:not_found	404	リソースが存在しない
:method_not_allowed	405	HTTP メソッドが許可されていない
:internal_server_error	500	サーバーエラー

第 6 章　コントローラー開発

　引数 status は、ステータスコードを表すためのオプションです。たとえば 404 Not Found（ページが見つかりませんでした）を出力するならば、以下のように表します。

```
head :not_found
```

「head 404」としても同じ意味ですが、可読性を考慮すれば、素直にシンボルを利用すべきです。

NOTE render メソッドでステータスコードを指定する

　render メソッドは既定でステータスコード 200（:ok）を返します。しかし、status オプションで、この挙動を明示的に変更することもできます。

```
render plain: 'ファイルが見つかりませんでした。', status: :not_found
```

◎ 6.2.3　処理をリダイレクトする ― redirect_to メソッド

redirect_to メソッドは、指定されたページに処理をリダイレクト（移動）します。

redirect_to メソッド

```
redirect_to url, status = 302
```
url：リダイレクト先のURL　　　*status*：ステータスコード（指定可能な値はP.323の表6-6を参照）

　引数 url は、link_to ／ url_for メソッドと同じように文字列、またはハッシュ形式で URL を指定できます。

```
redirect_to 'https://wings.msn.to' ────────────────── ❶絶対 URL
redirect_to action: :index ─────────────────── 同一コントローラーのアクション
redirect_to controller: :hello, action: :list ──────────── 異なるコントローラー
redirect_to books_path ────────────── 自動生成されたビューヘルパー（3.2.2 項）
```

　引数 status はリダイレクト時に使用するステータスコードを表します。既定は 302（Found）で、これを変える必要があるのは「古いアドレスから新しいアドレスにユーザーを誘導する」ような用途です。というのも、302（Found）はページの「一時的な」移動を表すため、検索エンジンのクローラー（巡回エンジン）がリダイレクト先のアドレスをあくまで一時的なものと見なして記録しないからです。
　これを避けたいときは引数 status に 301（Moved Permanently）を指定します。このステータスコードはページが恒久的に（Permanently）移動したことを表すので、クローラーもリダイレクト先を記録するようになります。

324

ステータスコードを正しく指定するのは SEO（Search Engine Optimization）の観点からも意味のあることです。

補足：オープンリダイレクト脆弱性を防ぐ 7.0

オープンリダイレクト脆弱性とは、外部からの入力によって自由なページ（サイト）に移動できてしまう脆弱性のことです。たとえば、「https://example.com/redirect?path=**https://wings.msn.to/**」のように、クエリ情報によって指定のアドレスにリダイレクトするようなアプリを想定してみましょう（図 6-10）。このようなアプリでは、クエリ情報 path の値（太字）を差し替えることで、自由に移動先を変更できてしまいます。もちろん、移動先のサイトには、第三者が悪意ある仕掛けを施すのも自由です。

▼ 図 6-10 オープンリダイレクト脆弱性

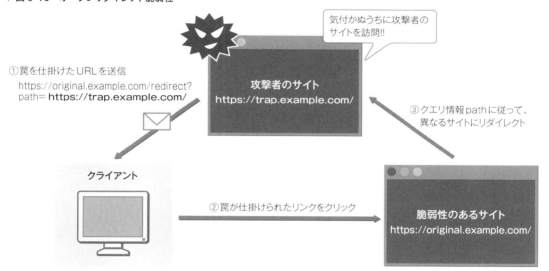

しかし、Rails 7 以降では、redirect_to メソッド（引数 url）にはローカルなアドレスしか指定できません。たとえば先ほどのリストの❶では、「Unsafe redirect to "https://wings.msn.to", 〜」のような例外が発生するはずです。

もしもリモートアドレスへのリダイレクトを許可したい場合には、

```
redirect_to 'https://wings.msn.to', allow_other_host: true
```

のように、明示的に allow_other_host オプションを指定してください。このようなオプトインによって、意図しない脆弱性の可能性を軽減できるわけです。

オープンリダイレクト脆弱性への対策

　もちろん、redirect_to メソッドでの制限は、一次的な防御にすぎません。引数 url の安全性を保障するのは、あくまでアプリ開発者の責任です。

　また、そもそもパラメーターによって自由にリダイレクト先を決められてしまうのは、それ自体が脆弱性が入り込む原因にもなります。不要なのであれば、リダイレクト先を静的に決定するのが一番です。そうでなくても、リダイレクト先をなんらかの id 値によって決めるだけでも、安全性は向上します（図 6-11）。

▼ 図 6-11　オープンリダイレクト攻撃への対策

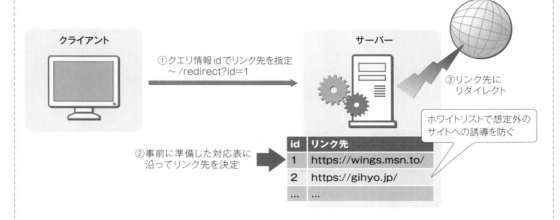

　それもできないような状況でも、受け取ったリダイレクト先の妥当性を正規表現などで検証するのは最低限の対策です。

直前のページにリダイレクトする

　redirect_to メソッドの派生形として redirect_back メソッドもあります。こちらは、1 つ前のページにリダイレクトするメソッドです。

redirect_back メソッド

```
redirect_back fallback_location: url
```
url：直前のページがなかった場合のリンク先

　redirect_back メソッドは、Referer ヘッダーから直前のページを検出します。Referer ヘッダーが存在しない（＝直前のページがない）場合は fallback_location オプションで指定されたページにリダイレクトします。引数 url を文字列、またはハッシュ形式で指定できる点は、link_to ／ redirect_to などと同じです。

```
redirect_back fallback_location: { controller: 'hello', action: 'index' }
```

6.2 レスポンスの操作

◎ **6.2.4** ファイルの内容を出力する ─ **send_file** メソッド

send_file メソッドは、指定されたパスに存在するファイルを読み込み、その内容をクライアントに送信します。たとえば、公開フォルダー（/public）の外に配置されたファイルを読み込み、クライアントに送出するような操作も、send_file メソッドを利用することで 1 文で記述できます[*10]。

send_file メソッド

```
send_file path [,opts]
```

path：読み込むファイルのパス　　opts：動作オプション（利用可能なオプションは表6-7）

▼ 表 6-7　send_file メソッドの動作オプション（引数 opts のキー）

オプション	概要	既定値
filename	ダウンロード時に使用するファイル名	（もとのファイル名）
type	コンテンツタイプ	application/octet-stream
disposition	ファイルをブラウザーインラインで表示するか（:inline）、ダウンロードさせるか（:attachment）	:attachment
status	ステータスコード	200（ok）
url_based_filename	URL をもとに、ダウンロード時のファイル名を生成するか（filename が指定されている場合はそちらを優先[*11]）	false

以下に、いくつかの具体例を示しておきます。

```
send_file 'C:/data/sample.zip'
send_file 'C:/data/wings.jpg', type: 'image/jpeg', disposition: :inline
send_file 'C:/data/doc931455.pdf', filename: 'Guideline.pdf'
```

ただし、send_file メソッドを利用する場合は、リクエスト情報（ポストデータやクエリ情報など）でファイルパスを直接指定させるのは厳禁です。たとえば、以下のようなコードは、ユーザーが自由にサーバー内のファイルにアクセスできてしまうので危険です。

```
send_file params[:path]
```

ダウンロードファイルをユーザーに指定させる場合も、あくまで受け渡しするのは識別のための id 値だけとし、物理的なパスはデータベースなどで管理してください（図 6-12）。

[*10] 特定のユーザーにだけ開示するようなファイルは、原則として公開フォルダーの外に配置すべきです。それによって、アクションでまずアクセスの可否を判定してから、ファイルを送出するなどの操作が可能になります。

[*11] 現在の URL が「〜 /ctrl/file_send」の場合は、「file_send」がダウンロードファイル名になります。

327

第6章 コントローラー開発

▼ 図6-12 リクエスト情報で内部パスを指定させない

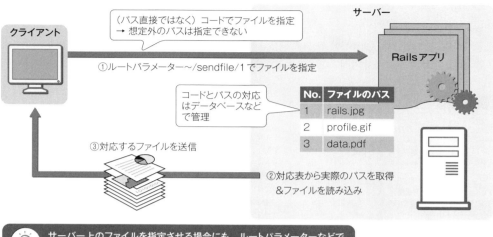

 サーバー上のファイルを指定させる場合にも、ルートパラメーターなどでパスを直接指定させてはならない。

◎ 6.2.5 任意のデータを送出する ─ send_data メソッド

send_data メソッドは、指定されたデータを受け取り、そのままブラウザーに送出します。レスポンスを動的に生成するような状況で利用します。

send_data メソッド

```
send_data data [,opts]
```
data：出力するデータ　　*opts*：動作オプション（表6-7を参照[*12]）

たとえばリスト6-7は、books テーブルの内容を CSV 形式に整形したものを出力する例です。

▼ リスト6-7　ctrl_controller.rb

```
require 'kconv'

def data_send
  books = Book.all
  # モデルの属性名をカンマ区切りで出力（ヘッダー行）
  result = "#{books.attribute_names.join(',')}\r"            ─❶
  # テーブルの内容を順にカンマ区切りで出力（データ行[*13]）
  books.each do |b|
    result << "#{b.attributes.values.join(',')}\r"           ─❷
```

[*12] url_based_filename オプションを除くすべてのオプションを利用できます。
[*13] 「<<」は文字列を連結しなさい、という意味です。意味的には、concat メソッドと等価です。

```
end
  # 最終的な結果（戻り値はShift-JIS）
  send_data result.kconv(Kconv::SJIS, Kconv::UTF8), type: 'text/csv' ────❸
end
```

▼ 図 6-13　ダウンロードした CSV ファイルを Excel で開いたところ

　attribute_names メソッドは、モデルに属するすべての属性名を配列として返します。❶では、これを join メソッドでカンマ区切りの文字列として結合することで、ヘッダー行を生成しています。

　attributes メソッドは、モデルのすべての属性を「名前 : 値」のハッシュ形式で返します。❷では、values メソッドで値のみの配列を取り出した上で、これをカンマ区切りで連結しています。

　❸では、Excel のようなアプリで利用することを想定して、変数 result を最終的に kconv メソッドで Shift-JIS 変換したものを出力しています。

6.2.6　レスポンスヘッダーを取得／設定する

　一般的には応答操作には render ／ redirect_to などのレスポンスメソッドを利用すれば十分ですが、自分でレスポンスヘッダーなどを明示的に付与したい場合もあります。そのような場合には、response.headers メソッドを利用することで、任意のヘッダーを設定できます。

　たとえばリスト 6-8 は、Refresh ヘッダーを付与し、ページを 3 秒ごとにリフレッシュする例です。

▼ リスト 6-8　ctrl_controller.rb

```ruby
def res_head
  response.headers['Refresh'] = 3
  render plain: Time.now
end
```

　また、応答ヘッダーによっては専用のメソッドが用意されているものもあります。そのようなものは極力、目的特化したメソッドを優先して利用することをお勧めします。以下に、主なものを紹介していきます。

Content Security Policy を利用する 5.2

CSP（Content Security Policy） とは、クロスサイトスクリプティングをはじめとして、よくあるアプリへの攻撃の可能性を軽減するためのセキュリティフレームワークです。具体的には、<script>、<link>、<img> 要素などからアクセスできるドメイン、プロトコルを制限することで、悪意ある第三者からのスクリプト／データの挿入を阻止する役割を担います。

これらの制限は、Content-Security-Policy レスポンスヘッダー（または <meta> 要素）によって通知され、ブラウザー側で制御されます[*14]（図 6-14）。

▼ 図 6-14　Content Security Policy とは？

レスポンスヘッダーなので、headers メソッド（6.1.3 項）で明示的に宣言することもできますが、Rails では config.content_security_policy メソッドを利用することで、より簡潔なコードでの設定が可能です。

設定例は /config/initializers フォルダー配下の content_security_policy.rb に用意されているので、以下に掲載します（リスト 6-9。実際のコードではコメントアウトされています）。

▼ リスト 6-9　content_security_policy.rb

```
Rails.application.configure do
  config.content_security_policy do |policy|
    policy.default_src :self, :https
    policy.font_src    :self, :https, :data
    policy.img_src     :self, :https, :data
    policy.object_src  :none
    policy.script_src  :self, :https
    policy.style_src   :self, :https
    …中略…
  end

  config.content_security_policy_nonce_generator = ->(request) { request.session.id.to_s }
  config.content_security_policy_nonce_directives = %w(script-src)
  …中略…
end
```

❸ ❷ ❶ ❹

[*14] よって、CSP による制約は、あくまでブラウザーの実装に依存します。たとえば CSP 未対応のブラウザーでは CSP は無視されます。

ポリシーを定義しているのは❶です。content_security_policy ブロックの配下で「policy.*xxxxx*」の形式で設定できます。たとえば❷であれば <script> 要素の src 属性が自分自身のドメイン（:self）、「https://～」からのリソースだけを指定できることを意味します。

その他の指定も基本は同じで、<img>、<link>、<object>、@font-face などから読み込まれるリソースを制限します。:data は「data: ～」のようなリソース指定[*15]を許容することを意味します。

default_src（❸）は既定のリソースポリシーで、個別の *xxxxx*_policy でポリシーが指定されなかった場合に適用されるポリシーを意味します。最低限のフォールバックとして default_policy は明示すべきです。

❹は nonce（Number used once）値——ワンタイムトークンの設定です。content_security_policy_nonce_generator でトークンの生成方法（ここではセッション id をもとに生成）、content_security_policy_nonce_directives でトークンを埋め込むヘルパーを指定します。つまり、❹のようなコードで、以下のようなヘッダーと <script> 要素が生成されます[*16]。

```
<meta name="csp-nonce" content="lc4Q2Izyenk4HKCw7fXUKA==" />

<script src="/assets/hoge-a45f69efa7a71e0b30b4d39122b0ba0116771114cf14cc841079599092aa8834.js" ↵
nonce="lc4Q2Izyenk4HKCw7fXUKA=="></script>
```

nonce 値を準備しておくことで、あらかじめ Content-Security-Policy レスポンスヘッダーで設定されたトークンと、<script> 要素の nonce 属性で指定された値が等しい場合にだけリソースを実行できるようになります。トークンは都度作成されるものなので、悪意ある第三者が推測することはできません。これによって、任意のコード実行を防止できます。

▍Permissions-Policy を設定する 6.1

Permissions-Policy は機能ポリシーとも呼ばれ、Permissions-Policy レスポンスヘッダーによって、アプリで利用できるブラウザーの機能そのものを制限します。現時点ではドラフト扱いの機能ではありますが、既に主な機能を主要なブラウザーでも利用できますし、未サポートのブラウザーでも無視されるだけなので、積極的に活用することをお勧めします。CSP と併せて利用することで、アプリの安全性を高められるはずです。

Rails 6.1 でも、この Permission Policy ヘッダーを config.permissions_policy メソッド経由でネイティブに設定できるようになっています。具体的な設定例は /config/initializers フォルダー配下の permissions_policy.rb に用意されているので、以下に掲載します（リスト 6-10。実際のコードではコメントアウトされています）。

▼ リスト 6-10　permissions_policy.rb

```
Rails.application.config.permissions_policy do |policy|
  policy.camera      :none
  policy.gyroscope   :none
```

［*15］URL の代わりに、Base64 エンコードされたデータをそのまま指定する方式で、**Data URL 方式**とも呼ばれます。「data:image/png;base64, jTRTJNHwKJHff...」のように表されます。

［*16］セキュリティ上の理由から nonce 属性の値はデベロッパーツール上では隠蔽されます。［ページのソースを表示］から確認してください。

```
  policy.microphone     :none
  policy.usb            :none
  policy.fullscreen     :self
  policy.payment        :self, "https://secure.example.com"
end
```

この例であれば、カメラ、ジャイロセンサー、オーディオ入力などを禁止し、Fullscreen API ／ Payment API などの実行を自ドメイン（:self）、または指定のドメインからのみ認めることを意味します。

キャッシュポリシーを制御する

expires_in メソッドを利用することで、Cache-Control レスポンスヘッダー（キャッシュポリシー）を設定できます。

expires_in メソッド

```
expires_in(sec [,opts])
```

sec：キャッシュの有効期限（秒）　　*opts*：キャッシュオプション（利用可能なオプションは表6-8）

▼ 表 6-8　キャッシュオプション（引数 opts）

オプション	概要
public	キャッシュデータを複数ユーザーで共有
private	キャッシュデータを共有しない
must_revalidate	キャッシュが古くなった場合に有効期間を問い合わせる
stale_while_revalidate	有効期限が切れた場合にも、指定期間（秒）は古いキャッシュを利用（バックグラウンドではキャッシュを再確認）
stale_if_error	有効期限が切れた場合にも、エラー時にのみキャッシュを再利用できる期間（秒）

リスト 6-11 に具体的な例も示します。「→」以降は出力されるレスポンスヘッダーを表します（具体的なコードは ctrl#expires アクションから確認してください）。

▼ リスト 6-11　ctrl_controller.rb

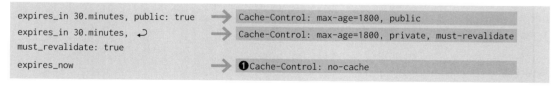

そもそもキャッシュを無効にしたい場合には、expires_now メソッドも利用できます（❶）。

◎ 6.2.7　補足：ログを出力する ― logger オブジェクト

直接的な応答ではありませんが、開発時にアクションメソッドでの途中経過などを確認する目的で、ログを標準出力（Puma のコンソール）やファイルに出力したいという状況はよくあります。また、本番稼働した後も

6.2　レスポンスの操作

致命的なエラー情報などは、適宜、ファイルに出力するようにしておくと、問題が発生した場合にも原因を特定しやすくなります。

　Rails には、こうしたロギングを行うためのオブジェクト logger が標準で用意されています。logger オブジェクトでは、ログの重要度に応じて、表 6-9 のようなメソッドを利用できます。

　unknown（不明なエラー）がもっとも優先順位の高いログで、以降は fatal ／ error ／ warn ／ info ／ debug の順で優先順位が下がっていきます。具体的な例も見ておきましょう（リスト 6-12）。

▼ 表 6-9　logger オブジェクトの主なメソッド

メソッド	概要
unknown(*msg*)	不明なエラー
fatal(*msg*)	致命的なエラー
error(*msg*)	エラー
warn(*msg*)	警告
info(*msg*)	情報
debug(*msg*)	デバッグ情報

▼ リスト 6-12　ctrl_controller.rb [17]

```ruby
def log
  logger.unknown('unknown')
  logger.fatal('fatal')
  logger.error('error')
  logger.warn('warn')
  logger.info('info')
  logger.debug('debug')
  render plain: 'ログはコンソール、またはログファイルから確認ください。'
end
```

「～ /ctrl/log」にアクセスした後、Puma のコンソールには以下のようなログが出力されているはずです。

```
Started GET "/ctrl/log" for ::1 at 2024-03-16 15:32:16 +0900
Processing by CtrlController#log as HTML
unknown
fatal
error
warn
info
debug
  Rendering text template
  Rendered text template (Duration: 0.0ms | Allocations: 1)
Completed 200 OK in 4ms (Views: 1.7ms | ActiveRecord: 0.0ms | Allocations: 521)
```

　同様に log/development.log にも同じ内容のログが出力されていることを確認してください（出力先は環境に応じて、test.log、production.log に変化する可能性もあります）。ログファイルをクリアするには、rails log:clear コマンドを利用します。

ログに関わる設定情報

　ログの設定は、設定ファイルから変更することもできます。

＊17　logger オブジェクトは、（アクションではなく）モデルクラスやテンプレートファイル、ヘルパーからも同様に呼び出せます。それ以外のファイルから logger オブジェクトを利用する例については、5.7.3 項も参照してください。

第 6 章　コントローラー開発

（1）ログの出力レベルを変更する

　開発環境では、既定で debug ログまでを出力します。しかし、本番環境などで「致命的な問題を把握できれば十分」ということもあります。そのような場合にも、Rails ではログの出力レベルを簡単に切り替えることができます。たとえばリスト 6-13 は、ログを unknown 〜 error レベルで絞り込む例です。

▼ **リスト 6-13　development.rb**

```
config.log_level = :error
```

　サーバーを再起動した上で、先ほどのサンプルを実行すると、ログが以下のように絞り込まれていることが確認できます。

```
unknown
fatal
error
```

　ただし、これまで標準で出力されていたログも出力されなくなっているので、上の結果を確認できたら、設定ファイルは元に戻しておきましょう。

（2）一部のログをフィルターする

　リクエスト情報の内容によっては、ログに記録してほしくないものもあるでしょう。たとえば、パスワードなどがログに記録されてしまうのはセキュリティなどという言葉を持ち出すまでもなく望ましい状況ではありません。
　/config/initializers フォルダー配下に既定で用意されている初期化ファイル filter_parameter_logging.rb（2.5.1 項）を確認すると、末尾付近にリスト 6-14 のようなパラメーターが設定されていることが確認できます。

▼ **リスト 6-14　filter_parameter_logging.rb**

```
Rails.application.config.filter_parameters += [
  :passw, :secret, :token, :_key, :crypt, :salt, :certificate, :otp, :ssn
]
```

　このように filter_parameters パラメーターを設定しておくことで、これらの名前に部分一致するパラメーター値（たとえば authenticity_token、password_digest など）がログに記録されなくなります。該当する項目の値が、ログ上では [FILTERED] のようにマスクされることを確認してください。

```
Started PATCH "/users/1" for ::1 at 2024-03-16 15:39:15 +0900
Processing by UsersController#update as HTML
  Parameters: {"authenticity_token"=>"[FILTERED]", "user"=>{"username"=>"yyamada", "password_
digest"=>"[FILTERED]", "email"=>"yyamada@example.com", "dm"=>"1", "roles"=>"admin,manager",
"reviews_count"=>"1", "agreement"=>"0"}, "commit"=>"Update User", "id"=>"1"}
```

　filter_parameters パラメーターは、シンボル、文字列の他、「/passw/」のような正規表現で指定することもできます。

334

6.3 HTML以外のレスポンス処理

　ここまでは取得したデータを人間が閲覧することを想定して、もっとも一般的なHTML形式で出力する方法を中心に解説してきました。しかし、サービスの内容によっては、そもそもコンテンツを（人間のユーザーに対してではなく）外部のアプリに対して提供したいというケースもあるでしょう。そのような状況では、構造化データの表現に適したマークアップ言語であるXML（eXtensible Markup Language）、あるいは、非同期通信などの用途ではJSON（JavaScript Object Notation）などの形式を利用するのが一般的です。
　本節では、そのようなHTML以外の形式のコンテンツを作成するためのさまざまな方法について解説していきます。

6.3.1 モデルの内容をJSON／XML形式で出力する

　取得したモデルの内容をJSON／XML形式に変換するのは、さほど難しいことではありません。renderメソッドにjson／xmlオプションを指定して呼び出すだけです。

jsonオプション

　まずはjsonオプションの例からです。booksテーブルからすべてのレコードを取得し、その内容をJSON形式で出力します（リスト6-15）。

▼ リスト6-15　ctrl_controller.rb

```
def get_json
  @books = Book.all
  render json: @books
end
```

```
[
  {
    "id":1,
    "isbn":"978-4-297-13919-3",
    "title":"3ステップで学ぶ MySQL入門",
    "price":2860,
    "publisher":"技術評論社",
    "published":"2024-01-25",
    "dl":false,
    "created_at":"2024-03-13T05:57:12.730Z",
    "updated_at":"2024-03-13T05:57:12.730Z"
  },
```

```
    …中略…
]
```

json オプションには、ただ取得したモデル（または、その配列）を引き渡すだけです。これによって、render メソッドは

- to_json メソッドでモデルを JSON 形式に変換
- Content-Type ヘッダーとして application/json を設定

という処理を自動的にまかなってくれるのです（結果は、内容を視認しやすいよう、適宜改行などを入れて整形しています）。

xml オプション

同じく xml オプションの例も見てみましょう。こちらは既定の構成では動作しないので、いくらかの準備が必要となります。

1 ActiveModel::Serializers::Xml をインストールする

ActiveModel::Serializers::Xml は、モデルの内容を XML 形式に変換するためのライブラリ。本項のサンプルを実行するには、あらかじめ ActiveModel::Serializers::Xml をアプリに組み込んでおく必要があります。
　これには、Gemfile の末尾に以下の行を追加します（リスト 6-16）。

▼ リスト 6-16　Gemfile

```
gem 'activemodel-serializers-xml'
```

あとは、ターミナルから以下のコマンドを実行することで、ActiveModel::Serializers::Xml が有効になります。bundle install コマンドを実行した後は、Puma を再起動してください。

```
> bundle install
```

2 オブジェクトを変換する

あとは、アクションメソッドからモデルオブジェクトを取得／変換するためのコードを記述するだけです（リスト 6-17）。

▼ リスト 6-17　ctrl_controller.rb

```
def get_xml
  @books = Book.all
  render xml: @books
end
```

```
<books type="array">
  <book>
    <id type="integer">1</id>
    <isbn>978-4-297-13919-3</isbn>
    <title>3ステップで学ぶ MySQL入門</title>
    <price type="integer">2860</price>
    <publisher>技術評論社</publisher>
    <published type="date">2024-01-25</published>
    <dl type="boolean">false</dl>
    <created-at type="dateTime">2024-03-13T05:57:12Z</created-at>
    <updated-at type="dateTime">2024-03-13T05:57:12Z</updated-at>
  </book>
  …中略…
</books>
```

xml オプションによって、

- to_xml メソッドでモデルを XML 形式に変換
- Content-Type ヘッダーとして application/xml を設定

する点は、json オプションの場合と同じです。

> **json ／ xml オプションには文字列も指定できる**
>
> json ／ xml オプションには簡単な文字列を渡すこともできます。エラー通知を行うようなケースでは、この方法で手軽に JSON ／ XML データを送出できます。
>
> ```
> render json: '{"error": "123 Failed"}'
> render xml: '<error>123 Failed</error>'
> ```

6.3.2 テンプレート経由で JSON ／ XML データを生成する — JBuilder ／ Builder

　render メソッドの json ／ xml オプションは手軽に JSON ／ XML 形式のレスポンスを生成するには便利ですが、結果の生成を View に委ねるという MVC のポリシーには反します。そもそも json ／ xml オプションにモデルを渡す方式は、モデルの内容を機械的に変換しているだけなので、フォーマットを厳密に決めたいというケースには対応できません[18]。
　よりあるべき姿としては、ERB で HTML データを生成するのと同じく、JSON ／ XML データについてもテンプレート経由で生成するのが望ましいでしょう。これを行うのが、JBuilder ／ Builder テンプレートです。JBuilder は JSON データの生成に、Builder は XML データの生成に、それぞれ特化したテンプレートです。

---

[18] 文字列を直接引き渡すことで対応できますが、View と Controller の分離という考え方からすれば、モデルを渡す以上に望ましくありません。

第 6 章　コントローラー開発

JBuilder テンプレートで JSON データを生成する

まずは、JBuilder テンプレートで JSON データを生成する方法からです。リスト 6-18 では Scaffolding 機能（3.1.1 項）で自動生成された index.json.jbuilder を例に、JBuilder の基本的な用法を示します。JBuilder を利用する場合、拡張子も .json.jbuilder となります。

「http://localhost:3000/books.json」のような URL で呼び出せます（結果は、内容を視認しやすいよう、適宜改行などを入れて整形しています）。

▼ リスト 6-18　上：books/index.json.jbuilder、下：books/_book.json.jbuilder

```
json.array! @books, partial: "books/book", as: :book ──────────────────────────❶

json.extract! book, :id, :isbn, :title, :price, :publisher, :published, :dl, :created_at, ↵
:updated_at ──────────────────────────────────────────────────────────────┐❸
json.url book_url(book, format: :json) ───────────────────────────────────────────❷
```

```
[
  {
    "id":1,
    "isbn":"978-4-297-13919-3",
    "title":"3ステップで学ぶ MySQL入門",
    "price":2860,
    "publisher":"技術評論社",
    "published":"2024-01-25",
    "dl":false,
    "created_at":"2024-03-13T05:57:12.730Z",
    "updated_at":"2024-03-13T05:57:12.730Z",
    "url":"http://localhost:3000/books/1.json"
  },
  …中略…
]
```

純粋な Ruby スクリプトとなっており、同じテンプレートとはいえ、ERB とはずいぶんと雰囲気も異なっていますね。

しかし、基本的な考え方には共通するところもあります。❶の json.array! メソッドは、
指定された配列 @books から順番に要素を取り出して、その内容を部分テンプレート（_books/book.json.builder）で描画しなさい、個々の要素には変数 book でアクセスできますよ
という意味です。3.2.2 項で説明した部分テンプレート呼び出しのコードそのままですね[19]。

array! メソッド

```
json.array! coll, partial: template, as: var
```

coll：オブジェクト配列　　template：個々の要素を描画するためのテンプレート
var：テンプレートで個々の要素にアクセスするための変数

---

[19] テンプレートを指定する際に、拡張子やファイル名先頭の「_」は取り除くのでした。

array! メソッドによって呼び出された部分テンプレート books/_book.json.builder についても読み解いていきます。

まず、❷は JBuilder のもっとも基本的な構文です。指定されたキー／値のセットを出力します。

json オブジェクト

```
json.key value
```
key：キー   *value*：値

たとえば❷であれば、「"url":"http://localhost:3000/books/1.json"」のような JSON 文字列を出力します。book_url は resources メソッドによって自動生成されたビューヘルパーです。詳しくは 7.1.1 項でも触れるので、ここでは format パラメーターを付与することで、出力形式に応じたリンク先を生成できる、とだけ覚えておいてください。

> **NOTE 入れ子のキーを生成する**
>
> json.key メソッドをブロックで表すことで、入れ子のキーも表現できます。たとえば以下であれば、「"author":{"name":" 山田祥寛 ","birth":"1975-12-04"}」のような JSON 文字列が生成されます。
>
> ```
> a = book.authors[0]
> json.author do
>   json.name a.name
>   json.birth a.birth
> end
> ```

オブジェクトの属性をまとめて「*属性名：値*」の形式で出力したいならば、extract! メソッドを利用します。

extract! メソッド

```
json.extract! obj, prop, ...
```
obj：モデルオブジェクト   *prop*：属性名

❸は、以下のコードと同じ意味です。

```
json.isbn book.isbn
json.title book.title
json.price book.price
json.publisher book.publisher
json.published book.published
json.dl book.dl
```

第 6 章　コントローラー開発

```
json.created_at book.created_at
json.updated_at book.updated_at
```

省略形として、以下のように表すこともできます。

```
json.(book, :isbn, :title, :price, :publisher, :published, :dl, :created_at, :updated_at)
```

Builder テンプレートで XML 文書を生成する

JSON データを組み立てる JBuilder に対して、XML データを組み立てるのは Builder の役割です。

リスト 6-19 では、Builder を利用して books#index アクション（3.2 節）を XML 出力にも対応してみます。Builder テンプレートの拡張子は .xml.builder です。「http://localhost:3000/books.**xml**」のようなアドレスで呼び出せます。

▼ リスト 6-19　books/index.xml.builder

```
xml.books do
  @books.each do |b|
    xml.book(isbn: b.isbn) do
      xml.title(b.title)
      xml.price(b.price)
      xml.publisher(b.publisher)
      xml.published(b.published)
      xml.dl(b.dl)
    end
  end
end
```

Builder もまた、JBuilder と同じく純粋な Ruby スクリプトで記述するテンプレートです。以下のような構文でタグ構造を表現します。

xml オブジェクト

```
xml.element([content] [,attr: value, ...]) do
  ...content...
end
```
----
element：要素名　　*attr*：属性名　　*value*：属性値　　*content*：要素配下のコンテンツ

要素配下のコンテンツは引数、もしくはブロックとして指定できます。基本的には、json.key メソッドと同じ考え方ですね。

Builder ／ JBuilder ともに、出力文書の階層構造をそのままコードの階層として表現できるので、見た目にも読みやすく、また、直感的に記述できることがわかります。

340

> 6.3　HTML 以外のレスポンス処理

NOTE　**ERB テンプレートで XML 文書を生成する**

　もっとも、JSON ／ XML データを生成するために、JBuilder ／ Builder が必須というわけでもありません。これまで散々利用してきた ERB で JSON ／ XML データを生成することもできます。たとえばリスト 6-20 は、リスト 6-19 の index.xml.builder を ERB テンプレートで書き直したものです（拡張子は .xml.**erb** となる点に注目です）。

▼ リスト 6-20　books/index.xml.erb

```
<?xml version="1.0" ?>
<books>
  <% @books.each do |b| %>
    <book isbn="<%= b.isbn %>">
      <title><%= b.title %></title>
      <price><%= b.price %></price>
      <publisher><%= b.publisher %></publisher>
      <published><%= b.published %></published>
      <dl><%= b.dl %></dl>
    </book>
  <% end %>
</books>
```

補足：Ruby スクリプトの結果を出力する ― Ruby テンプレート

　Ruby テンプレートとは、名前のとおり、純粋な Ruby スクリプトで書かれたテンプレート。ほとんどが Ruby スクリプトで占められているようなテンプレートでは、ERB テンプレートよりもすっきりとコードを表現できます。

　たとえばリスト 6-21 は、リスト 6-7 を Ruby テンプレートとして書き換えた例です。ファイル名は「テンプレート名 .拡張子 .ruby」とします。サンプルは「http://localhost:3000/ctrl/download.csv」のようなアドレスで呼び出せます。

▼ リスト 6-21　上：ctrl_controller.rb、下：ctrl/download.csv.ruby

```
def download
  @books = Book.all
end


require 'kconv'

result = "#{@books.attribute_names.join(',')}\r"
@books.each do |b|
  result << "#{b.attributes.values.join(',')}\r"
end
result.kconv(Kconv::SJIS, Kconv::UTF8)
```

　リスト 6-7 とほとんど同じ内容ですが、1 点だけ Ruby テンプレートでは

最後の式の結果がテンプレートの出力となる

点に注目です。この例であれば、kconv メソッドによる変換結果が出力されます。

341

6-4 状態管理

状態管理とは、複数のページ（アクション）間で情報を維持するためのしくみのこと。状態管理の必要性を理解するには、改めて **HTTP**（HyperText Transfer Protocol）の制約を理解しておく必要があります。

HTTPは、クライアントからの要求（リクエスト）に対して、サーバーが応答（レスポンス）を返して終わり、というとても単純なプロトコルです。つまり、同じクライアントから何度リクエストを送っても、サーバーはこれを同じクライアントからのものとは見なしません。少し難しげな言い方をするならば、HTTPとはステートレス（状態を維持できない）なプロトコルなのです（図6-15）。

▼図6-15　HTTPはステートレスなプロトコル

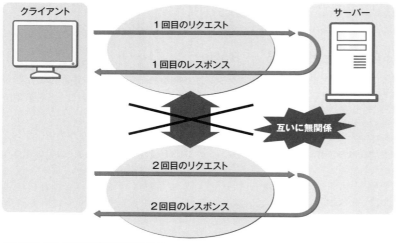

> HTTPプロトコルはリクエスト→レスポンスの一往復が基本単位
> 1回目の通信と2回目の通信とは（同じユーザーからのものでも）それぞれに独立したもの

しかし、アプリを実装する上で、この制約は致命的です。たとえば、グループウェアのように認証を必要とするアプリを想定してください。グループウェアには、スケジュール管理や掲示板、ワークフロー管理など、さまざまなページが用意されているはずです。このようなアプリでは、ページをまたがって、ユーザーが認証済みであるということや、そもそもそのユーザーが誰かという「状態」を維持している必要があります（さもなければ、ページごとにログインしなおさなければならないでしょう）。

アプリ全体、もしくは特定の機能で、このように状態を維持（管理）しなければならない局面は、いくらでもあります。そして、Railsでは（本来、HTTPが持たない）状態管理の機能をアプリで補うために、表6-10のような機能を提供しています。

6.4 状態管理

▼ 表6-10 Railsで利用可能な状態管理の方法

機能	概要
クッキー	ブラウザーに保存される小さなテキスト情報（Rails以外の環境でも利用できる汎用的な状態管理の手段）
セッション	クッキー、キャッシュ、データベースなどに状態情報を保存するしくみ（もっともよく利用される状態管理の方法）
フラッシュ	現在と次のリクエストでのみ維持できる特殊なセッション情報

　厳密には、クエリ情報や隠しフィールドのような機能も状態管理の一種とも言えますが、状態管理としての用途は限定的です。本節では、より汎用的に利用することになるであろう表6-10の機能について、順に見ていくことにします。

◎ 6.4.1 クッキーを取得／設定する ― cookies メソッド

　クッキー（Cookie） とは、クライアント側に保存される簡易なテキストファイルのこと。原則として、Webの世界ではサーバーがクライアントにデータを書き込むことを許してはいません。しかし、クッキーだけは唯一の例外です。サーバーがクライアントに一時的に情報を記録させるには、まずクッキーを利用する必要があります。クッキーによって、複数のページにまたがる形で、ユーザーの識別やクライアント単位の情報を管理できるようになります（図6-16）。

▼ 図6-16 クッキーとは？

　さっそく、具体的な例を見てみましょう。ここで作成するのは、初回のアクセスで入力したメールアドレスをクッキーに保存し、2回目以降のアクセスで復元するサンプルです（リスト6-22）。

▼ リスト6-22　上：ctrl_controller.rb、下：ctrl/cookie.html.erb

343

第6章 コントローラー開発

```
    cookies[:email] = { value: params[:email],
      expires: 3.months.from_now, http_only: true }         ——❶
    render plain: 'クッキーを保存しました。'
  end


<%= form_tag(action: :cookie_rec) do %>
  <%= label_tag :email, 'メールアドレス：' %>
  <%= text_field_tag :email, @email, size: 50 %>
  <%= submit_tag '保存' %>
<% end %>
```

▼図6-17 初回に入力したアドレスが2回目以降のアクセスでは既定で表示される

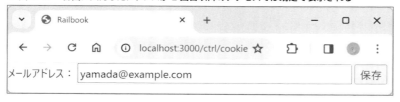

クッキーを設定するには、cookies メソッドを利用します（❶）。

cookies メソッド

```
cookies[:name] = { key: value, ... }
```
name：クッキー名　　*key*：オプション名（利用可能なオプションは表6-11）　　*value*：値

▼表6-11 cookies メソッドに対して指定できるオプション

オプション名	概要	設定値（例）
value	クッキーの値	yamada@example.com
expires	クッキーの有効期限	3.hours.from_now
domain	クッキーが有効なドメイン	example.com
path	クッキーが有効なパス	/~wings/
secure	true の場合、暗号化通信でのみクッキーを送信	true
httponly	HTTP クッキーを有効にするか	true

　有効期限（expires オプション）を省略した場合、クッキーはブラウザーを閉じたタイミングで削除されます。ブラウザーを閉じた以降もクッキーを維持したい場合には、expires オプションは必須です。
　domain と path は、そのクッキーが有効となるドメインとパスを表します。ドメインを複数のユーザーで共有するようなサーバーを利用している場合[20]、クッキーが他のユーザーに漏れないよう、path は必ず指定しておくべきです。

---

[20] たとえば、wings と yamada の2ユーザーが example.com ドメインに相乗りしている、http://example.com/~wings と http://example.com/~yamada のようなケースです。

secure は、通信を暗号化している場合には true としておくべきです。これによって、アプリの中に、暗号化されていないページが混在している場合にも、クッキーが不用意に送出されることはなくなるのでより安全です。

httponly は、HTTP 通信でのみアクセスできる **HTTP クッキー**を有効化します。これによって JavaScript からのクッキーアクセスが遮断されるので、クロスサイトスクリプティング脆弱性によるクッキー盗聴を防ぐことができます。

value オプションだけを指定するならば、次のように表しても構いません。

```
cookies[:email] = params[:email]
```

このようにして保存されたクッキーは、同じく cookies メソッドでアクセスできます（❷）。キーには保存時に指定した名前を指定するだけです。

既存のクッキーを削除するには、delete メソッドを利用してください。

```
cookies.delete(:email)
```

ただし、domain ／ path オプションで制約されたクッキーは、削除に際しても対象の domain ／ path を明示する必要があります。

```
cookies.delete(:email, path: '/~wings')
```

NOTE クッキーの同意ポリシー

昨今、さまざまなサイトでクッキー利用の同意を求めるバナーを目にする機会が増えてきました（図 6-18）。

▼ 図 6-18　クッキー同意バナーの例（出典：https://stackoverflow.com/）

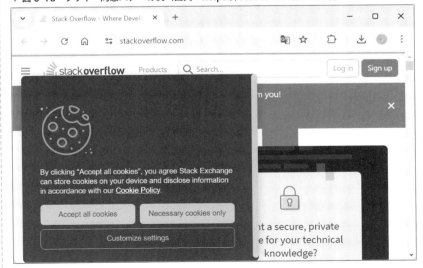

第 6 章　コントローラー開発

　というのも、クッキーは使い方次第で、個人の行動、情報を収集できてしまいます。国際的にも、クッキーは個人情報の一部であると見なされており、その利用にもさまざまな規制が課せられているのです。

　個別の規制については本書の守備範囲を超えるので、興味のある人は EU の「一般データ保護規則」などのキーワードで調べてみることをお勧めします。現時点では、日本向けのサイトでは同意は必須ではありませんが、国際的には「クッキーの利用には同意が必要となる傾向にある」ことを覚えておきましょう[*21]。

◎ 6.4.2　永続化クッキー／暗号化クッキー

permanent ／ encrypted メソッドを利用することで、永続化クッキー／暗号化クッキーを生成できます。

```
cookies.permanent[:email] = { value: ... } ───────────── 恒久的なクッキー
cookies.encrypted[:email] = { value: ... } ───────────── クッキー値の暗号化
```

　クッキーはクライアントに保存されるものであるため、従来、不正なアクセスや改ざんを防ぐのは難しいことでした。しかし、暗号化クッキーを利用することで、クッキーをより安全に利用できます。

　永続化（permanent）クッキーは、内部的には、有効期限が 20 年後に設定されるクッキーです。expires オプションが指定された場合も、permanent 設定が優先されます。一見便利な機能ではありますが、セキュリティ的な観点からは有効期限の長いクッキーは嫌われる傾向にあるので、濫用は避けるべきです[*22]。

　なお、以下のようにすると、クッキーの永続化と暗号化を同時に設定することも可能です。

```
cookies.permanent.encrypted[:email] = { value: ... }
```

秘密トークンの編集

　暗号化クッキーを利用するには、クッキーを暗号化／解読するための秘密トークンが必要です。**秘密トークン**は、既定で config/credentials.yml.enc 配下の secret_key_base キーに用意されているので、まずは意識する必要はありません。

　編集する際は、5.4.10 項の手順に則って、リスト 6-23 の太字部分を修正してください（秘密トークンを更新した場合には、サーバーも再起動しなければなりません）。

▼ リスト 6-23　credentials.yml.enc

```
secret_key_base: 6e6bf7cc27...ee4c07f
```

[*21]　正しくはすべてのクッキーではなく、ログイン状態の維持、表示言語／モードなどを維持するためのクッキーは除きます。このようなアプリの動作を制御するためのクッキーを**必須クッキー**と言います。

[*22]　そもそもクッキーのルールが変更となり、ブラウザーによっては 400 日を上限にクッキーの有効期限が丸められるようになっています。

346

6.4.3 セッションを利用する ― session メソッド

Rails では、ページ間で情報を共有するためのしくみとして、クッキーの他にもう1つ、**セッション**というしくみを提供しています。セッションとは、ユーザー（クライアント）単位で情報を管理するためのしくみ。昨今のフレームワークの多くが同様の機能を提供しています。

もっとも、Rails のセッションは、既定ではクッキーを利用しているので、標準の状態ではクッキーを直接利用するのとほとんど違いがありません。しかし、セッションでは設定を変更することで、保存先（データストア）を変更できるという特長があります（表 6-12）。また、セッションの方がより直感的に扱えます。ブラウザーが開いている間だけ維持したいデータを管理するならば、まずはセッションを優先して利用すると良いでしょう。

▼ 表 6-12　セッション情報のデータストア

保存先	概要
クッキー（CookieStore）	暗号化クッキーとしてセッションを保存（既定）。格納サイズは 4KB に制限
キャッシュ（CacheStore）	アプリのキャッシュにセッションを保存
データベース（ActiveRecordStore）	Active Record 経由でアクセスできるデータベースにセッションを保存

いずれのストアを採用するかですが、一般的には、既定のストアである CookieStore で十分です。クッキーベースということで、「データが改ざんされないか」「データサイズは足りるのか」という点が懸念されるところですが、以下の理由から心配はいりません。

- 値そのものは暗号化されるので、改ざん／漏洩の危険性は低い
- あくまでキー情報を中心に扱う（＝データ本体はデータベースで管理する）と考えれば、データサイズがネックとなる状況はほぼない

そもそも、他のストアを採用する場合にも、CookieStore の制限を超えるような大量データをセッションに保存すべきではありません。

NOTE　セッションのしくみ

本文でも示したように、Rails ではセッション情報の保存先をクライアントサイド（クッキー）とサーバーサイド（データベース、キャッシュ）から選択できます。クッキーによるセッション管理については、図 6-16 のような処理の流れを思い出していただければ良いでしょう。では、サーバーサイドにセッションデータを保存する場合、Rails では、状態を保存するためにどのような流れで処理を行っているのでしょうか（図 6-19）。

第 6 章　コントローラー開発

▼図 6-19　セッションのしくみ

　ここでポイントとなるのは、サーバーサイドでセッションを管理する場合も、そのキー――セッション ID だけはクッキー経由でやり取りされるという点です（このようなクッキーのことを**セッションクッキー**と言います）。サーバー側では、クライアントから発信されたセッション ID をキーにして、アクセスしてきたユーザーを識別し、対応するセッション情報を取得しているのです。

セッションの基本

　それではさっそく、セッションの利用方法を具体的に見ていくことにしましょう。リスト 6-24 は、6.4.1 項のサンプルをセッションを使うように書き換えたものです（主な変更点は太字で示しています）。

▼リスト 6-24　上：ctrl_controller.rb、下：ctrl/session_show.html.erb

```
def session_show
  @email = session[:email]
end

def session_rec
  session[:email] = params[:email]
  render plain: 'セッションを保存しました。'
end
```

```
<%= form_tag(action: :session_rec) do %>
  <%= label_tag :email, 'メールアドレス：' %>
  <%= text_field_tag :email, @email, size: 50 %>
  <%= submit_tag '保存' %>
<% end %>
```

　「～ /ctrl/session_show」にアクセスし、メールアドレスを入力してみましょう。「セッション情報を保存しました」というメッセージが表示されたら、再度、「～ /ctrl/session_show」にアクセスし、初回アクセス時

に入力したメールアドレスが既定で表示されることを確認してください（図 6-20）。

▼ 図 6-20　初回アクセス時に入力したメールアドレスを既定で表示

　また、6.4.1 項のサンプルではブラウザーを閉じてもメールアドレスが維持されていたのに対して、今回の例では、ブラウザーを閉じると、メールアドレス欄が空白に戻ってしまうことも確認してください（セッションの有効期限は、既定ではブラウザーが閉じるまでなのでした）。
　動作を確認できたところで、セッションを読み書きするための構文についても確認しておきましょう。もっとも、セッションの読み書きはクッキーの読み書きよりもシンプルです。

session メソッド

```
session[:name] = value
```
name：キー名　　*value*：値

　cookies メソッドであったようなパラメーターは、設定パラメーター（後述）として記述するため、コード上は変数を読み書きする要領でセッションを扱えるのです。
　既存のセッションを破棄する場合、特定のキー単位で破棄するならば対応するキーに対して nil を設定します。すべてのセッションを破棄するならば reset_session メソッドを利用します。

```
session[:email] = nil          特定のキーでセッションを破棄
reset_session                  すべてのセッション情報を破棄
```

セッションの保存先

　セッションの保存先を変更するには、/config/environments フォルダーから環境に応じた設定ファイルを開き（開発環境であれば development.rb）、config.session_store パラメーターを追加してください。
　指定可能な値は、表 6-13 のとおりです。

▼ 表 6-13　config.session_store パラメーターの設定値

設定値	概要
:cookie_store	クッキー（既定）
:cache_store	キャッシュ
:active_record_store	Active Record 経由のデータベース[23]
:disabled	セッションを無効化

---

[23] 利用にあたっては、追加 Gem として activerecord-session_store が必要です。

リスト 6-25 は、その設定例です。

▼ **リスト 6-25　development.rb**

```
config.session_store :active_record_store, key: '_my_app_session'
```

第 1 引数にはデータストアの種類を、第 2 引数以降には「オプション名：値」の形式で動作オプションを指定します。利用できる動作パラメーターは、データストアによって異なるので、表 6-14 にストア共通のオプションだけをまとめておきます。

▼ **表 6-14　データストアの動作パラメーター**

パラメーター	概要	既定値
key	セッション情報の格納に利用するクッキー名	_session_id
domain	セッションクッキーが有効なドメイン	nil（現在のドメイン）
path	セッションクッキーが有効なパス	/
expire_after	セッションの有効期限	nil（ブラウザーを閉じるまで）
secure	暗号化通信の場合のみクッキーを送信するか	false
httponly	HTTP クッキーを有効にするか	true

6.4.4　フラッシュを利用する ― flash メソッド

リダイレクト処理の前後で、一時的にデータを保存したいことはよくあります。たとえば、データを登録／更新し、その結果をリダイレクトした先の画面で「〜の保存に成功しました」のように表示するようなケースです（図 6-21）。

▼ **図 6-21　フラッシュ**

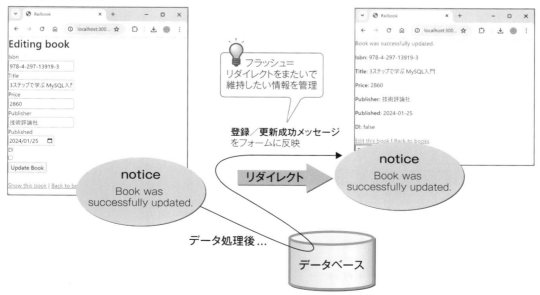

しかし、これをここまでに学んだしくみだけで実現するのは、実は意外と厄介です。テンプレート変数は現在のアクションと対応するテンプレートでしか維持されないため利用できません。しかし、セッションを利用しようとすれば、今度はリダイレクト先のページで不要になった後、自分で削除する必要があるのです。

そこで Rails では、現在のリクエストと次のリクエストでのみデータを維持するために、**フラッシュ**という機能を提供しています。フラッシュとは、「次のリクエストで自動的に削除される機能を持ったセッション」と考えても良いでしょう。

フラッシュの基本

フラッシュは、その性質上、リダイレクト命令（redirect_to メソッド）と併せて利用するケースがほとんどです。実は、この例は既に 3.4.2 項でも紹介済みです（リスト 6-26）。

▼ リスト 6-26　上：books_controller.rb、下：books/show.html.erb

```
def create
  …中略…
  respond_to do |format|
    if @book.save
      format.html { redirect_to book_url(@book), notice: "Book was successfully created." } ————❶
      …中略…
    end
  end
end

<p style="color: green"><%= notice %></p>
```

書籍情報の保存に成功したタイミングで、成功メッセージ（Book was successfully created）を準備し、詳細画面で表示しています。この際、メッセージの受け渡しに利用していたのがフラッシュのしくみであったわけです。

notice オプションは、redirect_to メソッド標準のオプションで、テンプレート側でもローカル変数のようにアクセスできる点に注目です。

同様に、alert オプションを指定することも可能です。構文は同じなので、情報目的には notice、警告目的には alert と、用途に応じて使い分けると良いでしょう。

flash メソッドによる記法

notice ／ alert オプションを利用する他、flash メソッドを使う方法でもフラッシュを設定できます。redirect_to メソッドとは別のタイミングでフラッシュを設定する際は、こちらを利用します。

flash メソッド

```
flash[:key] = value
```

key：キー名　　*value*：値

第 6 章　コントローラー開発

　セッションと同じく、キーには任意の名前を指定できます。たとえば、リスト 6-26 の ❶ を flash メソッドで書き換えると、リスト 6-27 のようになります[*24]。

▼ リスト 6-27　上：books_controller.rb、下：books/show.html.erb

```
format.html {
  flash[:msg] = 'Book was successfully created.'
  redirect_to book_url(@book)
}

<p style="color: green"><%= flash[:msg] %></p> ————————————————————————❷
```

　この例では、キー名を :msg としてみました。予約キーである notice や alert であれば、参照に際してもローカル変数のようにアクセスできますが、その他のキーの場合は ❷ のように、flash メソッド経由でアクセスしなければなりません。

▎補足：フラッシュのその他のメソッド

　flash メソッド経由で、表 6-15 のようなメソッドにアクセスすることもできます。

▼ 表 6-15　フラッシュ関連のメソッド

メソッド	概要
flash.now[:*key*]	現在のアクションでのみ有効なフラッシュを定義
flash.keep(:*key*)	指定されたフラッシュを次のアクションに持ち越す（:key を省略した場合はすべてのフラッシュが対象）
flash.discard(:*key*)	指定されたフラッシュを破棄（:key を省略した場合はすべてのフラッシュが対象）

　flash.now メソッドは、リダイレクト先ではなく現在のアクションでフラッシュを参照させたい場合に利用します。具体的な利用例は 6.5.4 項も併せて参照してください。

[*24] 冗長なだけで、この例ではあえて flash メソッドを利用する意味はありません。あくまでサンプルとして見てください。

6.5 フィルター

フィルターとは、アクションメソッドの前、後、あるいは前後双方で付随的な処理を実行するためのしくみです。フィルターを利用することで、アクションに付随する共通の処理——たとえば、アクセスログや認証、アクセス制御といった機能を、アクションごとに記述しなくても済むようになるので、コードをよりスマートに記述できます（図6-22）。

▼図6-22 フィルターとは？

フィルターについては、既に3.3節でも触れているので、忘れてしまったという人は、まずそちらを再確認してください。以下では、3.3節の理解を前提に、より詳しい解説を進めます。

6.5.1 アクションの事前／事後に処理を実行する — before／afterフィルター

アクションの直前、または直後で実行すべき処理は、before／afterフィルターに記述します。たとえばリスト6-28は、アクションの前後でそれぞれ現在時刻をログするためのサンプルです。

▼リスト6-28 ctrl_controller.rb

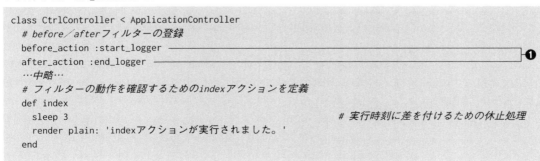

第 6 章 コントローラー開発

```
  private
    # 開始時刻をログに記録
    def start_logger
      logger.debug("[Start] #{Time.now.to_s}")
    end
    # 終了時刻をログに記録
    def end_logger
      logger.debug("[Finish] #{Time.now.to_s}")
    end
end
```
❷

before ／ after フィルターを定義するのは、before_action ／ after_action メソッドの役割です。

before_action ／ after_action メソッド

```
before_action :method [, ...]
after_action :method [, ...]
```
method：フィルターとして適用されるメソッド名

　before_action ／ after_action メソッドともに、必要に応じて、複数のメソッドを指定できます。❶では、before フィルターとして start_logger メソッドを、after フィルターとして end_logger メソッドを、それぞれ登録しています。

　フィルターとして登録されたメソッドの実体を表しているのが❷です。フィルター自体は普通のメソッドなので特筆すべき点はありません。ただし、フィルターメソッドがアクションとして利用できてしまうのは望ましくないので、原則としてプライベートメソッドとして定義しておきます。

　以上を理解したら、サンプルを実行してみましょう。ターミナルから、以下のような情報が記録されていることを確認してください。

```
Started GET "/ctrl/index" for ::1 at 2024-03-17 16:41:19 +0900
Processing by CtrlController#index as HTML
[Start] 2024-03-17 16:41:19 +0900 ─────────────────── before フィルターによるログ
  Rendering text template
  Rendered text template (Duration: 0.0ms | Allocations: 1)
[Finish] 2024-03-17 16:41:22 +0900 ─────────────────── after フィルターによるログ
Completed 200 OK in 3020ms (Views: 3.4ms | ActiveRecord: 0.0ms | Allocations: 199)
```

　ここでは index アクションでの動作を確認していますが、フィルターはコントローラー全体に対して適用されます。たとえば、index2 アクションを呼び出した場合にも、同じく before ／ after フィルターが実行されることを確認しておきましょう。

354

6.5 フィルター

◎ **6.5.2** アクションの前後で処理を実行する ― **around** フィルター

アクションの事前／事後の処理を個々に表す before ／ after フィルターに対して、アクション前後の処理をまとめて記述するのが around フィルターです。前項の例を around フィルターで書き換えてみると、リスト6-29 のようになります。

▼ リスト 6-29　ctrl_controller.rb

```ruby
class CtrlController < ApplicationController
  # aroundフィルターの登録
  around_action :around_logger
  …中略…
  private
    # 開始／終了時刻をログに記録
    def around_logger
      logger.debug("[Start] #{Time.now.to_s}")
      yield # アクションを実行
      logger.debug("[Finish] #{Time.now.to_s}")
    end
end
```

around_action メソッドで around フィルターを登録し、その実体をプライベートメソッド（ここでは around_logger）として登録するところまでは、before ／ after フィルターと同じです。異なる点は太字の部分です。around_action フィルターでは、アクションの**前後**の処理をまとめて記述しているので、どのタイミングでアクションを呼び出すのか、明示的に指定する必要があるのです。そのタイミングを指定しているのは yield メソッドです。

よって、around フィルターにおいて条件次第でアクションを実行させたくないという場合には、yield メソッドを呼び出さなければ良いということになります。試しに太字部分をコメントアウトし、空のコンテンツが返される（＝アクションが実行されていない）ことも確認してみましょう。

> **NOTE** **before フィルターでアクションを中止するには？**
>
> before フィルターで render ／ redirect_to メソッドを呼び出すか、あるいは、例外を発生させることでアクションの実行をスキップさせることもできます（たとえば、認証の可否を判定し、許可されなかった場合には他のページにリダイレクトしてしまう、というような使い方ができるでしょう）。ただし、その場合には、後続のフィルターもすべてスキップされるので、注意してください。
>
> なお、当たり前ですが、after フィルターのタイミングでは既にアクションが実行済みなので、アクションをスキップすることはできません。

◎ **6.5.3** フィルターの適用範囲をカスタマイズする

フィルターを利用する上で、その適用範囲を理解しておくことは重要です。本項では、適用範囲の基本を理解するとともに、フィルターを特定のコントローラー／アクションに適用／除外する方法について理解します。

355

フィルターの適用範囲を制限する ― only ／ except オプション

フィルターは、既定でコントローラー配下のすべてのアクションに対して適用されます。しかし、フィルターによっては特定のアクションに対してのみ適用したい、あるいは、特定のアクションには適用したくない、ということもあるでしょう。そのような場合には、xxxxx_action メソッドで only ／ except オプションを指定してください。

たとえばリスト 6-30 は、before フィルター start_logger を index ／ index2 アクションに対してのみ適用し、after フィルター end_logger を index アクションに対してのみ適用しないことを指定した例です。

▼ リスト 6-30　ctrl_controller.rb

```
class CtrlController < ApplicationController
  before_action :start_logger, only: [:index, :index2]
  after_action :end_logger, except: :index
```

only オプションでは指定されたアクションに対してのみ（only）フィルターを適用し、except オプションでは指定されたアクションを除いて（except）フィルターを適用するわけです。

もっとも、only ／ except オプションの利用は必要最小限に留めるべきです。あまりに複雑なフィルター設定はコードの可読性を低下させ、デバッグ時にも（特に論理的な）問題を見つけにくくする原因ともなるからです。そうした意味では、コントローラーもできるだけ同じフィルターを適用できるような設計にすべきですし、逆に一部のアクションにしか適用できないようなフィルターは、そもそもそれがフィルターとすべき処理なのかを再検討してください。

フィルターの適用範囲

次に、コントローラーをまたいだフィルターの適用範囲を確認します。フィルターは、定義されたコントローラー、また、その派生コントローラーで有効です。図 6-23 に、コントローラーの継承例とその有効範囲を示します。

▼ 図 6-23　フィルターの適用範囲

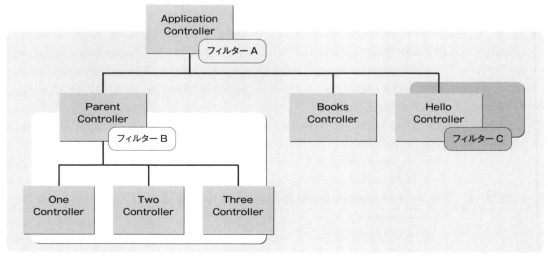

ApplicationControllerはすべてのコントローラーの基底クラスなので、アプリ共通のアクセスログや認証のような機能は、ここに設置するべきです。継承ツリーの途中に、ParentControllerコントローラーのような派生コントローラーが存在する場合、そこで定義されたフィルターは配下のコントローラー（図6-23ではOneController〜ThreeController）でのみ有効になります。

なお、継承ツリーにまたがるフィルターは、基底コントローラー→派生コントローラーの順で実行されます。

継承したフィルターを除外する ─ skip_xxxxx_actionメソッド

skip_before_action／skip_after_action／skip_around_actionメソッドを利用することで、基底コントローラーから引き継いだフィルターを除外することもできます。たとえば、基底コントローラーで定義されたbeforeフィルターmy_loggingを除外したいならば、リスト6-31のように表します。

▼ リスト6-31　ctrl_controller.rb

```
class CtrlController < ApplicationController
  skip_before_action :my_logging*25
```

xxxxx_actionメソッドの場合と同じく、only／exceptオプションも利用できます。たとえば以下は、indexアクションでのみmy_loggingフィルターを除外するという意味になります。

```
skip_before_action :my_logging, only: :index
```

◎ 6.5.4　例：フィルターによるフォーム認証の実装

フィルターを利用した少し実践的な例として、本項では**フォーム認証**を実装してみましょう。フォーム認証とは、HTMLフォームで表された認証ページのこと。一般的によく見かける認証の実装と捉えておけば良いでしょう（図6-24、図6-25）。

▼ 図6-24　ログインページから認証情報を入力　　　▼ 図6-25　認証に成功すると、本来のページを表示

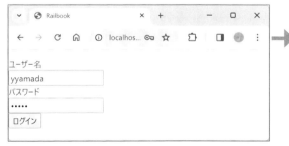

それではさっそく、具体的な実装の手順を見ていくことにしましょう。以下で作成するのは、認証の必要なページ（「〜/hello/view」）にアクセスすると、自動的にログインページが表示され、認証に成功すると、本

---

*25 複数のフィルターを除外するならば、カンマ区切りで列挙します。

体の「～/hello/view」ページが表示されるというサンプルです。
　大雑把な処理の流れ、関係するファイルも図6-26と表6-16にまとめます。以下では、これらの図表を念頭に置きながら、コードを読み解いていきましょう。

▼ 図6-26　フォーム認証

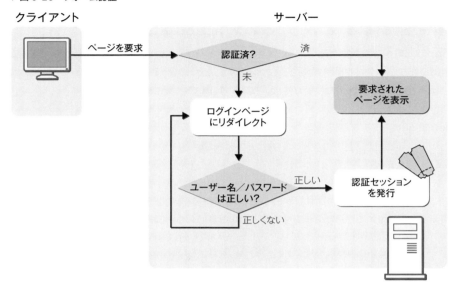

▼ 表6-16　フォーム認証の実装に必要なファイル

ファイル名	概要
hello_controller.rb	認証対象のコントローラー（認証済みかどうかも判定する）
user.rb	認証機能を実装したモデル
login/index.html.erb	ログインページ
login_controller.rb	認証処理を呼び出すためのコントローラー

■1 アクセス制限のためのフィルターを設定する

　現在のユーザーが認証済みかどうかを判定するbeforeフィルターを設置してみましょう。リスト6-32は、hello#viewアクション（2.3.1項）に対して、認証を課す場合の例です。

▼ リスト6-32　hello_controller.rb

```
class HelloController < ApplicationController
  # viewアクションにのみ適用されるbeforeフィルターcheck_loginedを登録
  before_action :check_logined, only: :view
  …中略…
  # 認証済みかどうかを判定するcheck_loginedフィルターを定義
  private
    def check_logined
      # セッション情報:usr（id値）が存在するか
```

```
      if session[:usr] then ─────────────────────────────────────────┐
        # 存在する場合はusersテーブルを検索し、ユーザー情報を取得         │
        begin                                                          │
          @usr = User.find(session[:usr])                    ┐        │
          # ユーザー情報が存在しない場合は不正なユーザーと見なし、セッションを破棄  │ ❷     ❶
        rescue ActiveRecord::RecordNotFound                   │        │
          reset_session                                       │        │
        end                                                  ┘        │
      end ──────────────────────────────────────────────────────────┘
      # ユーザー情報を取得できなかった場合にはログインページ（login#index）へ
      unless @usr ───────────────────────────────────────────────────┐
        flash[:referer] = request.fullpath ───────────────────❹      │ ❸
        redirect_to controller: :login, action: :index                │
      end ──────────────────────────────────────────────────────────┘
    end
  end
end
```

　ここでは、現在のユーザーが認証済みである場合には、ユーザー ID（users テーブルの id 列）がセッショ
ン情報 :usr にセットされていることを前提としています。

　❶ではそもそもセッション情報 :usr が存在するかを、❷ではセッション情報 :usr が users テーブルに存在
するユーザーであるかを判定することで、ログイン済みかどうかを判定しているわけです。ユーザー情報を取得
できなかった場合は、現在のユーザーは未ログインであると見なして、ログインページ（login#index アクショ
ン）にリダイレクトします（❸）。❹でフラッシュ :referer にリクエスト URL（request.fullpath）を渡してい
るのは、ログインに成功した場合、もともと要求されたページ（ここでは「/hello/view」）にリダイレクトす
るためです。

▊2 モデルで認証機能を有効化する

　User モデルを、リスト 6-33 のように編集します。

▼ リスト 6-33　user.rb

```
class User < ApplicationRecord
  has_secure_password
  …中略…
end
```

　has_secure_password は Active Model 標準で提供されているメソッドで、モデルに対して以下の情報
を追加します。

- password ／ password_confirmation 属性[26]
- password 属性の必須検証、文字列長検証（72 文字以内）
- password ／ password_confirmation 属性の confirmation 検証

---

[26] confirmation 検証を無効化するには、password_confirmation 属性に値を渡さないことです。属性値が nil の場合、検証は動作しません。

第 6 章　コントローラー開発

- 認証のための authenticate_by メソッド[*27]

自分で検証機能を実装したい、などで検証機能そのものを無効化したい場合には、「has_secure_password **validations: false**」としてください。

❸ has_secure_password メソッドを有効化する

❷でも見たように、has_secure_password は 1 行で認証に必要な機能を準備してくれる優れもののメソッドですが、利用にあたっては以下の準備が必要です。

（a）bcrypt ライブラリをインストールする

Gemfile 上の以下コメントを解除（リスト 6-34）した上で、bundle install コマンドを実行してください。bundle install コマンドを実行した後は、Puma を再起動します。

▼ リスト 6-34　Gemfile

```
gem "bcrypt", "~> 3.1.20"
```

（b）users テーブルに password_digest フィールドを準備する

has_secure_password メソッドを利用する場合には、ハッシュ化[*28]したパスワードを格納するための password_digest フィールドを、データベース側に用意しておきます。本書のサンプルデータベース（3.7.2 項）を利用している場合には、既に準備済みのはずです。

なお、has_secure_password メソッドによってモデルに追加された password ／ password_confirmation は仮想属性で、データベース側に対応するフィールドを持っている必要はありません。

❹ 認証ページを作成する

続いて、User モデルを利用して、認証ページを実装してみましょう（リスト 6-35）。

▼ リスト 6-35　上：login/index.html.erb、下：login_controller.rb

```
<p style="color: Red"><%= @error %></p>
<%= form_tag action: :auth do %>
  <div class="field">
    <%= label_tag :username, 'ユーザー名' %><br />
    <%= text_field_tag :username, '', size: 20 %>
  </div>
  <div class="field">
    <%= label_tag :password, 'パスワード' %><br />
    <%= password_field_tag :password, '', size: 20 %>
  </div>
  <!--ログイン後にリダイレクトすべきアクションを隠しフィールドにセット-->
  <%= hidden_field_tag :referer, flash[:referer] %>
```

[*27] 正しくは authenticate メソッドも追加されますが、こちらは Rails 7.0 以前の古いメソッドです。7.1 以降では authenticate_by メソッドを利用してください。

[*28] ハッシュ化とは、元の文字列を一定のルールに従って別の値（ハッシュ値）に変換することを言います。ハッシュ値からは元の値を得ることはできないので、パスワードの保管によく利用されます。

6.5 フィルター

```
  <%= submit_tag 'ログイン' %>
<% end %>
```

```
class LoginController < ApplicationController
  # ［ログイン］ボタンのクリック時に実行されるアクション
  def auth
    # 認証を確認
    authed = User.authenticate_by(username: params[:username],     ─────────────①
      password: params[:password])     ─────
    if authed
      # 成功した場合はid値をセッションに設定し、もともとの要求ページにリダイレクト
      reset_session
      session[:usr] = authed.id
      redirect_to params[:referer]     ─────────────────────②
    else
      # 失敗した場合はflash[:referer]を再セットし、ログインページを再描画
      flash.now[:referer] = params[:referer]     ──────────③
      @error = 'ユーザー名／パスワードが間違っています。'
      render 'index'
    end
  end
end
```

　authenticate_by メソッドは、先ほど has_secure_password メソッドによって追加されたメソッドです（①）。引数にユーザー名（username）、パスワード（password）を渡すことで、認証の成否を判定します[*29]。ここでは authenticate_by メソッドによる認証が成功した場合に、隠しフィールドにセットしておいた本来の要求ページにリダイレクトしています（②）。

　認証に失敗した場合は、flash[:referer] を再セットし、ログインページを再描画しています（③）。この場合は、フラッシュを利用するのが現在のページなので、（flash メソッドではなく）flash.now メソッドでフラッシュを設定している点に注目です。ただの flash メソッドでは、現在と次のリクエストまでフラッシュが残ってしまいます。これは余計なデータが残ってしまうという意味で、望ましい状態ではありません。このような場合は、flash.now メソッドを利用することで、現在のリクエストで即座にフラッシュを破棄できます[*30]。

　以上で実装は完了です。ブラウザーから「～ /hello/view」にアクセスし、正しくログインページが表示されること、ユーザー名「yyamada」とパスワード「12345」[*31] でログインすると認証が成功し、目的のページが表示されることを確認してください。

📝 ログアウトの実装

　ログアウト機能を実装するのは簡単です。先ほど述べたように、本項では認証済みかどうかという情報をセッションで管理しているので、セッションを破棄してしまえば良いのです（リスト 6-36）。

[*29] ここでは username を使っていますが、ユーザーを特定するようなキーであれば、他のキーでも構いません。

[*30] もちろん、それで事足りるならば、できるだけテンプレート変数を利用すべきです。この場合は、テンプレート側で flash[:referer] によってもともとのリクエスト URL を受け取っているので、アクション側でもフラッシュとして設定する必要があるのです。

[*31] ダウンロードサンプルをそのまま利用している場合です。他にも isatou、hsuzuki、tyamamoto、shayashi、nkakeya などのユーザーを利用できます（パスワードは一律「12345」）。パスワードを自分で作成する場合には「BCrypt::Password.create('12345')」のようにしてください。

361

▼ リスト 6-36　login_controller.rb

```
def logout
  reset_session    # セッションを破棄
  redirect to '/'  # トップページにリダイレクト
end
```

補足：ワンタイムトークンの生成 7.1

has_secure_password メソッドを紹介したところで、関連して、Rails 7.1 で追加されたワンタイムトークン生成についても触れておきます。ワンタイムトークンとは、たとえばパスワードリセットなどの際に、一時的にユーザーを識別するためのパスワードのようなものです。

皆さんもパスワードを忘れてしまったときに、ワンタイムトークンの付いたアドレスが送られてきて、そのページにアクセスすることでパスワードを変更できる、といったしくみは利用したことがあるのではないでしょうか（図 6-27）。

▼ 図 6-27　ワンタイムトークン（パスワード変更での利用例）

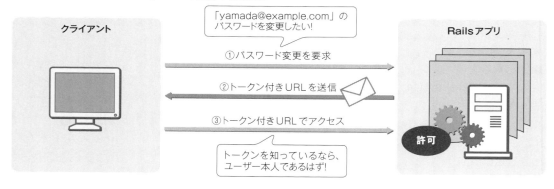

このようなしくみを Rails 標準の機能で実装できるようになりました。

さっそく、具体的な例も見てみましょう。以下では、ワンタイムトークンを生成するとともに、ワンタイムトークンをキーに実際のユーザー情報を取得するまでを実装してみます。

1 トークン生成のためのルールを宣言する

まずは、モデルクラスの側でトークンを生成するためのルール（トークンに含める文字列、有効期限、目的）などを宣言しておきます。これを行うのが、generates_token_for メソッドです（リスト 6-37）。

▼ リスト 6-37　user.rb

```
class User < ApplicationRecord
  has_secure_password

  generates_token_for :password_reset, expires_in: 30.minutes do
    password_salt&.last(15)
```

```
    end
  …中略…
end
```

generates_token_for メソッドの一般的な構文は、以下のとおりです。

generates_token_for メソッド

```
generates_token_for purpose, expires_in: expire do
  ...token...
end
```

purpose：トークンの用途　　*expire*：トークンの有効期限　　*token*：トークンを構成する文字列

ブロック配下の token は、トークンに埋め込まれる文字列です（トークンそのものではありません）。この例であれば、salt 値[*32]の末尾 15 文字を抜き出した値をトークンの一部とすることを意味します。パスワードを変更した場合には salt 値も変更されるので、パスワードが変更されたらトークンも無効になるというわけです。salt 値そのものは、password_salt メソッドで取得できます。

2 トークンを生成する

トークンを生成するための準備ができたら、コントローラーからトークンを作成してみましょう（リスト 6-38）。

▼ リスト 6-38　上：ctrl_controller.rb、下：ctrl/tokengen.html.erb

```
def tokengen
  @token = User.find(1).generate_token_for(:password_reset) ─────────────────①
end

<%= link_to 'パスワードリセット', { ──────────────────────────────────────②
  controller: 'ctrl', action: 'tokenby', token: @token } %>
```

```
<a href="/ctrl/tokenby?token=eyJfcmFpbHMiOnsiZGF0YSI6WzEsIjcuejgweXcxN3UiXSwiZXhwIjoiMjAyNC0
wNC0yMFQwNjoyNzoxNC4zNjFaIiwicHVyIjoiVXNlclxucGFzc3dvcmRfcmVzZXRcbjkwMCJ9fQ%3D%3D--6cd40854294
ef58ffd339026dc0099b20dccac41">パスワードリセット</a>
```

トークンを生成するのは、generate_token_for メソッドの役割です（generate は単数形①）。

generate_token_for メソッド

```
generate_token_for(purpose)
```

purpose：トークンの用途

[*32] パスワードをハッシュ化する際に用いるランダムな文字列を言います。

引数 purpose には、generates_token_for メソッド（generates は複数形）で指定したものと対応する値を指定するだけです。これによって、

- generates_token_for メソッドで生成された文字列（ここでは salt 値の一部）
- モデルの id 値
- 有効期限
- トークンの用途

をまとめた JSON 文字列を Base64 エンコーディングしたものに、改ざん防止のための署名が付与されて、トークンの完成です[*33]。

あとは、❷のように、トークンを付与したアドレスを生成するだけです。ここではアンカータグを生成しているだけですが、一般的には、エンドユーザーがあとで認証に利用できるように、メールなどで通知することになるでしょう。

❸ トークンをキーにデータを取得する

トークン付きリンクの先を実装します。ここでは、トークンをキーにデータを取得するだけに留めますが（リスト 6-39）、本来であれば、ここでパスワードの変更などのしくみを実装することになるでしょう。

▼ リスト 6-39　ctrl_controller.rb

```
def tokenby
  user = User.find_by_token_for(:password_reset, params[:token])
  render plain: user.inspect
end
```

```
#<User id: 1, username: "yyamada", password_digest: "$2a$10$uTwYyniemA7y7.z80yw17uqmRzN/LggEoSzUe.
tXGdC...", email: "yyamada@example.com", ...>
```

トークンでデータを取得するのは、find_by_token_for メソッドの役割です。

find_by_token_for メソッド

find_by_token_for(*purpose*, *token*)
purpose：トークンの用途　　*token*：トークン文字列

この例であればトークンはクエリ文字列 token として送信されているはずなので、params[:token] で取得できます。トークンが正しく現在のモデルに合致しており、有効期限内であれば、find_by_token_for メソッドは目的のモデルを返します（さもなければ nil を返します）。

[*33] トークンは、あくまでモデルのクラス変数として保持されるもので、データベースなどに永続化されるものではありません。

アプリ共通の挙動を定義する — Applicationコントローラー

Applicationコントローラー（application_controller.rb）は、アプリ既定で用意されているコントローラーで、すべてのコントローラーの基底クラスとなっています。すべてのコントローラーの根幹になるという意味で、ルートコントローラーと言っても良いでしょう。

これまでと同じルールで、Applicationコントローラーにもアクションを実装することはできますが、原則としてApplicationコントローラーに直接呼び出すアクションを実装するべきではありません。あくまでApplicationコントローラーはアプリ共通の機能——たとえば、

- 個別のコントローラーから呼び出せるヘルパーメソッド
- すべて（あるいはほとんど）のコントローラーで利用するフィルター
- アプリ共通の設定

などの記述にのみ利用してください。本節では、Applicationコントローラーでよく見かけるコードの例をいくつか示します。

6.6.1 共通フィルターの定義 — ログイン機能の実装

6.5.3項でも述べたように、フィルターは（現在のコントローラーだけでなく）派生コントローラーでも呼び出されます。この性質を利用して、アプリ共通で適用すべきフィルターは、Applicationコントローラーで実装すると良いでしょう。

たとえば6.5.4項で紹介したログインチェックのためのbeforeフィルターcheck_loginedなどは、Applicationコントローラーに適用すべきフィルターの候補です（リスト6-40）。

▼リスト6-40　上：application_controller.rb、下：login_controller.rb

```ruby
class ApplicationController < ActionController::Base
  before_action :check_logined

  private
    def check_logined
      …中略（リスト6-32を参照）…
    end
end


class LoginController < ApplicationController
  skip_before_action :check_logined
```

第 6 章　コントローラー開発

　これによって、すべてのコントローラーで認証機能が有効になるわけです。login コントローラーで skip_before_action メソッドを呼び出しているのは、ログインページでは認証チェックが不要であるからです（これからログインするわけですから、当たり前ですね）。この記述がないと、ログインページへのリダイレクトが無限ループになってしまいます。

　その他、もしも特定のコントローラー（アクション）で認証を無効にしたいという場合にも、同じく skip_before_action メソッドを利用してください。

◎ 6.6.2　共通的な例外処理をまとめる ── rescue_from メソッド

　アプリの中ではさまざまな例外が発生します。もちろん、その中にはアクションごとに処理すべき例外もあるかもしれませんが、すべての例外をアクションレベルで処理することに固執すべきではありません。アクションレベルで例外を吸収してしまうことで、本来発生すべき例外情報が開発者の目に届かず、問題の特定を困難にしてしまう可能性があるためです。

　アクションレベルでは、できるだけ例外は発生するに任せ（あるいは、投げっぱなしにし）、必要であれば、アプリレベルで例外処理するのが望ましいでしょう[34]。アプリレベルで例外を捕捉するには、Application コントローラーで rescue_from メソッドを利用します。

---

rescue_from メソッド

```
rescue_from except, with: rescuer
```

except：捕捉する例外　　rescuer：例外を処理するメソッド

　たとえばリスト 6-41 は、rescue_from メソッドで ActiveRecord::RecordNotFound 例外を捕捉し、エラーページを表示する例です。ActiveRecord::RecordNotFound 例外は、（たとえば）books#show アクションで「〜 /books/1008」のように存在しない id が指定されたなど、レコードが見つからなかったことを通知するために発生します。

▼ **リスト 6-41　上：application_controller.rb、下：shared/record_not_found.html.erb**

```
class ApplicationController < ActionController::Base
  # RecordNotFound例外を処理するのはid_invalidメソッド
  rescue_from ActiveRecord::RecordNotFound, with: :id_invalid

  private
    def id_invalid(e)
      # ステータス404（Not Found）で指定ビューを描画
      render 'shared/record_not_found', status: 404
    end
  …中略…
end
```

---

[34] アクション個別に処理しなければならない例外処理は、その上で実装しても決して遅くはありません。

366

```
<p>要求されたURL「<%= request.fullpath %>」は存在しません。</p>
```

▼ 図 6-28 「～ /books/1008」(存在しない id 値)でアクセスすると、エラーメッセージを表示

例外処理メソッド（ここでは id_invalid）では、発生した例外オブジェクトを引数として受け取ります。ここでは使っていませんが、致命的な例外であれば、例外オブジェクトから必要な情報を取り出して、（たとえば）管理者にメール通知するなどの使い方も考えられるでしょう。

> **NOTE その他の捕捉されなかった例外**
>
> 本番環境の Rails アプリでは、発生した例外の種類に応じて HTTP ステータスが割り振られ、それぞれのステータスコードに応じたエラーページが表示されます[※35]。たとえば、RoutingError（ルーティングに失敗）や UnknownAction（アクションが不明）であれば 404 Not Found が発生しますし、Exception（一般例外）であれば 500 Internal Server Error が発生します。そして、それぞれ対応するエラーページの public/404.html や 500.html などを描画するわけです。もしもこれらのエラー表示をカスタマイズしたいならば、それぞれ対応する .html ファイルを修正してください。

6.6.3 クロスサイトリクエストフォージェリ対策を行う — protect_from_forgery メソッド

クロスサイトリクエストフォージェリ（**CSRF**：Cross-Site Request Forgeries）とは、サイトに攻撃用のコード（一般的には JavaScript）を仕込むことで、アクセスしてきたユーザーに対して意図しない操作を行わせる攻撃のこと。CSRF 攻撃を受けることで、（たとえば）自分の日記や掲示板に意図しない書き込みが行われてしまったり、あるサービスに勝手に登録させられたり、果ては、オンラインショップで勝手に購入処理をされたり、といったことが起こる可能性があります。

CSRF 攻撃の怖いところは、ユーザーの現在の権限でもってページにアクセスできてしまうという点で、認証が必要なページであっても、（ユーザーがログイン状態であれば）攻撃を防ぐことができないという点にあります（図 6-29）。

※35 正確には、config.consider_all_requests_local パラメーターが false の場合です。development 環境では true となっており、詳細なエラー情報をログ出力します。

▼ 図6-29 クロスサイトリクエストフォージェリ攻撃（CSRF）のしくみ

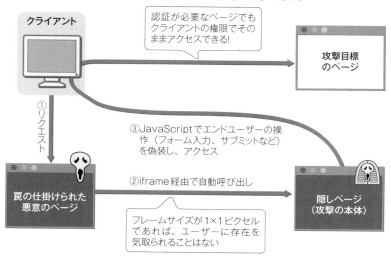

　もっとも、Railsでは既定でCSRF対策が組み込まれているので、開発者がそれほど強く対策を意識する必要はありません。しかし、もちろん、まったく知らないというわけにもいかないので、本項では簡単にRailsによるCSRF対策のしくみをおさえておくことにしましょう。
　CSRF対策を有効にしているのは、レイアウトの以下コードです（リスト6-42）。

▼ リスト6-42　layouts/application.html.erb

```
<!DOCTYPE html>
<html>
<head>
  …中略…
  <%= csrf_meta_tags %>
</head>
```

　あとは、個別のページでHTTP POST／PUT／DELETEを行うフォーム／リンクを生成するときに、form_withやlink_toなどのビューヘルパーを使用するだけです。これによって、アプリ側でトークンと呼ばれる証明書のようなもの（ランダムな文字列）が生成され、フォームにも自動的に埋め込まれるようになります（太字部分）。

```
<!DOCTYPE html>
<html>
  <head>
    <title>Railbook</title>
    …中略…
    <meta name="csrf-param" content="authenticity_token" />
    <meta name="csrf-token" content="z6CyzRPZM4_GsarLDutkqT-0dZ5jj5..." />
    …中略…
  </head>
```

```
<body>
  <h1>New book</h1>
  <form action="/books" accept-charset="UTF-8" method="post">
  <input type="hidden" name="authenticity_token"
    value="BhmXN3b-iWyyVvDzHG1WN0YT2iQrTi_XhWtm..." autocomplete="off">
```

Rails では、リクエスト処理時にアプリ側で保持しているトークンと、リクエスト情報として送信されるトークンとを比較し、これが一致していれば以降の処理を行います。トークンが存在しない、またはトークンが一致しない場合、Rails は ActionController::InvalidAuthenticityToken（セキュリティトークンが不正である）例外を発生します（図 6-30）。

▼ 図 6-30　CSRF 対策のしくみ

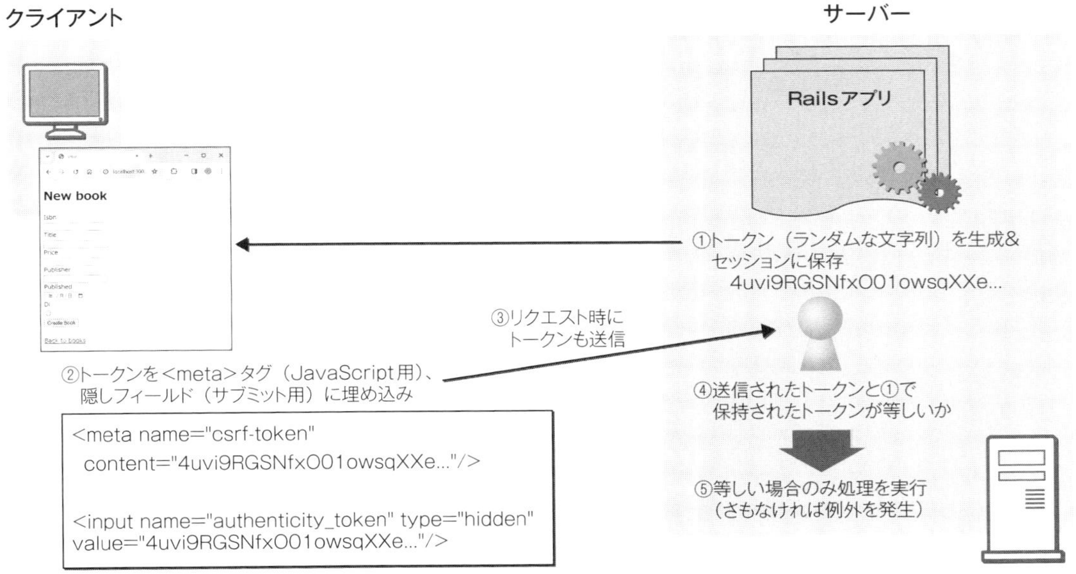

トークンはアプリがランダムに生成しているので、悪意ある第三者が類推することはできないはずです。結果、本来のフォーム以外からの不正なデータ操作を防げるというわけです。

よって、Rails で CSRF 対策を行う場合、開発者が留意すべきことは以下の点だけです。

- HTTP GET によるリンクでデータ操作（特に削除）を行わない
- データ操作のリクエストは、form_with ／ link_to などのビューヘルパー経由で生成する
- レイアウトを自分で作成する場合は、csrf_meta_tags メソッドの呼び出しを忘れない

CSRF 対策の動作を制御する

不正なトークンが送信された場合、Rails では例外を発生させるのが既定の挙動です。もしもこの動作を変更したい場合には、Application コントローラーに以下のコードを追記してください（リスト 6-43、太字部分）。

第 6 章　コントローラー開発

▼ リスト 6-43　application_controller.rb

```
class ApplicationController < ActionController::Base
  protect_from_forgery with: :reset_session
```

protect_from_forgery メソッドの with オプションには、表 6-17 のような値を指定できます。

▼ 表 6-17　protect_from_forgery メソッドの主な設定値

設定値	概要
:exception	ActionController::InvalidAuthenticityToken 例外を発生
:reset_session	セッションを破棄
:null_session	空のセッションで置換

◎ 6.6.4　デバイス単位でビューを振り分ける ― Action Pack Variants

モバイルファーストという言葉すら陳腐に聞こえる昨今、モバイル端末の普及は著しく、Web アプリを開発する上でもこれらの存在を無視することはできません。

モバイル対応といった場合、その代表的なアプローチとして挙げられるのが**レスポンシブデザイン**。デバイスの画面サイズに応じて、レイアウトを変化させる手法です。「単一のページで複数のデバイスに対応できる」「環境に依らず、一貫性のあるデザインを提供できる」などのメリットから、昨今ではよく採用される手法です。

反面、以下のようなデメリットもあります。

- 既存のサイトをレスポンシブデザイン対応にするのは困難
- スタイルシートが複雑になりがち
- デバイスによって、デザインや操作性を最適化しにくい

そのような状況では、なにからなにまでレスポンシブデザインというのではなく、デバイスによってページそのものを振り分けるという選択肢もあります。Rails では、そのような状況のために、**Action Pack Variants** という機能を提供しています。

Action Pack Variants はデバイス単位でビューを切り替えるための機能で、request.variant にデバイスを識別するための値を設定しておくことで、対応するビューが自動選択されるようになります。たとえば、request.variant に :mobile をセットした場合、index.html+mobile.erb が選択されます。

では、具体的な利用の手順を見ていきましょう。

■1 browser ライブラリをインストールする

browser（https://github.com/fnando/browser）は、クライアント端末の種類を識別するためのライブラリです。Gemfile にリスト 6-44 の行を追加した上で、bundle install コマンドを実行しましょう。

▼ リスト 6-44　Gemfile

```
gem 'browser'
```

370

2 before フィルターを設置する

Application コントローラーに対して request.variant を設定するための before フィルターを設置します。User-Agent ヘッダーから判定する方法もありますが、本項では browser ライブラリを利用して、モバイル（:mobile）／タブレット（:tablet）端末を判定するものとします（リスト 6-45）。

▼ リスト 6-45　application_controller.rb

```ruby
class ApplicationController < ActionController::Base
  …中略…
  before_action :detect_device
  …中略…
  # browserライブラリの判定に応じて、request.variantを設定
  private
    def detect_device
      if browser.device.mobile?
        request.variant = :mobile
      elsif browser.device.tablet?
        request.variant = :tablet
      end
    end
end
```

browser では、ブラウザーの種類そのもの、レンダリングエンジン、ボットなどを識別できますが、デバイスの種類を判定するならば browser.device にアクセスします。ここではその mobile? ／ tablet? メソッドにアクセスすることで、モバイル／タブレットを判定しています。

3 テンプレートを準備する

あとはデバイスに応じたテンプレートを準備するだけです。リスト 6-46 は、ctrl/device.html+mobile.erb（スマホ用）の例を挙げていますが、ctrl/device.html+tablet.erb（タブレット用）、ctrl/device.html.erb も同じ要領で用意してください。「+mobile」「+tablet」のような修飾子が付かないテンプレートは、request.variant が無指定、または、想定した値以外のときに適用される既定のテンプレートです。

▼ リスト 6-46　ctrl/device.html+mobile.erb

```erb
<p>スマホ向けのページです！</p>
```

以上を理解したら、サンプルを実行してみましょう。アクセスするデバイスの種類は、デベロッパーツールから疑似的に切り替えができます（Chrome の場合）。[F12] キーを押してデベロッパーツールを起動したら、［要素］タブを開き、[📱]（デバイスのツールバーを切り替え）ボタンを押してください。ブラウザーの表示がモバイル形式に切り替わるので、［サイズ］欄から適当なデバイスを選択します[36]（図 6-31）。

---

*36 端末の種類によっては、外枠を表示することもできます。右上の[⋮]（その他のオプション）から［デバイスのフレームを表示］を選択してください。

▼ 図6-31 デバイスの疑似的な切り替え（Chromeの場合）

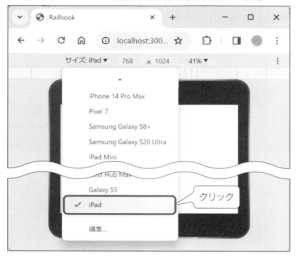

デバイスを切り替えてページをリロードすると、図6-32のような結果が得られます。

▼ 図6-32 デバイスの種類に応じて結果が変化

6.6.5 独自のフラッシュメッセージを追加する ─ add_flash_typesメソッド

6.4.4項でも触れたように、フラッシュでは既定のキーとしてnotice／alertが用意されており、redirect_toメソッドの引数として渡すことで、ビュー側ではあたかもローカル変数のようにアクセスできるのでした。

このようなキーは、add_flash_typesメソッドで追加可能です。

6.6 アプリ共通の挙動を定義する — Application コントローラー

---

add_flash_types メソッド

```
add_flash_types(type, ...)
```

type：キー

アプリでよく利用するキーは、リスト 6-47 のように ApplicationController に対して登録することで、すべてのコントローラーで利用できるようになります。

▼ **リスト 6-47　application_controller.rb**

```ruby
class ApplicationController < ActionController::Base
  # infoキーを登録
  add_flash_types :info
  …中略…
end
```

これによって、redirect_to メソッドをリスト 6-48 のように記述できるようになります。

▼ **リスト 6-48　上：books_controller.rb、下：books/show.html.erb**

```ruby
format.html { redirect_to book_url(@book), info: "Book was successfully created." }
```

```erb
<p style="color: green"><%= info %></p>
```

◎ 6.6.6　補足：共通ロジックをモジュールにまとめる — concerns フォルダー

アプリ共通、というほどではないが、複数のコントローラー／モデルで共通したロジックがある場合、これをどこで管理したら良いでしょう。以前の Rails では、これといったルールはなかったため、独自の基底クラスを用意したり、ApplicationController コントローラーにまとめたり、あるいは、app/models フォルダー配下にまとめるなど、開発プロジェクトによって基準はさまざまでした。

しかし、Rails 4 以降では、こうした共通ロジックを配置するための標準となる場所が設けられています。

- app/controllers/concerns
- app/models/concerns

複数のコントローラー／モデルをまたいで利用するロジックは、モジュールとして切り出し、/concerns フォルダーに配置するのが基本です。たとえばリスト 6-49 は、6.5.4 項の check_logined フィルターを FormAuth モジュールとして切り出した例です（コントローラーに関する共通機能なので、配置先は app/controllers/concerns フォルダーです）。

▼ **リスト 6-49　form_auth.rb**

```ruby
module FormAuth
```

第6章　コントローラー開発

```
  extend ActiveSupport::Concern

  included do
    before_action :check_logined
  end

  private
    def check_logined
      ...中略（6.5.4項を参照）...
    end
end
```

モジュールの基本的な構文は、以下のとおりです。

共通モジュールの定義

```
module name
  extend ActiveSupport::Concern

  included do
    call_clazz
  end
  module ClassMethods
    clazz
  end

  instance
end
```
----
name：モジュール名　　call_clazz：インクルード元のクラスメソッドを呼び出すためのコード
clazz：クラスメソッドの定義　　instance：インスタンスメソッドの定義

　ActiveSupport::Concernは、共通モジュールを記述する際の定型的な記述を肩代わりしてくれるモジュールです。共通モジュールの中身がインスタンスメソッドだけであれば、「extend ActiveSupport::Concern」の部分は省略しても構いません。上の例では、call_clazz／instanceの部分だけを定義（clazzは省略）して、check_loginedメソッドの定義と、フィルター登録のコードを用意しています。

　FormAuthモジュールを用意できたら、これを適用するのは簡単で、対象のコントローラーでincludeするだけです（これを**ミックスイン**と言います）。たとえばリスト6-50はSampleControllerでFormAuthモジュール（フォーム認証）を有効にする例です。

▼ **リスト6-50　sample_controller.rb**

```
class SampleController < ApplicationController
  include FormAuth
  …中略…
end
```

374

応用編 ▶ 第 **7** 章

ルーティング

ルーティングとは、リクエスト URL に応じて処理の受け渡し先を決定すること、または、そのしくみのことを言います。ここまではごく基本的な記法だけを扱ってきたので、ここまでルーティングについて、それほど強く意識することはなかったと思います。しかし、Rails を活用していく上で、ルートを細かくカスタマイズしたいという状況は頻々と発生します。エンドユーザーにもわかりやすい URL を用意するという意味で、ルーティングの理解は欠かすことのできないものです。そこで本章では、ある意味、Rails の窓口とも言うべきルーティングの、さまざまな設定方法について理解を深めていきます。

RESTfulインターフェイスとは？

RESTful なインターフェイスとは、REST の特徴を備えたルートのことを言います。REST の世界では、ネットワーク上のコンテンツ（**リソース**）をすべて一意な URL で表現します。これらの URL に対して、HTTP のメソッドである GET（取得）、POST（作成）、PATCH（更新）、DELETE（削除）を使ってアクセスするわけです。REST とは、なに（リソース）をどうする（HTTP メソッド）かを表現するための考え方であると言っても良いでしょう（図 7-1）。

RESTful なインターフェイスを利用することで、より統一感のある、かつ、用途（意味）を捉えやすい URL を設計できます。

▼図 7-1　REST の考え方

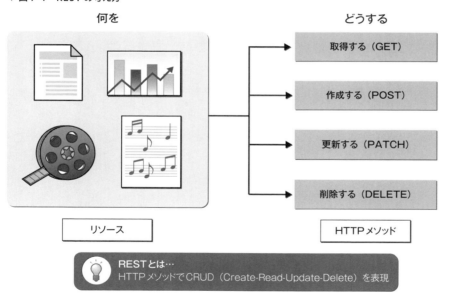

> REST とは…
> HTTP メソッドで CRUD（Create-Read-Update-Delete）を表現

Rails では、まずは RESTful なインターフェイスに沿ってルート設計するのが基本です。本章後半では非 RESTful なルート設定についても解説しますが、それらの濫用はあまりおすすめしません。というのも、Rails では form_with や url_for、link_to などのビューヘルパーも、RESTful なインターフェイスを前提として機能設計されているため、RESTful なインターフェイスの方がより自然に表現できることが多いからです。

7.1.1 RESTful インターフェイスを定義する ─ resources メソッド

RESTful なインターフェイスを定義するには、routes.rb で resources メソッドを呼び出します。

resources メソッド

```
resources :name [, ...]
```

name：リソース名（複数指定も可）

リソースとは、CRUD の対象となる情報（コンテンツ）であると考えれば良いでしょう。具体的には、モデルによって取得／編集する書籍情報（books）、ユーザー情報（users）、レビュー情報（reviews）などがリソースです。

たとえばリスト 7-1 は、ユーザー情報（users）の取得／編集を意図したルート設定の例です。

▼ **リスト 7-1　routes.rb**

```
Rails.application.routes.draw do
  resources :users
  …中略…
end
```

これによって、表 7-1 のように URL とアクションとがマッピングされます。わずか 1 行で定型的なマッピングが生成できてしまうのも RESTful インターフェイスの良いところです。フォーマット指定（6.3.2 項）にも対応している点に注目です。

▼ **表 7-1　「resources: users」で定義されたルート**

URL	アクション	HTTP メソッド	役割
/users(.:format)	index	GET	ユーザー一覧画面を生成
/users/:id(.:format)	show	GET	個別ユーザー詳細画面を生成
/users/new(.:format)	new	GET	新規ユーザー登録画面を生成
/users(.:format)	create	POST	新規ユーザー登録画面からの入力を受けて登録処理
/users/:id/edit(.:format)	edit	GET	既存ユーザー編集画面を生成
/users/:id(.:format)	update	PATCH／PUT	編集画面からの入力を受けて更新処理
/users/:id(.:format)	destroy	DELETE	一覧画面で選択されたデータを削除処理

これらのアクションはすべて、リソース名に対応する UsersController コントローラーに属します。

また、resources メソッドは、ビューヘルパー link_to などで利用できる Url ヘルパーも自動生成します（表 7-2）。これらのヘルパーを利用することで、リンクをより直感的なコードで、かつ、ルート定義に左右されずに表現できるというわけです。

▼表7-2 「resources :users」によって自動生成される Url ヘルパー

ヘルパー名（_path）	ヘルパー名（_url）	戻り値（パス）
users_path	users_url	/users
user_path(*id*)	user_url(*id*)	/users/:id
new_user_path	new_user_url	/users/new
edit_user_path(*id*)	edit_user_url(*id*)	/users/:id/edit

　*xxxxx*_path と *xxxxx*_url の違いは、*xxxxx*_path ヘルパーが相対パスを返すのに対して、*xxxxx*_url ヘルパーは「http:// ～」ではじまる絶対 URL を返す点です。id には、id 値を直接的に渡す他、「user_path(@user)」のようにオブジェクトを渡すこともできるのでした。これら Url ヘルパーを利用した例については、3.2.2 項などでも触れています。

 Url ヘルパーは format パラメーターにも対応

　Url ヘルパーは、format パラメーターにも対応しています。たとえば、「book_url(@book, format: :json)」とすると、「http://localhost:3000/books/1.json」のようにフォーマットを加味した URL を得られます。

7.1.2　単一のリソースを定義する ― resource メソッド

　resources メソッド（複数形）が複数のリソースを対象とした RESTful インターフェイスを生成するのに対して、resource メソッド（単数形）を利用することで単一のリソースを対象とした RESTful インターフェイスも定義できます。

　単一のリソースとは、たとえばアプリの設定情報のようなリソースを言います。アプリ設定は、（当然）そのアプリで唯一なので、「/config/15」ではなく、「/config」のような URL でアクセスしたいと考えるでしょう。

resource メソッド

```
resource :name [, ...]
```
name：リソース名

　たとえば以下は、config リソースの登録（リスト 7-2）と、それによって生成されるルート定義の例（表 7-3）です。

▼リスト7-2　routes.rb

```
Rails.application.routes.draw do
  resource :config
  …中略…
end
```

7.1　RESTful インターフェイスとは？

▼ 表 7-3　「resource :config」で定義されたルート

URL	アクション	HTTP メソッド	役割
/config(.:format)	show	GET	設定情報画面を表示
/config/new(.:format)	new	GET	新規の設定登録画面を表示
/config(.:format)	create	POST	登録画面の入力を受けて登録処理
/config/edit(.:format)	edit	GET	既存設定の編集画面を表示
/config(.:format)	update	PATCH／PUT	編集画面の入力を受けて更新処理
/config(.:format)	destroy	DELETE	指定された設定情報を削除処理

　resources メソッドに似ていますが、index アクション（一覧）に相当するルートが定義されないのと、show ／ edit ／ delete などのアクションで :id パラメーターを要求しない点が異なります。一方、resource メソッドでも、config リソース（単数形）は ConfigsController コントローラー（複数形）にマッピングされる点に注意してください。

　resource メソッドでも resources メソッドと同じく、パス生成のための Url ヘルパーが生成されます（表 7-4）。

▼ 表 7-4　「resource :config」によって自動生成される Url ヘルパー

ヘルパー名（_path）	ヘルパー名（_url）	戻り値（パス）
config_path	config_url	/config
new_config_path	new_config_url	/config/new
edit_config_path	edit_config_url	/config/edit

◎ 7.1.3　補足：ルート定義を確認する

　現在のルート定義を確認するには、以下のような方法があります。コマンドを使う方法については 3.1.2 項でも紹介しましたが、本章ではよく利用するので、改めて結果の見方を確認しておきましょう。

▐ ブラウザーからアクセス

　ブラウザーから「http://localhost:3000/rails/info/routes」にアクセスします（図 7-2）。表示も高速で、検索機能も付いている便利なツールです。

379

▼図7-2 ブラウザーからルート定義を確認

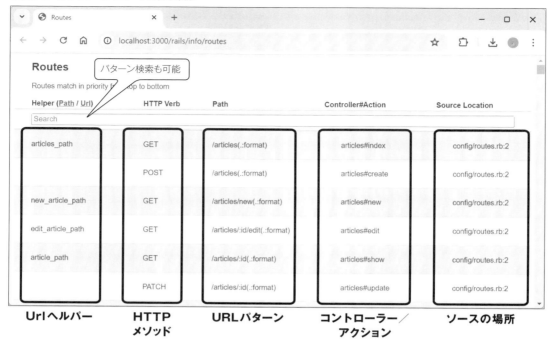

Urlヘルパーは、ヘッダー部分のリンク（Path／Url）をクリックすることで、users_path／users_urlのように表示を切り替えることもできます。

また、URLパターンに含まれる「(...)」という表記は、その部分が省略可能であることを表します。

コマンドラインから確認

rails routesコマンドを利用することで、コマンドラインからルートを確認することもできます。

```
> rails routes
  Prefix Verb   URI Pattern          Controller#Action
   users GET    /users(.:format)     users#index
         POST   /users(.:format)     users#create
…後略…
```

ブラウザーでアクセスした場合とほぼ同じ結果を得られますが、UrlヘルパーについてはPrefix（接頭辞）だけが表示されます。上の例であれば、usersと表示されているので、使用の際はusers_url／users_pathのように「_path」「_url」を付与してください。

7.2 RESTful インターフェイスのカスタマイズ

Rails では、resources ／ resource メソッドを利用することで定型的なルートを自動生成できます。その手軽さが RESTful インターフェイスの利点ですが、それだけではありません。resources ／ resource メソッドの各種オプションを活用することで、あらかじめ決められたマッピングルールを自由にカスタマイズできます。

実際のアプリでは、なかなか標準のルールだけですべてをまかなうのは難しいので、現実的には主要なオプションを理解しておくことは重要です。

> **NOTE 本節サンプルを動作する際の注意点**
>
> 本節でルート設定を変更する場合には、既存のルート定義をコメントアウト（無効化）するようにしてください。たとえば books リソースに対するルート定義が複数存在する場合は、正しく認識されません。

◎ 7.2.1 ルートパラメーターの制約条件 ― constraints オプション

resources ／ resource メソッドで自動生成される URL には、:id という名前のルートパラメーターが含まれています。たとえばリスト 7-1 の例であれば「/users/:id(.:format)」というルートが定義されているので、「/users/108」のような URL で :id パラメーターに 108 という値を渡すことができるわけです。

さて、このルートパラメーターには、既定では任意の値を渡すことができますが、あらかじめ渡される値の種類（範囲）がわかっている場合には、そもそもパラメーター自体の値に制限を設けておくのが望ましいでしょう。

たとえばリスト 7-3 は、books リソースの id パラメーターに対して「1 ～ 2 桁の数値であること」という制約を設定した例です。

▼ リスト 7-3　routes.rb

```
Rails.application.routes.draw do
  resources :books, constraints: { id: /[0-9]{1,2}/ }
  …中略…
end
```

ルートパラメーターに対する制約条件は、このように constraints オプションで「パラメーター名：*正規表現パターン*」の形式で指定します。この状態で、「～ /books/108」のような URL でアクセスしてみましょう（図 7-3）。

▼ 図7-3 idパラメーターの制約条件に反する場合

idパラメーターの条件は「1〜2桁の数値であること」なので、「〜/books/108」はbooksリソースにはマッチせず、結果、「採用すべきルートが見つからない」というエラーが返されるわけです。

リクエストパラメーターの妥当性はモデルの側でチェックするのが基本ですが、そもそもルート（入口）で排除してしまえば、不正な値をより確実に遮断できます。

複数のリソース定義に対して、同一の制約条件を課したい場合には、ブロック形式で制約条件を記述することもできます。

```
constraints(id: /[0-9]{1,2}/) do
  resources :books
  resources :reviews
end
```

7.2.2 より複雑な制約条件の設定 ― 制約クラスの定義

正規表現パターンだけでは表現できないより複雑な制約条件を定義するならば、制約クラスを利用します。たとえばリスト7-4は、現在の時刻によってルーティングの有効／無効を判定するTimeConstraintクラスの例です。9〜18時の間だけルーティングを有効にし、それ以外の時間帯でのアクセスを拒否します。

▼ リスト7-4　time_constraint.rb[*1]

```
class TimeConstraint
  def matches?(request)
    current = Time.now
    current.hour >= 9 && current.hour < 18
  end
end
```

制約クラスであることの条件はmatches?メソッドを実装していることだけです。matches?メソッドは、

[*1] TimeConstraintクラスは/modelsフォルダーに保存してください。

- 引数としてリクエスト情報（request オブジェクト）を受け取り
- 戻り値としてルートを有効にすべきかどうか（true ／ false）を返す

ようにします。ここでは、Time.now でシステムの現在時刻を取得し、その時刻（hour メソッド）が 9 〜 17 の間である場合のみ true を返すようにしています。

この TimeConstraint 制約クラスを適用しているのが、リスト 7-5 のコードです。

▼ リスト 7-5　routes.rb

```
Rails.application.routes.draw do
  resources :books, constraints: TimeConstraint.new
    …中略…
end
```

constraints オプションに対して、制約クラスのインスタンスを渡すだけです。これによって、books リソースに 9 〜 18 時以外の時間帯にアクセスしようとすると、「Routing Error（No route matches 〜）」のようなエラーが表示されます。システム上の時刻設定を変更して、動きの変化を確認してみましょう。

7.2.3　format パラメーターを除去する ─ format オプション

resources ／ resource メソッドで定義されたすべてのルートは、「〜（.:format）」が付与されています。これによって、「〜 /books.xml」「〜 /books.json」のように、拡張子の形式で出力フォーマットを指定できるのです。

もっとも、リソースによっては複数のフォーマットに対応しない（したくない）場合もあります。そのようなケースでは、format オプションを false とします（リスト 7-6）。これによって、URL パターンから「〜（.:format）」が除去されたルートが生成されます。

▼ リスト 7-6　routes.rb

```
resources :books, format: false
```

```
> rails routes
   Prefix    Verb    URI Pattern         Controller#Action
   books     GET     /books              books#index
             POST    /books              books#create
   new_book  GET     /books/new          books#new
   edit_book GET     /books/:id/edit     books#edit
       book  GET     /books/:id          books#show
    …中略…
             DELETE  /books/:id          books#destroy
```

第7章 ルーティング

◎ 7.2.4 コントローラークラス／ Url ヘルパーの名前を修正する ― controllers ／ as オプション

resources ／ resource メソッドは、既定で、指定されたリソース名をもとに対応するコントローラーを決定し、また、Url ヘルパーを生成します（7.1 節）。しかし、controller ／ as オプションを指定することで、マッピングすべきコントローラーや、生成する Url ヘルパーの名前を変更することもできます（リスト 7-7）。

▼ リスト 7-7　routes.rb

```
resources :users, controller: :members ───────────────────────────────❶
resources :reviews, as: :comments ──────────────────────────────────❷
```

本来、users リソースに対応するのは UsersController コントローラーとなるはずですが、❶では controller オプションが指定されているので、MembersController コントローラーにマッピングされます。

同じく、reviews リソースに対しては、本来、reviews_path や review_path などの Url ヘルパーが生成されるはずですが、❷では as オプションが指定されているので、comments_path や comment_path のようなヘルパーが用意されます。

◎ 7.2.5 モジュール配下のコントローラーをマッピングする ― namespace ／ scope ブロック

コントローラークラスの数が多くなってくると、モジュールを利用してコントローラーを特定のサブフォルダー配下にまとめたいというケースも出てくるでしょう。その場合、まず以下のようにコントローラークラスを生成します。

```
> rails generate controller Admin::Books
```

これで Admin::BooksController コントローラーが、/controllers/admin フォルダーの配下に books_controller.rb という名前で生成されます[*2]。

このようなモジュール対応のコントローラークラスに対して、RESTful インターフェイスを定義するには、リスト 7-8 のように namespace ブロックを利用します。namespace ブロックの配下には、必要に応じて、複数の resources ／ resource メソッドを列記しても構いません。

▼ リスト 7-8　routes.rb

```
namespace :admin do
  resources :books
end
```

[*2]　モジュール対応のコントローラークラスに対してテンプレートを設置する場合、モジュール単位でサブフォルダーが分かれるように、「views/モジュール名 / コントローラー名」フォルダー ――たとえば /views/admin/books フォルダー配下に配置します。

384

```
> rails routes
         Prefix Verb   URI Pattern                  Controller#Action
     admin_books GET    /admin/books(.:format)        admin/books#index
                 POST   /admin/books(.:format)        admin/books#create
  new_admin_book GET    /admin/books/new(.:format)    admin/books#new
 edit_admin_book GET    /admin/books/:id/edit(.:format) admin/books#edit
      admin_book GET    /admin/books/:id(.:format)    admin/books#show
                 PATCH  /admin/books/:id(.:format)    admin/books#update
                 PUT    /admin/books/:id(.:format)    admin/books#update
                 DELETE /admin/books/:id(.:format)    admin/books#destroy
```

モジュールに応じて URL パターンに /admin、Url ヘルパーに admin_ のような接頭辞が付与される点に注目です。モジュールを認識させたいだけで、URL パターンや Url ヘルパーに影響を及ぼしたくない場合には、scope ブロックを利用してください（リスト 7-9）。

▼ リスト 7-9　routes.rb

```
scope module: :admin do
  resources :books
end
```

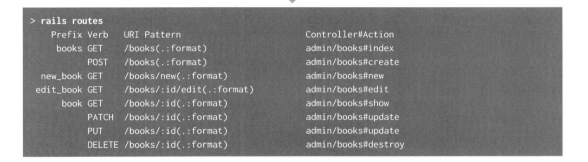

Controller#Action では「admin/books# ～」と、確かにモジュールを認識していますが、Url ヘルパー（books_path や new_book_path など）や、URL パターン（/books、/books/:id など）にはモジュール名が含まれ**ない**ことが確認できます。

> **パス接頭辞を付与するには？**
>
> 本文の例とは逆に、Admin モジュールに属さない Books コントローラーに対して、「/admin/books」のような URL だけを割り当てたい場合には、以下のように scope ブロックを指定してください。リスト 7-9 と異なり、「module:」の指定がない点に注目です。

第7章　ルーティング

```
scope :admin do
  resources :books
end
```

　「scope ':locale' do」のような指定で、「/:locale/books」のようにルートパラメーターを伴う URL パターンを生成することもできます。シンボルそのものを URL パターンに加えたいので、「':locale'」のようにクォートで括っている（＝文字列として指定している）点に注目です。

◎ 7.2.6 RESTful インターフェイスに自前のアクションを追加する ― collection ／ member ブロック

　collection ／ member ブロックを利用することで、resources ／ resource メソッドで生成されるルートに対して、必要に応じて自前のアクションを追加することもできます[*3]。

collection ／ member ブロック

```
resources :name do
  [collection do
    method action
    ...
  end]
  [member do
    method action
    ...
  end]
end
```
----
name：リソース名　　*method*：関連付けるHTTPメソッド（get／post／put／patch／delete）
action：関連付けるアクション

　collection ブロックは複数のオブジェクトを扱うアクション、member ブロックは単一のオブジェクトを扱うアクションを、それぞれ登録するために利用します。いずれのブロックも省略可能です。
　たとえばリスト 7-10 は、reviews リソースに関するルート定義に、unapproval アクション（複数オブジェクト）と draft アクション（単一オブジェクト）を追加する例です。

▼ リスト 7-10　routes.rb

```
resources :reviews do
  collection do
    get :unapproval
```

[*3]　ただし、極端にたくさんのアクションを追加するのは避けてください。どうしてもそうする必要があるならば、そもそもリソース設計に問題がある可能性があります。

386

7.2 RESTful インターフェイスのカスタマイズ

```
    end
  member do
    get :draft
  end
end
```

⬇

```
> rails routes
           Prefix Verb   URI Pattern                 Controller#Action
unapproval_reviews GET   /reviews/unapproval(.:format)  reviews#unapproval
      draft_review GET   /reviews/:id/draft(.:format)   reviews#draft
           reviews GET   /reviews(.:format)            reviews#index
                   POST  /reviews(.:format)            reviews#create
        new_review GET   /reviews/new(.:format)        reviews#new
       edit_review GET   /reviews/:id/edit(.:format)   reviews#edit
            review GET   /reviews/:id(.:format)        reviews#show
                   PATCH /reviews/:id(.:format)        reviews#update
                   PUT   /reviews/:id(.:format)        reviews#update
                   DELETE /reviews/:id(.:format)       reviews#destroy
```

collection ／ member ブロックで追加したルートは、それぞれ太字のように反映されます。member ブ
ロックで追加した draft アクションは単一オブジェクトを扱うため、URL パターンにも確かにオブジェクトを特
定するための :id パラメーターが含まれています。

単一のアクションを追加する場合

collection ／ member ブロック配下のアクションが 1 つである場合には、on オプションを使って簡単化
することもできます。リスト 7-11 は、リスト 7-10 を on オプションで書き換えたものです。

▼ リスト 7-11 routes.rb

```
resources :reviews do
  get :unapproval, on: :collection
  get :draft, on: :member
end
```

◎ 7.2.7 RESTful インターフェイスのアクションを無効化する ― only ／ except オプション

collection ／ member ブロックとは逆に、既定で生成されるアクションの一部を無効化したいという場合
には、only ／ except オプションを指定します。利用していないルートを残しておくことは、思わぬエラーの
原因にもなりますし、意図しないコードを呼び出せてしまう場合もあります。自動生成されるルートの一部が不
要であることがわかっている場合には、必ず無効化しておきましょう。

たとえばリスト 7-12 は、show ／ destroy アクションを無効化する例です。

387

▼ リスト 7-12　routes.rb

```
resources :users, except: [ :show, :destroy ]
```

```
> rails routes
    Prefix Verb  URI Pattern              Controller#Action
     users GET   /users(.:format)         users#index
           POST  /users(.:format)         users#create
  new_user GET   /users/new(.:format)     users#new
 edit_user GET   /users/:id/edit(.:format) users#edit
      user PATCH /users/:id(.:format)     users#update
           PUT   /users/:id(.:format)     users#update
```

except オプションで指定されたアクション以外をルート定義しなさい、という意味になるわけです。only オプションで指定されたアクションだけをルート定義しなさい、という意味を表すこともできます。

リスト 7-13 は、リスト 7-12 を only オプションで書き換えたものです。

▼ リスト 7-13　routes.rb

```
resources :users, only: [ :index, :new, :create, :edit, :update ]
```

> **NOTE**　new ／ edit アクションに関連付いた URL を修正するには？
>
> ルート定義を追加／無効化するのではなく、標準アクション new ／ edit に関連付いた URL を変更したいならば path_names オプションを指定してください。
>
> ```
> resources :reviews, path_names: { new: :insert, edit: :revise }
> ```
>
> これによって、「/reviews/insert」「/reviews/:id/revise」という URL から、それぞれ new ／ edit アクションを呼び出せるようになります。

7.2.8　階層構造を持ったリソースを表現する — resources メソッドのネスト

アプリの中でリソース同士が親子関係にあることは珍しくありません。たとえば、books リソース（書籍情報）は、配下に reviews リソース（書籍レビュー）を伴います。そう、リソース同士の親子関係は、Rails では has_many や belong_to などのモデルアソシエーションで表されるのでした（5.6 節）。

このようなリソース（モデル）同士の関係は URL でも表現される方が直感的です。たとえば書籍 1 のレビュー情報は「〜 /books/1/reviews」のように表現できるのが望ましいでしょう。

7.2 RESTful インターフェイスのカスタマイズ

Rails では、こうした関係を resources ／ resource メソッドのネストによって表現することが可能です。さっそく、books ／ reviews リソースの親子関係を表現してみましょう（リスト 7-14）。

▼ リスト 7-14　routes.rb

```
resources :books do
  resources :reviews
end
```

```
> rails routes
    Prefix          Verb    URI Pattern                                 Controller#Action
    book_reviews    GET     /books/:book_id/reviews(.:format)           reviews#index
                    POST    /books/:book_id/reviews(.:format)           reviews#create
 new_book_review    GET     /books/:book_id/reviews/new(.:format)       reviews#new
edit_book_review    GET     /books/:book_id/reviews/:id/edit(.:format)  reviews#edit
     book_review    GET     /books/:book_id/reviews/:id(.:format)       reviews#show
                    PATCH   /books/:book_id/reviews/:id(.:format)       reviews#update
                    PUT     /books/:book_id/reviews/:id(.:format)       reviews#update
                    DELETE  /books/:book_id/reviews/:id(.:format)       reviews#destroy
           books    GET     /books(.:format)                            books#index
…後略…
```

books リソースに関するルートは、「resources :books」単体で実行した場合と同じなので、省略しています。ここではネストされた :reviews リソースのルートに注目してみましょう。

結果を見てもわかるように、ネストされたリソースでは、URL パターンには「/books/:book_id」（:id ではありません）、Url ヘルパーには接頭辞として「book_」が、それぞれ付与されることになります。あとに続く内容は、これまでどおりなので、直感的にも理解しやすいでしょう。

resources ／ resource メソッドのネストは、理論上はいくらでも可能です。しかし、ネストは原則として 2 階層までにしておくのが無難でしょう。それ以上の階層関係は、URL がかえってわかりにくくなるだけで、「人間が理解しやすい URL」という本来の思想には反します（「/books/12/reviews/5/images/1」のような URL は、もはや直感的であるとは言えません）。

7.2.9　リソースの「浅い」ネストを表現する ― shallow オプション

resources ／ resource メソッドのネストはリソース同士の関係を表すには便利な機能ですが、反面、URL が不必要に長くなるという問題もあります。たとえば、id=10 の書籍に属するレビューを表すために、

```
~/books/10/reviews
```

のような URL は妥当です。しかし、id=10 の書籍に属する id=8 のレビューを表すために、

```
~/books/10/reviews/8
```

と表すのは、やりすぎです。レビューの id 値が書籍の id 値によらず一意であるならば、単に、

```
~/reviews/8
```

で表せた方がシンプルです。
　そこで利用できるのが、shallow オプションです（リスト 7-15）。

▼ リスト 7-15　routes.rb

```
resources :books do
  resources :reviews, shallow: true
end
```

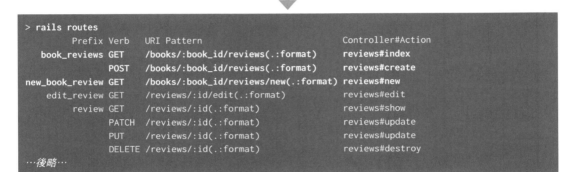

　shallow オプションによって、:id パラメーターを受け取らない index ／ new ／ create アクションでのみ :book_id パラメーターが付与され、それ以外のアクションではネストされない（＝浅い）URL が生成されるのです。
　scope メソッドと shallow_path オプションを併用することで、「浅い」URL にプレフィックスを付与することもできます（リスト 7-16）。

▼ リスト 7-16　routes.rb

```
scope shallow_path: :b do
  resources :books do
    resources :reviews, shallow: true
  end
end
```

```
> rails routes
         Prefix Verb   URI Pattern                              Controller#Action
    book_reviews GET    /books/:book_id/reviews(.:format)        reviews#index
                 POST   /books/:book_id/reviews(.:format)        reviews#create
  new_book_review GET   /books/:book_id/reviews/new(.:format)    reviews#new
```

```
      edit_review GET    /b/reviews/:id/edit(.:format)       reviews#edit
           review GET    /b/reviews/:id(.:format)            reviews#show
                  PATCH  /b/reviews/:id(.:format)            reviews#update
                  PUT    /b/reviews/:id(.:format)            reviews#update
                  DELETE /b/reviews/:id(.:format)            reviews#destroy
…後略…
```

同じく、shallow_prefix オプションを利用した場合には、「浅い」URL に対応した Url ヘルパーに対してのみ、プレフィックスを付与できます（リスト 7-17）。

▼ リスト 7-17　routes.rb

```
scope shallow_prefix: :b do
  resources :books do
    resources :reviews, shallow: true
  end
end
```

```
> rails routes
          Prefix Verb   URI Pattern                                Controller#Action
    book_reviews GET    /books/:book_id/reviews(.:format)          reviews#index
                 POST   /books/:book_id/reviews(.:format)          reviews#create
 new_book_review GET    /books/:book_id/reviews/new(.:format)      reviews#new
    edit_b_review GET   /reviews/:id/edit(.:format)                reviews#edit
        b_review GET    /reviews/:id(.:format)                     reviews#show
                 PATCH  /reviews/:id(.:format)                     reviews#update
                 PUT    /reviews/:id(.:format)                     reviews#update
                 DELETE /reviews/:id(.:format)                     reviews#destroy
…後略…
```

7.2.10 ルート定義を再利用可能にする ― concern メソッド & concerns オプション

concern メソッドを利用することで、複数のルート定義で共通する内容を切り出せます。

concern メソッド

```
concern :name do
  ...definition...
end
```

name：定義名　　*definition*：リソース定義

たとえば、リスト 7-18 のルート定義はブロック配下が重複しているので、concern メソッドで分離すべきです。

第 7 章　ルーティング

▼ リスト 7-18　routes.rb

```
resources :reviews do
  get :unapproval, on: :collection
  get :draft, on: :member
end

resources :users do
  get :unapproval, on: :collection
  get :draft, on: :member
end
```

```
concern :additional do ─────────────────────────────────────
  get :unapproval, on: :collection
  get :draft, on: :member                                        ❶
end ─────────────────────────────────────────────────────

resources :reviews, concerns: :additional ─────────────────
resources :users, concerns: :additional ──────────────────  ❷
```

　この例では、重複したルート定義を :additional という名前で定義しています（❶）。concern メソッドで宣言されたルートは、resources ／ resource メソッドの concerns オプションで引用できます（❷）。

COLUMN　　　　　　　　　　**Rails アプリの配布**

　Rails アプリ（プロジェクト）には、アプリ本体を構成するファイルはもちろん、アプリを実行することで増えていくログ、キャッシュなど、さまざまなファイルが含まれています。これらのファイルをそのままにアプリを圧縮&配布すると、その時々の状態では結構な容量に膨れてしまうことがあります（そもそもログなどに意図しない情報が残されているのも望ましい状況ではありません）。

　そこで Rails アプリを配布する際には、以下のコマンドでアプリ内のファイルを掃除しておくことをお勧めします。

```
> rails db:reset DISABLE_DATABASE_ENVIRONMENT_CHECK=1 ─────────  データベースを再作成
> rails assets:clobber ──────────────────────────────────  コンパイル済みアセットのクリア
> rails tmp:clear ───────────────────────────────────────────  一時ファイルのクリア
> rails tmp:cache:clear ─────────────────────────────────────  キャッシュのクリア
> rails log:clear ───────────────────────────────────────────  ログファイルのクリア
```

　その他にも、クライアント機能を利用している場合は、/node_modules フォルダー（JavaScript 関連のライブラリ）はあとから復元できるので、すべて削除してしまいましょう。以上で、アプリをクリーンな状態で配布できます。

7.3 非RESTfulなルートの定義

本章冒頭で述べたように、Railsではまず RESTful インターフェイスが基本ですが、必ずしも REST の思想に沿う状況ばかりではありません。そのようなときは、RESTful インターフェイスを無理やり適用するのではなく[*4]、よりシンプルな非 RESTful なルートの利用を検討すべきです。アプリをすべて RESTful にするのは決して得策ではありません。

7.3.1 非 RESTful ルートの基本 ── match メソッド

非 RESTful なルートを定義するには、match メソッドを利用します。

match メソッド

```
match pattern => action, via: verb [,opts]
```
pattern：URLパターン　　*action*：実行するアクション　　*verb*：許可するHTTPメソッド（複数指定も可）
opts：動作オプション

まずは、match メソッドのもっとも基本的なパターンからです（リスト 7-19）。

▼ リスト 7-19　routes.rb

```
match '/details(/:id)' => 'hello#index', via: [ :get, :post ]
```

```
> rails routes
  Prefix Verb     URI Pattern                Controller#Action
         GET|POST /details(/:id)(.:format)   hello#index
```

丸カッコで囲まれた部分は、省略可能であることを意味します。よって、この場合は、

- /details
- /details/13
- /details/about
- /details/about.html

---

*4　collection ／ member ブロックを駆使すれば拡張はいくらでも可能ですが、それはもはや RESTful とは言えないでしょう。

第 7 章　ルーティング

のような URL にマッチし、hello#index アクションを呼び出します（必須であるのは、/details だけということです）。応答フォーマットを表すルートパラメーター「.:format」は、URL パターンに明示的に指定しなくても自動で付与される点にも注目です。

via オプション

via オプションは、ルートで許可する HTTP メソッドを指定します。リスト 7-19 のように、複数の HTTP メソッドを列記しても構いませんし、「via: :get」のように単一で指定しても構いません。

ただし、許可する HTTP メソッドが 1 つである場合には、get ／ post ／ put ／ patch ／ delete などのメソッドを利用した方がスマートでしょう。たとえば、リスト 7-19 は、以下のコードと同義です。

```
get '/details(/:id)' => 'hello#index' ─────────────────────  HTTP GET を許可
post '/details(/:id)' => 'hello#index' ────────────────────  HTTP POST を許可
```

特別な値として :all（すべての HTTP メソッドを許可）を指定することもできますが、大概の場合は不要なメソッドまで許可しているはずです。CSRF 攻撃の間接的な原因となる可能性があるので[*5]、利用すべきではありません。

◎ 7.3.2　さまざまな非 RESTful ルートの表現

非 RESTful ルートでも（resources メソッドと同じく）オプションを利用することで、さまざまな表現が可能です。以下では、具体的な例とともに、よく利用するルート定義のコードについて見ていくことにします。

なお、リスト 7-20 では get メソッドを例にしていますが、match メソッドはじめ、post ／ delete ／ put ／ patch などのメソッドでも同じように表せます。「→」では、rails routes コマンドで得られる結果と、マッチするリクエスト URL の例を示しています。

▼ リスト 7-20　routes.rb

```
get 'hello/view'
        ➡ ❶ hello_view GET /hello/view(.:format) hello#view
              例. /hello/view
get '/articles(/:category)' => 'articles#index', defaults: { category: 'general', format: 'xml' }
        ➡ ❷ GET /articles(/:category)(.:format) articles#index {:category=>:general, :format=>:xml}
              例. /articles、/articles/rails
get 'blogs/:user_id' => 'blogs#index', constraints: { user_id: /[A-Za-z0-9]{3,7}/ }
        ➡ ❸ GET /blogs/:user_id(.:format) blogs#index {:user_id=>/[A-Za-z0-9]{3,7}/}
              例. /blogs/yyamada、/blogs/Wings1
get '/blogs/:user_id' => 'common/blogs#list'
        ➡ ❹ GET   /blogs/:user_id(.:format) common/blogs#list
get 'articles' => 'main#index', as: :top
```

───────────

[*5]　Rails では HTTP POST、PUT ／ PATCH などでのリクエストに対してトークンチェックを実施します（6.6.3 項）。よって、たとえば HTTP POST を期待しているアクションを HTTP GET 経由で呼び出せば、そのままチェックを回避できてしまいます。

394

7.3 非 RESTful なルートの定義

```
     ❺ top GET /articles(.:format) main#index
get 'articles/*category/:id' => 'articles#category'
     ❻ GET /articles/*category/:id(.:format) articles#category
         例．/articles/rails/routing/rest/105
get '/books/:id' => redirect('/articles/%{id}')
     ❼ GET /books/:id(.:format) redirect(301, /articles/%{id})
get '/books/:id' => redirect {|p, req| "/articles/#{p[:id].to_i + 10000}" }
     ❽ GET /books/:id(.:format) redirect(301)
```

❶は、もっともシンプルなパターンです。URL パターン自体が「コントローラー名 / アクション名」の形式で表現できる場合には、「=>」以降を省略できます（本書サンプルのルート定義も、ほぼこの書き方に沿っています）。「get 'hello/view' => 'hello#view'」と書いても同じ意味です。

❷は、ルートパラメーターの既定値を指定する例です。defaults オプションで「パラメーター : 既定値」の形式で指定します。ここでは category パラメーターと format パラメーターの既定値を、それぞれ 'general' と 'xml' に設定しています[*6]。

❸はルートパラメーターに制約条件を設定する例です。resources / resource メソッドと同じく constraints オプションを使用します。ブロック指定なども同じように利用できるので、詳しくは 7.2.1 項も併せて参照してください。

以下のように、constraints オプションを省略して表しても構いません。

```
get 'blogs/:user_id' => 'blogs#index', user_id: /[A-Za-z0-9]{3,7}/
```

❹はモジュール対応のコントローラーにルートを紐づける例です。「モジュール名 / コントローラー名 # アクション名」の形式で表現します。

❺はルート定義に対応する Url ヘルパーを指定する例です。この例では、ルート定義とともに、top_url と top_path という Url ヘルパーを生成します。

❻では特殊なルートパラメーターの例として「* パラメーター名」という表記を採用しています。「* パラメーター名」は「/」をまたいで、複数のパラメーターをまとめて取得するという意味です。これによって、たとえば「~ /articles/rails/routing/rest/105」のような URL であれば、*category パラメーターには「rails/routing/rest」が、:id パラメーターには 105 がそれぞれセットされるようになります。アクション側では「/」でいったん値を分解する必要がありますが、可変長のパラメーターを扱いたい場合には便利です。「* パラメーター名」も、取得の際は普通のルートパラメーターと同じように――params[:パラメーター名] の形式で、アクセスできます。

❼はあるルート定義を他のルートにリダイレクトする例です。アプリの改修などで URL を束ねたい場合などに利用できるでしょう。この例であれば、「/books/15」は「/articles/15」にリダイレクトされます（もちろん、別に「/articles/:id」に対応するルートを定義しておく必要があります）。%{id} によって、もともとの URL で指定されたルートパラメーターがリダイレクト先に引き渡されます。

[*6] defaults オプションは resources / resource メソッドでも利用できます。しかし、(:id パラメーターは省略できないため):format パラメーターの既定値を設定する程度で、あまり利用する機会はありません。

第7章　ルーティング

❽のように、リダイレクト時のパス生成により複雑な処理を挟みたい場合には、redirect メソッドにブロックを渡します。ブロックは、パラメーター情報 p とリクエストオブジェクト req とを受け取り、戻り値としてリダイレクト先のパスを返す必要があります。この例であれば「/books/15」は、(:id パラメーターに 10000 を加えた結果)「/articles/10015」にリダイレクトされます。

7.3.3　トップページへのマッピングを定義する ─ root メソッド

トップページ（たとえば、http://www.examples.com/）に対してルートを設定するには、root メソッドを利用します。root メソッドは routes.rb の末尾で記述するのが基本です。

root メソッド

```
root(opts)
```

opts：動作オプション

たとえば、トップページへのアクセス時に hello#list アクションにアクセスさせたい場合には、リスト 7-21 のように記述します。to オプションはディスパッチ先（コントローラー名 # アクション名）を表します。

▼ **リスト 7-21　routes.rb**

```
root to: 'hello#list'
```

この状態で「http://localhost:3000/」にアクセスしてみましょう。確かに、hello#list アクションの結果が表示されることが確認できます。

> **NOTE　ルートの優先順位**
>
> 　routes.rb でルートを追加する順序は、とても大切です。というのも、ルートの優先順位はそのまま記述の順序によって決まるからです。よって、汎用的な──たとえば「:controller(/:action(/:id))(.:format)」のようなルートはできるだけ最後に記述するべきです（このような万能のルートは現在では利用すべきではありませんが、ここではそれはさておきます）。同じ理由から、root メソッドは routes.rb の末尾で定義してください。

7.3.4　カスタムの Url ヘルパーを生成する 5.1

direct メソッドを利用することで、カスタムの Url ヘルパーを生成できます。

direct メソッド

```
direct(name [,opts] ,&block)
```

name：ヘルパーの名前　　*opts*：ヘルパー引数の既定値（「名前: 値, ...」の形式）
&block：URL を生成するためのコード

396

まずは、具体的なサンプルで動作を確認してみましょう（リスト 7-22）。結果は「呼び出しのパス／得られる URL」の形式で表しています。

▼ リスト 7-22　routes.rb[*7]

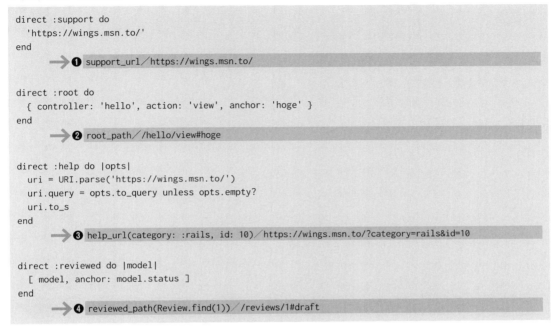

❶は direct メソッドのもっとも基本的な用法です。ブロックでの戻り値がそのまま Url ヘルパーの戻り値となります[*8]。

ブロックは戻り値として（文字列だけでなく）配列／ハッシュ、オブジェクトなどを返すこともできます（❷）。ただし、戻り値が表すのは url_for メソッド（4.3.2 項）に渡せる値でなければなりません。

❸のように、引数を持つ Url ヘルパーを定義することもできます。指定された引数はブロックパラメーター（ここでは opts）として受け取れます。この例では、これをクエリ文字列化したものを本来の URL に連結した上で、最終的な戻り値としています。

❹は、モデルを受け取る Url ヘルパーの例です。この場合も、渡されたモデルはブロックパラメーター（ここでは model）として受け取れます。あとは❷と同じく、url_for メソッドに渡せる引数を組み立てるだけです。

7.3.5　ルート定義ファイルを分離する 6.1

アプリの規模が大きくなると、ルート定義ファイルも次第と肥大化します。そのような場合には、機能単位にルート定義もファイルそのものを分離することをお勧めします。リスト 7-23 は、その例です。

[*7]　実際に生成されたパスを確認したい場合は、ダウンロードサンプルの routes/direct アクションを参照してください。
[*8]　ちなみに、support_path とした場合の結果は「/」です。xxxxx_path ヘルパーは相対パスを返すからで、この例ではあまり意味がありません。

第 7 章　ルーティング

▼ リスト 7-23　上：subapp.rb、下：routes.rb

```
get 'routes/index'
```

```
Rails.application.routes.draw do
  draw(:subapp) ─────────────────────────────────────────────── ❶
    …中略…
end
```

　分離したルート定義ファイル subapp.rb は /config/routes フォルダー配下に保存します。あとは、draw
メソッドで目的のファイルをインポートするだけです（❶）。

COLUMN　　　　　　　　　　　　**日付／時刻に関する便利なメソッド**

　Active Support では、標準の Date ／ Time オブジェクトを拡張して、より簡単に相対的な日付を取得で
きます。たとえば、「Time.now.yesterday」で昨日の日付を求めることができます。特に、表 7-5 に挙げる
ものはよく利用するので、是非覚えておいてください。

▼ 表 7-5　日付／時刻に関する便利なメソッド

メソッド	概要
yesterday	昨日
tomorrow	明日
prev_*xxxxx*	前年／月／週（*xxxxx* は year、month、week）
next_*xxxxx*	翌年／月／週（*xxxxx* は year、month、week）
beginning_of_*xxxxx*	年／四半期／月／週の最初の日（*xxxxx* は year、quarter、month、week）
end_of_*xxxxx*	年／四半期／月／週の最後の日（*xxxxx* は year、quarter、month、week）

　また、「3.**months**.ago」（3 か月前）、「3.**months**.from_now」（3 か月後）のように Numeric オブジェ
クトのメソッドとしても表現できます。太字の部分は、単位に応じて以下のものも利用できます（month のよ
うな単数形も可）。

　years、months、days、hours、minutes、seconds

応用編 ▶ 第 **8** 章

テスト

昨今のアプリ開発では、テストのためのスクリプトを用意し、テストを自動化するのが一般的です。テストの自動化によって、人間の目と手を介さなければならない作業を最小限に抑えられるとともに、コードに修正が発生した場合にも繰り返しテストを実施しやすいというメリットがあります。

Railsでも、初期のバージョンからテストの自動化を重視しており、Unit テスト／ Functional テスト／ System テストなどなど、さまざまなテストをサポートしています。本章では、これらテストの記述と実行方法を解説する中で、テスト自動化の基本を理解します。

アプリ開発の過程でテストという作業は欠かせません。もっとも、テストと一口に言っても、その形態はさまざまです。たとえば、ソースコードを書いて、できあがったら実際にブラウザーで動かして、正しい結果が得られるかどうかを確認するのも一種のテストです。問題が見つかった場合には、アプリに変数出力のコードを埋め込んで、途中経過をチェックする、というようなこともあるでしょう。

しかし、このような方法は小規模なアプリであるうちは良いのですが、ある程度の規模のアプリになってくると、問題箇所を見つけにくい、誤りを見落としがち、そもそも人間の目を介さなければならないためテストの工数が無制限に膨らみがち、などの問題があります。

そこで昨今のアプリ開発では、テストのためのコードを用意し、テストを自動化するのが一般的です。もちろん、テストを自動化したからといって、人間がテストしなくても良いというわけではありませんが、少なくともその範囲を最小限に抑えることができます。

8.1.1　Railsアプリのテスト

本章でも、単にテストと言った場合は、自動化されたテストのことを指すものとします。Railsでは初期のバージョンから、このテストをとても重要視しており、表8-1のようなテストをサポートしています。

▼ 表8-1　Railsでサポートしている主なテスト

テスト名	概要
Unitテスト	モデルやビューヘルパー単体の動作を確認
Functionalテスト	コントローラー／テンプレートの呼び出し結果を確認（ステータスコードやビューによる出力結果など）
Integrationテスト	コントローラーをまたがるアプリの挙動を確認
Systemテスト	エンドユーザーの操作に即してアプリの挙動を確認

そして、これらのテスト実行を支援するためのライブラリが**テスティングライブラリ**です。Railsの世界では、Minitest、RSpecといったライブラリが人気ですが、本書ではRuby標準で同梱されており、追加の準備もなしで利用できるMinitestを採用します。

8.1.2　テストの準備

Railsでテストを実施するには、一般的にはデータベースとテストデータの準備が必要です。

テストデータベースの構築

データベースを準備するには、以下のコマンドを実行するだけです。

```
> rails db:test:prepare
```

rails db:test:prepare コマンドは、最新のスキーマファイル（schema.rb、または structure.sql）に基づいて、テストデータベースを新規作成します。マイグレーションではないので、もしも未適用のマイグレーションがある場合には、あらかじめ rails db:migrate コマンドでスキーマを最新状態にしてください[*1]。

▌テストデータベースの確認

コマンドを正しく実行できたところで、テストデータベース（本書環境では test.sqlite3）に意図したテーブルが揃っていることを、rails dbconsole コマンドからもチェックしておきましょう（SQLTools 拡張からでも構いません）。テストデータベースにアクセスするには、-e オプションで明示的に test と指定します。

```
> rails dbconsole -e test
SQLite version 3.46.0 2024-05-23 13:25:27 (UTF-16 console I/O)
Enter ".help" for usage hints.

sqlite> .tables                                          ← テーブルを一覧表示
action_mailbox_inbound_emails    comments
action_text_rich_texts           delayed_jobs
active_storage_attachments       entries
active_storage_blobs             fan_comments
active_storage_variant_records   members
animals                          memos
ar_internal_metadata             messages
articles                         notes
authors                          reviews
authors_books                    schema_migrations
books                            users
sqlite> .quit                                            ← SQLite クライアントを終了
```

テストデータベースを破棄したい場合には、以下のように rails db:drop コマンドを実行してください。

```
> rails db:drop RAILS_ENV=test DISABLE_DATABASE_ENVIRONMENT_CHECK=1
```

▌テストデータの準備

テストデータ（フィクスチャ）については、テストスクリプトの実行タイミングで自動的に展開されるので、データそのものを用意する以上の操作は必要ありません。フィクスチャはダウンロードサンプルでは準備済みなので、以下のファイルが /test/fixtures フォルダーに揃っていることだけ確認しておきましょう。

- authors.yml
- authors_books.yml
- books.yml
- fan_comments.yml
- reviews.yml
- users.yml

以上でテストを行うための準備は完了です。次節からは Unit テスト、Functional テスト、Integration テスト、System テストの順に、テストスクリプトを作成＆実行していきます。

[*1] スキーマが最新状態でない場合は、あとで rails test コマンドでテストを実行する際に「Migrations are pending. 〜」のようなエラーが発生します。

8.2 Unit テスト

Unit テスト（**ユニットテスト**、**単体テスト**）とは、アプリを構成するライブラリ（主にモデル）が正しく動作するかをチェックするためのテストです。

Rails がサポートするテストの中でも、もっとも基本的なテストです。ここで学んだ知識は後述するその他のテストでも有効なので、きちんと内容を理解しておいてください。

8.2.1 Unit テストの基本

rails generate コマンドを利用してモデルを作成していれば、/test/models フォルダー配下にはモデルに対応するテストスクリプト（たとえば book_test.rb）ができているはずです。まずは、この book_test.rb に対してテストコードを追加して、Book モデルの挙動を確認してみましょう（リスト 8-1）。

▼ リスト 8-1　book_test.rb

```ruby
require 'test_helper'

class BookTest < ActiveSupport::TestCase
  test "book save" do
    book = Book.new({                         ──┐
      isbn: '978-4-7741-4466-X',
      title: 'Ruby on Rails本格入門',
      price: 3100,
      publisher: '技術評論社',
      published: '2024-12-14',
      dl: false
    })                                        ──┘ ❶
    assert book.save, 'Failed to save'        ── ❷
  end

  # test "the truth" do                       ──┐
  #   assert true
  # end                                       ──┘ 削除
end
```

テストを実施するためのメソッド（**テストメソッド**）を定義するには、test メソッドを利用します。

8.2 Unit テスト

test メソッド

```
test name do
  assertion
end
```

name：テスト名　　assertion：テストコード

引数 name には空白が混在していても構いませんが、テストスクリプトの中で一意となるように命名してください[2]。

テストとして実行するコードは、test メソッドのブロックとして記述します。❶では、Book モデルのインスタンスを生成し、これをデータベースに保存しています。

あとは、Assertion メソッドで処理の結果を確認するだけです（❷）。**Assertion メソッド**とは結果のチェックを行うためのメソッドの総称で、test ブロックの中で最低限 1 つは呼び出す必要があります。

ここでは、Assertion メソッドの中でももっともシンプルな assert メソッドを呼び出しています。assert メソッドは第 1 引数（save メソッドの戻り値）が true である（＝保存に成功した）場合に、テストが成功したものと見なします。もしも保存に失敗していることを期待しているならば、

```
assert !book.save, 'Succeeded to save'
```

のように書き換えます。第 2 引数は、テストに失敗したときに表示すべきメッセージです。

Rails（Minitest）には、さまざまな Assertion メソッドが用意されています。表 8-2 に主なものをまとめておきます。

▼ 表 8-2　標準で利用できる主な Assertion メソッド（引数 msg は失敗時のメッセージ）

メソッド	概要
assert(test [, msg])	式 test が true であるか
assert_not(test [, msg])	式 test が false であるか
assert_equal(expect, act [, msg])	期待値 expect と実際値 act が互いに等しいか
assert_not_equal(expect, act [, msg])	期待値 expect と実際値 act が互いに等しくないか
assert_same(expect, act [, msg])	期待値 expect と実際値 act が同一のインスタンスか
assert_not_same(expect, act [, msg])	期待値 expect と実際値 act が同一のインスタンスでないか
assert_empty(obj [, msg])	obj が空であるか
assert_nil(obj [, msg])	obj が nil であるか
assert_not_nil(obj [, msg])	obj が nil でないか
assert_includes(collection, obj [, msg])	obj がコレクション collection に含まれるか
assert_not_includes(collection, obj [, msg])	obj がコレクション collection に含まれないか
assert_match(reg, str [, msg])	正規表現 reg に文字列 str がマッチするか
assert_no_match(reg, str [, msg])	正規表現 reg に文字列 str がマッチしないか

＊2　内部的には、引数 name をもとに接頭辞「test_」を付与した名前が生成されるからです（空白はアンダースコアで置き換え）。本文の例であれば、test_book_save メソッドが生成されます。

403

第 8 章　テスト

assert_in_delta(*expect*, *act*, *delta* [, *msg*])	実際値 act が期待値 expect の絶対誤差 delta の範囲内であるか
assert_not_in_delta(*expect*, *act*, *delta* [, *msg*])	実際値 act が期待値 expect の絶対誤差 delta の範囲内にないか
assert_in_epsilon(*expect*, *act*, *epsilon* [, *msg*])	実際値 act と期待値 expect の相対誤差[*3] が誤差 epsilon の範囲内にあるか
assert_not_in_epsilon(*expect*, *act*, *epsilon* [, *msg*])	実際値 act と期待値 expect の相対誤差が誤差 epsilon の範囲内にないか
assert_throws(*symbol* [, *msg*]) { *block* }	ブロック内で例外 symbol が発生するか
assert_raises(*except1*, *except2* [, ...]) { *block* }	ブロック内で例外 except1、2... が発生するか
assert_nothing_raised(*except1*, *except2* [, ...]) { *block* }	ブロック内で例外 except1、2... のいずれもが発生しないか
assert_instance_of(*clazz*, *obj* [, *msg*])	オブジェクト obj がクラス clazz のインスタンスであるか
assert_not_instance_of(*clazz*, *obj* [, *msg*])	オブジェクト obj がクラス clazz のインスタンスでないか
assert_kind_of(*clazz*, *obj* [, *msg*])	オブジェクト obj がクラス clazz（派生クラスを含む）のインスタンスであるか
assert_not_kind_of(*clazz*, *obj* [, *msg*])	オブジェクト obj がクラス clazz（派生クラスを含む）のインスタンスでないか
assert_respond_to(*obj*, *symbol* [, *msg*])	オブジェクト obj がメソッド symbol を持つか
assert_not_respond_to(*obj*, *symbol* [, *msg*])	オブジェクト obj がメソッド symbol を持たないか
assert_operator(*obj1*, *ope*, *obj2* [, *msg*])	「obj1.ope(obj2)」が true であるか
assert_not_operator(*obj1*, *ope*, *obj2* [,*msg*])	「obj1.ope(obj2)」が false であるか
pass([*msg*])	無条件に成功
skip([*msg*])	現在のテストをスキップ
flunk([*msg*])	無条件に失敗（未完成のテストケースなどで使用）

◎ 8.2.2　テストの実行

　以上、テストスクリプトの準備ができたら、テストを実施してみましょう。モデルの Unit テストを実施するのは、rails test コマンドの役割です。rails コマンドはいつもどおり、プロジェクトルートにカレントフォルダーを移動した上で実行してください。

```
> rails test test/models/book_test.rb
Run options: --seed 2559

# Running:

.────────────────────────────────────────────────「.」はテストメソッドの成功を表す

Finished in 0.102032s, 9.8009 runs/s, 9.8009 assertions/s.

1 runs, 1 assertions, 0 failures, 0 errors, 0 skips
```

[*3]　「絶対誤差÷期待値」で割り出される値を言います。たとえば実際の値が 10、期待値が 8 だとしたら、相対誤差は 0.25 となります。

404

実行結果の太字の部分に注目です。この場合、1つのテストメソッドが実行され、その中で1つのAssertionメソッドが成功したことを示しています。もしもAssertionの失敗や例外の発生があった場合には、それぞれfailuresとerrorsとしてカウントされ、以降に例外メッセージが出力されます。

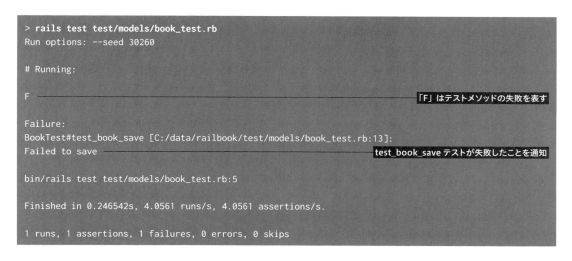

なお、テストメソッドが複数ある場合には、その実行順序が必ずしも記述順になるとは限りません。実行順序に依存するようなテストメソッドは記述しないようにしてください。

テスト対象を特定するさまざまな方法

ここではテスト対象としてファイルを直接指定していますが、その他にも、以下のような指定が可能です。用途に応じて、使い分けてください。

8.2.3 Unitテストの具体例

同じ要領で、いくつかテストメソッドを作成してみましょう。

モデルでの検証結果を確認する

リスト8-1の例では、単に保存の成否をチェックしただけでしたが、モデルで定義された検証の挙動を確認することもできます（リスト8-2）。なお、検証ルールは5.5.2項の手順で定義されているものとします。

▼ リスト8-2　book_test.rb

```
test "book validate" do
```

第 8 章　テスト

```
  book = Book.new({
    isbn: '978-4-7741-44',
    title: 'Ruby on Rails本格入門',
    price: 3100,
    publisher: '技術評論社',
    published: '2024-12-14',
    dl: false
  })
  assert !book.save, 'Failed to validate'
  assert_equal book.errors.size, 2, 'Failed to validate count'
  assert book.errors[:isbn].any?, 'Failed to isbn validate'
end
```

book_validate テストでは、3 種類の Assertion を実行しています。

- 検証の結果、モデルの保存に失敗すること
- 2 種類の検証エラーが返されること
- isbn フィールドの検証エラーが少なくとも 1 つは発生していること

検証エラーの情報には errors メソッドでアクセスできるのでした（5.5.2 項）。ここでは行っていませんが、検証メッセージの正否をチェックするようなこともできるでしょう。

モデル経由での検索結果を確認する

モデル経由で検索した場合に、正しい結果を得られるか確認します。リスト 8-3 は、Book モデルで title 列をキーに「改訂 3 版 JavaScript 本格入門」で検索した場合に、

- 得られる結果が Book オブジェクトであること
- isbn 列がフィクスチャ books.yml における :modernjs キーの isbn 列に等しいこと
- published 列は「2023/02/13」であること

を確認しています。

▼ リスト 8-3　book_test.rb

```
test "where method test" do
  result = Book.find_by(title: '改訂3版JavaScript本格入門')
  assert_instance_of Book, result ,'result is not instance of Book'
  assert_equal books(:modernjs).isbn, result.isbn, 'isbn column is wrong.'
  assert_equal Date.new(2023, 2, 13), result.published, ─────────────────❶
    'published column is wrong.' ────────────────────────────────────
end
```

　ここで改めて注目していただきたいのは、Rails ではテストの実行時にフィクスチャをデータベースにロードするだけでなく、

テストスクリプトから利用できるようにハッシュとして展開している

点です。

よって、たとえば books.yml の中で「:modernjs」というキーで定義されたレコードであれば、books (:modernjs) でアクセスできます（太字部分）。戻り値は対応するモデルオブジェクトなので、そのまま isbn 属性にもアクセスできます。これを利用すれば、❶のコードも「assert_equal books(:modernjs). published, ...」のように書き換えられます。

フィクスチャのこの性質は、Unit テストだけではなく、後述する他のテストでも有効です。

ビューヘルパーのテスト

ビューヘルパーのテストも、考え方はモデルと同じです。ただし、コントローラー作成、Scaffolding など のタイミングでは自動生成されないので、ファイルを一から生成してください。保存先は /test/helpers フォ ルダーとします。

たとえばリスト 8-4 は、format_datetime メソッド（4.5.1 項）をテストするための例です。

▼ リスト 8-4　view_helper_test.rb

```ruby
require 'test_helper'

class ViewHelperTest < ActionView::TestCase
  test "format helper" do
    result = format_datetime(Time.now, :date)
    assert_match /\d{4}年\d{1,2}月\d{1,2}日/, result
  end
end
```

format_helper テストでは、format_datetime メソッドの戻り値が「9999 年 99 月 99 日」の形式であ ることを確認しています。このように、assert_match メソッドを利用することで、正規表現を用いた文字列パ ターンの一致も確認できます。

ビューヘルパーの Unit テストも、モデルと同じく、rails test コマンドで実行できます。

```
> rails test test/helpers/view_helper_test.rb
Running 1 tests in a single process (parallelization threshold is 50)
Run options: --seed 35793

# Running:

.

Finished in 0.081940s, 12.2041 runs/s, 24.4082 assertions/s.
1 runs, 2 assertions, 0 failures, 0 errors, 0 skips
```

◎ 8.2.4 テストの準備と後始末 ─ setup ／ teardown メソッド

テストスクリプトには、それぞれのテストメソッドが呼び出される前後に呼び出される予約メソッドがありま す。これらは基底クラス ActiveSupport::TestCase で定義されているので、個別のテストスクリプトでオー

第 8 章　テスト

バーライドして使用します[*4]。

- setup：各テストメソッドが呼び出される直前に実行（使用するリソースの初期化）
- teardown：各テストメソッドが呼び出された直後に実行（使用したリソースの後始末）

たとえば、リスト 8-3 のテストスクリプトを setup ／ teardown メソッドを使って書き換えてみましょう（リスト 8-5）。

▼ リスト 8-5　book_test.rb

```
def setup
  @b = books(:modernjs)
end

def teardown
  @b = nil
end

test "where method test" do
  …中略…
  assert_equal @b.isbn, result.isbn, 'isbn column is wrong.'
  assert_equal @b.published, result.published, 'published column is wrong.'
end
```

ここでは、setup メソッドでフィクスチャ books.yml の :modernjs キーをインスタンス変数 @b にセットし、teardown メソッドで @b を破棄しています。それに伴い、"where method test" テストでも、「books(:modernjs)」という記述を「@b」で置き換えています。

このように、複数のテストメソッドで利用するリソースはあらかじめ setup メソッドで準備しておくことで、コードをよりすっきりと記述できるようになります[*5]。

なお、先述したようにデータベースのクリアとフィクスチャの読み込みは Rails が自動的に行ってくれるので、setup メソッドで明示的に行う必要はありません。

8.2.5　補足：テストを並列に実行する ― Parallel テスト `6.0`

Rails 6.0 以降では **Parallel テスト**というしくみが追加され、テストを並列に実行できるようになりました。並列テストそのものはプロジェクト既定で用意されている test/test_helper.rb[*6] で有効になっているので、リスト 8-6 にそのコードを掲載しておきます。

▼ リスト 8-6　test_helper.rb

```
class TestCase
  parallelize(workers: :number_of_processors, with: :threads)
```

[*4]　これらのメソッドは、Unit テストに限らず、後述する他のテストでも同様に利用できます。

[*5]　ここでは teardown メソッドで @b を明示的に破棄していますが、本来は自動的に破棄されるため、実際のコードでは不要です。

[*6]　test_helper.rb はテスト共通の設定を記述するためのファイルです。テストをまたがって利用するためのメソッドも、ここで定義します。

408

```
  …中略…
end
```

並列テストを有効にするのは、parallelize メソッドの役割です。

parallelize メソッド

```
parallelize(workers: num, with: method)
```
num：プロセッサー数　　*method*：並列化の方法（:processes、:threads）

workers オプションが 2 以上の場合に、テストは並列化されます（つまり、1 以下で並列テストが無効になります）。既定値は :number_of_processors で、現在のマシンの実際のコア数に設定されます[7]。まずは、既定のままで問題ありません。

with オプションの既定は :processes で、マルチプロセスによる並列化となります。ただし、Windows 環境ではサポートされておらず、プロジェクトでの既定値は :threads（マルチスレッド）となっています。

> **NOTE　並列化の閾値を設定する**
>
> ただし、並列化にもオーバーヘッドがないわけではありません（たとえばデータベースの作成からフィクスチャの展開までをプロセスの数だけ行わなければなりません）。そこで Rails では、既定でテスト数が 50 未満の場合に並列テストを有効にしません。
>
> この閾値を変更するならば、設定ファイル /config/environments/test.rb から以下のパラメーターを設定してください（リスト 8-7）。
>
> **▼ リスト 8-7　test.rb**
>
> ```
> config.active_support.test_parallelization_threshold = 20
> ```

---

[7] 環境変数 PARALLEL_WORKERS で設定することもできます。ただし、引数 workers、環境変数を双方指定した場合には、環境変数が優先されます。

8.3 Functionalテスト

Functional テスト（機能テスト）とは、コントローラー（アクション）の動作やテンプレートの出力をチェックするためのテストです。Functional テストでは、ブラウザーによる HTTP リクエストを疑似的に作成することで、アクションメソッドを実行し、その結果、HTTP ステータスやテンプレート変数、あるいは、最終的な出力の構造までを確認します。また、ルート定義の妥当性をチェックするのも Functional テストの役割です。

8.3.1 Functional テストの基本

さっそく、具体的なテストの手順に移ります。2.2.1 項の手順に従ってコントローラーを作成した場合、/test/controllers フォルダーの配下には、テストスクリプトとして既に hello_controller_test.rb ができているはずです。hello_controller_test.rb は、hello コントローラーを Functional テストするためのテストコードです。

まずは、この hello_controller_test.rb に対してテストコードを追加して、hello コントローラーの挙動を確認してみましょう（リスト 8-8）。

▼ リスト 8-8　hello_controller_test.rb

```
require 'test_helper'

class HelloControllerTest < ActionDispatch::IntegrationTest
  test "list action" do
    get '/hello/list'                                              ──❶
    assert_equal 'list', @controller.action_name                   ──❷
    assert_match /[0-9]+円/, @response.body                         ──❷
    assert_response :success, 'list action failed.'                ──❸
  end

  # test "the truth" do
  #   assert true                                                  ──削除
  # end
end
```

テストメソッドの記法そのものは Unit テストと同じですが、Functional テスト固有のポイントがいくつかあるので、順におさえていきます。

❶ get メソッドでリクエストを生成する

Functional テストでは、まずコントローラーを起動するために get メソッドで疑似的に HTTP リクエストを生成します。

8.3 Functional テスト

get メソッド

```
get path, opts
```
path：リクエスト先のパス　　opts：動作オプション（利用可能なオプションは表8-3を参照）

▼ 表 8-3　get メソッドの動作オプション（引数 opts のキー）

パラメーター名	概要
params	リクエストパラメーター（「キー名：値」のハッシュ形式）
headers	ヘッダー情報（「ヘッダー名：値」のハッシュ形式）
env	環境変数（「変数名：値」のハッシュ形式）
xhr	非同期通信であるかどうか（true ／ false）
as	リクエストのコンテンツタイプ

　ここでは引数 path だけを指定した例を示しています。引数 opts を利用した例については、次項を参照してください。

　なお、get メソッドは HTTP GET リクエストを再現しますが、その他の HTTP メソッドに対応した post ／ put ／ patch ／ delete ／ head メソッドも用意されています（構文は同じです）。アクションの種類に応じて、適宜使い分けてください。

❷ Functional テストで利用できる予約変数

　Functional テストでは、get ／ post などのメソッドを実行した後、表 8-4 のような予約変数にアクセスできるようになります。

▼ 表 8-4　リクエスト実行後に参照できるオブジェクト／ハッシュ変数

分類	変数名	概要
オブジェクト	@controller	リクエストを処理したコントローラークラス
	@request	リクエストオブジェクト
	@response	レスポンスオブジェクト
ハッシュ	cookies[:key]	クッキー情報
	flash[:key]	フラッシュ情報
	session[:key]	セッション情報

　アクションメソッドの中で生成された情報には、これらの変数を介してアクセスしてください。たとえば、❷であれば、現在実行中のアクション（action_name）が意図したものであるか、レスポンス本体に「9999 円」形式の文字列が含まれているかを確認しています。

❸ Functional テストで利用できる assert_xxxxx メソッド

　Functional テストでは、表 8-2 で示した Assertion メソッドに加えて、表 8-5 のようなメソッドも利用できます。

411

第 8 章　テスト

▼ 表 8-5　Functional テストで利用する主な Assertion メソッド（引数 msg は失敗時のメッセージ）

メソッド	概要
assert_difference(exp [, diff [, msg]]) { block }	ブロック配下の処理を実行した前後で式 exp の値が引数 diff だけ変化しているか（引数 diff の既定値は 1）
assert_no_difference(exp [, msg]) { block }	ブロック配下の処理を実行した前後で式 exp の値が変化しないか
assert_generates(exp_path , options [, defaults [, extras [, msg]]])	与えられた引数 options（url_for メソッドの引数）によってパス exp_path を生成できるか
assert_recognizes(exp_options , path [, extras [, msg]])	与えられたパス path で引数 exp_options と解析できるか（assert_generates の逆）
assert_response(type [, msg])	指定された HTTP ステータスが返されたか。引数 type は :success（200）、:redirect（300 番台）、:missing（404）、:error（500 番台）など
assert_redirected_to([opts [, msg]])	リダイレクト先 opts が正しいか
assert_select(selector [, equality [, msg]])	セレクター selector に合致した要素の内容を引数 equality でチェック（引数 equality の値は後述）
assert_select(element, selector [, equality [, msg]])	要素 element 配下についてセレクター selector で要素を取得し、その内容を引数 equality でチェック（引数 equality の値は後述）

❸では、この中でも assert_response メソッドを利用して、アクションの処理が成功しているかを検査しています。その他の Assertion メソッドについては、次項で後述します。

Functional テストの実行

以上を理解できたら、Functional テストを実行してみましょう*8。結果の見方は Unit テストに準じるので、前節も併せて参照してください。

```
> rails test test/controllers/hello_controller_test.rb
Running 1 tests in a single process (parallelization threshold is 50)
Run options: --seed 62899

# Running:

.

Finished in 0.348086s, 2.8729 runs/s, 11.4914 assertions/s.
1 runs, 4 assertions, 0 failures, 0 errors, 0 skips
```

◎ 8.3.2　Functional テストで利用できる Assertion メソッド

Functional テストの基本を理解したところで、主な Assertion メソッドの用法を確認しておきましょう。

---

* 8　ここでは、先ほどと同じくファイル名で実行すべきテストを特定しています。フォルダー名を指定することで、/test/controllers フォルダー配下のすべてのテストを実行することも可能です。

412

処理による状態の変化を検査する ― assert_difference メソッド

assert_difference メソッドは、ブロック配下の処理を実行した前後で式の値が変化しているかどうかを
チェックするための Assertion メソッドです。たとえばリスト 8-9 は、books#create アクションをテストする
コードです。

▼ リスト 8-9　books_controller_test.rb [9]

```
test "diff check" do
  assert_difference 'Book.count', 1 do
    post books_url,
      params: {
        book: {
          isbn: '978-4-7741-4223-0',
          title: 'Rubyポケットリファレンス',
          price: 3000,
          publisher: '技術評論社'
        }
      }
  end
end
```

create アクションでは与えられたポストデータに基づいて、書籍情報を登録します。よって、create アク
ションが成功したならば、books テーブルの件数（Book.count）は 1 増えるはずです。これを確認している
のが assert_defference メソッドです。

ちなみに、ブロック配下の処理によって式の値が変化**しない**ことを確認するには assert_no_difference メ
ソッドを利用します。

ルーティングの挙動をチェックする ― assert_generates メソッド

ルーティングの挙動を確認するには、assert_generates メソッドを利用します（リスト 8-10）。

▼ リスト 8-10　hello_controller_test.rb

```
test "routing check" do
  assert_generates('hello/view', { controller: 'hello', action: 'view' })
end
```

assert_generates メソッドでは、第 2 引数で指定されたパラメーター情報で第 1 引数のパスを構築できる
かを判定します。第 2 引数には url_for メソッドに渡すようなパラメーター情報をハッシュで指定します。

ちなみに、assert_generates メソッドの逆の役割を持つメソッドとして、assert_recognizes メソッドがあ
ります。assert_recognizes メソッドは第 2 引数で指定されたパスをルーティングして、第 1 引数のルートパ
ラメーターが得られるかどうかをチェックします。

---

* 9　books_controller_test.rb には、あらかじめたくさんのテストが自動生成されています。しかし、既定の状態ではこれらのテストはすべてエラー
　　となるので、ダウンロードサンプルではあらかじめコメントアウトしています。

第8章 テスト

```
assert_recognizes({ controller: 'hello', action: 'view' }, 'hello/view')
```

テンプレートによる出力結果をチェックする ― assert_select メソッド

assert_select メソッドは、ビュー検査のための高機能な Assertion メソッドです。これ1つで実にさまざまな確認ができるので、構文を精査しつつ、まずはどんなことができるのかを理解していきましょう。

assert_select メソッド

assert_select(*selector* [,*equality* [,*msg*]])

---

selector：セレクター式　　*equality*：比較内容　　*msg*：エラー時のメッセージ

引数 selector には、CSS のセレクター式を指定できます。assert_select メソッドでは、セレクター式を利用することで、ごくシンプルな式で HTML から目的の要素にアクセスできるのが特長です。表 8-6 に、よく利用するセレクター式の例を示します[10]

▼ 表 8-6　assert_select メソッドで利用できるセレクター式（引数 selector の例）

セレクター式	意味
記述例	例の意味
#id	指定した id 値を持つ要素を取得
#result	id="result" である要素
.class	指定した class 属性を持つ要素を取得
.article	class="article" である要素
element	指定したタグ名の要素を取得
script	すべての <script> 要素
element.class	指定した class 属性を持つ要素 element を取得
div.list	class="list" である <div> 要素
ancestor descendant	要素 ancestor 配下のすべての子孫要素 descendant を取得
div.main ul	class="main" である <div> 要素配下の <ul> 要素
parent > child	要素 parent 直下の子要素 child を取得
#menu > ul	id="menu" である要素直下の <ul> 要素
[attr = value]	属性 attr の値が value である要素を取得[11]
img[src="logo.gif"]	src 属性が logo.gif である <img> 要素
:first-child	最初の子要素を取得[12]
ul#menu li:first-child	<ul id="menu"> 要素配下の最初の <li> 要素

HTML 文書から特定の要素を抽出できたら、これを「どのように確認するのか」を指定するのが引数 equality です。リスト 8-11 で、具体的な例とともに、指定できる値のパターンを確認しておきましょう。

---

[10] セレクター式では、ここで挙げている他にもさまざまな表現が可能です。詳しくは以下のページも参考にしてください。https://developer.mozilla.org/ja/docs/Web/CSS/CSS_Selectors

[11] 「=」の他、「!=」（等しくない）、「^=」（指定値ではじまる）、「$=」（指定値で終わる）、「*=」（指定値を含む）なども利用できます。単独で [attr] とした場合には、その属性が存在する要素を意味します。

[12] 同様に、:last-child（最後の子要素）、:empty（子要素を持たない）、:nth-child(*n*)（n 番目の子要素）などの表現もできます。

414

8.3 Functional テスト

▼ リスト 8-11　hello_controller_test.rb

```
test "select check" do
  get '/hello/list'
  assert_select 'title'                                              ①
  assert_select 'title', true                                        ②
  assert_select 'font', false                                        ③
  assert_select 'title', 'Railbook'                                  ④
  assert_select 'table[class=?]', 'table'                            ⑤
  assert_select 'title', /[A-Za-z0-9]+/                              ⑥
  assert_select 'table tr', 11                                       ⑦
  assert_select 'table' do
    assert_select 'tr', 1..11                                        ⑧
  end
  assert_select 'title', { count: 1, text: 'Railbook' }              ⑨
end
```

引数 equality には、表 8-7 のような値を指定できます。表の No. はリスト 8-11 内の番号に対応しています。

▼ 表 8-7　引数 equality で指定可能な値

No.	値	チェック内容	
①、②	true、省略	指定された要素が 1 つ以上存在するか	
③	false	指定された要素が 1 つも存在しないか	
④、⑤	文字列	指定された要素配下のテキスト、属性値のいずれかがテキストに一致するか	
⑥	正規表現パターン	指定された要素配下のテキストが正規表現パターンにマッチするか	
⑦	整数値	取得した要素の数が指定値に等しいか	
⑧	Range オブジェクト	取得した要素の数が指定範囲内であるか	
⑨	ハッシュ	指定した複合条件で要素をチェック（指定可能なキーは以下）	
		キー	チェック内容
		text	文字列、または正規表現にマッチ
		html	文字列、または正規表現に HTML 文字列がマッチ
		count	マッチした要素の数が指定値に等しい
		minimum	マッチした要素の数が少なくとも指定値以上ある
		maximum	マッチした要素の数が最大でも指定値以下である

ほとんどが直感的に理解できるものばかりですが、一部のコードについては補足しておきます。

⑤は、引数 selector にプレイスホルダー「?」を埋め込んだ例です。このようにすることで、対応する属性の値（ここでは class 属性が table であること）を判定することもできます。

⑧の例のように、assert_select メソッドは入れ子にもできます。この場合、特定の要素配下に絞った検査が可能になります[13]。限られた領域内で、複数の assert_select メソッドを実行する場合には、入れ子構文を利用することで、セレクター式をよりシンプルに記述できるでしょう。

⑨は、引数 equality にハッシュを指定した例です。ハッシュを利用することで、登場回数やテキストの正否などを 1 つの assert_select メソッドでまとめてチェックできます。

───────
*13　つまり、⑦、⑧ のセレクター式は、意味的に等価です。

415

8.4 Integrationテスト

Integrationテストは**統合テスト**とも呼ばれ、複数のコントローラーにまたがった操作を追跡するような用途で利用します。

たとえば、6.5.4項で作成したログインページの例を想定してみましょう。アクセス制限のかかったhello#viewアクションにアクセスするには、以下のような処理を経る必要がありました。

❶ hello#viewアクションにアクセス
❷ 未認証なので、login#indexアクション（ログインページ）にリダイレクト
❸ ログインページでユーザー名／パスワードを入力の上、認証処理
❹ login#authアクションで認証できたら、hello#viewアクションにリダイレクト

Integrationテストを利用することで、このような多段階のプロセスを追跡し、それぞれのステップが正しく動作しているかどうかをチェックできるわけです。それではさっそく、具体的なテストコードを作成しながら、Integrationテストの基本を確認します。

1 テストスクリプトを作成する

UnitテストはモデルïfŁ成時に、Functionalテストはコントローラー作成時に、それぞれ併せて自動生成されましたが、Integrationテストは自らrails generateコマンドを利用して生成する必要があります[*14]。

```
> rails generate integration_test admin_login
    invoke  test_unit
    create  test/integration/admin_login_test.rb
```

テストadmin_loginを作成すると、/test/integrationフォルダー配下に、名前末尾に「_test」を付与したadmin_login_test.rbが生成されます。これがIntegrationテストのスケルトンです。

2 テストスクリプトを編集する

テストスクリプトに、冒頭で述べたようなログインの挙動を確認するための"login test"テストを追加します（リスト8-12）。リスト内の番号は冒頭の箇条書きリストの番号に対応しています。

▼ リスト8-12　admin_login_test.rb

```
test "login test" do
  # hello#viewアクションにアクセス
  get '/hello/view'                                              ❶
```

[*14] ダウンロードサンプルでは、完成したコードを準備済みです。本文は一からコードを組み立てるための手順を示しています。

```
    # 応答がリダイレクトであることをチェック
    assert_response :redirect
    # リダイレクト先がlogin#indexアクションであるかをチェック
    assert_redirected_to controller: :login, action: :index
    # flash[:referer]に現在のURL「/hello/view」がセットされているか
    assert_equal '/hello/view', flash[:referer]

    # ログインページ (login/index) の表示をチェック
    follow_redirect! ─────────────────────────────────────────────── ❷
    # 応答が成功であることをチェック
    assert_response :success
    # flash[:referer]に、もともとの要求先「/hello/view」がセットされているか
    assert_equal '/hello/view', flash[:referer]

    # ユーザー名／パスワードを入力して、認証処理
    post '/login/auth', ───────────────────────────────────────────── ❸
      params: { username: 'yyamada', password: '12345', referer: '/hello/view' } ──
    # 応答がリダイレクトであることをチェック
    assert_response :redirect
    # リダイレクト先がhello#viewアクションであるかをチェック
    assert_redirected_to controller: :hello, action: :view
    # session[:usr]に、usersテーブル:yyamadaのid列がセットされているかをチェック
    assert_equal users(:yyamada).id, session[:usr]

    # もともとの要求先である「/hello/view」が正しく表示できたかをチェック
    follow_redirect! ─────────────────────────────────────────────── ❹
    assert_response :success
  end
```

　Integration テストとは言っても、ここまでで学んだ知識で理解できる内容です。ただし、1 点だけ注目していただきたいのは太字の部分、「follow_redirect!」です。follow_redirect! メソッドは直前のリダイレクトを追跡して、実際のリクエスト処理を行うためのしくみ[*15]。これによって、未認証の場合にログインページにリダイレクト、というような処理を疑似的に再現しているわけです。

❸ テストを実行する

　Integration テストを実行するには、これまでと同じく rails test コマンドを利用します。

　なお、ダウンロードサンプルでは hello_controller.rb の認証コードをコメントアウトしています。テストを実行する前に、リスト 6-32 を参考にbefore_action を有効化してください。

```
> rails test test/integration/admin_login_test.rb
Running 1 tests in a single process (parallelization threshold is 50)
Run options: --seed 36241

# Running:

.

Finished in 0.499318s, 2.0027 runs/s, 22.0300 assertions/s.
1 runs, 11 assertions, 0 failures, 0 errors, 0 skips
```

[*15] 直前の応答がリダイレクトでない場合には、例外を発生します。直前の応答がリダイレクトであるかをチェックするには、redirect? メソッドを利用してください。

8.5 Systemテスト

System テストは、アプリ全体にまたがって、エンドユーザーの実際の操作をシミュレートするような用途で利用します。実際のブラウザー、またはヘッドレスブラウザー[16] に対してテストするので、アプリをより本番に近い環境で確認できるのが特徴です。単体テスト、機能テストなどで、アプリの個々の要素を確認した後、最終的な全体確認として実施されるテストです。

> **Capybara**
>
> Rails では、内部的に Capybara (https://github.com/teamcapybara/capybara) と呼ばれるテスティングライブラリを利用して、System テストを実施しています。プロジェクトには標準で組み込まれているので、特別な事前準備は必要ありません。

8.5.1 System テストの準備

System テストの設定情報は、/test フォルダー配下の application_system_test_case.rb に記述します。application_system_test_case.rb は、アプリ作成時に既に生成されているはずなので、初期状態のコードをリスト 8-13 に示します。

▼ リスト 8-13　application_system_test_case.rb

```
require "test_helper"

class ApplicationSystemTestCase < ActionDispatch::SystemTestCase
  driven_by :selenium, using: :chrome, screen_size: [1400, 1400]
end
```

driven_by メソッドは、System テストに利用するドライバー（操作のためのソフトウェア）を表します。既定は Selenium[17] で、表 8-8 のようなオプションを設定できます。

▼ 表 8-8　driven_by メソッドの主なオプション

オプション	概要
using	使用するブラウザー（:chrome、:firefox、:headless_chrome、:headless_firefox など）
screen_size	スクリーンショットのサイズ
options	ドライバー固有のオプション

---
[16] コマンドライン経由で操作される前提の、GUI を持たないブラウザー。HTML を解釈／描画することはできるので、System テストなどで重宝されています。
[17] Web アプリをテストするためのフレームワーク。ブラウザーの操作を自動化するための機能を備えます。

8.5 System テスト

ドライバーには Cuprite (https://github.com/rubycdp/cuprite[*18]) を利用することも可能です。その場合、Gemfile に cuprite を追加＆インストールした上で、application_system_test_case.rb をリスト8-14 のように修正してください。

▼ リスト 8-14　application_system_test_case.rb

```
require "test_helper"
require "capybara/cuprite"

class ApplicationSystemTestCase < ActionDispatch::SystemTestCase
  driven_by :cuprite
end
```

◎ 8.5.2　System テストの作成

Scaffolding 機能を使ってアプリを作成している場合には、System テストの骨組みが既に生成されているはずです。ここでは、既定で用意された /test/system/books_test.rb の内容を読み解いてみましょう（リスト 8-15）[*19]。少々長いコードなので、新規作成画面のテストにフォーカスします。

▼ リスト 8-15　books_test.rb

```
require "application_system_test_case"

class BooksTest < ApplicationSystemTestCase ─────────────────────────────────●
  setup do
    @book = books(:modernjs)
  end
  …中略…
  test "should create book" do ───────────────────────────────────────┐
    visit books_url ─────────────────────────────────────────┐        │
    click_on "New book" ─────────────────────────────────────┤❸       │

    check "Dl" if @book.dl ──────────────────────────────┐             │
    fill_in "Isbn", with: '978-4-297-13288-1'            │             │
    fill_in "Price", with: @book.price                   │             │
    fill_in "Published", with: @book.published           │❹    ❷
    fill_in "Publisher", with: @book.publisher           │             │
    fill_in "Title", with: @book.title                   │             │
    click_on "Create Book" ──────────────────────────────┘             │

    assert_text "Book was successfully created" ───────────────────────┤❺     │
    click_on "Back"                                                     │
  end ──────────────────────────────────────────────────────────────┘
  …中略…
end
```

─────────

[*18] 純正の Ruby ドライバー。ブラウザー（Chrome）とも直接に通信するため、他のドライバーに比べて高速に動作します。

[*19] ただし、ダウンロードサンプルで用意しているフィクスチャに合わせて、太字部分のみ書き換えています。

第 8 章　テスト

System テストのコードは、ApplicationSystemTestCase 派生クラスとして表すのが基本です（❶）。ApplicationSystemTestCase は、先ほど application_system_test_case.rb で定義したクラス。すべての System テストは ApplicationSystemTestCase クラスを継承することで、前項で定義した内容を反映できるわけです。

個々のテストを test メソッドで表す点は、これまでのテストと同じです（❷）。ただし、配下に見慣れない――ブラウザー操作のための命令があるので、これを表 8-9 にまとめておきます。

▼ 表 8-9　ブラウザー操作に関するコード（label はフォームのラベル）

メソッド	概要
visit *url*	指定されたパスにアクセス
fill_in *label*, *opts*	入力要素に値を指定
choose *label*	ラジオボタンを選択
check *label*	チェックボックスをオン
uncheck *label*	チェックボックスをオフ
select *value*, *opts*	選択ボックスを選択（対象の要素は from で指定[*20]）
unselect *value*, *opts*	選択ボックスを非選択（対象の要素は from で指定）
attach_file *label*, *path*	ファイル選択ボックスを指定
click_on *label*	フォーム要素をクリック

この例であれば、books_url（一覧画面）にアクセスした後、［New book］リンクで新規作成フォームに移動します（❸）。その後、fill_in ／ check メソッドで個々の入力要素を埋め、［Create Book］ボタンをクリックします（❹）。

これで一連の操作は完了したので、結果を確認しているのが❺です。assert_text メソッドは指定のページに成功メッセージ「Book was successfully created」が含まれていることを確認しています。

いかがですか。System テストの世界では、ユーザー操作をシミュレートする、という意味がイメージできてきたでしょうか。

Capybara で用意された Assertion メソッド

assert_text メソッドは Capybara で用意された Assertion メソッドです。他にも、表 8-10 のようなものが用意されているので、併せておさえておきましょう。

▼ 表 8-10　Capybara で用意された主な Assertion メソッド

メソッド	概要
assert_text(*text*)	対象が指定のテキストを含むか
assert_no_text(*text*)	対象が指定のテキストを含まないか
assert_selector(*selector*)	セレクターが現在／子孫ノードに合致するか
assert_sibling(*selector*)	セレクターが兄弟ノードに合致するか
assert_all_of_selectors(*selector*, ...)	対象、または配下の要素がすべてのセレクターを含むか
assert_matches_selector(*selector*, ...)	対象がすべてのセレクターに合致するか

[*20] たとえば選択ボックス foods から「ラーメン」を選択するならば、「select ' ラーメン ', from: 'foods'」とします。

8.5 System テスト

◎ 8.5.3 System テストの実行

System テストを実行するには、rails test:system コマンドを利用します。

「rails test test/system」でも実行できますが、まずは専用コマンドを利用した方が直感的ですね。System テストを含んだすべてのテストをまとめて実行するには、rails test:all コマンドを利用してください。

```
> rails test:system
Running 4 tests in a single process (parallelization threshold is 50)
Run options: --seed 63265

# Running:


DevTools listening on ws://127.0.0.1:54657/devtools/browser/9e25e869-1461-4510-a1a6-864c0ecc4eef
Capybara starting Puma...
* Version 6.4.2, codename: The Eagle of Durango
* Min threads: 0, max threads: 4
* Listening on http://127.0.0.1:54664
....

Finished in 10.785758s, 0.3709 runs/s, 0.3709 assertions/s.
4 runs, 4 assertions, 0 failures, 0 errors, 0 skips
```

ブラウザーが起動し、目的のページにアクセス＆必要項目への入力などの操作が自動で進むことが確認できます。テストの結果は、これまでと同じく、ターミナル側に反映されることまでを確認してみましょう。

▌テストが失敗した場合

既定で作成された System テストは、Scaffolding 機能で自動生成された直後の既定のコードを前提としています。たとえば検証機能などを有効にしていた場合、System テストは失敗するはずです。以下は、その場合の結果（例）です。

```
> rails test:system
Running 4 tests in a single process (parallelization threshold is 50)
Run options: --seed 41980

# Running:


DevTools listening on ws://127.0.0.1:54856/devtools/browser/c881b5c7-3418-4f05-a7ee-d96fbc1bdae5
Capybara starting Puma...
* Version 6.4.2, codename: The Eagle of Durango
* Min threads: 0, max threads: 4
* Listening on http://127.0.0.1:54862
[Screenshot Image]: C:/data/railbook/tmp/screenshots/failures_test_should_create_book.png
F
```

421

第 8 章　テスト

```
Failure:
BooksTest#test_should_create_book [test/system/books_test.rb:25]:
expected to find text "Book was successfully created" in "ユーザー名\nパスワード"


bin/rails test test/system/books_test.rb:13

...

Finished in 11.431288s, 0.3499 runs/s, 0.3499 assertions/s.
4 runs, 4 assertions, 1 failures, 0 errors, 0 skips
```

　また、失敗したときの画面がスクリーンショットとして /tmp/screenshots フォルダー配下に「failure_ テ
ストメソッド名 .png」という名前で保存されます（図 8-1）。これで問題が発生したときの状況が確認しやすく
なりますね。

▼ 図 8-1　System テストに失敗した場合のスクリーンショット（検証に失敗）

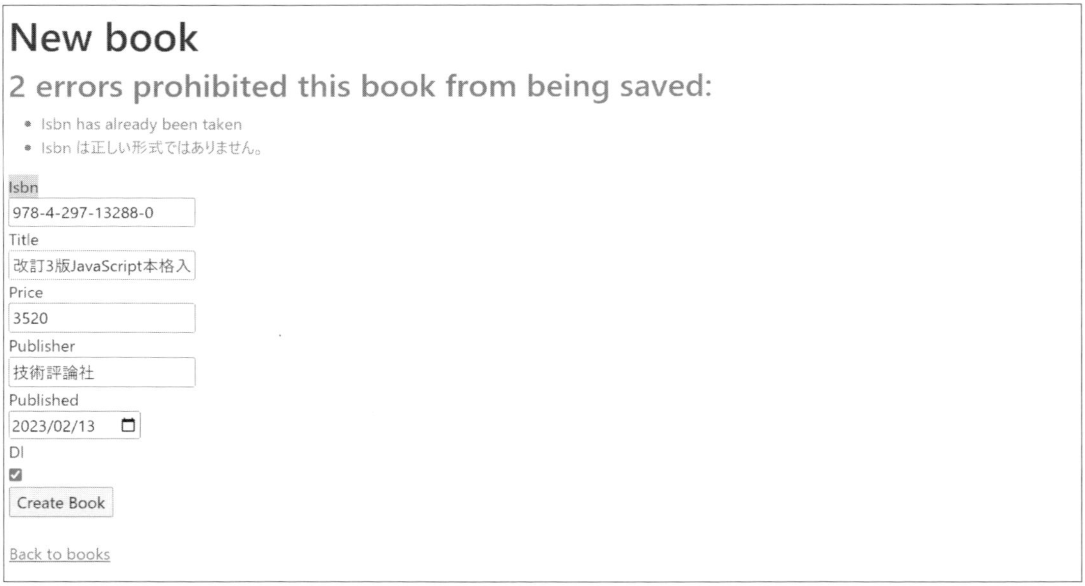

　ちなみに、take_screenshot メソッドを利用することで、テストコードの任意のタイミングでスクリーン
ショットを撮影することもできます。特定タイミングでの画面の状態を記録したい場合に利用していくと良いで
しょう。こちらは、ファイル名「*番号* _test_ *テストメソッド名* .png」で記録されます。

422

応用編 ▶ 第 **9** 章

フロントエンド開発

今日び、Webアプリを開発する際、サーバーサイド技術だけ
で完結することは稀です。Webアプリでも、デスクトップアプリ
的な、リッチなユーザーインターフェイスは当たり前のものと
なっており、これを実現するにはクライアントサイド技術 ——
JavaScript ／ CSS は欠かせません。
Rails では、これらクライアントサイド開発にも手厚いサポー
トを提供しており、特に Rails 7 以降では目的に応じて豊富
な選択肢を提供しています。本章では、それら選択肢の中で
もよく利用する組み合わせを中心に解説する中で、Rails 7 で
のフロントエンド開発の基本を理解します。

第 9 章　フロントエンド開発

9-1 クライアントサイドスクリプトの基本構成

Rails 7 では、フロントエンド開発のためのライブラリとして、表 9-1 のようなものが用意されています。

▼ 表 9-1　フロントエンド開発のための主なライブラリ

分類	ライブラリ	概要
アセットパイプライン	Sprockets	Rails 3.1 時代から提供されているクラシカルなパイプライン
	Propshaft	Rails 7 から導入された軽量パイプライン
JavaScript 処理	importmap-rails	Import Maps を使って JavaScript ライブラリを直接インポート
	jsbundling-rails	webpack、esbuild、rollup.js などのバンドラーで JavaScript ライブラリを処理
CSS プロセッサー	cssbundling-rails	Tailwind CSS、Bootstrap、PostCSS などでスタイルシートを処理

アセットパイプラインとは、JavaScript コード、スタイルシート、画像などのアセット（リソース）を管理するためのライブラリです。詳しくはこの後触れるので、アセットを効率的に配信するためのしくみと理解しておけば良いでしょう。

アセットパイプラインの上で、実際に JavaScript、スタイルシートを処理するのが importmap-rails ／ jsbundling-rails、そして、cssbundling-rails です（図 9-1）。

▼ 図 9-1　アセットパイプラインによる処理の流れ（主な例）

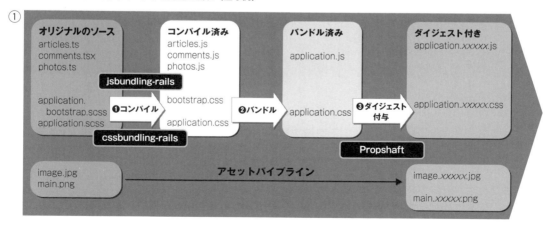

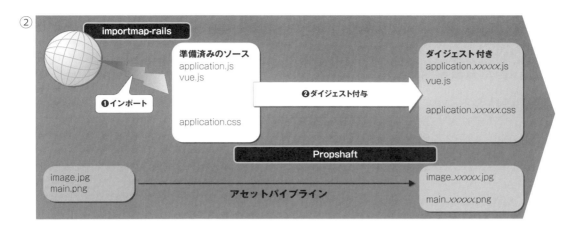

　ライブラリだけを並べてしまうと随分と複雑だなと思われるかもしれませんが、選択肢が複数存在するというだけで、実際に利用するものは限られます。

　まず、CSS フレームワークが不要なのであれば、cssbundling-rails も不要です。また、アセットパイプライン、JavaScript 処理もいずれかを用途に応じて選択すべきものです。

　図 9-1 - ①は、Rails 7 のアセット構成としてほぼフルセットと捉えて良いでしょう。一方、②は最小限の構成で、事前の準備も最小限で済みます。本節でも、まずは②の構成での用法を解説し、その後、jsbundling-rails の用法を説明します。

9.1.1　フロントエンド開発のキーワード

　具体的な実装の手順に踏み込む前に、Rails におけるフロントエンド開発の世界で知っておきたいキーワードについて軽く触れておきます。

アセットパイプライン

　既に触れたように、**アセットパイプライン**とは、アセット（リソース）をクライアントに効率良く送信するためのしくみです。とはいえ、Propshaft は「軽量」パイプラインと称するだけあって、実施している処理はごくシンプルです。

- /app/assets フォルダーから /public フォルダーへの移動
- ダイジェストの付与

　ダイジェスト付与とは、コードの内容からハッシュ値（ダイジェスト）を算出し、ファイル名の末尾に付与する処理のこと。たとえば wings_logo.png であれば、wings_logo-2fc52d0256a2206a1aef7beec0a20a25d7990e8f.png のようなファイル名が付与されます。

　なぜ、このようなことをしなければならないのでしょうか。それは、意図しないブラウザーキャッシュを回避するためです。クライアント開発では、キャッシュが悪さをして、「アセットの修正がリアルタイムに反映されない」ということがよくあります。しかし、ダイジェストを付与することで、コードが更新されればファイル名（ハッシュ値）も変化します。結果、ブラウザーキャッシュも強制的にリフレッシュできるわけです。

第 9 章　フロントエンド開発

> **NOTE　Sprockets**
>
> Sprockets は、Rails 3.1 以降で提供されてきたアセットパイプラインです。Sprockets は、ダイジェスト付与に加えて、以下のような機能を備えています。
>
> - CoffeeScript、Sass のコンパイル
> - コードの圧縮、連結
>
> ただし、これらの機能は一般的なバンドラー（後述）が標準で備えているものです（そもそも CoffeeScript などは使う機会がなくなりました）。そこで、そのような機能は極力 Rails の世界から切り離し、シンプル化したものが Propshaft なのです。
>
> Sprockets は依然として Rails に標準で備わっていますが、本章では現在の主力である Propshaft を優先して解説していきます。Sprockets に関する詳細は、本書旧版『Ruby on Rails 5 アプリケーションプログラミング』（技術評論社）を参照してください。

バンドル（バンドラー）

一般的に、JavaScript のライブラリは複数のモジュール（ファイル）から構成されています。ただし、これらを個々にダウンロードさせるのは非効率です。そこで、あらかじめ「すべての依存関係を解決し、1 つに束ねる」ことを**バンドル**、バンドルを担うソフトウェアを**バンドラー**と言います。一般的には、ただ束ねるだけでなく、コードの空白／コメント除去（圧縮）、altJS ／ altCSS[*1] のコンパイルなど、前処理までを伴うのが普通です（図 9-2）。Rails では esbuild、webpack などのバンドラーに対応しており、jsbundling-rails がその橋渡しを担っています。

▼ 図 9-2　バンドラーの役割

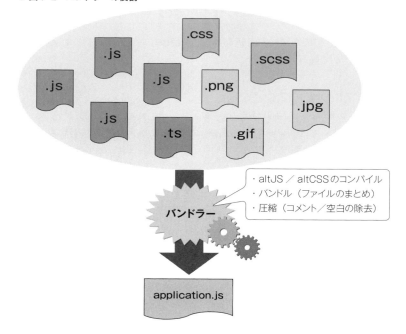

[*1]　JavaScript ／ CSS の代替言語です。TypeScript（altJS）、Sass（altCSS）などが有名です。

Import Maps

フロントエンド開発において、バンドラーは長らく利用されてきたしくみです。しかし、HTTP/2[*2]の普及によって、現在では、複数ファイルのダウンロードがそこまでパフォーマンス上のボトルネックにはならなくなっています。そこでネットワーク上から芋蔓式に、依存するライブラリ（を構成するファイル群）をダウンロードする方式に現実味が出てきています。

そのしくみが**Import Maps**です。ただし、モジュールを直接指定するとはいっても、バージョン番号などが含まれた長いパスを個々のファイルに直書きするのは面倒ですし、バージョンアップした場合の影響も大きくなります。そこで、モジュールの短縮名と具体的なパスを辞書（マップ）として用意しておき、個々のコードからは短縮名でインポートするわけです（図 9-3）。

▼ 図 9-3　Import Maps

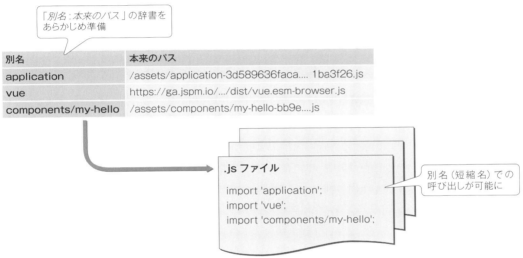

なお、Import Maps は（Rails 固有のしくみではなく）JavaScript で標準化が図られているものです。執筆時点では、既に主要なモダンブラウザーが対応しており、今後は積極的に採用していきたいしくみです。

Rails では、importmap-rails で Import Maps のしくみを提供しています。

9.1.2 フロントエンド開発に関わるプロジェクト作成時のオプション

Rails におけるフロントエンド開発の全体像を理解できたところで、次節からは具体的なアプリ開発について触れていきます。ただし、ここまでにも見てきたように、Rails でのフロントエンド開発では、関係するライブラリも多岐にわたり、しかも、複雑に連携しています。いったんプロジェクトを作成した後で構成を入れ替えるのは面倒です。極力、プロジェクト作成のタイミングで、目的の構成を確定しておくことをお勧めします。

[*2] 単一の接続で複数のリクエストをまとめて処理できる、ヘッダー情報を圧縮して転送量を削減するなど、旧来の HTTP/1.x に比べて処理効率が改善しています。

次節に進むに先立って、以下にrails newコマンドで利用できるフロントエンド関係のオプションをまとめておきます（表9-2）。

▼ 表9-2 rails newコマンドの動作オプション（フロントエンド関係）

オプション	概要	既定値
-A、--skip-asset-pipeline	アセットパイプラインを使用しない	－（使用）
-a、--asset-pipeline=PIPELINE	使用するアセットパイプライン（sprockets、propshaft）	sprockets
-J、--skip-javascript	JavaScriptファイルを組み込まない	－（使用）
-j、--javascript=JAVASCRIPT	JavaScriptの処理方法（importmap、webpack、esbuild、rollup、bun[*3]）	importmap
-c、--css=CSS	使用するCSSプロセッサー（tailwind、bootstrap、bulma、postcss、sass）	－

たとえば9.2、9.3節では、Rails 7としては標準的なPropshaft + Import Mapsを利用しますが、そのようなプロジェクトであれば、以下のコマンドで作成できます。

```
> rails new railbook_importmap -a propshaft --skip-hotwire
```

サンプルは、本章ではそれぞれ で示されたプロジェクトに収録されているので、対応するものを参照してください。

> **JavaScriptの参考図書**
>
> 守備範囲を超えるため、本書ではJavaScript／CSS、および、そのフレームワークに関わる解説は割愛します。本章の理解をより深めるには、それぞれ以下のような専門書を併読することをお勧めします。
>
> ### JavaScript／CSS
>
> - 『改訂3版 JavaScript本格入門』（技術評論社）
> - 『これから学ぶHTML/CSS』（インプレス）
>
> ### フレームワーク関連
>
> - 『これからはじめるReact実践入門』（SBクリエイティブ）
> - 『これからはじめるVue.js 3実践入門』（SBクリエイティブ）
> - 『Bootstrap 5 フロントエンド開発の教科書』（技術評論社）

[*3] Bun(https://bun.sh/)はJavaScriptランタイムの一種で、従来のNode.jsよりも高速で、API／ツールキットも充実しているのが特長です。Rails 7.1で新たにサポートしました。

9.2 アセットパイプライン ― Propshaft

これまで何度も触れているように、Propshaft は軽量なアセットパイプラインで、解説すべき点は、ごくわずかです。

9.2.1 設定ファイル

設定ファイルでは、パイプラインで処理すべきアセット（リソース）の格納場所を、以下のパラメーターで指定できます（リスト 9-1）。

▼ リスト 9-1　development.rb（ **P** railbook_importmap）

```
config.assets.paths << Rails.root.join('app', 'myassets')
config.assets.excluded_paths << Rails.root.join('app', 'assets', 'audios')
```

config.assets.paths パラメーターはアセットとして処理すべきフォルダーを表し、既定は /app/assets フォルダーです。対象パスから特定のフォルダーだけを除外する場合に、config.assets.excluded_paths パラメーターを指定します。

一般的には、既定のままで十分なので、明示的に指定することはあまりありません。

9.2.2 アセットのインクルード

アセットをインクルードするのは、表 9-3 のようなビューヘルパーの役割です。

▼ 表 9-3　アセット関連のビューヘルパー

メソッド	概要	配置先（既定）
javascript_include_tag(src [,opts])	<script> 要素を生成	/app/javascript
stylesheet_link_tag(src [,opts])	<link> 要素を生成	/app/assets/stylesheets
image_tag(src [,opts])	<img> 要素を生成	/app/assets/images
audio_tag(src [,opts])	<audio> 要素を生成	/app/assets/audios
video_tag(src [,opts])	<video> 要素を生成	/app/assets/videos

それぞれのビューヘルパーは、アセットパイプラインによって付与されたダイジェスト値を反映させたタグを生成します（リスト 9-2）。

▼ リスト 9-2　front/asset_tag.html.erb （railbook_importmap）

　それぞれのビューヘルパーで利用できる主なオプションについてもまとめておきます（表 9-4）。用法については、それぞれのタグで利用する属性に対応しているので、詳しくは『これから学ぶ HTML/CSS』（インプレス）などの専門書に譲ります。

▼ 表 9-4　アセット関連メソッドの主なオプション

メソッド	オプション	概要
image_tag	alt	代替テキスト（省略時はファイル名から拡張子を除いたもの）
	size	画像サイズ（「幅×高さ」の形式）。width／height でも代用可
	width	画像の幅
	height	画像の高さ
	srcset	解像度に応じた画像
audio_tag／video_tag	autoplay	自動再生を有効にするか
	controls	再生／停止／音量調整などのコントロールパネルを表示するか
	loop	繰り返し再生を行うか

---

*4　javascript_include_tag、stylesheet_link_tag メソッドは、既定のレイアウトファイルでも記述されているものです。

video_tag	autobuffer	自動でバッファリングを開始するか
	size	動画サイズ（「幅 x 高さ」の形式）。width／height で代替可
	width	動画の幅
	height	動画の高さ
	poster	動画が再生可能になるまで表示するサムネイル画像（パス）

アセットのパスだけを取得する

`<script>`、`<style>` などのタグを生成する xxxxx_tag ヘルパーに対して、アセットに対応するパスだけを生成する xxxxx_path／xxxxx_url ヘルパーもあります（xxxxx は javascript、stylesheet、image、audio、video のいずれか）。

xxxxx_path／xxxxx_url ヘルパーの違いは、前者がアプリルートからの相対パスを返すのに対して、後者は http://～形式の絶対パスを返す点です（リスト 9-3）。

▼ リスト 9-3　front/path.html.erb（ railbook_importmap）

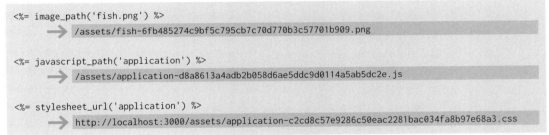

9.2.3 アセットの事前処理

アセットパイプラインの処理は便利ですが、ダイジェスト値を計算し、ファイル名に反映させたものを /public フォルダーに複製するという処理は、それなりにオーバーヘッドの大きなものです。

そこで Rails の世界では、production 環境ではアセットをあらかじめコンパイル処理[5]しておくのが一般的です。このような事前コンパイルは、rails assets:precompile コマンドで実行できます。

```
> rails assets:precompile
```

---

[5] この場合はダイジェストを付与し、/public フォルダーに複製することを言います。

▼ 図9-4 /public フォルダー配下に移動

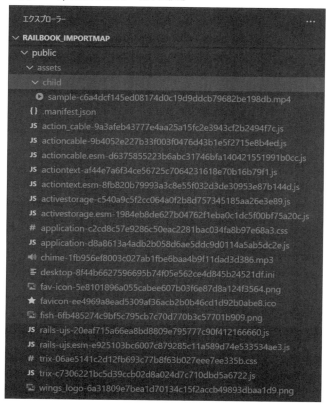

　/public フォルダーを確認すると、/assets フォルダー配下にダイジェスト処理されたファイルが展開されていることが確認できます。
　同じフォルダー配下に、.manifest.json が生成されていますが、こちらは元のファイルとダイジェスト付与されたファイルとの対応関係を示した辞書です。image_tag などのビューヘルパーがファイルを検索する際に利用します。
　事前コンパイルされたアセットは、以下のコマンドで削除できます。

```
> rails assets:clobber
```

プリコンパイルする際に、古くなったアセットだけを削除するならば[*6]、以下のように表すことも可能です。

```
> rails assets:precompile assets:clean
```

---

*6　具体的には3世代以上古くなったものが削除の対象となります。

9.3 Import Maps

本章冒頭でも触れたように、Import Maps は JavaScript のモジュールをネットワーク上から直接に読み込む（＝事前のバンドルを必要としない）タイプの JavaScript アプローチです。大雑把には、以下のような流れで利用することになります。

- モジュールの参照先と短縮名とを紐づける（＝設定ファイルを定義）
- アプリ固有の JavaScript コードを準備
- レイアウトファイルから Import Maps を有効化

それではさっそく、具体的な手順を見ていきましょう。以下では JavaScript フレームワークとして Vue.js（https://vuejs.org/）を Rails アプリに組み込んでいます。

◎ 9.3.1 モジュールの実体を登録する

本章冒頭で触れたように、Import Maps の世界では、モジュールの実体（＝本来の参照先）と呼び出しに利用する短縮名とを辞書ファイルとして定義しておき、JavaScript コードからは短縮名で扱うのが基本です。

本項では、まず、実体と短縮名との対応関係を準備しておきましょう。これを行うのが、importmap pin コマンドです。

importmap pin コマンド

```
importmap pin module ... [--from=cdn]
```

module：モジュール名　　*cdn*：参照先のCDN（jspm、jsdelivr、unpkg。既定値はjspm）

importmap pin コマンドは、指定された CDN からモジュールを検索し、モジュールの短縮名と実体（＝実際の URL）との対応関係を設定ファイル /config/importmap.rb に記録します（これをモジュールの**ピン止め**と言います）。

たとえば以下は Vue.js のライブラリをピン止めする例です。

```
> ruby bin/importmap pin vue
Pinning "vue" to vendor/javascript/vue.js via download from https://ga.jspm.io/npm:vue@3.4.21/
dist/vue.runtime.esm-browser.prod.js
```

コマンドを実行できたら、importmap.rb の内容も確認しておきましょう（リスト 9-4）。

第 9 章　フロントエンド開発

▼ リスト 9-4　importmap.rb （ **P** railbook_importmap）

```
pin "application" ──────────────────────────────────────── ❶
pin "vue" # @3.4.21 ─────────────────────────────────────── ❷
```

❶は、プロジェクト既定で用意されているマッピングで、application はアプリのエントリーポイントです。

そして、先ほどのコマンドで追加されたマッピングが❷です。ただし、執筆時点ではランタイムだけの軽量版が登録されてしまい、そのままでは動作しません。以下のように修正しておきましょう[*7]。

```
pin "vue", to: "https://ga.jspm.io/npm:vue@3.4.21/dist/vue.esm-browser.js"
```

pin メソッドの一般的な構文は、以下のとおりです。

pin メソッド

```
pin module [to: path] [,preload: flag]
```
----
module：モジュール名　　*path*：モジュールの参照先（省略時は引数moduleの値）
flag：依存するモジュールを事前ロードするか

フォルダー配下のコードをまとめて登録する

pin_all_from メソッドを用いることで、特定のフォルダー配下のコードをまとめて登録することもできます。

pin_all_from メソッド

```
pin_all_from path [,under: prefix] [,preload: flag]
```
----
path：モジュールの参照先　　*prefix*：呼び出し時に付与すべきプレフィックス
flag：依存するモジュールを事前ロードするか

たとえば /app/javascript/components フォルダー配下の .js ファイルをまとめてピン止めするならば、importmap.rb にリスト 9-5 のように追記します。

▼ リスト 9-5　importmap.rb （ **P** railbook_importmap）

```
pin_all_from 'app/javascript/components', under: 'components'
```

これで、たとえば/app/javascript/components/my-hello.jsで定義されたモジュールを、components/my-hello でインポートできるようになります。

[*7]　ここでは、あくまでコマンドを実行する一般的な手順としてのみ見てください。

434

9.3 Import Maps

◎ **9.3.2** JavaScript のコードを実装する

それではさっそく、Vue.js でアプリを作成してみましょう。とはいっても、挨拶メッセージを表示する簡単な
コンポーネント[8] を作成し、アプリに反映させるだけのコードです。

Vue.js そのものについては本書の守備範囲を超えるため、解説は省きます。詳しくは『これからはじめる
Vue.js 3 実践入門』（SB クリエイティブ）などの専門書を参照してください。

１ テンプレートを準備する

テンプレートとして front/hello.html.erb を準備します。Rails として特筆すべき点はありませんが、リス
ト 9-6 の太字部分が

Vue.js の my-hello コンポーネントを呼び出している

とだけ理解しておいてください。

▼ **リスト 9-6** front/hello.html.erb (**P** railbook_importmap)

```
<div id="app">
  <my-hello name="山田"></my-hello>
</div>
```

２ コンポーネントを作成する

/app/javascript/components フォルダーに my-hello.js を定義し、MyHello コンポーネントを定義
しておきます。MyHello コンポーネントは、name という Props（パラメーター）を受け取り、「こんにちは、
●○さん！」という文字列を出力します（リスト 9-7）。

▼ **リスト 9-7** my-hello.js (**P** railbook_importmap)

```
const MyHello = {
  props: [ 'name' ],
  template: `こんにちは、{{ name }}さん！`,
};

export default MyHello;
```

MyHello コンポーネントを有効にしているのは、リスト 9-8 のようなコードです。application.js はリスト
9-4 でも見たように、既定でアプリから呼び出される JavaScript のエントリーポイントです。

▼ **リスト 9-8** application.js (**P** railbook_importmap)

```
import { createApp } from 'vue'; ─────────────────────────────────
import MyHello from 'components/my-hello'; ──────────────────────────────❶

// Vue.jsを起動し、id="app"である要素に反映
createApp({
```

---

[8]　ページを構成する UI 部品です。ビュー（テンプレート）、ロジック（オブジェクト）、スタイルなどから構成されます。

435

第 9 章　フロントエンド開発

```
  components: { MyHello }
}).mount('#app');
```

リスト 9-4、9-5 でも見たように、Vue.js のライブラリ、モジュール vue、app/javascript/components/
my-hello.js を、それぞれシンプルな vue、components/my-hello という名前でインポートしている点に
注目です（❶）。

❸ スタイルシートを作成する

Vue.js とは直接の関係はありませんが、フロントエンド開発の一環としてスタイルシートも用意しておきます
（リスト 9-9）。application.css は、/app/assets/stylesheets フォルダーに配置されています。

▼ リスト 9-9　application.css （ P railbook_importmap）

```
#app {
  height: 100vh;
  background: url("wings_logo.png"),
    linear-gradient(rgba(255, 255, 255, 0.5), rgba(255, 255, 255, 0.5));
  background-position: right 10% bottom 10%;
  background-repeat: no-repeat;
  background-blend-mode: lighten;
}
```

背景画像である wings_logo.png は、/app/assets/images フォルダーに配置します。

❹ レイアウトファイルを確認する

あとは、作成した JavaScript コード、スタイルシートをインポートするだけですが、こちらは既定のレイア
ウトがあらかじめコードを準備しています（リスト 9-10）。

▼ リスト 9-10　layouts/application.html.erb （ P railbook_importmap）

```
  <%= stylesheet_link_tag "application" %>
  <%= javascript_importmap_tags %>
</head>
```

stylesheet_link_tag ヘルパーについては 9.2.2 項でも触れたとおりなので、javascript_importmap_
tags ヘルパーに注目してみましょう。こちらは Import Maps に特化した javascript_tag ヘルパーで、以下
のようなコードが生成されます。

```
<script type="importmap" data-turbo-track="reload">{
  "imports": {
    "application": "/assets/application-3d589636faca7d61be60f2786536065501ba3f26.js",
    "vue": "https://ga.jspm.io/npm:vue@3.4.21/dist/vue.esm-browser.js",
    "components/my-hello": "/assets/components/my-hello-bb9eeba5acff4f4064b8d38a85732ec4819cad23.js"
  }
}</script>
```
❶

436

```
<link rel="modulepreload" href="/assets/application-3d589636faca7d61be60f27865360655010a3f26.js">
<link rel="modulepreload" href="https://ga.jspm.io/npm:vue@3.4.21/dist/vue.esm-browser.js">
<link rel="modulepreload" href="/assets/components/my-hello-bb9eeba5acff4f4064b8d38a85732ec4819↵
cad23.js">
<script type="module">import "application"</script>
```
❷
❸

❶が Import Maps の定義です[*9]。JavaScript 側では、ここでのマッピングに基づいて、モジュールをインポートします。

❷、❸が、アプリ本体です。❷でアプリ本体とその依存モジュールを事前ロードし、❸で実際にインポート（起動）しています。

以上を理解したら、Puma を起動し、「〜/front/hello」にアクセスしてみましょう。図 9-5 のようなページが表示されれば、アプリは正しく動作しています。

ブラウザーのデベロッパーツールから ［ネットワーク］ タブを開き、application-12421f38103b 〜.css のレスポンスを確認してみましょう。url 関数からの画像パスに正しくダイジェスト値が反映されています（図 9-6）。これもアセットパイプラインの恩恵です。

▼ 図 9-5　Vue アプリは正しく動作している

▼ 図 9-6　スタイルシートの内容もリライトされる

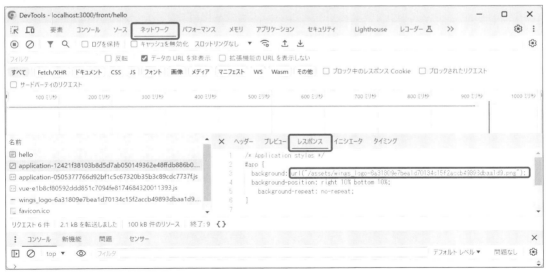

[*9]　ruby bin/importmap json コマンドで、同等のマッピング情報を出力することもできます。

9.4 バンドラーの活用

Import Maps は構成がシンプルであることから、手軽に導入できるしくみですが、問題もあります。たとえばブラウザーネイティブに処理できないコードが含まれている場合です。TypeScript、JSX[10] のような拡張言語を利用している場合には、これをそのままではブラウザーが解釈できません。事前のコンパイルが必要となるのです。

このような事前コンパイルを担うのがバンドラーであり、Rails アプリでバンドラーを動作させるのが jsbundling-rails の役割です。jsbundling-rails が対応しているバンドラーには、表 9-5 のようなものがあります。

▼ 表 9-5　jsbundling-rails で利用可能なバンドラー

バンドラー	概要
esbuild (https://esbuild.github.io/)	並列処理に優れた Go 言語で実装されており、高速なビルドが特長
Rollup (https://rollupjs.org/)	シンプルで軽量なバンドラー。プラグインによる高い拡張性が特長
webpack (https://webpack.js.org/)	以前からよく利用されているクラシカルなバンドラー。Rails 5〜6 では標準サポート[11]

いずれも一長一短ありますが、本書では高速な処理が特長の esbuild を採用します。ただし、その他のバンドラーを利用した場合にも、設定ファイルが異なるだけで実装の手順はほぼ同様です。

9.4.1　バンドラー利用の準備

バンドラーを利用する場合には、以下の環境をあらかじめ用意しておく必要があります。

- Node.js
- Yarn
- foreman（Windows のみ）

foreman は、バンドラーを実行する際に必要となるツールです。Node.js、Yarn については 1.2.2 項（Windows 環境）、1.2.3 項（macOS 環境）でインストール済みなので、ここでは foreman のみをインストールしておきます[12]。foreman のインストールには、以下のコマンドを実行するだけです。

```
> gem install foreman
```

---

[10] Meta（旧 Facebook）が開発した JavaScript の拡張構文で、JavaScript のコードにタグ構造を埋め込むためのしくみです。React アプリでよく利用されます。
[11] webpack に関する詳細は、拙著『速習 webpack 第 2 版』（Amazon Kindle）でも紹介しています。詳細はそちらを参照してください。
[12] macOS 環境では、あとで dev コマンドを実行する際にまとめてインストールされるので、個別でのインストールは不要です。

9.4 バンドラーの活用

◎ 9.4.2 バンドラーによる実装

ここからは、具体的な実装の手順を見ていきます。以下では JavaScript フレームワークとして React（https://reactjs.org/）を Rails アプリに組み込んでいます。

なお、本節のコードは、ダウンロードサンプル上では railbook_bundler プロジェクトとして収録しています。本プロジェクトは、以下のようなコマンドで生成しています。

```
> rails new railbook_bundler -a propshaft -j esbuild --skip-hotwire
```

1 package.json を編集する

バンドラー前提のアプリを実行する場合、あらかじめ package.json を編集して、ビルドのためのコマンドを追加しておく必要があります。ただし、環境によって初期状態が異なるので、リスト 9-11 に環境ごとに編集すべき箇所を太字で示しておきます（上が Windows 環境、下が macOS 環境です）。

▼ リスト 9-11　package.json（ **P** railbook_bundler）

```
"scripts": {
  "build": "esbuild app/javascript/application.js --bundle --sourcemap --format=esm --outdir=app/↵
assets/builds --public-path=/assets --loader:.js=jsx"
}
```

```
"scripts": {
  "build": "esbuild app/javascript/*.* --bundle --sourcemap --format=esm --outdir=app/assets/↵
builds --public-path=/assets --loader:.js=jsx"
}
```

scripts – build オプションは、バンドラー経由でビルドするためのコマンドで、実体は esbuild コマンドです。たくさんのオプションを都度タイプするのは面倒なので、このように設定ファイルであらかじめ登録しておくわけです。

esbuild コマンドで利用できる主なオプションには、表 9-6 のようなものがあります[13]。

▼ 表 9-6　esbuild コマンドの主なオプション

オプション	概要
app/javascript/*.*	ビルド対象のソース
--bundle	すべての依存関係をバンドル
--sourcemap	ソースマップを生成
--format=*type*	バンドルする形式。esm（ECMAScript モジュール）、cjs（CommonJS）などを指定
--outdir=*dir*	出力フォルダーを設定
--minify	ビルドしたファイルを圧縮
--watch	ウォッチモードを有効化
--loader=*ext*:*loader*	指定された拡張子 ext の処理方法

---

[13] Rollup、webpack では設定ファイルとして rollup.config.js、webpack.config.js が用意されています。動作オプションは、これらの設定ファイルに対して追加します。

439

第9章　フロントエンド開発

「--loader:.js=jsx」は、.js ファイル配下の JSX を処理する、という意味です。本プロジェクトでは React アプリで JSX を利用しているので、このように JSX ローダーを有効にしておきます。

❷ React をインストールする

Import Maps ではマッピング情報に従ってライブラリを実行時に取得していましたが、バンドラーの世界ではあらかじめ手元にインストールしておきます。React を利用するならば、react ／ react-dom モジュールが対象です。

```
> yarn add react react-dom
```

ライブラリは /node_modules フォルダーにインストールされます。

ダウンロードサンプルをそのまま利用する場合には、以下のコマンドを実行して JavaScript ライブラリ一式を復元しておきましょう（上で react、react-dom をインストールしたのと同じ意味です）。

```
> yarn install
```

❸ テンプレートを準備する

テンプレートとして front/hello.html.erb を準備します（リスト 9-12）。Rails として特筆すべき点はありませんが、<div id="app"> 要素で、あとから React コンポーネントを埋め込むプレイスホルダーを用意している、とだけ理解しておいてください。

▼ **リスト 9-12　front/hello.html.erb（ P railbook_bundler）**

```
<div id="app"></div>
```

❹ React アプリ本体を作成する

/app/javascript フォルダー配下に application.js、components/my-hello.js をそれぞれ用意しておきましょう（リスト 9-13）。application.js は JavaScript アプリのエントリーポイント、my-hello.js は MyHello コンポーネントの本体です。

▼ **リスト 9-13　上：application.js、下：components/my-hello.js（ P railbook_bundler）**

```
import React from 'react';
import ReactDOM from 'react-dom/client';
import MyHello from './components/my-hello';

const root = ReactDOM.createRoot(document.querySelector('#app'));
root.render(<MyHello name='佐藤理央' />);

import React from 'react';

export default function MyHello({ name }) {
```

```
    return <div>こんにちは、{name}さん！</div>
}
```

例によって React の解説そのものは割愛するので、ここでは MyHello コンポーネントが name プロパティを受け取り、「こんにちは、●○さん！」のような出力を生成する、とだけ理解しておきましょう。

5 レイアウトファイルを確認する

あとは、作成した JavaScript コード、スタイルシートをインポートするだけですが、こちらは既定のレイアウトがあらかじめコードを準備しています（リスト 9-14）。

▼ リスト 9-14　layouts/application.html.erb（ P railbook_bundler）

```
  <%= stylesheet_link_tag "application" %>
  <%= javascript_include_tag "application", "data-turbo-track": "reload", type: "module" %>
</head>
```

stylesheet_link_tag ／ javascript_include_tag ヘルパーについては 9.2.2 項でも触れたとおりで、それぞれエントリーポイントとしての application.css ／ application.js をインポートしています。

6 Procfile.dev を編集する（Windows 環境のみ）

バンドラーを利用する際にはサーバー起動前にバンドル処理を実行する必要があります。これには、foreman ライブラリ（コマンド）経由でプロジェクトルート直下の Procfile.dev の内容を実行します。

ただし、Windows 環境では、自動生成された Procfile.dev そのままでは実行できないため、リスト 9-15 のように編集しておきます。

▼ リスト 9-15　Procfile.dev（ P railbook_bundler）

```
web: rails server -p 3000
js: yarn build --watch
```

Procfile.dev では「プロセス名：コマンド」の形式で起動プロセスを列挙します（プロセス名に特に決まりはありませんが、web、js、css などとするのが通例です）。

7 サンプルを実行する

あとは、作成した Procfile.dev を実行するだけです。サーバー起動前にバンドル処理を挟む必要があるので、これまでの rails server コマンドを直接呼び出すことは**できない**点に注意してください。

```
> foreman start -f Procfile.dev ─────────────────────────────  Windows 環境の場合
% bin/dev ──────────────────────────────────────────  macOS 環境の場合 *14
```

───────────
＊14　「zsh: permission denied: bin/dev」のようなエラーとなる場合は、「chmod +x bin/dev」コマンドで dev に実行権限を付与してください。

bin/dev はシェルスクリプトです。内部的に foreman コマンドで Procfile.dev を実行しているのは、Windows 環境の場合と同じです。

いずれにせよ、これでバンドル処理＋サーバー起動をまとめて実行できるわけです。バンドル実行＆ Puma 起動後、「〜/front/hello」にアクセスしてみましょう。図 9-7 のようなページが表示されれば、アプリは正しく動作しています。

▼ 図 9-7　React アプリは正しく動作している

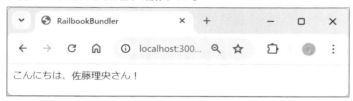

バンドルされた結果は、/app/assets/builds フォルダー配下に application.js、application.js.map[*15]として出力されます。React 本体はもちろん、my-hello.js などの依存モジュールが 1 つのファイルにまとめられている点に注目です。

最終的に、バンドル済みのファイルに対して、application-**afd9be60**.js のようにダイジェストが付与される点はこれまでと同じです（ブラウザーのデベロッパーツールなどから確認しておきましょう）。

COLUMN　コマンドラインから Rails のコードを実行する

rails runner コマンドを利用すると、Rails 環境をロードした上で、指定のコードを実行できます。たとえば、セッション（6.4.3 項）をデータベースで管理している場合に、古くなったセッション情報を定期的に破棄するなどの用途で利用します。

rails runner コマンドを利用するには、以下のように、文字列として実行したいコマンドを渡すだけです。定期的に自動実行したい処理を定義するときは、rails runner コマンドをファイルとして用意した上で、cron などのスケジューラーに登録してください。

```
> rails runner 'FanComment.where(deleted: true).delete_all'
```

上の例では、Active Record のメソッドを直接呼び出していますが、より複雑な処理を行う場合は、できるだけモデル側でメソッドを準備し、コマンド上で指定するコードはシンプルに保つべきでしょう。

[*15] ソースマップと呼ばれるファイルで、バンドルされたコードを読みやすくするための情報を管理しています。ブラウザーのデベロッパーツールなどで利用されます。

9.5 CSS プロセッサー

　CSS プロセッサーとは、スタイルシートを処理&バンドルし、Rails アプリに組み込むためのしくみです。Rails 7 では、標準で表 9-7 のような CSS フレームワークに対応しており、プロジェクト作成時にアプリに組み込むことができます。

▼ 表 9-7　Rails 標準でサポートしている CSS フレームワーク

フレームワーク	概要
Tailwind CSS (https://tailwindcss.com/)	Utility First な設計で細かなデザイン向き
Bootstrap (https://getbootstrap.jp/)	豊富なパーツやテンプレートでレスポンシブデザインに対応
Bulma (https://bulma.io/)	モバイルファーストの設計で、モジュール性にも優れる
PostCSS (https://postcss.org/)	JavaScript プラグインで CSS を拡張／変換
Dart Sass (https://sass-lang.com/dart-sass/)	Dart 言語で書かれた Sass の実行環境

　組み込みには、rails new コマンドで -c オプションを指定するだけです。
　たとえば以下のコマンドで、それぞれ Tailwind CSS ／ Bootstrap を組み込んだアプリが作成できます。

```
> rails new railbook_tailwind -a propshaft -c tailwind --skip-hotwire                    Tailwind CSS
> rails new railbook_bootstrap -a propshaft -c bootstrap -j esbuild --skip-hotwire       Bootstrap
```

　ただし、内部的に利用しているプロセッサーの都合で、JavaScript バンドラーとの組み合わせに制限があります。まず、Tailwind CSS は独自のプロセッサーを用意しているため、Import Maps ／バンドラーいずれでも動作します（逆に、Import Maps を利用するならば、Tailwind が唯一の選択肢です）。一方、それ以外のフレームワーク（ここでは Bootstrap）では、ビルドのために esbuild が必須です。

9.5.1　CSS プロジェクトの実行

　CSS プロセッサーを有効にしたプロジェクトを実行する場合の手順を、Tailwind CSS ／ Bootstrap を例に紹介しておきます。

1 自動生成されたファイルを編集する

　Tailwind CSS プロジェクトも、foreman 経由での起動が前提となっています。環境に応じて、それぞれリスト 9-15、リスト 9-11 を参考に Procfile.dev、package.json を編集しておきましょう（ただし、Tailwind CSS では package.json の編集は不要です）。

第9章　フロントエンド開発

② ライブラリのインストール、データベースの準備を済ませる

ダウンロードサンプルを利用する場合には、以下のコマンドを実行してプロジェクトを準備しておきます。

③ アプリをビルド&実行する

あとは、以下のコマンドでアプリを実行するだけです。バンドラーを利用する場合と同じく、環境に応じて、以下のコマンドを実行してください。

ただし、Windows 環境では、サーバーが起動せず途中でキー待ち状態になってしまう場合があります。その場合は Enter キーを押して、先に進めてください。

図9-8 は、「http://localhost:3000/books」にアクセスした結果です。

▼ 図9-8　CSSプロセッサー導入による見た目の変化（Tailwind CSSの場合）

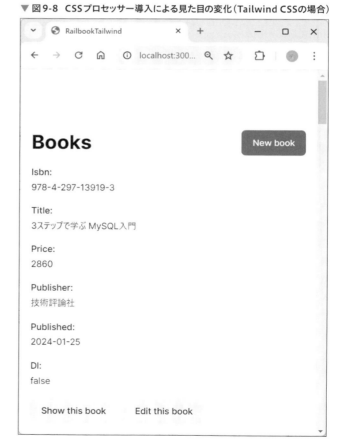

---

* 16 「zsh: permission denied: bin/dev」のようなエラーとなる場合は、「chmod +x bin/dev」コマンドで dev に実行権限を付与してください。

444

9.5 CSS プロセッサー

◎ 9.5.2 スタイルのカスタマイズ

フレームワーク標準で定義されたスタイルは、/app/assets/stylesheets フォルダー配下の application.*xxxxx*.scss ／ application.*xxxxx*.css でカスタマイズできます（*xxxxx* は tailwind、bootstrap などフレームワーク名）。拡張子が .scss であるものは Scss の構文でスタイルを定義します。

リスト 9-16 には、application.bootstrap.scss の例を示します。

▼ リスト 9-16　application.bootstrap.scss（ **P** railbook_bootstrap）

```scss
$body-bg:       #cff;
$body-color:    #700;
$link-color:    #f00;

@import 'bootstrap/scss/bootstrap';
@import 'bootstrap-icons/font/bootstrap-icons';
```

▼ 図 9-9　背景色、文字色、リンクの文字色を変更

445

COLUMN　ドキュメンテーションコメントで仕様書を作成する ― RDoc

ドキュメンテーションコメントとは、ファイルの先頭やクラス／メソッド宣言などの直前に記述し、クラス／メンバーの説明を記述するための「特定のルールに則った」コメントのことです。Rubyの標準ツールである**RDoc（Ruby Documentation System）** を利用することで、APIドキュメントを自動生成できるのが特徴です。ソースコードと一体で管理されていますので、ソースと説明の同期をとりやすいというメリットがあります。

あとからコードを読みやすくするという意味でも、最低限、ドキュメンテーションコメントに沿ったコメントくらいは残しておく癖を付けておきたいものです。

以下は、ドキュメンテーションコメントの例です。ドキュメンテーションコメントとは言っても記法自体は通常のコメント構文がベースとなっているため、ごく直感的に記述できます。固有の決まりもありますが、まずはサンプルの内容を理解しておけば、日常的な記述には困らないでしょう。

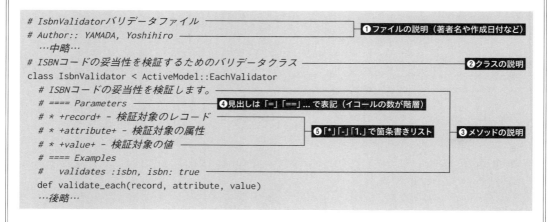

作成したコメントはrdocコマンドでドキュメント化できます。右のコマンドはREADME.mdをトップページに、/app、/libフォルダー配下の.rbファイルをドキュメント化する、という意味です。

自動生成されたドキュメント（図9-10）には、プロジェクトルート配下の/doc/index.htmlからアクセスしてください。

```
> rdoc --main README.md README.md app/**/*.rb lib/**/*.rb
```

▼ 図9-10　RDocで自動生成したドキュメント

応用編

第**10**章

コンポーネント

Rails では核となる Model － View － Controller の脇を固めるコンポーネントが潤沢に用意されています。これらのコンポーネントを活用することで、より目的特化した機能も実装が簡単になります。本章で取り上げるのは、以下のコンポーネントです。

- 電子メールの送信（Action Mailer）
- ジョブの非同期実行（Active Job）
- クラウドストレージとの連携（Active Storage）
- リッチテキストボックスの実装（Action Text）
- 電子メールの受信（Action Mailbox）
- リアルタイム通信の実装（Action Cable）

10-1 電子メールを送信する — Action Mailer

　Railsでは、メール送信のための標準モジュールとして**Action Mailer**が提供されています。Action Mailerを利用することで、これまでに解説してきたコントローラー／テンプレート開発とほとんど同じ要領で、標準的なテキストメールからHTMLメール、添付ファイル付きメールまでを作成できます。

　これまではリクエストの処理結果をHTTP経由でHTML文書としてブラウザーに返していたものが、Action MailerではSMTP経由でメールデータとして出力すると考えればわかりやすいかもしれません（図10-1）。

▼図10-1　Action Mailerとは？

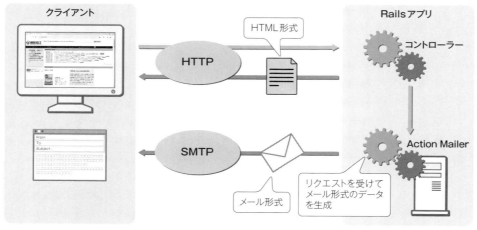

10.1.1　Action Mailerを利用する準備

　Action Mailerを利用するにあたっては、設定ファイルに対して、メール送信に関わる基本情報を定義しておく必要があります（表10-1）。

▼表10-1　Action Mailerの設定パラメーター

パラメーター名	概要		既定値
delivery_method	メールを送信する方法		:smtp
	設定値	概要	
	:smtp	SMTPサーバー経由で送信	
	:sendmail	sendmailコマンドで送信	
	:file	メールをファイルとして保存	
	:test	メールを配列としてのみ返すテストモード	

default_options	既定のメールヘッダー	–
interceptors	適用するインターセプター	–
perform_deliveries	deliver メソッドで実際にメールを送信するか	true
raise_delivery_errors	メール送信の失敗時にエラーを発生させるか	true
show_previews	メールプレビュー機能を有効にするか	true [*1]
smtp_settings	:smtp モードでの設定情報（以下はサブオプション）	

サブオプション	概要	既定値
address	SMTP サーバーのホスト名	localhost
port	SMTP サーバーのポート番号	25
domain	HELO ドメイン	localhost.localdomain
user_name	ログイン時に使用するユーザー名	–
password	ログイン時に使用するパスワード	–
authentication	認証方法（:plain、:login、:cram_md5）	–

sendmail_settings	:sendmail モードでの設定情報（以下はサブオプション）	

サブオプション	概要	既定値
location	コマンドの場所	/usr/bin/sendmail
arguments	sendmail コマンドのオプション	-i -t

file_settings	:file モードでの設定情報（以下はサブオプション）	

サブオプション	概要	既定値
location	メッセージの保存先	#{Rails.root}/tmp/mails

　たとえばリスト 10-1 は、SMTP サーバー経由でメール送信するための設定例です。あくまで例なので、実際にサンプルを動かす際はホスト名やポート番号などを自分の環境に合わせて修正してください。また、設定ファイルを編集した場合には、Puma は再起動する必要があります。

▼ **リスト 10-1　development.rb**

```
Rails.application.configure do
  …中略…
  config.action_mailer.delivery_method = :smtp
  config.action_mailer.raise_delivery_errors = true
  config.action_mailer.smtp_settings = {
    address: 'smtp.xxxxx.com',
    port: 587,
    user_name: 'xxxxxxxx',
    password: 'xxxxxxxx',
    domain: 'xxxxx.com'
  }
  …中略…
end
```

[*1]　development 環境の場合です。test ／ production 環境では false です。

10.1.2 メール送信の基本

それではさっそく、Action Mailer を利用して、簡単なユーザー登録の確認メール（図10-2）を送信してみましょう。

▼ 図10-2 Action Mailer によって送信されたメール（メールクライアントで受信したところ）

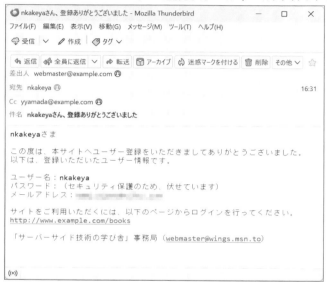

1 メーラーを生成する

メーラー（Mailer）とは、これまで学んできたコントローラーに相当するクラスです。要求を受けて必要な処理を行い、その結果を、テンプレートを使ってメール本文に整形します。メーラーを生成するには、これまでの多くのコンポーネントと同じく、rails generate コマンドを利用します。

メーラーの生成（rails generate コマンド）

```
rails generate mailer name method [options]
```

name：メーラー名　　method：メソッド名
options：動作オプション（P.31の表2-3の基本オプションを参照）

以下では、Notice メーラーに sendmail_confirm メソッドを生成しています。

```
> rails generate mailer notice sendmail_confirm
```

コントローラーを作成した場合と同じく、テンプレートファイルやテストスクリプトなども併せて生成されることが確認できます。メーラーは /app/mailers フォルダーの配下に、テンプレートファイルはこれまでと同じく

「/app/views/メーラー名_mailer」フォルダーの配下に配置されます（図10-3）。

▼ 図10-3　rails generate mailer コマンドで生成されるファイル

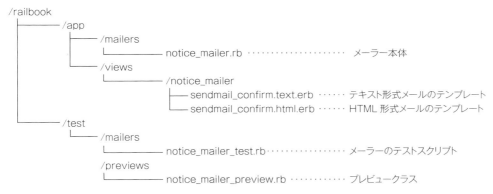

テンプレートは、テキストメールのための.text.erbファイルとHTMLメールのための.html.erbファイルとが生成されますが、まずはテキストメールを扱うので、.html.erbファイルはリネーム（もしくは削除）しておきましょう[*2]。

2 生成されたメーラーを編集する

作成されたNoticeメーラーに対して、具体的なメール送信のためのコード（リスト10-2）を記述していきます。ただし、太字の部分やusersテーブルの内容は、自分が送受信できるメールアドレスに適宜変更してください。

▼ リスト10-2　notice_mailer.rb

```
class NoticeMailer < ApplicationMailer
  …中略…
  default from: 'webmaster@example.com',         ──❶
          cc: 'yyamada@example.com'

  def sendmail_confirm                           ──❷
    @user = params[:user]                        ──❸
    mail to: @user.email,                        ──❹
         subject: "#{@user.username}さん、登録ありがとうございました"
  end
end
```

メーラーでは、defaultメソッドで既定のヘッダー情報を設定できます（❶）。あとからmailメソッドでも設定できますが、メーラー配下のメソッドが共通のヘッダーを利用しているならば、defaultメソッドで設定しておいた方がスマートでしょう[*3]。

[*2] さもないと、最初のサンプルが意図したように動作しなくなります。
[*3] 複数のメーラーにまたがって共通のヘッダーを設定したいときは、config.action_mailer.default_optionsパラメーターで設定ファイルに定義しても構いません。設定内容は、defaultメソッドと同じです。

第 10 章　コンポーネント

default メソッド

```
default header: value [, ...]
```

header：ヘッダー名（表10-2を参照）　　value：ヘッダー値

▼ 表 10-2　指定可能なメールヘッダー

ヘッダー名	概要
to、cc、bcc	宛先、写し、ブラインドカーボンコピー
subject	本文
from	メールの送信元
date	メールの送信日時
reply_to	返信先のメールアドレス
x_priority	メールの重要度（1 で重要度が高い）
content_type	コンテンツタイプ（既定は text/plain）
charset	使用する文字コード（既定は UTF-8）
parts_order	複数形式を挿入する順番（既定は ["text/plain", "text/enriched", "text/html"]）
mime_version	MIME のバージョン

　ヘッダー名をシンボルで表す場合、「Mime-Version → mime_version」のように、文字はすべて小文字に、ハイフンはアンダースコアに変換する必要があります。また、charset のように（本来のヘッダーとは異なる）Action Mailer 固有の名前も指定できます。これはメール送信時に内部的に適切なヘッダーへと変換されます。

　メール生成＆送信の実処理を記述しているのは、sendmail_confirm メソッドです（❷）。コントローラークラスで言うところのアクションメソッドに相当します。メーラーにはユーザー情報（User モデル）が渡されるものとします。パラメーターの渡し方についてはあとから触れるので、まずはメーラーに渡されたパラメーターは params メソッドで受け取れるとだけ理解しておきましょう（❸）。

　最後に mail メソッドで、メールを送信します（❹）。これまでのアクションメソッドであれば、render メソッドに相当します。あとで用意するテンプレートと、テンプレート変数（ここでは @user）でメール本文を生成します。

mail メソッド

```
mail headers
```

headers：ヘッダー情報（「ヘッダー名: 値」の形式）

　引数 headers には、一般的には subject や to などのヘッダーを最低限指定することになるでしょう。

NOTE

headers メソッド

　メールヘッダーは mail メソッドを利用する他、headers メソッドを利用して指定することもできます。以下は、いずれも同じ意味です。

10.1 電子メールを送信する ― Action Mailer

```
headers[:reply_to] = 'hoge@example.com'
headers({ reply_to: 'hoge@example.com', ...})
```

3 メール本文をデザインする

Action Mailer は mail メソッドを呼び出したタイミングで、対応するテンプレートファイル ―― ここでは /notice_mailer/sendmail_confirm.text.erb を呼び出します。

自動生成されたテンプレートを開いて、リスト 10-3 のように編集してみましょう。既定で見本のテンプレートができていますが、そちらは不要なので、すべて削除してください。

▼ リスト 10-3　notice_mailer/sendmail_confirm.text.erb

```
<%= @user.username %>さま

この度は、本サイトへユーザー登録をいただきましてありがとうございました。
以下は、登録いただいたユーザー情報です。

ユーザー名：<%= @user.username %>
パスワード：（セキュリティ保護のため、伏せています）
メールアドレス：<%= @user.email %>

サイトをご利用いただくには、以下のページからログインを行ってください。
<%= url_for(host: 'www.example.com', controller: :books, action: :index) %>

「サーバーサイド技術の学び舎」事務局（webmaster@wings.msn.to）
```

テンプレートの記法はこれまでとほぼ同様です。ただし、1 点のみ注意したいのは、

url_for メソッドで URL を生成する際には host オプションを指定する

という点です。メールで相対パスを指定しても意味がないので、host オプションを指定することで、http:// ～ではじまる絶対 URL を生成する必要があるのです[*4]。

> **NOTE　利用するホスト名を設定ファイルで定義するには？**
>
> それぞれの url_for メソッドで個別に host オプションを指定するのが面倒な場合は、設定ファイルで Action Mailer（の url_for メソッド）で利用する既定のホストを指定することも可能です（リスト 10-4）。設定ファイルを更新した場合には、Puma の再起動を忘れないようにしてください。
>
> ▼ リスト 10-4　development.rb
>
> ```
> config.action_mailer.default_url_options = { protocol: 'https', host: 'www.example.com' }
> ```

[*4] その他の方法として、ルートによって定義された Url ヘルパーを利用しても構いません。この例では「<%= books_url(host: 'www.example.com') %>」とします。

453

第 10 章　コンポーネント

4 メーラーを呼び出すためのアクションを作成する

　メーラーはコントローラーにも似ていますが、クライアントからのリクエストをそのまま受け付けることはできません。あくまでクライアントからのリクエストを受け付けるのはコントローラー（アクション）の役割です。メーラーは、アクションからの呼び出しによって起動します。

　リスト 10-5 は、メーラーを起動するための最小限の記述例です。本来であれば、ユーザー登録の処理なども記述すべきですが、本項の目的を外れるので、ここでは仮に users テーブルから id=6 のユーザー情報を取得しています[5]。

▼ リスト 10-5　extra_controller.rb

```
def sendmail
  user = User.find(6)
  @mail = NoticeMailer.with(user: user).sendmail_confirm.deliver_now
  render plain: 'メールが正しく送信できました。'
end
```

　メーラーを呼び出す一般的な構文は、以下のとおりです（クラスメソッドを呼び出すのと同じ構文ですね）。

メーラーの呼び出し

mailer.with(*params*).*method*

----
mailer：メーラークラス
params：メーラーに渡すパラメーター（「パラメーター名：値，...」の形式）
method：メーラーで定義されたメソッド

　メーラーにパラメーターを渡すのは with メソッドの役割です。パラメーターを利用しない場合には、with メソッドを省略して「クラス名 . メソッド」としても構いません。

　なお、メーラーメソッド（sendmail_confirm）はあくまでメール本体を表す Mail::Message オブジェクトを返すだけです。実際にメールを送信するためには、最後に deliver_now メソッドを呼び出すのを忘れないようにしてください。

　ちなみに、この例では deliver_now メソッドの結果をテンプレート変数 @mail にセットしていますが、これはあとから結果画面などにメールに関する情報を表示する際に利用するためです（サンプルでは、結果画面にはテキストしか表示しないため、この情報は使っていません）。

　以上で Action Mailer を動作させるための準備は完了です。ブラウザーから「〜 /extra/sendmail」にアクセスし、「メールが正しく送信できました。」というメッセージが表示されること、指定されたアドレスでP.450 の図 10-2 のようにメールを受信できることを確認してください。

　メールが正しく送信できない場合は、メールサーバーやメールアドレスの指定が間違っていないかを改めて確認してください。繰り返しますが、ダウンロードサンプルの設定のままではサンプルは正しく動作しません。

---

[5]　ダウンロードサンプルに収録しているフィクスチャを利用している場合、users テーブルにおける id=6 のメールアドレスを、あらかじめ自分のアドレスで置き換えてください。

454

10.1　電子メールを送信する — Action Mailer

◎ 10.1.3　複数フォーマットでのメール配信

本章冒頭で述べたように、Action Mailer ではプレーンテキストによるメールだけではなく、HTML メールをごく簡単な手順で送信できます。

HTML メール作成の基本

HTML メールを作成するといっても、Action Mailer の世界では難しいことではありません。.text.erb 形式の代わりに .html.erb 形式のテンプレートを用意するだけです（リスト 10-6）。

.html.erb ファイルの外枠は、Action Mailer 既定のレイアウトファイル（/layouts/mailer.html.erb）で用意されているので、個々のテンプレートには <body> 要素配下のコンテンツだけを記述します[6]。

▼ リスト 10-6　notice_mailer/sendmail_confirm.html.erb [7]

```
<%= @user.username %>さま
<hr />
<p>
この度は、本サイトへユーザー登録をいただきましてありがとうございました。<br />
以下は、登録いただいたユーザー情報です。
</p>

<ul>
<li>ユーザー名：<%= @user.username %></li>
<li>パスワード：（セキュリティ保護のため、伏せています）</li>
<li>メールアドレス：<%= @user.email %></li>
</ul>

<p>サイトをご利用いただくには、<%= link_to 'こちら', { host: 'www.example.com', ↩
controller: :books, action: :index } %>からログインしてください。</p>

<hr />
<%= mail_to 'webmaster@wings.msn.to', '「サーバーサイド技術の学び舎」事務局' %>
<%= image_tag 'https://wings.msn.to/image/wings.jpg', size: '53x17' %>
```

この状態で、先ほどのサンプル「〜 /extra/sendmail」にアクセスしてみましょう。図 10-4 のような HTML メールを受信できていれば成功です。

---

[6]　Action Mailer のレイアウトについては、P.458 の［Note］も併せて参照してください。

[7]　ダウンロードサンプルでは、まずテキストメールが表示されるようにファイル名を「_sendmail_confirm.html.erb」のように退避しています。
HTML メールの送信を確認する場合には、名前先頭のアンダースコアを削除してください。

455

第 10 章　コンポーネント

▼ 図 10-4　HTML メールをメールクライアントで受信したところ

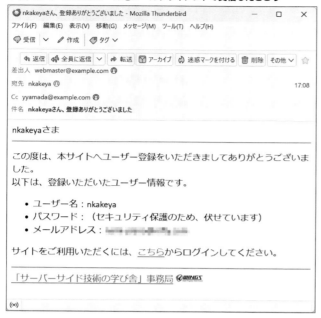

なお、この例のように、同じメソッドに対して .text.erb ／ .html.erb と複数形式のテンプレートが用意されている場合、Action Mailer は **multipart/alternative 形式**のメールを生成します。multipart/alternative 形式は、メールに A と B の複数形式（多くは図 10-5 のようにテキスト形式と HTML 形式）の本体をセットし、クライアント側ではまず B 形式を、それが表示できなければ A 形式を表示するというフォーマットです。

▼ 図 10-5　multipart/alternative 形式のメール

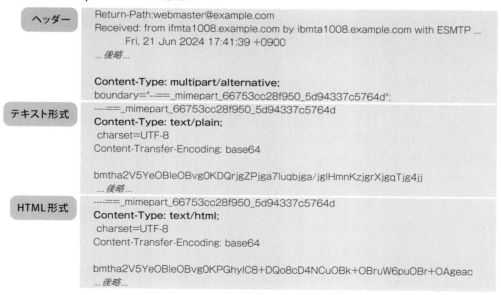

456

添付ファイル付きのメールを送信する

メールにファイルを添付するには、attachments メソッドを利用します。たとえば、リスト 10-2 で作成したメールに wings.jpg を添付するには、リスト 10-7 のようにします。

▼ リスト 10-7　notice_mailer.rb

```
def sendmail_confirm
  @user = params[:user]
  attachments['wings.jpg'] =
    File.open(Rails.root.join('tmp/data/wings.jpg'), 'rb').read
  …中略…
end
```

▼ 図 10-6　画像ファイルが添付されたメール

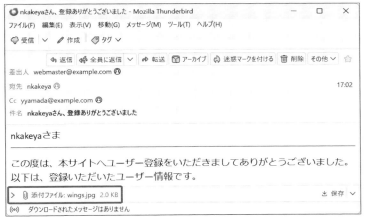

attachments メソッドはハッシュのように操作できるので、キーとしてファイル名を、値としてファイル本体を設定します。ファイルそのものの読み込みは、File.read メソッドなどを利用します。

また、attachments.inline メソッドを利用することで、メールインラインの添付ファイルも生成できます。その場合、リスト 10-7 の太字部分を、リスト 10-8 のように書き換えてください。

▼ リスト 10-8　notice_mailer.rb

```
attachments.inline['wings.jpg'] =
  File.open(Rails.root.join('tmp/data/wings.jpg'), 'rb').read
```

インラインの添付ファイルは、image_tag メソッドなどを介して引用できます。リスト 10-9 は、リスト 10-6 の image_tag メソッドをインライン対応に修正したものです。

▼ リスト 10-9　notice_mailer/sendmail_confirm.html.erb

```
<%= mail_to 'webmaster@wings.msn.to', '「サーバーサイド技術の学び舎」事務局' %>
<%= image_tag attachments['wings.jpg'].url, size: '53x17' %>
```

メールの出力をカスタマイズする

　mail ブロック、layout メソッドを利用することで、それぞれのフォーマット単位でレンダリングの方法を切り替えたり、メーラー固有のレイアウトを適用したりといったことも可能です（リスト 10-10）。

▼ リスト 10-10　notice_mailer.rb

```
class NoticeMailer < ApplicationMailer
  layout 'mail' ─────────────────────────────────────── ❶
  …中略…
  def sendmail_confirm
    @user = params[:user]
    mail to: @user.email,
      subject: "#{@user.username}さん、登録ありがとうございました" do |format|
      format.text { render inline: 'HTML対応クライアントで受信ください' }
      format.html
    end
  end
end
```
❷

　❶では layout メソッドで、メール本文にレイアウト mail を指定しています。レイアウトは 4.6.1 項でも見たように、/views/layouts フォルダー配下に mail.text.erb のような形式で配置してください。

　❷のように、mail メソッドを respond_to メソッド（3.4.2 項）によく似たブロック構文で呼び出すこともできます。たとえば、この例ではテキスト形式は（テンプレートを利用せずに）インラインでテキスト指定しています。その他にも、render メソッドを利用すれば、異なるテンプレートや個別のレイアウトを適用することも可能です。render メソッドについては 6.2.1 項も併せて参照してください。

　繰り返しですが、最終的に作成するのが Web ページとメールのいずれであるかという違いだけで、コントローラーもメーラーも同じように Action View の機能を利用できるのが Rails の良いところです。

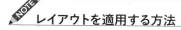

レイアウトを適用する方法

レイアウトを適用する方法は、基本的に 4.6.1 項で示したものと同じで、以下の優先順位で認識されます。

1. mail メソッドで設定（render layout オプション）
2. コントローラー単位で設定する（layout メソッド）
3. コントローラー単位で設定する（メーラー名 .text.erb、メーラー名 .html.erb [8]）

---

[8] 本書であれば、notice_mailer.text.erb / notice_mailer.html.erb です。

ただし、プロジェクト既定では、アプリ共通のメーラー（ApplicationMailerクラス）に、以下の設定が用意されています（リスト10-11、太字部分）。

▼ **リスト10-11 application_mailer.rb**

```
class ApplicationMailer < ActionMailer::Base
  default from: "from@example.com"
  layout "mailer"
end
```

結果、なにも指定されなかった場合は、既定で/views/layoutsフォルダー配下のmailer.text.erb ／ mailer.html.erbが適用されます[9]。

◎ **10.1.4 メールをプレビューする**

Action Mailerのプレビュー機能を利用すると、メールを実際に送らずにブラウザー上で確認することも可能です。

10.1.2項の手順でメーラーを作成した場合、/test/mailers/previewsフォルダー配下にnotice_mailer_preview.rbというPreviewクラスが生成されているはずです。これを、リスト10-12のように編集してみましょう（自動生成されたコメントはすべて削除しています）。中身はメーラーを呼び出すだけの、ごくシンプルなコードです。

▼ **リスト10-12 notice_mailer_preview.rb**

```
class NoticeMailerPreview < ActionMailer::Preview
  def sendmail_confirm
    user = User.find(6)
    NoticeMailer.with(user: user).sendmail_confirm
  end
end
```

あとは、ブラウザーを開いて、「http://localhost:3000/rails/mailers/**notice_mailer/sendmail_confirm**」でアクセスするだけです（図10-7）。太字の部分は、クラス／メソッド名によって変化します。

---

*9　3. によるレイアウトも無視されるので、逆に3. を有効にするには、リスト10-11 の太字をコメントアウトしてください。

▼図10-7　プレビューされたメール

複数形式のメールが用意されている場合には、選択ボックスで表示形式を切り替えることもできます。

10.1.5　メール送信前に任意の処理を実行する ─ インターセプター

Action Mailerでは、メールを送信する前に任意の処理を差し挟むための**インターセプター**というしくみが用意されています。たとえばproduction環境以外では、（本来の宛先ではなく）特定のテスターにメールを送信したいかもしれません。

そのようなケースでも、インターセプターを利用すると、メーラー本体に手を加えることなく、宛先を振り分けることができます。インターセプターは/app/mailersフォルダーに配置するものとします（リスト10-13）。

▼リスト10-13　test_mailto_interceptor.rb

```
class TestMailtoInterceptor
  def self.delivering_email(mail)
    mail.to = [ 'tester@wings.msn.to' ]
  end
end
```

インターセプターであることの条件は、delivering_emailメソッドを実装していることだけです。delivering_emailメソッドは、引数として送信するメール（Mail::Messageオブジェクト）を受け取ります。この例では、そのtoプロパティを書き換えることで、宛先を強制的に変更しているわけです。

10.1　電子メールを送信する — Action Mailer

インターセプターを用意できたら、あとはこれを Action Mailer に登録するだけです。これには、/config/initializers フォルダー配下に test_mail_config.rb のような初期化ファイルを作成します（リスト 10-14）。

▼ リスト 10-14　test_mail_config.rb [*10]

```
Rails.application.configure do
  if !Rails.env.production?
    config.action_mailer.interceptors = %w[TestMailtoInterceptor]
  end
end
```

Rails.env.production? メソッドは、現在の環境が Production 環境であるかを判定しています。上の例では、Production 環境でない場合にインターセプターを interceptors パラメーターで登録しています。

以上の準備ができたら、Puma を再起動した上で、たとえば 10.1.2 項のサンプルを実行してみましょう。メーラー側で指定された宛先に関わらず、インターセプターでの宛先にメールが送信されることを確認してください。

◎　10.1.6　メーラーの Unit テスト

メーラーの Unit テストもまた、モデルとほとんど同じ手順で実行できます。以下、8.2 節とは異なる点にフォーカスしながら、基本的な手順を追っていきます。

１　フィクスチャを用意する

メーラーのテストでもフィクスチャは利用できます。ただし、5.8.8 項で見たフィクスチャとは異なり、期待するメール本文をテキストファイルとして用意します（リスト 10-15）。

▼ リスト 10-15　sendmail_confirm

```
nkakeyaさま

この度は、本サイトへユーザー登録をいただきましてありがとうございました。
以下は、登録いただいたユーザー情報です。
…後略…
```

メーラーのフィクスチャは「/test/fixtures/ メーラー名」フォルダー配下に、「アクション名」という名前で保存します。本項の例では、/test/fixtures/notice_mailer フォルダー配下に sendmail_confirm というフィクスチャを用意します。

２　テストスクリプトを用意する

10.1.2 項の手順でメーラーを作成していれば、/test/mailer フォルダー配下にはテストスクリプトとして、既に notice_mailer_test.rb ができているはずです。この notice_mailer_test.rb に対して、リスト 10-16 のようにコードを追記します。

[*10]　ダウンロードサンプルでは、他のサンプルに影響が出ないよう、コードをコメントアウトしています。

461

第 10 章　コンポーネント

▼ リスト 10-16　notice_mailer_test.rb

```ruby
require "test_helper"

class NoticeMailerTest < ActionMailer::TestCase
  test "sendmail_confirm" do
    user = User.find(6)
    mail = NoticeMailer.with(user: user).sendmail_confirm.deliver_now
    assert !ActionMailer::Base.deliveries.empty?                            ❶
    assert_equal "nkakeyaさん、登録ありがとうございました", mail.subject
    assert_equal "nkakeya@example.com", mail.to[0]                          ❷
    assert_equal "webmaster@example.com", mail.from[0]
    assert_equal read_fixture('sendmail_confirm').join, mail.body.to_s.gsub(/\R/, "\n")*11
  end
end
```

8.2.1 項で説明した内容とほとんど同じですが、❶に注目です。test 環境では、deliver_now メソッドは実際にはメールを送信せず、配列としてのみ返します（= delivery_method パラメーターが :test に設定されています）。そして、送信されるべきメール（の配列）は、ActionMailer::Base.deliveries メソッドで取得できます。この例であれば、メールが正しく送信されることを、メール配列が空でない（= empty? メソッドが false を返す）ことで確認しています。

あとは assert_equal メソッドで、メールの件名、宛先、送信元、本文が意図したものであることを確認しているだけです（❷）。

to ／ from メソッドに [0] とあるのは、複数の宛先／送信元がある場合に備え、最初の宛先／送付先を決め打ちで取得せよという意味です。フィクスチャの内容は、read_fixtures メソッドで行単位の文字列配列として取得できます。

3 テストを実行する

メーラーの Unit テストを実行するのは、rails test コマンドの役割です。例によって、test パラメーターで実行すべきテストスクリプトを特定していますが、省略した場合にはすべてのテストを実行します。

```
> rails test test/mailers/notice_mailer_test.rb
Running 1 tests in a single process (parallelization threshold is 50)
Run options: --seed 23072

# Running:

.

Finished in 0.231537s, 4.3190 runs/s, 21.5948 assertions/s.
1 runs, 5 assertions, 0 failures, 0 errors, 0 skips
```

＊ 11　「\R」は、改行文字全般を表す正規表現です。これですべての改行文字を \n で揃えるという意味になります。

10.2 時間のかかる処理を実行する ─ Active Job

本格的なアプリでは、往々にして、時間のかかる処理が発生します。たとえば、大量データの集計処理、外部サービスとの連携、メール送信などです。そして、これらの処理は必ずしもリアルタイムに完了しなくても良い場合もあります。そのような処理であれば、アプリから実行すべき処理（ジョブ）を待ち行列（キュー）に登録しておき、あとから実行（非同期実行）することで、アプリそのもののレスポンスを改善できます（図10-8）。

▼ 図10-8 Active Job

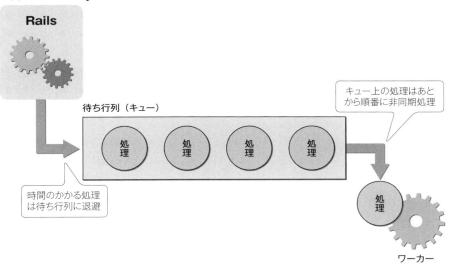

Active Jobは、そのようなジョブの管理から実行までを管理するためのモジュールです。もっとも、Active Jobそのものは、基本的に、ジョブ操作のためのインターフェイス（メソッド名などの決まりごと）を提供しているにすぎません。実際にジョブを実行するのは、サードパーティから提供されているジョブ管理ライブラリの役割です。

以下に、Active Jobで対応している主なジョブ管理ライブラリをまとめます。「Active Job ～」ではじまるものは、Active Job標準で提供されているジョブ管理ライブラリです。

- Backburner
- Delayed Job
- Que
- queue_classic
- Resque
- Sidekiq
- Sneakers
- Sucker Punch
- Active Job Inline
- Active Job Async
- Active Job Test

第 10 章　コンポーネント

アダプターを切り替えれば、アプリをほとんど改修することなく、バックエンドのジョブ管理ライブラリを自由に切り替えられるのも、Active Job のメリットの 1 つです。

10.2.1　Active Job を利用する準備

本書では、バックエンドのジョブ管理ライブラリとして、Delayed Job（https://github.com/collectiveidea/delayed_job）を採用します。以下では、その前提で Active Job を利用するまでの手順を解説します。

■1■ Delayed Job をインストールする

Delayed Job を利用するには、Gemfile の末尾にリスト 10-17 のコードを追加します。

▼ リスト 10-17　Gemfile

```
gem 'delayed_job_active_record'
```

ファイルを保存したら、コマンドラインから以下のコマンドを実行します。

```
> bundle install                              ライブラリをインストール
> rails generate delayed_job:active_record    Delayed Job の実行に必要なファイルを作成
> rails db:migrate                            マイグレーションを実行し、delayed_jobs テーブルを作成
```

rails generate コマンドでは、delayed_job コマンド、delayed_jobs テーブルを生成するためのマイグレーションが生成されます。delayed_job は非同期処理を管理するプロセスの起動コマンド、delayed_jobs テーブルは非同期で実行すべき処理を一時的に管理するテーブルです。表 10-3 に、delayed_jobs テーブルのフィールドレイアウトもまとめておきます。

▼ 表 10-3　delayed_jobs テーブルのフィールドレイアウト

列名	データ型	概要
priority	integer	優先順位
attempts	integer	試行回数
handler	text	実行予定のオブジェクト（YAML 形式）
last_error	text	最後に発生したエラー情報
run_at	datetime	実行予定時間
locked_at	datetime	ロック時間（オブジェクトが実行中だったとき）
failed_at	datetime	すべての試行が失敗した場合の時間
locked_by	string	オブジェクトを実行しているクライアント（ロック中の場合）
queue	string	キュー名

■2■ Active Job で Delayed Job を有効にする

以上で Delayed Job を単体で利用するための準備は完了です。続いて、Active Job から Delayed Job を呼び出せるよう、設定ファイルにリスト 10-18 のコードを追加します。

464

10.2 時間のかかる処理を実行する — Active Job

▼ リスト10-18 application.rb

```
module Railbook
  class Application < Rails::Application
    config.active_job.queue_adapter = :delayed_job
    …中略…
  end
end
```

:delayed_job の部分は、利用するライブラリに応じて :resque、:sidekiq、:sneakers などで差し替えます。

◎ 10.2.2 ジョブ実行の基本

それではさっそく、Active Job を利用してジョブを非同期実行してみましょう。以降では、10.1.2 項で作成した NoticeMailer#sendmail_confirm メソッドを非同期で実行する例を説明します。

❶ ジョブを作成する

ジョブを作成するには、これまでと同じく rails generate コマンドを利用します。

ジョブの生成 (rails generate コマンド)

```
rails generate job name [options]
```

name：ジョブ名　　options：動作オプション (P.31の表2-3の基本オプションを参照)

以下では、Sendmail という名前でジョブを生成しています。

```
> rails generate job Sendmail
```

❷ 生成されたジョブを編集する

/app/jobs フォルダーの配下に作成されたジョブファイル (sendmail_job.rb) を開くと、既に最低限の骨格はできているので、リスト 10-19 のコードを追加してください (追記部分は太字)。

▼ リスト10-19 sendmail_job.rb

```
class SendmailJob < ApplicationJob
  queue_as :default

  def perform(user)
    NoticeMailer.with(user: user).sendmail_confirm.deliver_now*12
  end
end
```
❶

＊12　実は、Action Mailer には、メールを非同期で送信する deliver_later メソッドも用意されています。本項では Active Job の基本を学ぶ目的で同期メソッド deliver_now を利用していますが、deliver_later メソッドであればコントローラーから直接利用できます (ジョブは不要です)。

465

第 10 章　コンポーネント

　ジョブの実処理を表すのは perform メソッドの役割です（❶）。メソッド配下に非同期実行する処理を記述しておきましょう。ここでは、リスト 10-5 ではコントローラーに記述していたメーラー呼び出しのコードをそのまま移動しておきます。

　また、NoticeMailer#sendmail_confirm メソッドに渡す User オブジェクトを受け取れるよう、perform メソッドにも引数 user を追加しておきます。ここでは、User オブジェクトを 1 つだけ受け取るようにしていますが、必要に応じて、perform メソッドは任意個数の引数を受け取ることが可能です。

3 ジョブをキューに登録する

　コントローラーからジョブを呼び出し、キューに登録します（リスト 10-20）。

▼ リスト 10-20　extra_controller.rb

```
def set_job
  user = User.find(6)
  SendmailJob.perform_later(user)
  render plain: '正しく実行できました。'
end
```

　ジョブを登録するには「クラス名 .perform_later(...)」とします。これでジョブをあとから実行しなさい（＝キューに登録しなさい）という意味になります。テスト目的などで、ジョブを即座に実行したい場合には、perform_now メソッドを利用します。

4 キューに登録されたジョブを確認する

　この状態で、まずは「〜 /extra/set_job」にアクセスしてサンプルを実行してみましょう。正常に動作したら、データベースからキュー（delayed_jobs テーブル）の内容を確認してみましょう。

```
> rails dbconsole                                              SQLite クライアントを起動
SQLite version 3.45.1 2024-01-30 16:01:20 (UTF-16 console I/O)
Enter ".help" for usage hints.

sqlite> .mode line                                    リスト形式で結果を表示するように設定
sqlite> SELECT * FROM delayed_jobs;                        テーブルの内容を表示
        id = 1
  priority = 0
  attempts = 0
   handler = --- !ruby/object:ActiveJob::QueueAdapters::DelayedJobAdapter::JobWrapper
job_data:
  job_class: SendmailJob
  job_id: df2a1c3b-b342-48f1-9554-2fd248aac72f
  provider_job_id:
  queue_name: default
  priority:
  arguments:
  - _aj_globalid: gid://railbook/User/6
  executions: 0                                               処理の本体
  exception_executions: {}
```

466

10.2 時間のかかる処理を実行する ― Active Job

```
  locale: en
  timezone: UTC
  enqueued_at: '2024-03-24T06:16:13.666911300Z'
  scheduled_at:

last_error =
    run_at = 2024-03-24 06:16:13.685721
 locked_at =
 failed_at =
 locked_by =
    queue = default
created_at = 2024-03-24 06:16:13.685764
updated_at = 2024-03-24 06:16:13.685764
sqlite> .quit                                              SQLite クライアントを終了
```

　確かに、handler フィールドに、実行すべきジョブ（オブジェクト）の情報が登録されていることが確認できます。

5 キューに登録されたジョブを実行する

　キューに登録されたジョブを実行するのは、delayed_job ワーカープロセスの役割です。ワーカープロセスを開始するには、rails jobs:work コマンドを利用します。

```
> rails jobs:work
[Worker(host:nami_dell pid:17020)] Starting job worker
…中略…
[Worker(host:nami_dell pid:17020)] 1 jobs processed at 0.1808 j/s, 0 failed
```

　起動時に待ち状態のキューがある場合には、即座に実行されます。実行完了したジョブがキューから削除されることを、SQLTools 拡張などから確認しておきましょう。
　ワーカープロセスを停止するための専用のコマンドは用意されていないので、停止する際には Ctrl + C キーでシャットダウンしてください。

◎ 10.2.3 ジョブ実行のカスタマイズ

　ジョブ登録／実行の基本を理解できたところで、ジョブ登録／実行の挙動を変更する、主なパラメーターについて見てみましょう。

▌Delayed Job の動作パラメーター

　まずは、Active Job のバックエンドで動作している Delayed Job の動作パラメーターです（もちろん、設定できるパラメーターは、利用しているジョブ管理ライブラリによって変化します）。Delayed Job の挙動を決めるには、/config/initializer フォルダー配下に、リスト 10-21 のような初期化ファイルを作成してください。
　吹き出しのカッコ内はパラメーターの既定値を意味します。すべてのパラメーターが既定値であるならば、初期化ファイルは省略しても構いません。

467

第 10 章　コンポーネント

▼ リスト 10-21　delayed_job.rb [*13]

```
Delayed::Worker.destroy_failed_jobs = false ──────────── 失敗したジョブを破棄 (false)
Delayed::Worker.sleep_delay = 30 ──────────── ジョブがない場合のスリープ時間 (60 秒)
Delayed::Worker.max_attempts = 10 ──────────── 最大リトライ回数 (25)
Delayed::Worker.max_run_time = 5.minutes ──────────── 最大実行時間 (4.hours)
Delayed::Worker.read_ahead = 10 ──────────── 一度に読み込むジョブの個数 (5)
Delayed::Worker.delay_jobs = !Rails.env.test? ──────────── ❶遅延実行を有効にする (true)
```

　テストなどで一時的に非同期処理を無効化したい場合は、delay_jobs パラメーターに false を設定します。❶でも「!Rails.env.test?」で「現在の実行環境がテストでないか」を判定し、development ／ production 環境の場合にだけ非同期処理を有効にしています。

┃キューの名前を設定する

　Delayed Job をはじめとした一般的なジョブ管理ライブラリでは、キューという単位でジョブを管理するためのしくみを持っています。キューを分けることで、特定のキューだけを優先的に実行するなどの仕分けが可能になります。

　キューを分類するには、以下のような方法があります。

（1）queue_as メソッドを利用する

　個々のジョブで queue_as メソッドを呼び出します。rails generate メソッドで生成されたジョブでは、既定で default という名前が宣言されています。

　先ほどは特に触れませんでしたが、自分でキュー名を指定したい場合は、リスト 10-19 の sendmail_job.rb を開いて、以下の太字部分を修正してください（リスト 10-22）。

▼ リスト 10-22　sendmail_job.rb

```
class SendmailJob < ApplicationJob
  queue_as :default
  …中略…
end
```

　queue_as メソッドには、ブロックを渡すこともできます。この場合、ブロックは戻り値としてキュー名を返す必要があります。リスト 10-23 では、現在の環境が Production 環境の場合はキュー名を default に、development ／ test 環境の場合は dev にします。

▼ リスト 10-23　sendmail_job.rb

```
class SendmailJob < ApplicationJob
  queue_as do
    if Rails.env.production?
      :default
    else
```

───────
＊13　初期化ファイルの名前は自由に決めて構いません。

```
      :dev
    end
  end
  …中略…
end
```

(2) queue_name_prefix パラメーターで接頭辞を宣言する

アプリ設定ファイル (/config/application.rb) で queue_name_prefix パラメーターを設定することで、キューの接頭辞を指定できます。

たとえばリスト 10-24 の設定では、development 環境では development_default のようなキュー名が生成されます。アプリ／環境によってキューを分類したい場合などに重宝します。

▼ リスト 10-24　application.rb

```
class Application < Rails::Application
  …中略…
  config.active_job.queue_name_prefix = Rails.env
end
```

(3) set メソッドを利用する

ジョブを呼び出す際に、set メソッドでキュー名を設定することもできます (リスト 10-25)。この場合、ジョブ自身に記述された queue_as メソッドの設定は無視されます。

▼ リスト 10-25　extra_controller.rb

```
SendmailJob.set(queue: :my_queue).perform_later(user)
```

> **NOTE** **set メソッドのオプション**
>
> set メソッドでは、queue オプションの他にも、表 10-4 のようなオプションを設定できます。
>
> ▼ 表 10-4　ジョブの動作オプション
>
> | オプション | 概要 |
> | --- | --- |
> | wait | 指定された時間間隔を空けてからジョブを追加 |
> | wait_until | 指定された時刻にジョブを追加 |
> | priority | ジョブの優先順位 |

▌失敗したジョブをリトライ／破棄する 5.1

ジョブが実行時に失敗した (＝例外を発生した) 場合に、これをリトライ／破棄することもできます。これには、ジョブ配下で retry_on ／ discard_on メソッドを呼び出してください。

第10章　コンポーネント

---

retry_on ／ discard_on メソッド

```
retry_on exp..., opts ─────────────────────────  リトライ
discard_on exp... ──────────────────────────  破棄
```

exp：リトライ／破棄対象の例外　　*opts*：リトライオプション（設定値は表10-5）

▼ 表 10-5　リトライオプション（引数 opts）

オプション	概要
wait	再試行の間隔（既定は 3 秒）
attempts	試行回数（既定は 5 回）
queue	再試行するキュー
priority	再試行する際の優先度
jitter **6.1**	再試行時間をばらけさせる割合（既定は 0.15 [*14]）

　たとえばリスト 10-26 は、ジョブで MyAppException 例外が発生した場合にジョブをリトライする例です（試行間隔は 10 秒、回数は 5 回[*15]）。

▼ リスト 10-26　sendmail_job.rb

```
class SendmailJob < ApplicationJob
  retry_on MyAppException, wait: 10, attempts: 5
  …中略…
end
```

　ちなみに、wait オプションには特別な値として :exponentially_longer を指定することも可能です。この場合、再試行間隔を指数アルゴリズムで 3、18、83... のように伸ばしていくような再試行を実施します。

◎ 10.2.4　ジョブの登録／実行の前後で処理を実行する ― コールバック

　コールバックとは、ジョブを登録／実行するタイミングで実行されるメソッド、または、そのためのしくみのこと。Active Record でも同様のしくみが提供されていましたが、まさにその Active Job 版です。
　Active Job で利用できるコールバックには、表 10-6 のようなものがあります。

▼ 表 10-6　Active Job のコールバック

メソッド名	概要
before_enqueue	ジョブの登録前
around_enqueue	ジョブの登録前後
after_enqueue	ジョブの登録後
before_perform	ジョブの実行前
around_perform	ジョブの実行前後
after_perform	ジョブの実行後

[*14] たとえば wait が 10 秒で、jitter が 0.5 の場合は最大 15 秒遅延する可能性があります。

[*15] 初回の実行も含めて 5 回です。再試行回数としては 4 回となる点に注意してください。

10.2 時間のかかる処理を実行する — Active Job

たとえばリスト 10-27 は、ジョブの登録前後、実行前後、それぞれでログを出力する例です。

▼ リスト 10-27 sendmail_job.rb

```
class SendmailJob < ApplicationJob
  queue_as :default
  # ジョブを登録する前
  before_enqueue do |job|
    logger.info("before_enqueue #{job.inspect}")
  end

  # ジョブを登録した後
  after_enqueue do |job|
    logger.info("after_enqueue #{job.inspect}")
  end

  # ジョブを実行する前後
  around_perform do |job, block|
    logger.info("before_perform #{job.inspect}")
    block.call                                      # ジョブの実行
    logger.info("after_perform #{job.inspect}")
  end
  …中略…
end
```

around_*xxxxx* メソッドでは、ジョブ登録／実行の前後の処理をまとめて表すために、ジョブ登録／実行のタイミングを明示的に示さなければなりません。これには block.call メソッドを使用します。

以上を理解できたら、実際にサンプルを実行してみましょう。コントローラーからジョブを登録したタイミング、delayed_job ワーカープロセスがジョブを実行したタイミングそれぞれで、development.log に以下のようなログが出力されていることを確認してください[16]。

```
# ジョブが登録されたとき
[ActiveJob] before_enqueue #<SendmailJob:0x0000023b8c35d0f8...>
…中略…
[ActiveJob] after_enqueue #<SendmailJob:0x0000023b8c35d0f8...>

# ジョブが実行されたとき
[ActiveJob] [SendmailJob] [988e0f33-8ee5-4103-b419-4fdd8a3d38a4] before_perform #<SendmailJob:↵
0x00000277386c6f68...>
…中略…
[ActiveJob] [SendmailJob] [988e0f33-8ee5-4103-b419-4fdd8a3d38a4] after_perform #<SendmailJob:↵
0x00000277386c6f68...>
```

---

[16] ジョブ実行時のログは Puma のコンソールから確認できません。

第 10 章　コンポーネント

◎ 10.2.5　ジョブの Unit テスト

　ジョブの Unit テストも、手順自体はモデルと同じです。ただし、ActiveJob::TestHelper モジュールとして、ジョブ固有の Assertion メソッドが用意されています。以下では、サンプルを交えながら、主な Assertion メソッドの用法を示します。

設定ファイルを編集する

　ジョブをテストする際には、あらかじめ /config/environments/test.rb を編集して、テストのためのアダプター（:test）を設定しておきましょう（リスト 10-28）。

▼ リスト 10-28　test.rb

```
config.active_job.queue_adapter = :test
```

指定個数のジョブが登録されたかを確認する

　assert_enqueued_jobs メソッドを利用することで、登録済みのジョブの個数をチェックできます。

assert_enqueued_jobs メソッド

assert_enqueued_jobs(*number* [,only: *job*])
number：ジョブの個数　　*job*：チェック対象のジョブ

　たとえばリスト 10-29 は、SendmailJob.perform_later メソッドを 2 回呼び出すことで、登録済みのジョブ数が 0 から 2 に変化することを確認する例です[17]。

▼ リスト 10-29　sendmail_job_test.rb

```
test "enqueue_jobs" do
  assert_enqueued_jobs 0
  SendmailJob.perform_later(User.find(1))
  SendmailJob.perform_later(User.find(2))
  assert_enqueued_jobs 2
end
```

ブロック内で登録されたジョブの個数を確認する

　assert_enqueued_jobs メソッドにブロックを渡すと、ブロック内でいくつのジョブが登録されたかを確認できます（リスト 10-30）。

---

[17]　テストを試す際は、あらかじめ rails db:test:prepare コマンドを実行しておいてください。

472

10.2 時間のかかる処理を実行する — Active Job

▼ リスト 10-30 sendmail_job_test.rb

```
test "enqueue_jobs_block" do
  assert_enqueued_jobs 2 do
    SendmailJob.perform_later(User.find(1))
    SendmailJob.perform_later(User.find(2))
  end
end
```

太字の部分に以下のように only オプションを渡せば、特定のジョブ（ここでは SendmailJob）が登録されたかどうかを確認できます。

```
assert_enqueued_jobs 2, only: SendmailJob do
```

特定の条件のジョブ登録を確認する

特定の条件に合致したジョブが登録されたかどうかを確認する場合は、assert_enqueued_with メソッドを利用します。

assert_enqueued_with メソッド

assert_enqueued_with(*args*)

args：ジョブの条件（指定できるキーは job、args、at、queue）

たとえばリスト 10-31 は、「明日の正午に実行される SendmailJob ジョブに対して、id=2 の User オブジェクトが渡され、default キューに登録されたか」を確認する例です。

▼ リスト 10-31 sendmail_job_test.rb

```
test "enqueue_jobs_with" do
  user = User.find(2)
  assert_enqueued_with(job: SendmailJob, args: [user],
    queue: 'default', at: Date.tomorrow.noon) do
    SendmailJob.set(wait_until: Date.tomorrow.noon).perform_later(user)
  end
end
```

この例ではすべてのキーに値を渡していますが、もちろん、すべてのキーは省略可能です。

その他、ジョブが登録されなかったことを検証するための assert_no_enqueued_jobs メソッド、ジョブが実行されたかを確認するための assert_performed_jobs メソッドもあります。構文は、assert_enqueued_job メソッドのそれに準ずるので、ここでは割愛します。

473

Active Storage は、クラウドストレージにファイルをアップロードするためのしくみ。Active Storage を利用することで、クラウドの実装を意識することなく、ファイルを受け渡しできます。Rails 6 以降では、Action Text、Active Mailbox などのモジュールでも内部的に利用しており、Rails アプリの中での存在感を高めています。

以下に、Active Storage が標準で対応しているクラウドストレージです（カッコ内は設定時の省略名です）。

- Amazon S3 サービス（S3）
- Microsoft Azure Storage サービス（AzureStorage）
- Google Cloud Storage サービス（GCS）

その他にも、特別なサービスとして、以下のようなものもあります。

- ローカルのファイルシステム（Disk）
- ミラーサービス（Mirror）

ミラーサービス（Mirror）は複数のストレージに重複してファイルを登録するより堅牢なモードで、特定のストレージがダウンしている場合にもファイルを受け渡しできるというメリットがあります。

一方、ファイルをローカルのファイルシステムに保存するディスクサービス（Disk）は、主に開発／テスト環境での利用を意図した保存先です。準備レスで利用できるというメリットはあるものの、クラウドであれば無条件に準備してくれるスケールアップのための機能やロードバランサーもすべて自前で準備しなければなりません。本番環境では、まずはクラウドサービスの利用を強くお勧めします。

10.3.1 Active Storage を利用する準備

Active Storage では、ストレージに格納するファイル情報をデータベースで管理するので、利用にあたっても、関連するテーブルを作成しておく必要があります。また、バイナリファイルを縮小／プレビューするためのライブラリも準備しておきましょう。

データベースの準備

Active Storage 関連のデータベースは、以下のコマンドで生成できます。

```
> rails active_storage:install        マイグレーションを生成
> rails db:migrate                    マイグレーションを実行
```

10.3　ファイルをアップロードする — Active Storage **5.2**

　マイグレーションによって、Active Storage関連の表10-7のようなテーブルが作成されていることを、データベースコンソールなどから確認しておきましょう。

▼ 表10-7　Active Storage関連のテーブル

テーブル名	概要
active_storage_blobs	アップロードしたファイル（ブロブ）の情報を保存
active_storage_attachments	モデルにファイルを紐づけるための中間テーブル
active_storage_variant_records	アップロードしたファイルのバリアント情報を保存

　ブロブ（Binary Large OBject）はActive Storageで管理されたファイルそのもの、バリアントとはブロブを縮小／回転などで加工したバージョンを、それぞれ意味します。Active Storageでは、active_storage_blobsテーブルを中心に、モデルクラスとの関連付け（active_storage_attachments）、別バージョン（active_storage_variant_records）を、それぞれ管理しているわけです（図10-9）。

▼ 図10-9　Active Storageを構成するテーブル

```
active_storage_attachments          active_storage_blobs              active_storage_variant_records
┌─────────────┐                    ┌─────────────┐                  ┌─────────────┐
│ id          │  0...n        1    │ id          │  1       0...n   │ id          │
├─────────────┤                    ├─────────────┤                  ├─────────────┤
│ name        │                    │ key         │                  │ blob_id(FK) │
│ record_type │                    │ filename    │                  │ variation_digest │
│ record_id   │                    │ content_type│                  └─────────────┘
│ blob_id(FK) │                    │ metadata    │
└─────────────┘                    │ service_name│
                                   │ byte_size   │
                                   │ checksum    │
                                   └─────────────┘
```

　それぞれのテーブルのフィールドレイアウトは、表10-8〜表10-10のとおりです。これまでと同じく、Railsの予約フィールドであるid、created_at／updated_atは省略しています。

▼ 表10-8　active_storage_blobsテーブルのフィールドレイアウト

列名	データ型	概要
key	string	キー文字列
filename	string	ファイル名
content_type	string	コンテンツタイプ
metadata	text	メタ情報
service_name	string	利用しているサービス
byte_size	bigint	ファイルサイズ
checksum	string	チェックサム文字列

▼ 表10-9　active_storage_attachmentsテーブルのフィールドレイアウト

列名	データ型	概要
name	string	モデルのフィールド名
record_type	string	モデルの型
record_id	bigint	モデルのid値
blob_id	bigint	ブロブのid値

475

第 10 章　コンポーネント

▼ 表 10-10　active_storage_variant_records テーブルのフィールドレイアウト

列名	データ型	概要
blob_id	bigint	ブロブの id 値
variation_digest	string	バリアントのダイジェスト値

ストレージ選択の設定

利用するストレージは、設定ファイル — develoment.rb[18]、storage.yml で宣言します（リスト10-32）。

▼ リスト 10-32　上：development.rb、下：storage.yml

```
config.active_storage.service = :local

local:
  service: Disk
  root: <%= Rails.root.join("storage") %>
```

storage.yml では、以下の形式でサービスの基本構成を宣言します。

サービスの定義

```
name:
  service: sname
  param: value ...
```

name：定義名　　sname：利用するサービスの名前　　param：サービスで設定すべきパラメーターの名前
value：パラメーター値

利用できるパラメーターは、サービスによって異なるので、表 10-11 に主なものをまとめておきます。

▼ 表 10-11　ストレージサービスで指定できるパラメーター（引数 param の値）

サービス	パラメーター	概要
Disk	root	保存先のパス
S3	access_key_id	アクセスキー
	secret_access_key	シークレットアクセスキー
	region	リージョン名
	bucket	バケット（コンテナー）名
AzureStorage	storage_account_name	ストレージのアカウント
	storage_access_key	アクセスキー
	container	コンテナー名
GCS	credentials	証明書ファイルのパス
	project	プロジェクト名
	bucket	バケット名（コンテナー）

---

*18　もちろん、利用している環境によって編集する対象は変化します。

| Mirror | primary | プライマリーで利用するサービス（定義名で指定） |
| | mirrors | セカンダリーとして利用するサービス（定義名で複数を指定可） |

リスト 10-32 であれば、「local という名前で Disk サービスを構成し、保存先をプロジェクトルート配下の /storage」としています。

ただし、storage.yml はあくまでストレージ定義のリストにすぎません[19]。アプリで利用するストレージ定義は、config.active_storage.service パラメーターで宣言します。

画像処理のためのライブラリ

Active Storage では、バイナリファイルを加工するための Gem として image_processing を利用しています。既定ではコメントアウトされているので、Gemfile から該当箇所を有効化しておきましょう（リスト 10-33）。

▼ リスト 10-33　Gemfile

```
gem "image_processing", "~> 1.2"
```
コメントを解除

また、ファイル加工そのものは、表 10-12 のような外部ライブラリに依存しています。

▼ 表 10-12　画像処理のためのライブラリ

ライブラリ	用途
libvips (https://www.libvips.org/)	画像の加工
ffmpeg (https://ffmpeg.org/)	動画のプレビュー
MuPDF (https://mupdf.com/)	PDF のプレビュー

本書では、あとで画像の加工を扱うので libvips をインストールしておきます。

（1）Windows の場合

libvips は、本家サイトから vips-dev-w64-all-8.15.2.zip をダウンロードし、任意のフォルダーにコピーしてください。解凍後、/vips-dev-8.15/bin フォルダーを環境変数 PATH に追加してください[20]。

（2）macOS の場合

あらかじめ Homebrew がインストールされていることを確認の上、以下のコマンドでインストールしてください。

```
$ brew install vips
```

---

[19] その他にも、既定で :test ストレージが定義されています。test ストレージでは、同じく Disk サービスを有効にしていますが、保存先を /tmp/storage と区別しています。

[20] libvips で加工した画像を表示する際、「'libglib-2.0-0.dll': 指定されたモジュールが見つかりません。」のようなエラーが出る場合は、/vips-dev-8.15/bin フォルダー内の DLL ファイルをすべて「C:¥Ruby33-x64¥bin」にコピーしてください。

10.3.2 ストレージ利用の基本

Active Storageを利用する準備が整ったところで、ここからは実際にストレージにファイルを登録してみましょう。以下で解説するのは、authors（著者情報）テーブルに対して、著者近影を紐づける例です。

なお、以下ではActive Storageの基本的な用法を理解するために、Scaffolding実行のコマンドから説明していますが、ダウンロードサンプルではScaffoldingコード／データベースともに準備済みです。あくまで一から作成するまでの手順として確認してください。

■1 テーブルにActive Storageを紐づける

Active Storageで管理するファイルをモデルに紐づけるには、Scaffolding、もしくはモデル作成時に、以下のように列を定義します。

```
> rails generate scaffold author user:references name:string birth:date address:text ↵
photo:attachment
> rails db:migrate
```

attachmentは疑似的な型で、これによって、リスト10-34のようなモデルクラスが生成されます。

▼ リスト10-34　author.rb

```
class Author < ApplicationRecord
  belongs_to :user
  has_one_attached :photo
end
```

Active Storageの世界では、ポリモーフィック関連を使って、ファイルをモデルに紐づけています。この例であれば、Authorモデルに紐づいたファイルにはphotoフィールド経由でアクセスできることを意味します（図10-10）。ポリモーフィック関連なので、authorsテーブルにphoto列があるわけではなく、ファイルに関する情報は10.3.1項でも触れたActive Storage関連のテーブルで保持されます[21]。

▼ 図10-10　モデルとActive Storageとの関連付け

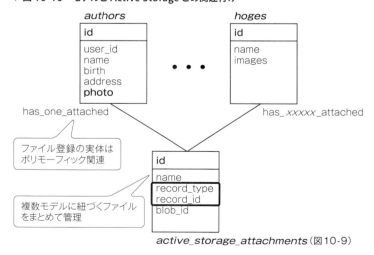

---

[21] そもそもデータベースで管理されるのは、あくまでファイルの構成情報で、ファイル実体はファイルシステム、またはクラウドストレージ本体に保存されます。

> **モデル単位に保存先を指定する**
>
> has_one_attached メソッドでは、service オプションを指定することで、個別にファイルの保存先を指定できます（リスト 10-35）。10.3.1 項でも指定した config.active_storage.service パラメーターは、あくまで service オプションが指定されなかった場合の既定の保存先を示していたわけです。
>
> ▼ リスト 10-35　author.rb
>
> ```
> has_one_attached :photo, service: :microsoft
> ```

2 コントローラーを確認する

photo 列は疑似列（＝存在しない列）ですが、入力フォームから値を受け取るには、他の列と同じく StrongParameters として登録しておく必要があります（リスト 10-36）。Scaffolding 機能を利用しているならば自動生成されているはずですが、改めて確認しておきましょう。

▼ リスト 10-36　authors_controller.rb

```
def author_params
  params.require(:author).permit(:user_id, :name, :birth, :address, :photo)
end
```

3 テンプレートを確認する

テンプレートについても、photo 列に対応する箇所を確認しておきましょう（リスト 10-37）。

▼ リスト 10-37　上：authors/_form.html.erb、下：authors/_author.html.erb

```
<div>
  <%= form.label :user_id, style: "display: block" %>
  <%= form.text_field :user_id %>
  …中略…
  <%= form.label :photo, style: "display: block" %>
  <%= form.file_field :photo %>                                          ❶
</div>

<div id="<%= dom_id author %>">
  …中略…
  <p>
    <strong>Photo:</strong>
    <%= link_to author.photo.filename, author.photo if author.photo.attached? %>
  </p>
</div>
```

Active Storage から取得した画像情報（author.photo）は、画像の保存先を表す URL です（実際には、Rails であらかじめ用意されたリダイレクターによって、本来のストレージにアクセスされます）。

第 10 章　コンポーネント

```
http://127.0.0.1:3000/rails/active_storage/disk/eyJfcmFpbHMi....jpg
                                                    本来のパス
```

　よって、ここでは author.photo をそのまま link_to に渡すことで、ストレージに保存した画像ファイルに対してリンクを張っています。

　attached? メソッドは、モデル（疑似列）にファイルが添付されているかを判定します。ここでは、添付されている場合にだけ <a> 要素を出力しています。

NOTE　ストレージに保存した画像を表示する

　author.photo はそのまま image_tag に渡すことで、ストレージに保存した画像をそのまま表示することもできます。たとえば以下では、先と同様に attached? メソッドでファイル添付の有無を判定して、添付されている場合にだけ <img> 要素を出力しています。

```
<% if author.photo.attached?
  concat image_tag author.photo
end %>
```

◎ 10.3.3　さまざまなファイル操作

　ストレージ利用の基本を理解できたところで、ここからはファイルを複数紐づける、リサイズするなど、ファイルのより細かな操作について学んでいきます。

▍画像を変形したものを表示する

　画像はそのまま表示するだけでなく、リサイズ、トリミング、回転など、加工したバージョンを動的に作成＆取得することも可能です。これには representation メソッドを利用してください（リスト 10-38）。

▼ **リスト 10-38　authors/_author.html.erb**

```
<% if author.photo.attached?
  concat image_tag author.photo.representation(resize_to_limit: [200, 200])
end %>
```

　representation メソッドには「オプション名 : 値 , ...」形式で変形の方法を指定できます。表 10-13 は指定できるオプションと値の組み合わせです。

480

▼ 表 10-13　representation メソッドの変形オプション（w：幅、h：高さ）

オプション：値	概要
resize_to_limit: [w, h]	縦横比を維持したまま指定の大きさに収まるように画像を縮小
resize_to_fit: [w, h]	縦横比を維持したまま指定の大きさに収まるように画像を縮小／拡大
resize_to_fill: [w, h]	指定の大きさに画像を縮小／拡大。必要に応じて画像の一部を切り取り
resize_and_pad: [w, h]	縦横比を維持したまま指定の大きさに画像を縮小／拡大。余白は透明色または黒
crop: [x, y, w, h]	左上の座標をx,yとして、指定の大きさの矩形で切り取る
rotate: a	画像を指定した角度 a で回転

リスト 10-38 の例であれば、photo フィールドの画像サイズを 200 × 200 にリサイズしたものを表示します（図 10-11）。

▼ 図 10-11　リサイズした画像を表示

名前付きバリアントを定義する

バリアントとはブロブを加工した個々のバージョンのこと。名前付きバリアントとは、このような加工／変形パターンを、あらかじめモデル側で定義したもののことを言います。

▼ リスト 10-39　author.rb

```ruby
class Author < ApplicationRecord
  has_one_attached :photo do |attachable|
    attachable.variant :thumb, resize_to_limit: [100, 100]
  end
end
```

第10章　コンポーネント

名前付きバリアントを定義するには、has_one_attached メソッドのブロックパラメーター attachable（attachable オブジェクト）から variant メソッドを呼び出します（リスト 10-39）。

variant メソッド

```
variant name, opts
```

name：変形パターン名　　*opts*：「オプション名: 値」の変形オプション（表10-13を参照）

定義済みのバリアントにアクセスするには、リスト 10-40 のようにします。これで :thumb バリアントが表示されるようになります。

▼ リスト 10-40　authors/_author.html.erb

```
<% if author.photo.attached?
  concat image_tag author.photo.variant(:thumb)
end %>
```

同じような変形パターンを複数の箇所から引用する場合には、名前付きバリアントを利用することで、テンプレート側の記述を簡単化できます。

複数のファイルを紐づける

1つのモデルに対して複数のファイルを紐づけるには、以下の手順で 10.3.2 項のコードを修正します（photo は photos と複数形に変化しています）。まずは、ファイルの登録から見ていきます（リスト 10-41）。

▼ リスト 10-41　上：author.rb、中：authors_controller.rb、下：authors/_form.html.erb

```
class Author < ApplicationRecord
  belongs_to :user
  has_many_attached :photos
end
```

```
def author_params
  params.require(:author).permit(:user_id, :name, :birth, :address, photos: [])
end
```

```
<%= form.file_field :photos, multiple: true %>
```

has_many_attached メソッドの構文は、これまでに見てきた has_one_attached メソッドと同じです。オプションの指定方法などは前掲の内容を参照してください。

リスト 10-42 に、複数のファイルを表示する方法についても見ておきます。

▼ リスト 10-42　authors/_author.html.erb

```
<% author.photos.each do |p|
```

482

```
  concat image_tag p.representation(resize_to_limit: [100, 100])
end %>
```

　複数ファイルの場合、photos 列の戻り値も複数ファイルを表す ActiveStorage::Attached::Many 型です。個々のファイルは配列ライクに each メソッドで走査できます。ブロックパラメーター p から representation、variant などのメソッドを呼び出せる点はこれまでと同じです。

ファイルを追加／削除する

　ファイルはモデル保存／削除時にまとめて追加／削除するだけでなく、既存のモデルに対してあとからファイルを追加する（リスト 10-43）、または、モデルはそのままにファイルだけを削除することも可能です。

▼ **リスト 10-43　extra_controller.rb**

```
def add_file
  @author = Author.find(3)
  @author.photo.attach(io: File.open('tmp/data/wings.jpg'), filename: 'wings.jpg', content_type: ↩
'image/jpeg')
  render plain: "ファイルを追加しました。"
end
```

　attach メソッドのオプションの意味は、表 10-14 のとおりです。

▼ **表 10-14　attach メソッドの主なオプション**

オプション	概要
io	追加するファイル（IO オブジェクト）
filename	ファイル名
content_type	ファイルの種類

　ファイルシステムから直接取得する代わりに、リクエストデータからファイルを取得するならば、以下のようにすることも可能です[*22]。

```
@author.photo.attach(params[:photo])
```

　モデルに紐づいたファイルを削除するならば、purge メソッドを利用します。Active Job（10-2 節）が有効になっているならば、purge_later メソッドで非同期に削除することも可能です。

```
@author.photo.purge ─────────────────────────────────────────── 削除
@author.photo.purge_later ──────────────────────────── バックグラウンドで削除
```

───────────
[*22] ダウンロードサンプルに up_file.html.erb を用意しているので、動作を確認する場合は、上記のコードを有効にした上で、「〜 /extra/up_file」からファイルをアップロードしてください。

第 10 章　コンポーネント

ファイルのメタ情報を取得する

Active Storage では、アップロード時に非同期にファイルが解析され[*23]、表 10-15 のようなメタ情報として記録されます。

▼ 表 10-15　得られるメタ情報の種類

種類	得られるメタ情報
画像	幅（width）、高さ（height）
動画	幅（width）、高さ（height）、再生時間（duration）、角度（angle）、アスペクト比（display_aspect_ratio）、動画が含まれるか（video）、音声が含まれるか（audio）
音声	再生時間（duration）、ビットレート（bit_rate）

これらのメタ情報は、metadata メソッドで取得できます（リスト 10-44）。

▼ リスト 10-44　authors/_author.html.erb

```
<% if author.photo.analyzed?
  concat "#{author.photo.metadata[:width]}×#{author.photo.metadata[:height]}"
end %>
```

◎ 10.3.4　クラウドサービスへの移行

本節冒頭でも触れたように、あくまでディスクサービスは開発／テスト環境での利用を想定したサービスです。本番環境では、まずは冗長性を備えたクラウドを利用すべきです。本項でも、Azure 環境を例にストレージをクラウドに移行する手順を確認しておきます。

1 Azure Storage を有効にする

Azure Storage の準備については本書の守備範囲を超えるため、紙面上は割愛します。詳しくは、「Azure のストレージの種類と概要（2024 年改訂版）」（https://news.mynavi.jp/techplus/article/zeroazure-55/）などのドキュメントを併読してください。

2 Azure Storage にアクセスするためのライブラリをインストールする

Azure Storage にアクセスするには、アプリに azure-storage-blob ライブラリを組み込んでおきます[*24]（リスト 10-45）。

▼ リスト 10-45　Gemfile

```
gem 'azure-storage-blob', require: false
```

Gemfile を書き換えたら、bundle install コマンドでライブラリをインストールできます。

[*23] 解析には Active Job を利用しています。10.2.1 項の手順に従って、Active Job を有効にしてください。

[*24] S3 であれば aws-sdk-s3、GCS であれば google-cloud-storage をインストールします。

10.3 ファイルをアップロードする — Active Storage **5.2**

3 資格情報を編集する

クラウドストレージにアクセスするための資格情報を、storage.yml に直接記述するのは安全面の観点から良いことではありません。このような秘密情報は、credentials.yml.enc（リスト10-46）でまとめて管理すべきです[25]。もちろん、アクセスキーの部分は自分が所有しているもので置き換えてください。

▼ **リスト 10-46　credentials.yml.enc**

```
secret_key_base: 39b28cfdf8d24...
…中略…
azure_storage:
  storage_access_key: A3oKVDSJITfp...
```

4 設定ファイルを編集する

AzureStorage の設定（:microsoft）は、storage.yml 上は既定でコメントアウトされているので、コメントを解除しておきましょう。また、設定ファイル上でも Azure を利用するよう、パラメーターを変更します（リスト10-47）。

▼ **リスト 10-47　上：development.rb、下：storage.yml**

```
config.active_storage.service = :microsoft

microsoft:
  service: AzureStorage
  storage_account_name: wingspro ─────────────────────────────────①
  storage_access_key: <%= Rails.application.credentials.dig(:azure_storage, ↵ ─┐
:storage_access_key) %> ──────────────────────────────────────────────┤②
  container: railbooks-<%= Rails.env %> ───────────────────────────③
```

ストレージアカウント（storage_account_name）は適宜自分が所有しているもので置き換えてください（①の太字）。

アクセスキーは credentials.yml.enc で定義済みのものを引用しています。

```
Rails.application.credentials.dig(key, ...)
```

は引用の定型句なので、ここできちんと覚えておきましょう。この例であれば、azure_storage – :storage_access_key キーの値を取得します（②）。

コンテナー名には、現在の環境名をもとに railbooks-development のように命名しています（③）。①と同じく、自分で所有しているもので適宜置き換えて構いませんが、その場合も、環境ごとにコンテナーは分離しておくことをお勧めします（production 環境での意図しないデータ消失を防ぐためです）。

以上で Azure Storage を利用するための準備は完了です。10.3.2 項などのサンプルが、これまでと同じく正しく動作することを確認しておきましょう。

─────────
[25] credentials.yml.enc を編集する方法については、5.4.10 項も参照してください。

485

第 10 章　コンポーネント

10.4　リッチなテキストエディターを実装する ── Action Text 6.0

　Action Text はリッチなテキストエディターを実装するためのしくみです。Action Text を利用することで、ブログなどの投稿フォームでありがちな WYSIWYG（What You See Is What You Get）なエディターをごく簡単に実装できます[*26]。Active Storage を利用すれば、テキストのみならず、画像の埋め込みにも対応できます（図 10-12）。

▼ 図 10-12　Action Text で実装したテキストエディター

10.4.1　Action Text 利用の準備

　Action Text を利用するには、まず以下のコマンドで Action Text に必要なマイグレーション、ライブラリをアプリに組み込みます。

[*26] 内部的には Trix と呼ばれるエディターライブラリを利用しています。

486

```
> rails action_text:install ─────────────────────────── 関連ファイルの生成
> rails db:migrate ──────────────────────────────── マイグレーションを実行
```

以上のコマンドによって、以下のようなファイル、データベースが生成されます。

テキスト管理のためのテーブル

Action Text では、リッチテキストを（対象のモデルそのものではなく）ポリモーフィック関連経由の別テーブルで管理しています。表 10-16 は、Action Text で生成されるテーブルです（これまでと同じく、Rails の予約フィールドである id、created_at ／ updated_at は省略しています）。

▼ 表 10-16 action_text_rich_texts テーブルのフィールドレイアウト

フィールド	型	概要
name	string	名前
body	text	リッチテキストのデータ
record_type	string	モデルの型
record_id	bigint	モデルの id 値

ちなみに、リッチテキストに埋め込まれた画像情報は、Active Storage に記録されます。Active Storage をセットアップしていない場合には、このタイミングで Active Storage 関連のマイグレーションなども自動的に生成されます。詳しくは 10.3.1 項も参照してください。

JavaScript ／スタイルシートのコード

アプリ共通の JavaScript コード（application.js）が更新され、また、新たに Action Text 向けのスタイルシートが生成されます（リスト 10-48）。

▼ リスト 10-48　上：application.js、下：actiontext.css

```
import "trix"
import "@rails/actiontext"

.trix-content .attachment-gallery > action-text-attachment,
.trix-content .attachment-gallery > .attachment {
  flex: 1 0 33%;
  padding: 0 0.5em;
  max-width: 33%;
}
…中略…
.trix-content action-text-attachment .attachment {
  padding: 0 !important;
  max-width: 100% !important;
}
```

また、Trix 関連のライブラリを有効化するために、importmap.rb（9.3.1 項）も更新されます。

第 10 章　コンポーネント

Action Text で利用される部分ビュー／部分レイアウト

その他にも、以下のようなファイルが生成されます。

- _content.html.erb：リッチテキスト表示のための部分レイアウト
- _blob.html.erb：リッチテキスト配下に埋め込まれた添付ファイルを表示するための部分ビュー

ただし、これらのファイルは個々のテンプレートと併せて確認した方がわかりやすいため、詳細は 10.4.2 項で改めて説明します。

◎ 10.4.2　Action Text 利用の基本

Action Text を利用する準備が整ったところで、ここからは具体的にリッチなテキストエディターを実装します。以下で解説するのは、articles（記事情報）テーブルの記事本文を Action Text 経由で編集＆表示する例です。

もっとも、Scaffolding 機能を利用するならば、Action Text を組み込むことはさほど難しくありません。ここでは、Scaffolding 機能で生成されたコードを確認しながら、Action Text の基本構文を理解します[27]。

Scaffolding 機能の実行

Action Text で管理するリッチテキストをモデルに紐づけるには、Scaffolding、もしくはモデル作成時に、以下のように列を定義します。

```
> rails generate scaffold article title:string published:date body:rich_text
> rails db:migrate
```

rich_text は疑似的な型で、これによって、リスト 10-49 のようなモデルクラス、表 10-17 のようなテーブルが生成されます。

▼ リスト 10-49　article.rb

```
class Article < ApplicationRecord
  has_rich_text :body
end
```

▼ 表 10-17　articles テーブルのフィールドレイアウト

フィールド名	データ型	概要
title	string	記事タイトル
published	date	記事作成日時

先ほども触れたように、リッチテキストは articles テーブルのポリモーフィック関連として紐づきます。よって、articles テーブルに body テーブルは含まれ**ない**点に注目です。

---

[27] 以下では Active Storage の基本的な用法を理解するために、Scaffolding 実行のコマンドから説明していますが、ダウンロードサンプルでは Scaffolding コード／データベースともに準備済みです。あくまで一から作成するまでの手順として確認してください。

488

10.4　リッチなテキストエディターを実装する ― Action Text **6.0**

テキストエディターの設置

　テキストエディターを表示するのは、rich_text_area メソッドの役割です。Scaffolding 機能で自動生成
されたフォームでも確認してみましょう（リスト 10-50）。

▼ **リスト 10-50　articles/_form.html.erb**

```
<%= form_with(model: article) do |form| %>
  …中略…
  <div>
    <%= form.label :title, style: "display: block" %>
    <%= form.text_field :title %>
  </div>
  …中略…
  <div>
    <%= form.label :body, style: "display: block" %>
    <%= form.rich_text_area :body %>
  </div>

  <div>
    <%= form.submit %>
  </div>
<% end %>
```

　テキストエディター配下のブロブ（添付ファイル）の表示については、先ほども触れたように、_blob.html.
erb で定義されています（リスト 10-51）。

▼ **リスト 10-51　active_storage/_blobs/_blob.html.erb**

```
<figure class="attachment attachment--<%= blob.representable? ? "preview" : "file" %> ↵
attachment--<%= blob.filename.extension %>">
  <%# 表示可能なファイルの場合はサムネイルを表示 %>
  <% if blob.representable? %>
    <%= image_tag blob.representation(resize_to_limit: local_assigns[:in_gallery] ? ↵
[ 800, 600 ] : [ 1024, 768 ]) %>
  <% end %>

  <figcaption class="attachment__caption">
    <%# キャプションが存在する場合はそれを、さもなくばファイル名／サイズを表示 %>
    <% if caption = blob.try(:caption) %>
      <%= caption %>
    <% else %>
      <span class="attachment__name"><%= blob.filename %></span>
      <span class="attachment__size"><%= number_to_human_size blob.byte_size %></span>
    <% end %>
  </figcaption>
</figure>
```

　まずは、既定のものを利用して構いませんが、もし見た目を変更したい場合には、こちらのファイルを編集し
てください。

489

第 10 章　コンポーネント

▋詳細画面でのファイル表示

リッチテキストの表示には、モデルに定義した疑似フィールド（ここでは body）を参照するだけです（リスト 10-52）。

▼ **リスト 10-52** _article.html.erb

```
<div id="<%= dom_id article %>">
  <p>
    <strong>Title:</strong>
    <%= article.title %>
  </p>

  <p>
    <strong>Published:</strong>
    <%= article.published %>
  </p>

  <p>
    <strong>Body:</strong>
    <%= article.body %>
  </p>

</div>
```

リッチテキストの描画は、これまた先ほども触れたように部分レイアウト _content.html.erb で定義されています（リスト 10-53）。

▼ **リスト 10-53** layouts/action_text/contents/_content.html.erb

```
<div class="trix-content">
  <%= yield -%>
</div>
```

ただし、_content.html.erb そのものは、リッチテキスト本体を括るだけのシンプルな部分レイアウトです。class 属性（trix-content）は actiontext.css で定義されたものに対応するので、実際のスタイルを変更する際には、そちらを編集してください。

ここまでの設定が終わったら、実際に「〜 /articles」にアクセスして、[New article] をクリックしてみましょう。P.486 の図 10-12 のようにリッチなテキスト編集や画像埋め込みができることを確認してみましょう。

490

10.5 受信メールの処理を自動化する ── Action Mailbox 6.0

Action Mailbox は、メール受信をトリガーに Rails アプリでなんらかの処理を実施するためのしくみです。Action Mailbox を利用することで、（たとえば）ブログのメール投稿のような機能を簡単に実装できます。あらかじめ決められたアドレスにメールを送信することで、アプリ（ブログ）にメールの内容が投稿されるような仕掛けです（図 10-13）。

▼ 図 10-13 Action Mailbox の利用例

もちろん、これは一例です。Action Mailbox そのものはメールを受信し、コントローラーによく似たメールボックス（クラス）に処理を引き渡すだけのしくみなので、メールボックスの実装次第で、メール連携のしくみをアプリに自在に実装できます。

10.5.1 Action Mailbox の構成

Action Mailbox は複数のコンポーネントが連携して動作しています。実装の解説に進む前に、Action Mailbox の構成を概観しておきます（図 10-14）。

▼図10-14 Action Mailbox

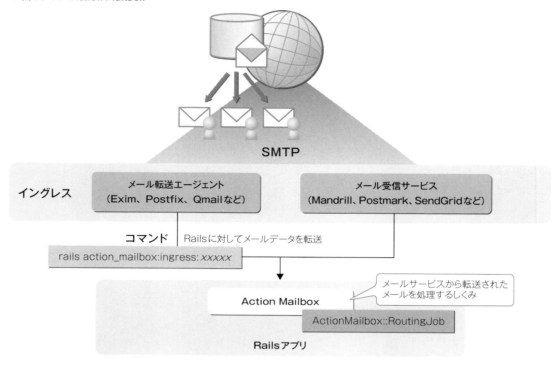

　Action Mailbox自体がメールを直接受信するわけでは**ない**点に注目です。POP3、IMAP4による受信は、あくまで専用のメール受信サービス、メール転送エージェントに委ね、Action Mailboxはそこからメールを転送してもらうだけです。

　このようなメール受信の受け口を**イングレス**と言います。Action Mailboxが標準でサポートするイングレスには、以下のようなものがあります。

- メール転送エージェント：Exim、Postfix、Qmail
- メール受信サービス：Mailgun、Mandrill、Postmark、SendGrid

　イングレスから受け取ったメールはデータベース＋ストレージに保存された上で、Active Jobを使って非同期にメールボックスで処理されます。本節冒頭のメール投稿であれば、ここで「メール本文の取得＋ブログへの投稿」といった処理を実行することになります。

10.5.2　Action Mailboxを利用する準備

　Action Mailboxでは、メールの基本情報をaction_mailbox_inbound_emailsテーブルに、メール本体をActive Storage（10.3節）に、それぞれ保存します。以下のコマンドでこれらを利用するためのマイグレーションを作成＆実行しておきましょう[28]。

---

[28] 本節冒頭でも触れたように、メールの処理にはActive Jobも利用しています。10.2.1項の手順に従って準備しておきましょう。

10.5 受信メールの処理を自動化する ― Action Mailbox **6.0**

```
> rails action_mailbox:install ─────────────────────────  マイグレーションを生成
> rails db:migrate ─────────────────────────────────────  マイグレーションを実行
```

　マイグレーションによって、Active Storage 関連のテーブル（10.3.1 項）に加えて、Action Mailbox 固有の、表 10-18 のテーブルが作成されていることを、SQLTools などから確認しておきましょう。

▼ **表 10-18　action_mailbox_inbound_emails テーブルのフィールドレイアウト**

フィールド名	データ型	概要
status	integer	メールの処理状況
message_id	string	メッセージ ID
message_checksum	string	メッセージのチェックサム

　action_mailbox_inbound_emails テーブルで管理するのは、あくまでメールの概要情報で、メール本体はお馴染みのポリモーフィック関連として Active Storage 側のテーブルで管理されます。

　status フィールドはメールの処理状況を管理します。イングレスからメールを受信したタイミングでは :pending ですが、メールボックスに渡されることで :processing となり、:delivered が処理済みであることを表します。:failed（処理失敗）、:bounced（返信済み）などの情報もあります。

> **NOTE** **本番環境の場合**
>
> 　本番環境では、本文の内容に加えてイングレスを準備し、これを Rails アプリに登録しなければなりませんが、最初からそこまで準備するのは中々に手間です。そこで Rails ではメールを送受信するためのエミュレート環境を標準で提供しています。まずはそちらを活用するものとします。

◎ 10.5.3　メールボックス実行の基本

　Action Mailbox 利用の準備ができたところで、ここからは簡単なサンプルを作成してみましょう。「review-*ISBN* コード @example.com」のようなメールを送信することで、ISBN コードに対応するレビュー（reviews テーブル）を投稿する例です。

■1 メールボックスを作成する

　メールボックスは、受信メールを処理するためのコントローラーのようなものです（先ほども触れたように、物理的な格納場所ではありません）。まずは、以下のコマンドでこれを生成しておきましょう。

```
> rails generate mailbox reviews
```

　これで reviews メールボックスが生成されたことになります。

493

第 10 章　コンポーネント

2 メールボックスを編集する

メールボックス本体は、/app/mailboxes フォルダーに「*名前*_mailbox.rb」のような名前で生成されます。この例では reviews メールボックスなので、reviews_mailbox.rb です。最低限の骨組みは生成されているので、リスト 10-54 のように編集してください。

▼ **リスト 10-54　reviews_mailbox.rb**

```
class ReviewsMailbox < ApplicationMailbox
  def process
    isbn = ISBN_PATTERN.match(mail.recipients[0]); ──────────────
    @book = Book.find_by(isbn: isbn[1]) ──────────────────── ❷
    # 該当する書籍がない場合は処理を終了
    return if @book.nil?

    # メール本文を取得
    content = ""
    if mail.parts.present? ──────────────────────────
      content = mail.parts[0].body.decoded
    else                                                    ❹
      content = mail.decoded
    end

    # Reviewsテーブルにメールの内容を登録
    Review.create book_id: @book.id, user_id: 99, status: 0, body: content ── ❸
  end
end
```

❶ (右端)

メールボックスの実処理を担うのは、process メソッドの役割です（❶）。受信メールそのものには、変数 mail 経由でアクセスできるので、一般的には、ここからメール情報にアクセスし、データベースへの登録をはじめ、アプリ固有のロジックに引き渡すことになるでしょう。

この例では、メールアドレスの送信アドレスが「review-*ISBN* コード @ 〜」である前提なので、これをキーに書籍情報を取得しています（❷）。ISBN_PATTERN についてはあとから準備するので、現時点では「reviews-*ISBN* コード @ 〜」を表す正規表現とだけ捉えておいてください。書籍情報を得られたら、あとは書籍情報とメール本文をもとに、reviews テーブルにレビューを登録するだけです（❸[* 29]）。

メール本文はマルチパート形式である場合に備えて、mail.parts.present? メソッドでマルチパート形式であるかどうかを判定しています（❹）。マルチパート形式である場合には、最初のパートを取得しますし、さもなければ、content メソッドで直接にメール本文を取得します。

3 ルート情報を設定する

イングレス経由で取得した受信メールを、どのメールボックスで処理するのかを決めるのが、ルーティングの役割です（無条件にメールボックスに流れてくるわけではありません）。ただし、これまでのルーティングと異なり、ルート情報の記述先は ApplicationMailbox クラスです。

[* 29] user_id は、便宜的に 99（ゲスト）で固定としていますが、（たとえば）あらかじめ登録しておいた送信アドレスによってユーザーを識別するなども可能です。

ApplicationMailboxはすべてのメールボックスの基底クラスで、/app/mailboxesフォルダーにapplication_mailbox.rbという名前で用意されています（リスト10-55）。

▼ リスト10-55　application_mailbox.rb

```
class ApplicationMailbox < ActionMailbox::Base
  ISBN_PATTERN = /^review\-(978-4-[0-9]{3,5}-[0-9]{4,5}-[0-9X])@/i
  routing ISBN_PATTERN => :reviews
end
```

ルート情報を定義するのは、routingメソッドの役割です。

routingメソッド

routing *pattern* => *mailbox*

pattern：宛先と比較するための正規表現パターン　　*mailbox*：振り分け先のメールボックス

この例であれば、宛先がISBN_PATTERN（=「review-*ISBN*コード@〜」を表す正規表現パターン）にマッチした場合には、reviewsメールボックスに振り分けなさい、という意味になります。引数patternを:allとすることで、すべてのメールを特定のメールボックスに振り分けることも可能です。

4 メールボックスを実行する

本来であれば、メールボックスはイングレス経由で呼び出すべきですが、開発環境では、そこまで準備するのは手間です。そこでRailsではメール送受信のためのテストページ（Conductor）を用意しています。Conductorを利用することで、任意の内容でメールを作成し、Action Mailboxに引き渡すことが可能になります（図10-15）。

さっそく、Pumaを起動し、Conductorを実行してみましょう。また、このタイミングで、ジョブのワーカープロセスも併せて起動しておきます[*30]。

```
http://localhost:3000/rails/conductor/action_mailbox/inbound_emails
```

[*30] 本節冒頭でも触れたように、メールボックスの非同期処理にはActive Jobを利用しているのでした。ワーカーの起動方法については10.2.2項も参照してください。

▼ 図10-15　Action Mailbox のテストページ

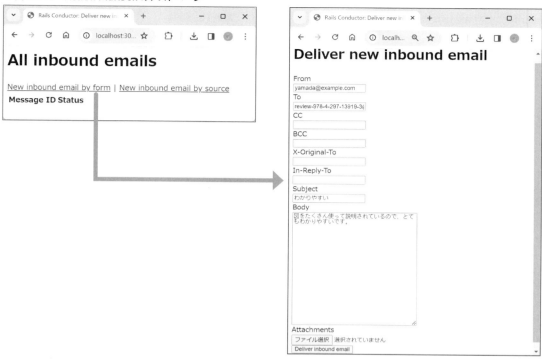

　初期ページには受信メールの一覧が表示されます。初期状態では空なので、ページ上部の［New inbound email by form］リンクをクリックします。メール送信フォームが表示されるので、図10-15の要領で情報を入力してください。宛先はbooksテーブルに存在するもので、「review-*ISBN*コード@example.com」とします。

　［Deliver inbound mail］ボタンをクリックすると、メールが送信されます。

▼ 図10-16　メールの送信に成功した場合

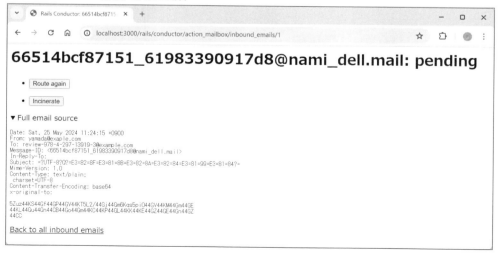

図10-16のように、「～: pending」（処理中）になっていれば、「メール送信は成功しているがメールボックスで処理はされていない」という状態です（非同期で処理されているからです）。
ワーカープロセスを起動したウィンドウから

```
[Worker(host: xxxxxx pid:10552)] 1 jobs processed at 3.9641 j/s, 0 failed
```

のようなメッセージを確認した後、ページをリロードすると、ステータスが「～: delivered」に変化します。メールボックスで処理が終了したわけです。

このタイミングでレビューも投稿されたはずなので、「～/reviews」ページ、もしくはデータベースコンソールなどにアクセスして、reviewsテーブルの内容を確認しておきましょう（図10-17）。

▼ 図10-17　メール送信に成功した場合

ちなみに、ルート設定を修正して、再度同じメールを送信したい場合には［Route again］ボタンをクリックし、送信メールを削除したい場合には［Incinerate］ボタンをクリックします。

> **NOTE　受信メールの廃棄期限**
>
> 受信したメールは、既定では30日後に廃棄されます[31]。Action Mailboxの世界では、受信したメールをそのまま保存しておくのではなく、アプリで管理しているデータベースなどに取り込むのが基本である、ということです。
> この廃棄期限を変更したい場合には、設定ファイルから以下の設定を追加してください（リスト10-56）。
>
> ▼ リスト10-56　development.rb
>
>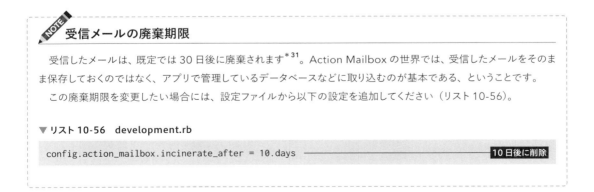

---

[31] メールの削除はActive Jobに登録されたIncinerationJob経由で実行されます。

10.5.4 補足：本番環境への移行

本節では、まずは Action Mailbox の挙動を確認する目的でエミュレート環境を利用して、動作を確認しました。しかし、一般的にはメール受信のためのサービス（イングレス）を別に準備してください。たとえばリスト 10-57 は、SendGrid (https://sendgrid.kke.co.jp/docs/) を利用するための設定例です。

▼ リスト 10-57　上：production.rb、下：credentials.yml.enc [32]

SendGrid そのものの準備については本家ドキュメントを参照いただくとして、Action Mailbox に関わる設定は 1 点だけです。ダッシュボードから［Settings］－［Inbound Parse］を選択し、［Add Host & URL］ボタンをクリックします。

図 10-18 のような［Add Host & URL］画面が表示されるので、画面に従って必要な情報を入力してください。これでイングレス（SendGrid）で受信したメールが Action Mailbox に転送されるようになります。

▼ 図 10-18　［Add Host & URL］画面

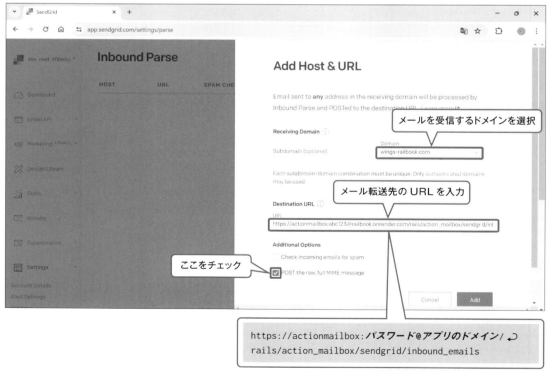

---

[32] credentials.yml.enc を編集する方法については、5.4.10 項も参照してください。

10.6 WebSocket通信を実装する — Action Cable

WebSocketとは、サーバー／クライアント間でリアルタイムな双方向通信を実現するためのプロトコル。Action Cableは、そのWebSocket通信をRailsアプリで実装するためのコンポーネントです。本節では、WebSocketの簡単なしくみにはじまり、Action Cableの構成要素、そして、具体的な実装の手順をメッセージングアプリ（図10-19）を例に解説していきます。

▼ 図10-19 Action Cableで実装したメッセージングアプリ（異なるユーザー同士がリアルタイムにメッセージを交換）

10.6.1 WebSocketの役割

プロトコルと言えば、Webの世界では、まずはHTTP（HyperText Transfer Protocol）を利用するのが一般的ですが、HTTPはリアルタイム通信には不向きです。というのも、HTTPはリクエスト→レスポンスがワンセットのしくみであるため、以下のような制約があるからです[33]。

- クライアントからリクエストを送信するのが前提
- 1つの接続で1つのリクエストしか送信できない
- 結果、ヘッダーなどのオーバーヘッドが増える

しかしWebSocket通信では、最初の接続をHTTP経由で確立（**ハンドシェイク**）した後は、その接続上で互いにデータをやり取りできます（図10-20）。そのため、（クライアントのみならず）サーバーからデータを発信することもできますし、メッセージ単位のデータも軽量です。

---

[33] HTTP/2では一部の問題は緩和されていますが、それでもHTTPが本来的にリアルタイム通信に不向きである点は変わりありません。

▼ 図10-20　HTTP通信とWebSocket通信

　唯一の難点はサーバー／クライアント双方がWebSocketに対応していなければならない点でしたが、現在では、Apache HTTP Server／Nginxなどのサーバー、モダンブラウザーのいずれもが問題なく対応しています。現在では、対応状況が問題になることはまずないでしょう。

10.6.2　Action Cableの構成

　Action Cableは、図10-21のような要素から構成されます。あまり聞き慣れない言葉が若干難しくも感じられるかもしれませんが、まずは大雑把に全体像を把握する程度で、すべてを一度に理解する必要はありません。以降のサンプルコードを読み解きながら、徐々に理解を深めていきましょう。

▼ 図10-21　Action Cableの構成

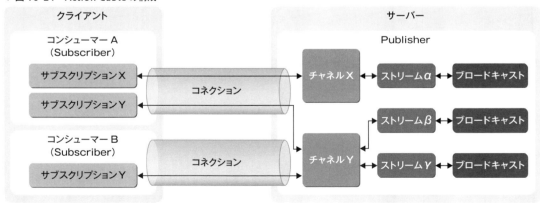

Pub ／ Sub モデル

まず、Action Cable の基本モデルは Pub ／ Sub モデルです。**Subscriber**（購読者）が購読したいチャネルを登録しておくことで、**Publisher**（発信者）がチャネル単位に発信した情報を受け取れます。Publisher が見ているのはあくまでチャネルなので、不特定の Subscriber を意識することなく、データを配信できるわけです。

これまでの知識に沿うならば、Publisher ／ Subscriber はサーバー／クライアント、チャネルはコントローラー（論理的な処理を表すもの）と言い換えても良いでしょう。Subscriber として振る舞うクライアントのことを、コンシューマー（Consumer）とも言います。

ブロードキャストとストリーム

Publisher がチャネルに対して情報を配信することを**ブロードキャスト**と言います。ただし、直接チャネルに配信するわけではなく、**ストリーム**（Stream）を介してデータを引き渡します。ストリームとは、Publisher からチャネル⇒ Subscriber へのデータの道筋を付けるためのものと考えれば良いでしょう。

たとえばメッセージアプリであれば、ユーザー単位、あるいは特定のトピック単位に配信先を限定したい場合があります。そのような場合にもストリームを分けておくことで、目的の Subscriber に絞って情報を配信できるというわけです。

◎ 10.6.3 Action Cable 利用の基本

以上、Action Cable の基本的な構造を理解できたところで、ここからは本節冒頭でも触れたようなメッセージングアプリを、Action Cable を使って実装していきましょう。大雑把には、以下のような流れで作業を進めていきます。

- モデル／コントローラー／テンプレートを作成（いつもどおりの作業です）
- チャネルを準備（サーバーサイドのコード）
- チャネルを購読（クライアントサイドのコード）

■1 Message モデルを作成する

メッセージ情報を管理するための Message モデルを用意しておきます。また、マイグレーション経由でデータベースも作成しておきましょう。

```
> rails generate model message topic:string name:string body:string
> rails db:migrate
```

表 10-19 のような messages テーブルが用意されます。

▼ **表 10-19** messages テーブルのフィールドレイアウト

フィールド名	データ型	概要
topic	string	トピック
name	string	投稿者名
body	string	メッセージの内容

501

第 10 章　コンポーネント

2 メッセージアプリのメイン画面を作成する

　メッセージアプリのベースとなるページを作成します。こちらは Action Cable とは関係ない、Rails の基本的なコントローラー／ビューの世界です（リスト 10-58）。

▼ **リスト 10-58　上：messages_controller.rb、下：messages/index.html.erb、下：messages/_message.html.erb**

```ruby
class MessagesController < ApplicationController
  def index
    @messages = Message.order(updated_at: :desc)
  end
end
```

```erb
<form>
  <input id="name" type="text" size="10" value="nobody" />：
  <input id="body" type="text" size="40"
    placeholder="メッセージを入力してください" />
  <input id="btn" type="button" value="送信" />
</form>
<hr />
<div id ="messages">
  <%= render @messages %>
</div>
```

```erb
<p><%= message.name %>：<%= message.body %></p>
```

3 チャネルを自動生成する

　チャネルは、これまでと同じく rails generate コマンドで生成できます。以下は、Message チャネルを生成し、sendMessage アクション（メソッド）を設置するためのコマンドです。

```
> rails generate channel message sendMessage
```

　コマンドの実行に成功すると、図 10-22 のようなファイルが生成されます。

▼ **図 10-22　rails generate channel コマンドで生成されるファイル**

```
/railbook
├── /app
│     ├── /channels
│     │     └── message_channel.rb ·············· MessageChannel の本体
│     └── /javascript
│           └── /channels
│                 ├── index.js ················· クライアントサイドでの基点
│                 ├── consumer.js ············ コンシューマーを作成するためのコード
│                 └── message_channel.js ···· MessageChannel と通信するためのコード
└── /test
      └── /channels
            └── message_channel_test.rb ········· チャネルのテストコード
```

さまざまなコードが生成されますが、まず基本となるのは message_channel.rb（サーバーサイド）、message_channel.js（クライアントサイド）です。まずは、これらのコードを編集して、対話のロジックを実装していきます。

4 チャネルを編集する

まずは、MessageChannel チャネルから実装していきます（リスト 10-59）。

▼ リスト 10-59　message_channel.rb

```
class MessageChannel < ApplicationCable::Channel
  # クライアントがサーバーに接続したとき
  def subscribed
    stream_from 'general'                                                    ❶
  end

  # 接続が解除されたとき
  def unsubscribed
  end

  # メッセージを登録&generalストリームにブロードキャスト
  def sendMessage(data)
    ActionCable.server.broadcast 'general', { name: data['name'], body: data['body'] }   ❷
    Message.create topic: 'general', name: data['name'], body: data['body']
  end
end
```

チャネルクラスは、Action Cable におけるコントローラーのようなもので、クライアントからの購読を受け付けるとともに、リクエストを処理するための役割を担います。具体的には、表 10-20 のようなメソッドを実装できます。

▼ 表 10-20　チャネルクラスで実装できる予約メソッド

メソッド	実行タイミング
subscribed	購読を受け付けたとき
unsubscribed	購読を解除したとき

一般的には、subscribed メソッドでチャネルに紐づけるべきストリームを生成するのが、ほぼイディオムです（❶）。これには、stream_from メソッドを利用してください。

stream_from メソッド

```
stream_from broadcasting
```

broadcasting：ストリーム名

subscribed ／ unsubscribed などの予約メソッドばかりではありません。チャネルクラスでは、クライアン

第 10 章　コンポーネント

ト（Subscriber）からの要求を受けて、データベースの更新、あるいは、コンテンツをブロードキャスト（配信）するなどの処理を実装する必要があります。これまでのアクションメソッドに相当するメソッドです（❷）。

　sendMessage メソッドであれば、引数としてクライアントからのリクエスト（data）を受け取るものとします。入力されたメッセージには data['body'] としてアクセスできます（配下のプロパティはクライアント側で自由に決められます）。

　ここでは、受け取ったメッセージ情報を messages テーブルに登録するとともに、general ストリームに対して、メッセージをブロードキャストしています。

---

broadcast メソッド

```
broadcast broadcasting, message
```
broadcasting：ストリーム名　　*message*：メッセージ

---

⑤ チャネルとの通信コードを準備する

　サーバーサイドの準備ができたところで、これを念頭に、クライアントサイド（Subscriber）側も確認していきます（リスト 10-60）。

▼ **リスト 10-60　message_channel.js**

```js
import consumer from 'channels/consumer'

const btn = document.querySelector('#btn');
const body = document.querySelector('#body');
const name = document.querySelector('#name');
const messages = document.getElementById('messages');

// チャネルを購読＆コールバックを登録
const app = consumer.subscriptions.create('MessageChannel', {
  // メッセージを受信したときの処理
  received(data) {
    const p = document.createElement('p');
    p.textContent = `${data.name}：${data.body}`;
    messages.prepend(p);
  },

  // 指定されたメッセージを送信
  sendMessage(name, msg) {
    return this.perform('sendMessage', { name: name, body: msg });
  }
});

// ［送信］ボタンクリック時の処理
btn?.addEventListener('click', function(e) {
  e.preventDefault();
  app.sendMessage(name.value, body.value);
  body.value = '';
}, false);
```

❶ ❷ ❸ ❹

504

チャネルを購読するには、subscriptions.create メソッドを利用します（**❶**）。

create メソッド

create(*channel*, *callback*)

channel：チャネルの名前　　*callback*：コールバック関数をまとめたオブジェクト（表10-21を参照）

引数 callback は、購読の随所で発生するイベントに応じて呼び出されるコールバックオブジェクトです。具体的には、表 10-21 のようなメソッドを登録できます。

▼ **表 10-21　サブスクライブに関わるコールバックオブジェクト（引数 callback）**

メソッド	概要
initialized()	サブスクリプションの作成時
rejected()	サブスクリプションが拒否されたとき
connected()	接続が確立したとき
disconnected()	接続が切断したとき
received(*data*)	チャネルからデータ data を受信したとき
method(...)	任意の名前のメソッド（リスナーなどから利用する）

この例であれば received メソッドでサーバー（Publisher）からの配信を受け取ったときの処理を実装しています（**❷**）。引数 data に渡されるのは、broadcast メソッド（リスト 10-59 −**❷**）の引数 message で指定されたオブジェクトです。ここでは、その name ／ body プロパティ（＝元々はクライアントから送信されたメッセージ）を加工し、id="messages" である要素配下の先頭に反映させています。

sendMessage メソッドは、［送信］ボタンをクリックしたときに呼び出され、チャネル側にメッセージを送信するためのメソッドです（**❸**）。これには perform メソッドを呼び出します。

perform メソッド

perform(*action*, *data* = {})

action：呼び出すメソッド名　　*data*：チャネルに渡す引数

引数 action には、チャネルで定義されたメソッド名を指定します。この例であれば、sendMessage メソッド（リスト 10-60）に対して、name ／ body プロパティを持ったオブジェクトを渡しなさい、という意味になります。

最後に、**❸**の sendMessage メソッドを呼び出しているのが、**❹**の click イベントリスナーです。これで［送信］ボタンをクリックすると、チャネル（Publisher）へのリクエストが発生し、その結果が個々のクライアント（Subscriber）に反映されることになります。

複雑に思われた方は、改めて双方の関係を図 10-23 でも確認しておきましょう。

▼図10-23 本サンプルの構造

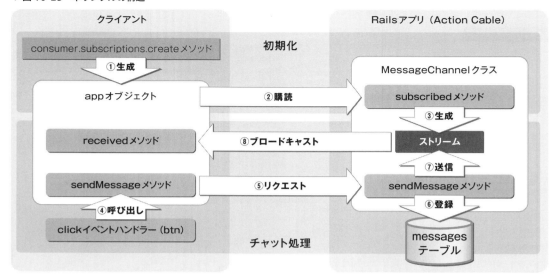

6 サンプルを実行する

以上を理解したら、サンプルを実行してみましょう。複数のクライアントでメッセージが共有／反映されることを確認したいので、ブラウザーも2個別個に立ち上げて、同じく「～/messages/index」にアクセスしてください。

P.499の図10-19のように、片方のブラウザーで入力されたメッセージが、もう片方のブラウザーにも反映されることを確認してみましょう。

10.6.4 複数のストリームでトピックを分割する

メッセージアプリで話題に応じてトピックを分割したいこともあります。そのような場合には、以下のようにコードを修正してみましょう（いずれも、太字は追記／変更部分を表します）。

1 ルート定義を修正する

本サンプルでは「～/messages/**hobby**」「～/messages/**hot**」のように、ルートパラメーターでスレッドを分岐するものとします。よって、routes.rbでもルートパラメーター :topic を伴うルートを定義しておきます（リスト10-61）。

▼リスト10-61　routes.rb

```
get 'messages/:topic' => 'messages#index'
```

2 アクションを修正する

アクション側でもルートパラメーター（topic）で取得するデータを絞り込んでおきます（リスト10-62）。

10.6　WebSocket 通信を実装する — Action Cable

▼ リスト 10-62　message_controller.rb

```ruby
@messages = Message.where(topic: params[:topic]).order(updated_at: :desc)
```

❸ チャネルを修正する

Publisher ／ Subscriber 双方でトピックを認識するよう、修正します（リスト 10-63）。

▼ リスト 10-63　上：message_channel.js、下：message_channel.rb

```javascript
// パスの末尾からパラメーター部分（topic）を取得
const paths = location.href.split('/');
const topic = paths[paths.length - 1];

const app = consumer.subscriptions.create(
  { channel: 'MessageChannel', topic }, { ──────────────────❶
  …中略…
  sendMessage(topic, name, body) {
    return this.perform('sendMessage', { topic, name, body });
  }
});

if (btn) {
  btn.addEventListener('click', function(e) {
    e.preventDefault();
    app.sendMessage(topic, name.value, body.value);
    body.value = '';
  }, false);
}
```

```ruby
def subscribed
  stream_from params[:topic] ──────────────────────────────❷
end
…中略…
def sendMessage(data)
  ActionCable.server.broadcast data['topic'],
    { name: data['name'], body: data['body'] }
  Message.create(topic: data['topic'], name: data['name'], body: data['body'])
end
```

Subscriber（クライアント）側では topic を識別できるように、各所に引数を追加しています。ほとんどが見ればわかるものばかりですが、❶の箇所だけは要注意です。create メソッドの第 1 引数がオブジェクトになります。Publisher 側に渡したいパラメーターをプロパティとして列記します。その際、チャネル名を表す channel プロパティだけは必須です。

create メソッドで渡されたパラメーターを、Publisher 側で受け取るには params メソッドを利用します（❷）。他は、前項では general とハードコーディングされていた箇所が変数（式）に置き換わっているだけなので、特筆すべき点はありません。

以上を理解したら、「～ /messages/**hobby**」「～ /messages/**hot**」それぞれにアクセスして、トピックが区別されることを確認してみましょう。

507

第 10 章　コンポーネント

◎ 10.6.5　Action Cable の設定

　Action Cable では、主に「サブスクリプションアダプター」と「リクエストの送信元」を設定しておく必要があります。

▌サブスクリプションアダプター

　サブスクリプションアダプターとは、Subscriber の情報を記録するためのアダプター（ライブラリ）のことです。リスト 10-64 のような config/cable.yml で宣言します。

▼ リスト 10-64　cable.yml

```
development:
  adapter: async

test:
  adapter: test

production:
  adapter: redis
  url: <%= ENV.fetch("REDIS_URL") { "redis://localhost:6379/1" } %>
  channel_prefix: railbook_production
```

　development ／ test ／ production と環境単位にアダプターを設定する点は、これまでと同じです。最低限、adapter パラメーターで利用するアダプターを設定しておきましょう。async は手軽さに重点を置いたインメモリーなアダプターです[*34]。

　production 環境では Redis のようなサーバーを利用すべきです。Redis を利用する場合は、adapter オプションだけでなく、url（接続 URL）、channel_prefix（衝突回避のために付与する接頭辞）なども併せて指定します。

▌リクエストの送信元を制限する

　action_cable.allowed_request_origins パラメーターを指定することで、Action Cable によるリクエストの送信元（オリジン[*35]）を制限できます。たとえばリスト 10-65 は、「https://example.com」または「https://example. ～」からのアクセスを許可する設定です。

▼ リスト 10-65　develoment.rb

```
config.action_cable.allowed_request_origins = [ "https://example.com", /https:\/\/example.*/ ]
```

　development 環境では既定で「http://localhost:3000/」からのすべてのリクエストを許可します。

　ちなみに、action_cable.disable_request_forgery_protection パラメーターを true とすることで、すべての送信元からのリクエストを許可することも可能です（既定は false です）。

[*34] test 環境でも利用されている test アダプターは async アダプターを拡張したもので、テストのための機能が付与されています。

[*35] **オリジン**とは、スキーム（https）、ホスト（example.com）、ポート番号（80）などの組み合わせのことを言います。

508

応用編 ▶ 第 **11** 章

Railsの高度な機能

最終章となる本章では、これまでの章では扱いきれなかった、
以下のような Rails の機能について取り上げます。

- キャッシュ機能
- アプリの国際化対応（I18n API）
- Hotwire
- 本番環境への移行

いずれも本格的なアプリ開発には不可欠の重要な要素ばかり
です。その中でも、キャッシュと本番環境への移行は、とりわけ
大切なテーマなので、きちんと理解していきたいところです。

11·1 キャッシュ機能の実装

　もととなるデータソース（多くはデータベース）がほとんど変更されないのに、ページ自体をリクエストのたびに動的に生成するのは無駄なことです。そのようなページについては、動的な処理の結果をキャッシュとして保存しておくことで、2回目以降の処理を効率化し、パフォーマンスを向上できます。

　Railsでは、このようなキャッシュのためのしくみとして、**フラグメントキャッシュ**という機能を提供しています。フラグメントキャッシュとは、名前のとおり、ページの断片（fragment）をキャッシュするためのしくみ。以下のような特長を持っています。

- ページの中に、キャッシュしたい静的な領域（たとえば、記事コンテンツ）と、キャッシュできない動的に生成すべき領域（たとえば、現在時刻の表示など）が混在している場合でも、適切なキャッシュポリシーを設定できる
- 書籍情報の配下にレビュー情報が属するような階層的なページ構造でも、効率良くキャッシュを管理できる

◎ 11.1.1 キャッシュを利用する場合の準備

　development環境では、既定でキャッシュが無効化されています。以降のサンプルを正しく動作させるには、ターミナルから以下のコマンドを実行してください。

```
> rails dev:cache *1
Development mode is now being cached.
```

　再度、rails dev:cacheコマンドを実行すると、「Development mode is no longer being cached」というメッセージが表示されて、キャッシュが無効化されます。

　なお、rails dev:cacheコマンドは開発環境のみで有効です。テスト／本番環境でキャッシュを有効／無効にするには、/config/environments/test.rbまたはproduction.rbのconfig.action_controller.perform_cachingパラメーターを編集してください（リスト11-1）。

▼ リスト11-1　test.rb／production.rb

```
config.action_controller.perform_caching = true
```

---

*1　内部的には、キャッシュを有効化するフラグ tmp/caching-dev.txt を作成しているだけです。

11.1.2 フラグメントキャッシュの基本

それではさっそく、具体的な例を見ていきましょう。リスト 11-2 は、テンプレートの❶の部分だけをキャッシュする例です。

▼ リスト 11-2　extra/f_cache.html.erb

```
現在時刻（キャッシュなし）：<%= Time.now %><br />
<% cache do %>
現在時刻（キャッシュあり）：<%= Time.now %><br />                              ❶
<% end %>
```

フラグメントキャッシュを利用するには、ビューヘルパー cache でキャッシュしたい領域を囲むだけです。

cache メソッド

```
<% cache([key]) do %>
  ...content...
<% end %>
```

key：キャッシュキー　　*content*：キャッシュするコンテンツ

まずは、この状態でサンプルを実行してみましょう（図 11-1）。

▼ 図 11-1　フラグメントキャッシュの実行結果

初回アクセス時は cache ブロックの内外ともにコードが実行されるので、同じ時刻が表示されます。しかし、2 回目のアクセスでは cache ブロックの配下はキャッシュデータが引用されるため、ブロック外の時刻だけが更新されることが確認できます。

更に、キャッシュデータがメモリーに保存されていることを、Puma のコンソールから確認してください。「views/extra/～」は、内部的に生成されたキャッシュのキーです。

第 11 章　Rails の高度な機能

```
Read fragment views/extra/f_cache:7acbea0fdf9cff7c0a1e7e52b82db410/localhost:3000/extra/ ⏎
f_cache (0.1ms) ─────────────────────────────────────────── ■ キャッシュが存在するかをチェック
Write fragment views/extra/f_cache:7acbea0fdf9cff7c0a1e7e52b82db410/localhost:3000/extra/ ⏎
f_cache (0.1ms) ─────────────────────────────────────────── ■ 存在しないので、キャッシュを保存
```

キャッシュキーの生成規則

　cache メソッドは、既定でテンプレートのパス、現在の URL をもとにキャッシュキーを生成します。よって、リスト 11-2 の例では「views/extra/f_cache:**7acbea0fdf9cff7c0a1e7e52b82db410**/ ～」のようなキーが生成されます。

　太字の部分は、テンプレートの内容をもとに生成されたハッシュ値です。これによって、テンプレートの内容が変更された場合にも、これを Rails が自動的に認識して、キャッシュをリフレッシュしてくれるわけです。

　ただし、1 つのページに複数のキャッシュ領域が存在する場合、このままではキーが重複してしまいます。この場合は、cache メソッドの引数 key にキーを明示的に指定しておきましょう。

```
<% cache(suffix: 'footer') do %>
現在時刻（キャッシュあり）：<%= Time.now %><br />
<% end %>
```

　これで「views/extra/f_cache:dd2c5f1951acdeaf56543393b5059fe0/localhost:3000/extra/f_cache**?suffix=footer**」のようなキャッシュキーが生成されます[*2]。これによって、ページ内でのキャッシュキーが識別できるようになるというわけです。

◎ 11.1.3　フラグメントキャッシュを複数ページで共有する

　フラグメントキャッシュは複数のページ間で共有できます。それには、各ページで cache ヘルパーの引数として共通の文字列を渡してください。また、キャッシュすべき領域は、部分テンプレート（この例では _share.html.erb）として切り出しておきます（リスト 11-3）。

▼ **リスト 11-3**　上：**extra/share1.html.erb、share2.html.erb、**下：**extra/_share.html.erb**

```
現在時刻（キャッシュなし）：<%= Time.now %><br />
<%= render 'share' %>

<% cache('GlobalTime') do %>
現在時刻（キャッシュあり）：<%= Time.now %><br />
<% end %>
```

　この状態で「～ /extra/share1」「～ /extra/share2」にアクセスすると、「現在時刻（キャッシュあり）」の表示が双方のページで等しい（＝キャッシュを共有できている）ことを確認できます。

　このように、キャッシュキーは自由に指定できますが、アプリ内部でキーが重複しないよう、無作為な生成は

───
[*2]　例を見てもわかるように、キャッシュキー（引数 key）に渡されたハッシュは、内部的には url_for メソッドで処理されます。

512

11.1 キャッシュ機能の実装

避けるべきです。まずは、表 11-1 のルールでキャッシュキーを決めると良いでしょう。3. については、次項で
解説します。

▼ 表 11-1 キャッシュキーの作成方法

No.	用途	作成方法
1	特定のアクションに依存	ハッシュ（現在の URL に基づいて url_for メソッドで処理される）
2	複数ページで共有	文字列
3	特定のモデルに依存	モデルオブジェクト

なお、2. のキーが増えてきた場合には、やはりキー重複の原因となります。コンテンツに応じて、なにかし
ら接頭辞で分類することを検討してください。

11.1.4 モデルをもとにキャッシュキーを決める

cache ヘルパーの引数 key（キャッシュキー）には、Active Record のモデルを指定することもできます。
たとえばリスト 11-4 のようにします。

▼ リスト 11-4 上：extra/model.html.erb、下：extra/_book.html.erb

```
<p>
  <%= render 'book', book: @book %>
</p>


<% cache(book) do %>
  <p><%= Time.now %></p>
  <img src="https://wings.msn.to/books/<%= book.isbn%>/<%= book.isbn%>_logo.jpg" width="80" ↩
height="30" /><br />
  <%= book.title %><br />
  <%= book.publisher %>/発行<br />
  定価 <%= book.price %>円（＋税）<br />
  ISBN <%= book.isbn %><br />
  発刊日： <%= book.published %>
<% end %>
```

太字部分では cache ヘルパーの引数として Book モデルを渡しています。Puma のログを確認すると、
「views/extra/_book:bc6258018b342a9d048395ff5b658b6a/books/1-20240905052010587608」
のようなキーが生成されていることが見て取れるはずです。

これは「～ / ハッシュ値 / モデル /id 値 -updated_at 列の値」の形式です。このようなキーを利用すること
で、モデルに更新が発生した場合はそれを検知して、キャッシュをリフレッシュできるようになります[3]。

親子関係にあるモデルでキャッシュ依存性を設定する

フラグメントキャッシュを入れ子で配置したいようなケースもあります。たとえばリスト 11-5 のような例です。

---

[3] 部分ビューからの出力には現在時刻を含めているので、その値でもキャッシュが破棄されたかどうかを確認できます。

▼ リスト 11-5　上：extra/_book.html.erb、下：extra/_review.html.erb

```
<% cache(book) do %>
  …中略…
  発刊日：<%= book.published %><br />
  レビュー：<ul><%= render partial: 'review', collection: book.reviews %></ul>
<% end %>
```

```
<% cache(review) do %>
  <li><%= review.body %>（<%= review.updated_at %>）<%= Time.now %></li>
<% end %>
```

　書籍情報の配下に、レビュー情報が入れ子に展開されており、それぞれにフラグメントキャッシュが設定されているわけです。このようなネスト構成は、ロシアのマトリョーシカ人形になぞらえて、**ロシアンドールキャッシュ（Russian Doll Caching）** とも呼ばれます（図 11-2）。

▼ 図 11-2　ロシアンドールキャッシュ

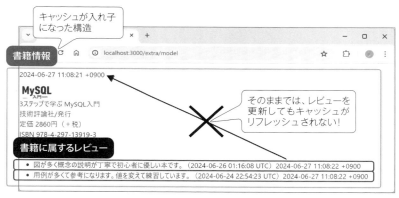

　ロシアンドールキャッシュでは、たとえば配下のレビューが 1 件だけ更新された場合にも、他のレビューキャッシュを破棄する必要はありません。変更がなかったキャッシュはそのまま再利用して、上位のフラグメントを再構成できるので、リフレッシュの負荷を軽減できるわけです。
　ただし、このままでは画面が正しくリフレッシュされません。先ほども触れたように、モデルを伴うキャッシュは updated_at 列の値によって識別されるのでした。しかし、レビューを更新した場合にも、上位キャッシュである書籍の updated_at 列は変化しないので、キャッシュもそのまま古いものが使われてしまうのです。
　このような状態は望ましくないので、レビューの更新に伴い、上位の書籍も update_at 列を更新してしまいましょう。これには、リスト 11-6 のようにモデルを編集します。

▼ リスト 11-6　review.rb

```
class Review < ApplicationRecord
  belongs_to :book, touch: true
  …中略…
end
```

belongs_to メソッドの touch オプションを有効にすることで、Review モデルが更新されたタイミングで参照先となる Book モデルの updated_at 列も併せて更新されるようになります。

この状態でレビューを更新すると、書籍と該当するレビューのキャッシュがリフレッシュされること、その他のレビューキャッシュは維持されることが確認できます。

モデル配列をもとにキャッシュキーを生成する

図 11-3 のような書籍情報の一覧に対して、キャッシュを生成することもできます。

▼ 図 11-3　書籍＋レビュー情報の一覧をキャッシュ

具体的な実装例は、リスト 11-7 のとおりです。なお、部分テンプレート _book.html.erb ／ _review.html.erb は、リスト 11-5 と同じなので省略します。

▼ リスト 11-7　上：extra/model2.html.erb、下：extra_helper.rb

```
<% cache(books_cache_key) do %>
  <% Book.all.each do |book| %>
    <p>
      <%= render 'book', book: book %>
    </p>
  <% end %>
<% end %>
```

```
module ExtraHelper
  def books_cache_key
    "books-#{Book.count}-#{Book.maximum(:updated_at).to_i}"
  end
end
```

モデル配列をもとにキャッシュキーを作成するのは、自作ヘルパー books_cache_key の役割です。この例では、books テーブルの件数（count メソッド）、updated_at 列の最大値（maximum メソッド）をもとに「views/extra/model2:649fc6b41a8a42c5f7f5a978948c4e6f/**books-10-1726021263**」のような

第 11 章　Rails の高度な機能

キーを生成しています。これによって、テーブル内のデータが更新された、もしくは、新規のデータが追加に
なった場合に、キャッシュも強制的にリフレッシュされるようになります。

◎ 11.1.5　指定の条件に応じてキャッシュを有効にする

cache_if メソッドを利用することで、条件式が true の場合だけキャッシュを有効にすることもできます。

cache_if メソッド

```
<% cache_if(condition, key) do %>
  ...content...
<% end %>
```
condition：条件式　　*key*：キャッシュキー　　*content*：キャッシュするコンテンツ

たとえばリスト 11-8 は、書籍情報の刊行日（published 列）が過去の日付の場合だけ、キャッシュする例
です。これは書籍の刊行前は、頻繁に情報が変動する可能性があることを想定しています。

▼ **リスト 11-8　extra/_book.html.erb**

```
<% cache_if(book.published <= Date.today ,book) do %>
…中略…
<% end %>
```

ちなみに、条件式が false の場合に、キャッシュを有効にする cache_unless メソッドもあります。構文は
cache_if メソッドに準ずるので、ここでは省略します。

◎ 11.1.6　キャッシュの格納先を変更する

キャッシュデータの格納先は、設定ファイルで変更できます。リスト 11-9 は、キャッシュをファイルシステ
ムの指定場所（「C:/Temp/cache」フォルダー）に保存する例です。

▼ **リスト 11-9　development.rb**

```
if Rails.root.join("tmp/caching-dev.txt").exist?
  config.action_controller.perform_caching = true
  config.cache_store = :file_store, 'C:/Temp/cache'
  …中略…
else
```

キャッシュは、ファイルシステムだけでなく、メモリや Memcached などに保存することもできます。表 11-
2 は、config.cache_store パラメーターで指定できる保存先とそのパラメーターです。

516

11.1 キャッシュ機能の実装

▼ 表11-2 キャッシュの保存先（config.cache_store パラメーターの設定値）

設定値	保存先
:memory_store, { size: *mb* }	メモリ（mb は最大サイズ。既定は 32.megabytes）
:file_store, *path*	ファイルシステム（path は保存先フォルダー）
:mem_cache_store, *host*, ...	Memcached サーバー（host はホスト名。複数指定可）
:redis_cache_store, { url: *url* } **5.2**	Redis サーバー（url は接続先）
:null_store	キャッシュしない（開発用のダミーのキャッシュストア）

　既定の保存先は :file_store です[*4]。ただし、:file_store では、ディスクの上限までキャッシュを累積します。古くなったキャッシュは、ファイルの最終アクセス日などから判定して、定期的に削除してください。

　キャッシュを一括で破棄するならば、以下のように rails tmp:cache:clear コマンドを利用することもできます。

```
> rails tmp:cache:clear
```

> **COLUMN**　　　　　　　　　　　**Active ～ vs. Action ～**

　Rails には、さまざまなコンポーネントが用意されています。Action View、Active Model、Active Record、Action Mailer、Active Storage などなど。ただ、それぞれの名前をよく見ると、Action ～と Active ～とが混在しており、「あれ、Action Mailer だっけ、Active Mailer だっけ?」と思うこともしばしばです。

　そんな思いを持っている人は、やはりどこにでもいるようで、Stack Overflow にも以下のような投稿がありました。

- What is the naming rule behind Rails' parts?（https://stackoverflow.com/questions/23747162/what-is-the-naming-rule-behind-rails-parts）

　結論から言うと、Action ～は Controller ／ View に関連する、Active ～は Model に関連するコンポーネント、ということでした。

　公式の見解ではないので、本当かどうかはわかりません。しかし、Action Text も元は Active Text だったものが改名されたもの。理由は「Model よりも View に近いから」と、これは本家本元、作者の DHH（David Heinemeier Hansson）氏のコメントなので、なかなかに信頼に足るところかもしれません。

　いずれにせよ、Active ～と Action ～とを混同してしまいがち、という人は、このトピックを覚えておくことで間違えにくくなるかもしれません。

[*4]　ただし、development 環境では :memory_store が既定です。単に cache_store パラメーターをコメントアウトした場合には :file_store と見なされ、プロジェクトルート配下の /tmp/cache フォルダーにキャッシュが保存されます。

11-2 アプリの国際化対応 ── I18n API

昨今、1つのアプリで複数の言語に対応したいということはよくあります。日本語や英語はもちろん、中国語やドイツ語、フランス語などに対応しなければならないという状況も珍しくはありません。

そのような状況で、アクションメソッドやテンプレートに、直接、言語依存の文字列を埋め込んでしまうのは望ましくありません。日本語対応のアプリを英語対応に作り替える場合などに、すべてのコードを多重化しなければならないためです。ロジックの変更が発生したときも、それぞれのコードに同一の修正を施さなければならないとしたら、まったくの無駄というものですし、なにより修正漏れやバグが混入するもとにもなります。

そこでRailsでは、標準的な国際化対応のしくみとして、I18n（Internationalization[5]）APIを提供しています。I18n APIを利用することで、たとえばブラウザーの言語設定に応じて地域固有のテキストを動的に差し替えることが可能になります。

11.2.1 国際化対応アプリの全体像

最初に、Railsでの国際化対応アプリの構造を示します（図11-4）。

▼ 図11-4 国際化対応アプリのしくみ

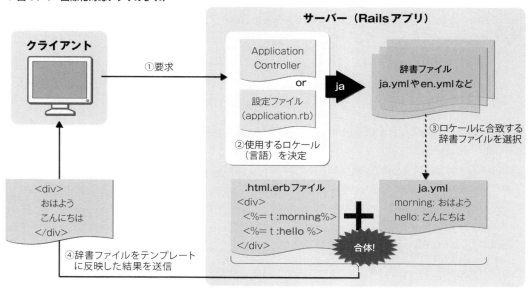

---

[5] I18nとは「Internationalization」を指しており、Iとnの間に18文字あることから、このように呼ばれます。

国際化対応アプリでは、まず**辞書（翻訳）ファイル**を準備する必要があります。辞書ファイルとは、言語に依存するコンテンツをまとめたファイルです。Railsではあらかじめ指定された言語情報で適切な辞書ファイルを選択し、その中の情報をテンプレートに埋め込むことで、国際化対応を実現しているのです。これによって、ページそのものを多重化することなく、さまざまな言語に対応できます。

なお、「あらかじめ指定された言語情報」がどこで指定されているのかが気になるところですが、Railsでは次のいずれかで設定するのが基本です。

- 設定ファイル（application.rb など）
- 基底コントローラー（application_controller.rb）

11.2.2 国際化対応の基本的な手順

それではさっそく、国際化対応のための基本的な手順を追っていくことにしましょう。図11-5は、設定ファイルの言語設定に応じてアプリの表示言語を切り替える例です。

▼ 図11-5　i18n.default_locale パラメーターの設定に応じて表示を変更（左から :en、:ja、:de の場合）

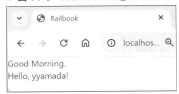

1 辞書ファイルを定義する

辞書ファイルは /config/locales フォルダー配下に「言語名.yml」の形式で保存するのが基本です。日本語、英語、ドイツ語対応の辞書ファイルを定義するならば、それぞれファイル名は ja.yml、en.yml、de.yml です（リスト11-10）。

▼ リスト11-10　上：ja.yml、中：en.yml、下：de.yml

```
ja:
  general:
    greeting:
      morning: おはようございます。
      hello: こんにちは、%{name}さん！

en:
  general:
    greeting:
      morning: Good Morning.
      hello: Hello, %{name}!

de:
  general:
```

第 11 章　Rails の高度な機能

```
greeting:
  morning: Guten Morgen.
  hello: Guten Tag, %{name}!
```

　辞書ファイルは YAML 形式、もしくは Ruby スクリプトで記述するのが基本です。YAML 形式の一般的な
記法は 2.4.2 項でも触れたので、併せて参照してください。
　YAML 形式の辞書ファイルでは、以下のように言語名を頂点に、配下に「キー名：*値*」の形式で辞書情報
を記述します。

```
言語名:
  キー名:
    サブキー名: 値
    ...
```

　インデントを設けることで、「キー.サブキー」のような階層構造を表現できます。アプリが大規模になれば、
翻訳ファイルのサイズも大きくなるので、キーの衝突を防ぐ意味でも、できるだけ意味単位で階層を設けておく
のが望ましいでしょう。
　general.greeting.hello キーのように、値に %{ *名前* } の形式でプレイスホルダーを指定することもでき
ます。このようなプレイスホルダーに対しては、テンプレート上で動的に値を埋め込むことができます。

NOTE

ハッシュで辞書ファイルを表現するには？

　Rails では、リスト 11-11 のように、Ruby スクリプト（ハッシュ）として辞書ファイルを作成することもできます（本
サンプルの動作は、trans.html.erb から対応するコードを有効化することで確認できます）。

▼ **リスト 11-11　ja.rb**

```
{
  ja: {
    general: {
      greeting: {
        night: 'こんばんは。',
        weather: '%{name}さん、良いお天気ですね！'
      }
    }
  }
}
```

---

❷ アプリの設定ファイルを編集する

　設定ファイルで i18n.default_locale パラメーターを指定します。すべての環境に共通で設定したいパラ
メーターは、application.rb で宣言するのでした（リスト 11-12）。

520

11.2 アプリの国際化対応 — I18n API

▼ リスト 11-12　application.rb

```
module Railbook
  class Application < Rails::Application
    …中略…
    config.i18n.default_locale = :ja
  end
end
```

❸ テンプレートファイルを記述する

❶で生成した辞書ファイルの内容を、テンプレート上で引用してみましょう（リスト 11-13）。

▼ リスト 11-13　extra/trans.html.erb

```
<%= t 'general.greeting.morning' %><br />
<%= t 'general.greeting.hello', name: 'yyamada' %>
```

Action View では辞書ファイルを参照するために、ビューヘルパー t を用意しています。

t メソッド

```
t(key [,opts])
```
key：辞書キー（文字列、またはシンボルで指定）　　opts：動作オプション

引数 opts にはさまざまなオプションを指定できますが、ここではまず「*名前* : *値*」の形式でプレイスホルダーに値を引き渡す例を示しています。

以上の手順を終えたら、さっそく「～ /extra/trans」にアクセスしてみましょう。図 11-5 のような結果が日本語で得られること、❷の手順に従って設定ファイルを :en や :de に変更すると、結果もそれぞれ英語やドイツ語に変化することを確認してください。

◎ 11.2.3　ロケールを動的に設定する方法 — ApplicationController

前項では、ロケールをアプリ側で静的に設定する方法を学びましたが、クライアント側の条件や環境に応じて、動的にアプリの言語を変更したいという状況はよくあります。その場合は、すべてのコントローラーの基底クラスでもある ApplicationController でロケールを設定します[6]。

ブラウザーの言語設定に応じてロケールを変更する

たとえば、ブラウザーの言語設定（Accept-Language ヘッダー）に応じて、アプリのロケールも変更したいという場合には、リスト 11-14 のようなコードを準備します。

───────
＊6　本書のコードは、他のサンプルの動作に影響が出ないよう、ダウンロードサンプルではコメントアウトしています。

521

第 11 章　Rails の高度な機能

▼ リスト 11-14　application_controller.rb

```ruby
class ApplicationController < ActionController::Base
  before_action :detect_locale
  …中略…
  private
    def detect_locale
      I18n.locale = request.headers['Accept-Language'].scan(/\A[a-z]{2}/).first
    end
end
```

　ここでは、すべてのアクションの呼び出しに先立って呼び出される before フィルターとして detect_locale を設定しています。detect_locale フィルターの内容は、ブラウザーの最優先言語を取得し、I18n.locale プロパティにセットするだけのごく単純なものです。I18n.locale 属性は I18n API で利用するロケールを意味します。

　Accept-Language ヘッダーには「ja,en;q=0.9」のように言語設定が優先順にセットされているはずなので、ここでは scan メソッドで先頭のアルファベット 2 文字（たとえば ja）を抽出することで、最優先の言語設定を取得しています。

　以上を理解したら、さっそく先ほどのサンプル「〜 /extra/trans」にアクセスしてみましょう。ブラウザーの言語設定に応じて、図 11-5 のように表示言語が切り替わることを確認してください[*7]。

クエリ情報によってロケールを変更する

　ロケールを動的に設定するとはいっても、要は、I18n.locale 属性にセットすべき値をどのように取得するかの問題なので、リスト 11-14 の太字部分を差し替えることで、設定方法は自由に変更できます。たとえば、クエリ情報（ルートパラメーター）locale に基づいて表示言語を切り替えるには、先ほどのファイルをリスト 11-15 のように修正します。

▼ リスト 11-15　application_controller.rb

```ruby
class ApplicationController < ActionController::Base
  before_action :detect_locale
  …中略…
  # 現在のロケール設定でlocaleオプションを設定
  def default_url_options(options = {})
    { locale: I18n.locale }
  end
  …中略…
  private
    def detect_locale
      I18n.locale = params[:locale]
    end
end
```

❶

[*7]　ブラウザーの言語設定を変更するには、Chrome であれば ⋮（Google Chrome の設定）−［設定］を開き、［言語］リンクをクリック、［優先言語］から［言語を追加］ボタンをクリックして言語を追加、順番を変更してください。

❶ のように、default_url_options メソッド（4.3.2 項）をオーバライドしているのは、すべてのリンクでいちいちロケールを明示的に設定するのが面倒なためです。❶のコードによって、<form> 要素や <a> 要素などすべてのリンクに locale オプションが自動で付与されます。

以上の状態で、「〜 /extra/trans?locale=ja」のような URL でアクセスしてみましょう。指定された言語に応じて、結果も切り替わることが確認できます。

ルートパラメーター経由でロケールを変更する

ルートパラメーターを使用してロケール情報を渡す場合——たとえば「〜 /ja/extra/trans」のような URL でロケールを指定したいならば、scope ブロックを使ってルートを定義しておくと良いでしょう（リスト 11-16）。

▼ **リスト 11-16　routes.rb**

```ruby
scope "(:locale)", locale: /ja|en|de/ do
  resources :books
  get 'extra/trans'
end
```

URL の先頭に省略可能な :locale パラメーター（ja、en、de）を付与しているわけです。get（post、match など）メソッドだけでなく、resources メソッドも同じく scope ブロックで修飾できます。

> **NOTE　トップページへのマッピングに注意**
>
> ただし、このままではトップページへのアクセスでロケールが認識されません。たとえば、「http://localhost:3000/ja」という URL は root メソッドによるルート定義にはマッチしないからです。そこで root メソッドの直前に、ロケール対応したルートとして、以下のようなコードを追加しておきましょう。これで正しく「ロケール対応のルート」が認識されるようになります。
>
> ```ruby
> match '/:locale' => 'hello#list', via: [ :get ]
> root to: 'hello#list'
> ```

以上で紹介した方法の他にも、アプリで管理しているユーザー情報や、ja.examples.com のようなドメインからロケールを設定することもできます。なお、いずれのケースでもロケール情報が指定されなかった場合には、既定のロケール（設定ファイルの情報）が暗黙的に利用されます。

◎ 11.2.4　辞書ファイルのさまざまな配置と記法

続いて、辞書ファイルについて詳しく見ていきましょう。先ほど述べたように、アプリの規模によっては、辞書ファイルのサイズは膨大になる可能性があります。辞書ファイルをいかにわかりやすく管理しておくかは、国際化対応アプリをメンテナンスする際には重要な課題です。

第 11 章　Rails の高度な機能

テンプレート単位に階層を設ける

特定のテンプレートでのみ利用する辞書であれば、キーを「コントローラー名 . アクション名 . キー名」の階層で表します。たとえば、リスト 11-17 は ctrl/trans.html.erb で利用することを想定した辞書の例です。

▼ リスト 11-17　ja.yml

```
ja:
  ctrl:
    trans:
      greeting: こんにちは、世界！
```

このような辞書は、ctrl/trans.html.erb から、リスト 11-18 のようなコードで参照できます。

▼ リスト 11-18　ctrl/trans.html.erb

```
<%= t '.greeting' %>
```

キー先頭のドット（.）がポイントです。これによって、ctrl.trans. 〜の階層構造から greeting キーを検索します。

モデルの属性に対して辞書を用意する

モデルの属性に対して辞書を準備するには、「attributes. キー名」という階層で表現します。たとえば、リスト 11-19 は Book モデルの属性に対して辞書を定義した例です。

▼ リスト 11-19　ja.yml

```
ja:
  activerecord:
    attributes:
      book:
        isbn: ISBNコード
        title: 書名
        price: 価格
        publisher: 出版社
        published: 刊行日
```

これに対して、テンプレート側はなんら書き換える必要はありません。ここでは、3.1.1 項で作成した _form.html.erb を以下に再掲しておきます（リスト 11-20）。

▼ リスト 11-20　books/_form.html.erb

```
<div>
  <%= form.label :isbn, style: "display: block" %>
  …中略…
</div>
```

524

```
<div>
  <%= form.label :title, style: "display: block" %>
    …中略…
</div>
```

▼ 図 11-6　日本語化されたラベルの表示

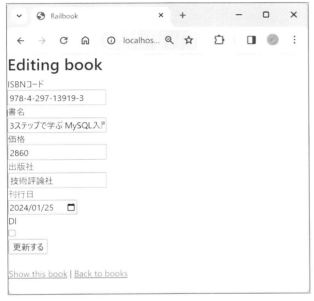

　ビューヘルパー label は、実は I18n API に対応したヘルパーです。label メソッドでは、明示的にラベルテキストが指定されていない場合、指定された属性名（ここでは :isbn、:title など）に対応する翻訳結果が反映されるのです。

補足：コントローラー／モデル単位で辞書ファイルを用意する

　/config/locales フォルダー配下にサブフォルダーを設け、辞書ファイルそのものを分割することもできます。たとえば、コントローラー／モデルなどの単位でファイルそのものを分類すれば、辞書ファイルもすっきりとし、メンテナンスもしやすくなるでしょう。

　たとえば、Book モデルと Ctrl コントローラーの配下のテンプレートで参照すべき辞書ファイルであれば、それぞれ図 11-7 のように配置すると良いでしょう。

第 11 章　Rails の高度な機能

▼ 図 11-7　辞書ファイルの分割配置（例）

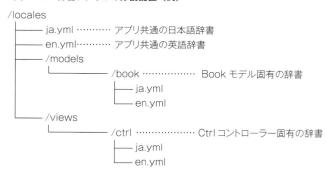

　それぞれの辞書ファイルの記法は、分割前と変わりありません。ファイルを分割したからといって、モデルやコントローラーに対応した辞書ファイルだけが読み込まれるというわけではないため、辞書のキー階層はこれまでと同じ考え方で記述します（キーが重複してはいけませんし、コントローラー／アクションなどの階層も維持します）。あくまでフォルダー階層は整理のためのもので、Rails が辞書を読み込む際のキーとなるわけではないということです。具体的なコードは、ダウンロードサンプルの /tmp/locales フォルダーも参照してください。
　なお、このように辞書ファイルをサブフォルダーに分割した場合、アプリの設定ファイルも変更する必要があります（リスト 11-21）。というのも、Rails 既定の設定では /config/locales フォルダー**直下**の辞書ファイルだけが読み込まれるようになっているためです。

▼ リスト 11-21　application.rb

```
config.i18n.load_path += Dir[Rails.root.join('config', 'locales', '**', '*.{rb,yml}').to_s]
config.i18n.default_locale = :ja
```

　config.i18n.load_path パラメーターは辞書ファイルの検索先を表します。この例では、「/config/locales/**/*.rb、*.yml」を検索先として追加することで、/config/locales フォルダー配下のすべてのサブフォルダーをまとめて読み込んでいます。

テンプレートそのものをローカル対応する

　テンプレートの大部分が翻訳情報で構成されており、かつ、その内容が他で再利用しにくいものであるならば、そもそも（辞書ファイルを設置するのではなく）テンプレートそのものをローカル対応してしまうという方法もあります（**ローカル対応テンプレート**）。テンプレートと辞書ファイルを分離するよりも、コンテンツも直感的に編集しやすいからです（図 11-8）。
　テンプレートを各国語に対応させるには、これまでの index.html.erb のようなファイルと同じフォルダーに、index.ja.html.erb のようなファイルを配置するだけです。これによって、言語設定が ja（日本語）である場合に index.ja.html.erb が呼び出されるようになります。

▼図11-8 ローカル対応テンプレート

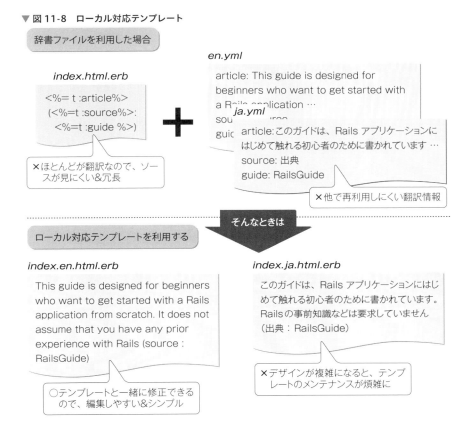

　ただし、テンプレートファイルのローカル化は、言語の数だけテンプレートを用意する必要があるため、デザインの変更時にはそれなりの手間がかかります。基本は辞書ファイルでの翻訳をメインとし、辞書ファイルに分離するのがかえって冗長である場合のみローカル対応テンプレートを利用すると良いでしょう。

11.2.5　Rails 標準の翻訳情報を追加する

　Rails では、Active Model による検証メッセージをはじめ、数値や日付／時刻関係のビューヘルパーなどが国際化対応しており、辞書ファイルを設定するだけで出力を日本語化できます。
　以下では、その中でも主なものについて辞書ファイルの記述方法を示しておきます。

検証メッセージ

　検証メッセージ（5.5.2 項）は、errors.messages 配下のサブキーとして定義します。表 11-3 に、利用できるサブキーをまとめておきます。

第 11 章　Rails の高度な機能

▼ 表 11-3　検証メッセージのキー名

検証名	オプション	サブキー
acceptance	−	accepted
confirmation	−	confirmation
exclusion	−	exclusion
inclusion	−	inclusion
format	−	invalid
length	in、maximum、within	too_long*
	in、minimum、within	too_short*
	is	wrong_length*
numericality	−	not_a_number
	greater_than	greater_than*
	greater_than_or_equal_to	greater_than_or_equal_to*
	equal_to	equal_to*
	less_than	less_than*
	less_than_or_equal_to	less_than_or_equal_to*
	other_than	other_than*
	only_integer	not_an_integer
	in	in*
	odd	odd
	even	even
presence	−	blank
absence	−	present
uniqueness	−	taken
comparison **7.0**	greater_than	greater_than*
	greater_than_or_equal_to	greater_than_or_equal_to*
	equal_to	equal_to*
	less_than	less_than*
	less_than_or_equal_to	less_than_or_equal_to*
	other_than	other_than*

　サブキーに付いている「*」は、検証メッセージ内でプレイスホルダー %{count} を利用できることを表します。%{count} は検証パラメーターとして指定された（たとえば）文字数や数字の最大値／最小値などを表します。

　一部のキーについて具体的な設定例も、リスト 11-22 に示します。

▼ リスト 11-22　ja.yml

```
ja:
  errors:
    format: "%{attribute}%{message}"
    messages:
      accepted: を受諾してください
      blank: を入力してください
      confirmation: と%{attribute}の入力が一致しません
      empty: を入力してください
```

528

```
        equal_to: は%{count}にしてください
        even: は偶数にしてください
        exclusion: は予約されています
        greater_than: は%{count}より大きい値にしてください
        greater_than_or_equal_to: は%{count}以上の値にしてください
```

日付／時刻フォーマット

Time オブジェクトで表される日付／時刻の出力形式も指定できます。time というキーの配下に、formats. default、formats.short、formats.longというサブキーで、標準／短い／長い形式の書式文字列を指定します。

リスト 11-23 に、time.formats. 〜キーの具体的な設定例を示しておきます。

▼ リスト 11-23　ja.yml

```
ja:
  time:
    am: 午前
    formats:
      default: "%Y年%m月%d日(%a) %H時%M分%S秒 %z"
      long: "%Y/%m/%d %H:%M"
      short: "%m/%d %H:%M"
    pm: 午後
```

書式文字列は、strftime メソッドで認識できるものに準じます。これらの日付／時刻フォーマットを適用するには、ビューヘルパー l を利用します。たとえばリスト 11-24 は、現在の日時を長い形式で表示する例です。

▼ リスト 11-24　extra/trans.html.erb

```
<%= l Time.now, format: :long %><br />
```

数値系のビューヘルパー

number_to_currency や number_with_precision をはじめとした数値系のビューヘルパーも I18n API に対応しており、ロケール依存のオプション情報を辞書ファイルから取得できるようになっています。

たとえばリスト 11-25 は、number_to_currency メソッドで利用できるオプション情報を、辞書ファイルで定義した例です。

▼ リスト 11-25　ja.yml

```
ja:
  number:
    currency:
      format:
        delimiter: ","
        format: "%n%u"
        precision: 0
        separator: "."
```

第 11 章　Rails の高度な機能

```
significant: false
strip_insignificant_zeros: false
unit: 円
```

パラメーターの意味については 4.2.9 項を参照してください。以上の辞書を保存した状態で、number_to_
currency メソッドをオプション指定なしで実行すると、確かに辞書に応じた結果を得られることが確認できま
す（リスト 11-26）。

▼ リスト 11-26　extra/trans.html.erb

```
<%= number_to_currency(12345) %> ─────────────────────── 12,345 円
```

Action Mailer（メールの件名）

Action Mailer の mail メソッドでは、メールの件名（subject キー）が指定されなかった場合、翻訳ファ
イルで指定された件名を利用しようとします。この際、キー名は「メーラー名 . アクション名 .subject」として
ください。

よって、リスト 10-2（P.451）に対応する翻訳ファイルは、リスト 11-27 のように定義します。

▼ リスト 11-27　ja.yml

```
ja:
  notice_mailer:
    sendmail_confirm:
      subject: '%{user} さん、登録ありがとうございました'
```

プレイスホルダー %{...} に対して値を渡すには、メーラー側で mail メソッドを以下のように書き換える必
要があります。

```
mail to: @user.email,
     subject: default_i18n_subject(user: @user.username)
```

これで、「プレイスホルダー %{user} に対して @user.username の値を埋め込む」という意味になります。

submit メソッド

フォーム系のビューヘルパーでもう 1 つ、I18n API に対応しているヘルパーがあります。submit メソッド
です。submit メソッドは 4.1.1 項でも触れたように、まず親となるフォーム（form_with メソッド）に渡さ
れたオブジェクトの状態を確認し、オブジェクトが新規／既存いずれであるかによって、キャプションの表示を
変化させる機能を持っています。そのため、辞書ファイルでもそれぞれの状態に応じて翻訳情報を用意する必
要があります（リスト 11-28）。

▼ リスト 11-28　ja.yml

```
ja:
```

```
helpers:
  submit:
    create: 登録する ── 新規オブジェクトに対する表示
    submit: 保存する ── オブジェクトに紐づいていない場合の表示
    update: 更新する ── 既存オブジェクトに対する表示
```

　その他、datetime_select や select_datetime などの日付／時刻選択ボックス（4.1.3 項）などのビューヘルパーも国際化に対応しています。

　もっとも、これらのすべてについて一から自分で辞書ファイルを準備するのは面倒です。Rails では、既に有志の方が主要な翻訳情報をまとめたものを公開しているので、こちらを入手し、必要であれば適宜更新して利用するのが良いでしょう[*8]。

- **rails-i18n**
  https://github.com/svenfuchs/rails-i18n

　/rails/locale フォルダーの配下の ja.yml というファイルを開くと、ja.yml の内容がテキスト表示されます。右上の［Raw］というリンクを右クリックし、表示されたコンテキストメニューから［名前を付けてリンク先を保存 ...］ボタンでファイルとして保存してください（図 11-9）。

▼図 11-9　ja.yml をダウンロード

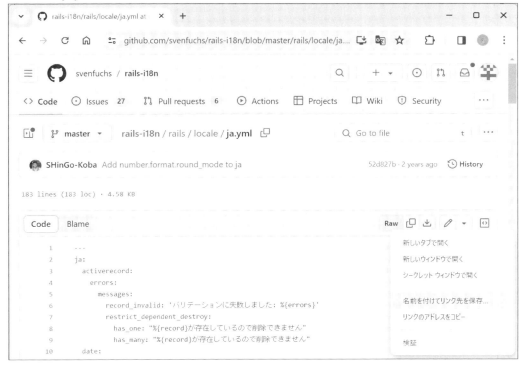

──────────
[*8]　本書ではそれぞれのキー名の意味については触れませんが、キー名から対応するメソッドや項目はおおよそ類推できるはずです。

第 11 章　Rails の高度な機能

これによって ja.yml を入手できるので、作成済みの ja.yml と差し替えてください[*9]。ただし、差し替えに先立って、既に作成済みの翻訳情報を新しい ja.yml にコピー＆ペーストしておきましょう。その際、キーが重複しないよう、既存のものを置き換えるようにしてください。

◎ 11.2.6　ビューヘルパー t の各種オプション

最後に、辞書ファイルを参照するビューヘルパー t の主なオプションについてまとめます。

▌参照すべき名前空間の設定 ― scope オプション

scope オプションは、参照すべき翻訳情報の親キー（名前空間）を表します。たとえばリスト 11-29 は、いずれも general.greeting.morning キーを参照するためのコードです。

▼ リスト 11-29　extra/trans.html.erb

```
<%= t :morning, scope: 'general.greeting' %>              ❶
<%= t :morning, scope: [:general, :greeting] %>           ❷
<% k = [:general, :greeting] %>                           ❸
<%= t :morning, scope: k %>
```

scope オプションは文字列（❶）、または配列（❷）で指定できます。同一の名前空間を何度も参照する場合には、❸のように名前空間を変数に格納しておけば、深い階層のキーでも、よりすっきりとしたコードで参照できるでしょう。

▌既定値の設定 ― default オプション

default オプションには、翻訳情報が見つからなかった場合の既定値を指定します（リスト 11-30）。

▼ リスト 11-30　extra/trans.html.erb

```
<%= t 'general.greeting.night', default: 'Good Night' %>    ❶
<%= t :night, default: [:default, 'Hello'],                 ❷
  scope: [:general, :greeting] %>
```

❶は general.greeting.night キーを検索し、見つからなかった場合に "Good Night" を表示します。

❷のように、default オプションには配列を指定することもできます。この場合、general.greeting.night → general.greeting.default の順で検索し、いずれも見つからなかった場合に "Hello" を表示します。scope オプションを指定しているのは、default オプションで他のキーを参照する場合は、（既定値と区別するために）:default のようにシンボルで指定する必要があるためです。シンボルでは :general.greeting.default のような記述はできません。

[*9]　rails-i18n プロジェクトでは日本語に限らず、さまざまな地域の辞書ファイルが公開されています。必要に応じて、他の辞書ファイルも入手しておくと良いでしょう。

532

ロケール情報の設定 ― locale オプション

　一般的には、アプリ単位でロケールを設定するのが基本ですが、例外的に異なるロケールに振り向けたいということもあるでしょう。その場合は、locale オプションで使用するロケールを明示的に指定します。

　リスト 11-31 は、アプリの設定に関わらず、ドイツ語の辞書ファイル（de.yml）を参照する例です。

▼ リスト 11-31　extra/trans.html.erb

```
<%= t 'general.greeting.morning', locale: :de %>
```

単数／複数形の区別 ― count オプション

　日本語は比較的、単数形／複数形の区別を持たない言語ですが、英語のように単数形／複数形の区別が明確な言語もあります（たとえば、class と classes のようにです）。辞書ファイルでも、渡された数値によって翻訳を区別すべき局面は少なくないでしょう。

　そのような場合に利用するのが count オプションです。count オプションを利用するには、まず辞書ファイルの側で本来のキー配下のサブキーとして、one（単数形）と other（複数形）を定義しておく必要があります。たとえばリスト 11-32 は、result というキーに対して単数形／複数形を定義する例です。

▼ リスト 11-32　en.yml

```
en:
  result:
    one: "only one" ─────────────────────────────── 単数形
    other: "%{count} rows" ─────────────────────────── 複数形
```

　このような辞書ファイルを参照するには、リスト 11-33 のようにします。サンプル実行に際しては、アプリのロケールが :en であることを確認しましょう。

▼ リスト 11-33　extra/trans.html.erb

```
<%= t 'result', count: 1 %> ─────────────────────────── only one
<%= t 'result', count: 2 %> ─────────────────────────── 2 rows
```

　確かに count オプションの値に応じて得られる結果も変化することが確認できます。

11-3 Hotwire 7.0

Hotwireとは、大雑把にはJavaScriptレスでSPA（Single Page Application[*10]）ライクなしくみを導入するためのライブラリです。ページ遷移に際して、ページ全体を入れ替えるのではなく、特定の領域だけを入れ替えるためのしくみを提供します（図11-10）。

▼図11-10 Hotwireとは？

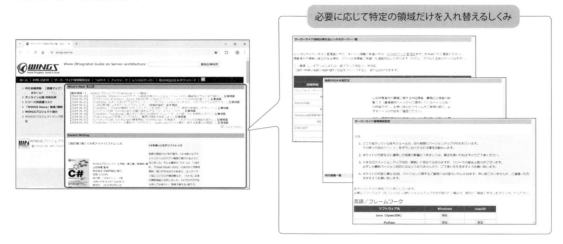

従来、このようなしくみを実装するには、React／Vue.jsのようなフレームワークを利用するにせよ、自分で一からコーディングするにせよ、JavaScript中心のコードを記述する必要がありました。しかし、Hotwireを利用することで、限りなくRailsのビューヘルパー呼び出しでまかなえます（内部的にはFetch API[*11]が用いられていますが、開発者がこれを意識する必要はありません）。

その性質上、React／Vue.jsなどのフレームワークを利用しているならば、Hotwireを利用する意味はありません。そもそもHotwireの有無によって、フォーム／リンクの挙動が変化するため、本書でも本節サンプルを除いては、Hotwireは無効化しています。

[*10] 最初はページ全体を読み込むが、その後はJavaScriptでページの一部だけを差し替えする構造のアプリ。アプリが単一ページで完結することから、そのように呼ばれます。

[*11] JavaScriptで非同期通信を実施するための技術です。以前はXMLHttpRequestが使われていましたが、昨今ではより高機能なFetch APIを利用するのが一般的です。

11.3 Hotwire **7.0**

> **NOTE** **Hotwire の構成**

Hotwire は、以下のようなライブラリから構成されています。

- **Turbo：Hotwire の中核**
  - Turbo Drive*：ページ本体の置換
  - Turbo Frames*：ページをフレーム（部分領域）単位に置換
  - Turbo Streams*：ページの追加／置換／削除などの操作
  - Turbo Native：Android ／ iOS アプリ開発を担当
- **Stimulus*：JavaScript を HTML から切り離すための基盤**
- **Strada：Web アプリとネイティブアプリとの橋渡し**

Rails を利用する上ではあまり意識する必要はありませんが、Turbo Native や Strada はモバイル開発のためのしくみで、Rails を利用する上で関係するのは「*」の付いたライブラリとなります。

本書のサンプルは、ダウンロードサンプル上では railbook_hotwire プロジェクトとして収録しています。本プロジェクトは、以下のようなコマンドで生成することを前提としています。

```
> rails new railbook_hotwire
```

ここまでのサンプルでは、--skip-hotwire オプションを付与していましたが、これを付与しない場合には Hotwire が組み込まれます。

また、書籍情報アプリの Hotwire 版が組み込まれていますが、ベースとなるのは第 3 章で触れた Scaffolding アプリです。紙面上は Hotwire 独自のコードだけを示すので、完全なコードはダウンロードサンプルを参照してください。

11.3.1 Hotwire の基本

Hotwire の実際の動作も確認しておきましょう。既定では、もっとも大振りな Drive だけが有効になっており、リンク／サブミット等の動作によって、ページ本体（<body> 要素の配下）がまとめて置き換わります。

このことをデベロッパーツール（Chrome）の［ネットワーク］タブから確認してみましょう（図 11-11）。

第 11 章　Rails の高度な機能

▼ 図 11-11　ページ遷移時のネットワークの利用状況（左：Hotwire 無効時、右：有効時）

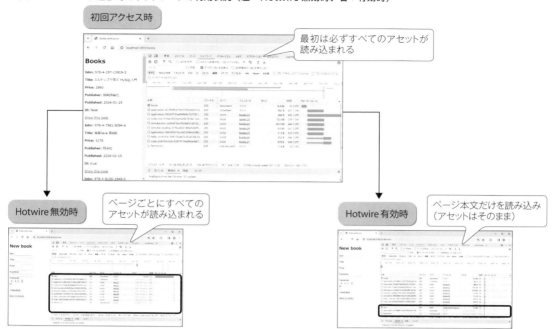

　まず、「～/books」への初回アクセスでは、Hotwire の有効／無効に関わらず、ページ本体＋すべてのアセットが読み込まれます。しかし、「～/books」から「～/books/new」への遷移では、片やページ本体だけが、片やページ本体＋すべてのアセットが読み込まれている点に注目です。
　繰り返しですが、Hotwire では初回アクセスで読み込んだページをそのままに、必要な部分だけを更新することで、読み込み＆解析の負荷を軽減しているのです。Drive では、ページ全体を更新しているので、かなり大振りですが、それでもアセットのインポート＆解析が不要になることで、オーバーヘッドは大幅に軽減します。

Drive のしくみ

　Hotwire（Drive）では、図 11-12 のような流れでページ遷移が発生します。Hotwire が、通常のリンクをいったん引き取って、内部的には非同期通信を発生させているのです。

▼ 図 11-12　Hotwire（Drive）のしくみ

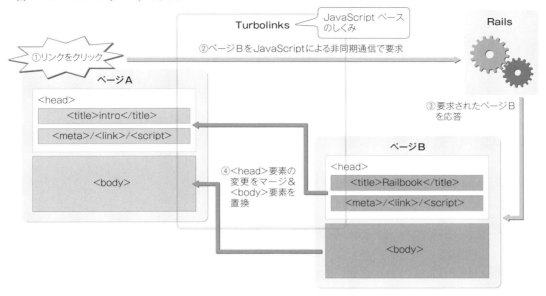

その性質上、サーバー側のオーバーヘッドを軽減するしくみではありません。Rails アプリはこれまでと同じページを返すだけで、必要な要素を切り貼りしているのは、あくまで Hotwire です。

補足：Hotwire の無効化

Rails プロジェクトに Hotwire を組み込んだ場合、すべてのリンク／サブミットは無条件に Hotwire 対応のリンク／サブミットとなります（それを好まないのであれば、プロジェクトとして Hotwire を無効化すれば良いだけです）。

ただし、例外的に、特定のリンク／サブミットで Hotwire を無効化したい場合があります。そのようなケースでは、form_with／link_to メソッドで data － turbo オプションに false を指定してください。たとえばリスト 11-34 は、「～/books/new」へのリンクを Hotwire 無効化する例です。

▼ リスト 11-34　books/index.html.erb（ P railbook_hotwire）

```
<%= link_to "New book", new_book_path, data: { turbo: false } %>
```

> **NOTE アプリ全体での無効化**
>
> Hotwire を有効化したプロジェクト全体で、Hotwire を無効化するには、application.js に対して以下のコードを追加してください。一般的にはプロジェクト作成時に --skip-hotwire オプションを付与すれば十分ですが、動作確認などに際して、手軽に Hotwire の有効／無効を切り替えたい場合には便利なテクニックです。
>
> ```
> Turbo.session.drive = false;
> ```

11.3.2 ページの部分更新を有効化する

Drive を利用することで、Hotwire さえも意識することなく、アプリを手軽に SPA 化できます。しかし、Drive はシンプルな分、その挙動は大振りでもあり、ページの一部だけを更新するような細かな制御には対応していません。あくまで、簡易な SPA 化の手段と捉えておくべきでしょう。

本格的に SPA 化したい――ページの一部だけを次々と置き換えていくような用途では、Frames（**フレーム**）を利用することをお勧めします。フレームの利用には若干の追加コードこそ必要になりますが、Drive に比べて、ぐんと細かな制御が可能になります。

たとえば、図 11-13 は、新規登録画面をフレーム対応する例です。［New book］リンクをクリックしたところで、その場に入力フォームを表示します（＝リンクを入力フォームに置き換えます）。

▼ 図 11-13　Frames によるサンプル

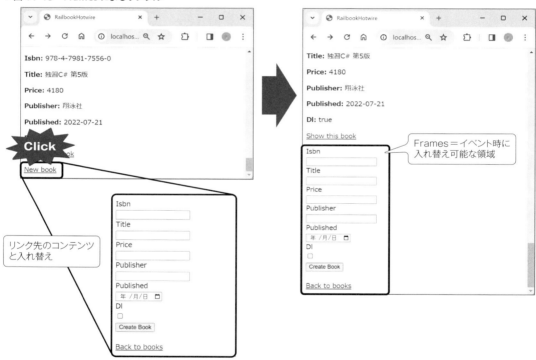

具体的なコードを見ていきます（リスト 11-35）。

▼ リスト 11-35　上：books/index.html.erb、下：books/new.html.erb（ **P** railbook_hotwire）

```erb
<div id="books">
  …中略…
</div>
<%= turbo_frame_tag "new_book" do %>
  <%= link_to "New book", new_book_path %>
```
❶

```
    <hr />
<% end %>


<h1>New book</h1>
<%= turbo_frame_tag @book do %>
  <%= render "form", book: @book %>
  …中略…
<% end %>
```

❷

フレーム領域は、turbo_frame_tag メソッドで定義できます。

turbo_frame_tag メソッド

```
turbo_frame_tag id do
  ...contents...
end
```

id：フレームのid値　　*contents*：フレーム本体

リンク元（❶）とリンク先（❷）とでそれぞれ id 値が一致するように、フレームを定義するだけです。❷では、引数 id にモデル（太字）を指定していますが、ここでは @book が空の Book オブジェクトを表しているはずなので、new_book のような id 値が生成されます[*12]。もちろん、文字列で new_book と指定しても同じ意味です。

この状態で、［New book］リンクをクリックすると、確かに画面全体は切り替わらず、リンク部分がそのまま入力フォームに置き換わることが確認できます（図 11-13）。

> **NOTE　フレームの挙動**
>
> 　フレームの世界でも、内部的な挙動は Drive の場合とほとんど同じです。Rails アプリとしてはページ全体をレスポンスし、受け取ったページからフレームで定義された部分だけを切り出し、現在のページに反映させています。図 11-12 でも流れを再確認しておきましょう。

◎ 11.3.3　コンテンツの断片を挿入／置換／削除する

Hotwire の基本となる三本柱の最後の 1 つ、Streams についても扱っておきます。Streams では更に細かな制御が可能になっており、指定された領域（要素）に対して、新規の要素を追加したり、既存の要素を置換／削除することができます。

Drive ／ Frames に比べると、若干難しいところもありますが、Streams まで習得すると、かなり柔軟なページの操作が可能になります。複数に分かれたファイルの関係性に注目しながら慣れていきましょう。

───────
＊12　空でないモデルでは、その id 値に応じて book_1、book_2 のような値が生成されます。

コンテンツの追加

まずは、コンテンツの追加からです。

先ほどリスト 11-35 によって、新規登録フォームを一覧ページに埋め込めるようになりましたが、まだ不完全です。というのも、［Create Book］ボタンをクリックしても、図 11-14 のようにフォームはそのままとなってしまいます（create アクションからのレスポンスにフレームが含まれないからです）。

▼図 11-14　サブミット後も入力フォームがそのままになってしまう

本来であれば、追加された書籍情報をページに反映させるとともに、入力フォームがあった箇所には再び［New book］リンクを表示させるようにしたいところです。

ということで、まずは追加された書籍情報を書籍一覧の先頭に反映させるところから見ていきます（リスト 11-36）。

▼リスト 11-36　上：books_controller.rb、下：books/create.turbo_stream.erb（ P railbook_hotwire）

```
def create
  …中略…
  if @book.save
    # 対応するcreate.turbo_stream.erbを描画
    render :create
  else
    render :new, status: :unprocessable_entity
  end
end
```

```
<%= turbo_stream.prepend 'books' do %>
  <%= render @book %>
```
❶

```
    <p>
      <%= link_to "Show this book", @book %>
    </p>
<% end %>
```

Hotwireからのサブミットでは、Acceptヘッダー（受け入れ可能なコンテンツタイプ）にtext/vnd.turbo-stream.htmlが設定されます。Railsでは、これを受けて.turbo_stream.erbのテンプレートを検索&実行します（この例ではcreateアクションを受けているので、create.turbo_stream.erbです）。

create.turbo_stream.erbでは、現在のページに追加すべきコンテンツをturbo_stream.prependヘルパーで定義します（❶）。

turbo_stream.prependヘルパー

```
turbo_stream.prepend target do
  ...content...
end
```

target：埋め込み先のid値　　*content*：埋め込むべきコンテンツ

この例であれば、@bookを対応する部分ビュー（_book.html.erb）に渡した結果を、id="books"である要素の先頭に埋め込む、という意味になります（図11-15）。

以上を理解したら、サンプルを実行し、新規の書籍情報を追加してみましょう。フォームから入力した書籍情報が、一覧ページの先頭に追加されることを確認してください。

▼ 図11-15　Streamsによるサンプル

第 11 章　Rails の高度な機能

なお、追加系のメソッドには、turbo_stream.prepend メソッドの他、表 11-4 のようなものもあります（構文は同様なので省略します）。

▼ 表 11-4　コンテンツ追加のためのメソッド

メソッド	追加箇所
turbo_stream.append	要素配下の末尾
turbo_stream.before	要素の直前
turbo_stream.after	要素の直後

コンテンツの置換

ただし、このままではまだ、入力済みの新規登録フォームが表示されたままです。そこで turbo_stream.update メソッドを使って、id="new_book" である要素（現在フォームが表示されている領域）を元のリンクで置き換えてみましょう。

先ほどの create.turbo_stream.erb に、リスト 11-37 のコードを追加します。

▼ リスト 11-37　books/create.turbo_stream.erb （ **P** railbook_hotwire）

```
<%= turbo_stream.update 'new_book' do %>
  <%= link_to "New book", new_book_path %>
<% end %>
```

turbo_stream.update メソッドは、指定された id（ここでは new_book）の要素をブロック配下のコンテンツで置き換えます。

再度サンプルを実行すると、今度はデータ登録のタイミングでフォームが消えて、元のリンクが表示されることが確認できます。

コンテンツの更新

同様に、書籍情報の編集も同一ページ内でまかなえるように修正してみましょう。図 11-16 のように、一覧画面で［Edit this book］リンクをクリックすると、各項目を編集可能にします（＝編集フォームに切り替えます）。

542

11.3 Hotwire 7.0

▼ 図 11-16　一覧画面上で編集フォームを表示

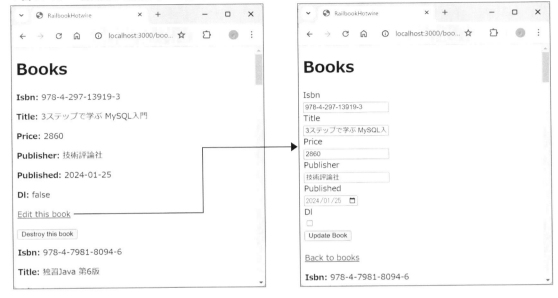

1 一覧／編集テンプレートを修正する

まずは、一覧／編集フォームを Hotwire 対応に修正します（リスト 11-38、修正箇所は太字）。

▼ リスト 11-38　上：books/index.html.erb、下：books/edit.html.erb（ P railbook_hotwire）

```erb
<div id="books">
  <% @books.each do |book| %>
    <%= turbo_frame_tag book do %>
      <%= render book %>
      <p>
        <%= link_to "Edit this book", edit_book_path(book) %>
        <%= button_to "Destroy this book", book, method: :delete %>
      </p>
    <% end %>
  <% end %>
</div>
```

```erb
<h1>Editing book</h1>
<%= turbo_frame_tag @book do %>
  <%= render "form", book: @book %>
  <br>
  <div>
    <%= link_to "Show this book", @book %> |
    <%= link_to "Back to books", books_path %>
  </div>
<% end %>
```

❶

❷ 削除

第 11 章　Rails の高度な機能

　まず、一覧の各項目をフレームで括るとともに、［Edit this book］リンク、［Destroy this book］ボタンを追加しています（❶）。また、編集テンプレートも同様に、フォーム全体をフレーム化した上で、不要な［Show this book］リンクを削除しておきましょう（❷）。

　これで［Edit this book］ボタンをクリックしたタイミングで、対応するフレームが置き換わるようになりました。ここまでは、リスト 11-35 でも見た Frames の基本です。

　ちなみに、turbo_frame_tag ヘルパーにモデルが渡された場合には「モデル名 _id 値」の形式でフレームの id 値が決定されるのでした。この例であれば、book_1、book_2 となります。

❷ データ更新時に、編集結果を反映させる

　先ほどの新規登録フォームと同様に、［Update Book］ボタンでフォームを確定したときに元の表示に戻すには、turbo_stream.update メソッドを利用します（リスト 11-39）。

▼ **リスト 11-39**　上：books_controller.rb、下：books/update.turbo_stream.erb（ **P** railbook_hotwire）

```
def update
  if @book.update(book_params)
    render :update ──────────────────────────────────── ❷
  else
    render :edit, status: :unprocessable_entity
  end
end

<%= turbo_stream.update @book do %>
  <%= render @book %>
  <p>
    <%= link_to "Edit this book", edit_book_path(@book) %>        ❶
    <%= button_to "Destroy this book", @book, method: :delete %>
  </p>
<% end %>
```

　turbo_stream.update ヘルパーの構文については、先ほども見たとおりです。❶の例であれば、id 値が book_xx（@book）である要素の配下を、ブロック配下のコンテンツで更新します。ブロック配下のコンテンツは、書籍 1 件あたりの表示なので、リスト 11-35（index.html.erb）の turbo_frame_tag とほとんど同じ内容となります。

　turbo_stream.update ヘルパー（update.turbo_stream.erb）が「render :update」（❷）によって呼び出される点は、リスト 11-36 と同じです。

▍コンテンツの削除

　最後に、［Destroy this book］ボタンをクリックしたら、該当の書籍情報が削除されるようにしてみましょう。既存コンテンツの削除には、turbo_stream.remove メソッドを利用します（リスト 11-40）。

▼ **リスト 11-40**　books_controller.rb（ **P** railbook_hotwire）

```
def destroy
  @book.destroy!
```

```
  render turbo_stream: turbo_stream.remove(@book)
end
```

太字部分は @book に対応する（＝ book_*id* 値である）要素を削除しなさい、という意味になります。こ
れまでと同じく、リスト 11-41 のように表しても構いません（ただし、このくらいであれば、テンプレートに分
離するメリットはありません）。

▼ **リスト 11-41　上：books_controller.rb、下：books/destroy.turbo_stream.erb（ P railbook_hotwire）**

```
def destroy
  @book.destroy!
  render :destroy
end
```

```
<%= turbo_stream.remove @book %>
```

COLUMN　コードのやり残しをメモする — TODO、FIXME、OPTIMIZE アノテーション

　TODO ／ FIXME ／ OPTIMIZE アノテーションを利用することで、開発中にやり残した事柄や、将来的に
対応すべき案件を、あとから対応の忘れがないようにコード中にマーキングしておくことができます。具体的
には、「# *XXXX*:」のようなコメント構文を利用して、以下のように記述します（*XXXX* は TODO、FIXME、
OPTIMIZE のいずれか）。

```
def validate_each(record, attribute, value)
  # TODO: あとから実装
end
```

　アノテーションは rails notes コマンドで列挙できます。特定のアノテーションだけを列挙したい場合には、
rails notes:todo、rails notes:fixme、rails notes:optimize も利用できます。

```
> rails notes
app/models/isbn_validator.rb:
  * [ 29] [TODO] あとから実装
app/controllers/application_controller.rb:
  * [ 10] [FIXME] 国際化対応の仕様、再確認の必要あり
```

11.4 本番環境への移行

　Railsでは、既定でPumaというWebサーバーを提供しており、Railsをインストールしただけで、最低限、Railsアプリを手もとで動作させることができます（本書サンプルもPuma環境で動作を検証しています）。

　ただし、PumaはあくまでRailsのためのコンパクトなサーバーです。HTTPサーバーとしては最小限の機能を提供しているにすぎません。一般的な本番環境では、Nginx、Apache HTTP Server（Apache）のようなHTTPサーバーに窓口としての一次的な処理は委ね、Pumaそのものはアプリとしての処理に徹するのがお勧めです（図11-17）。

▼ 図11-17　本番環境での一般的な構成

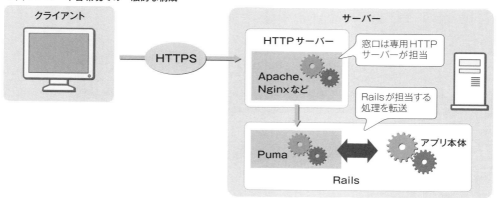

　これらの環境は一から準備しても（もちろん）構いませんが、昨今では前提となる環境をひとまとめに提供してくれるクラウドサービスが充実しています。本節でも、その代表的な1つであるRender.comを例に、Railsアプリをデプロイする手順を紹介します。Render.comは一定の範囲までであれば無償で利用できるため、まずは試してみたいという場合にも気軽に導入できます。

　以下では、Windows環境での操作を前提に手順を説明しますが、macOS環境でもパスが異なる他はほぼ同じ手順で操作できます。

◎ 11.4.1　GitHubリポジトリの準備

　Render.comを利用するには、まずはGitHubを利用できる環境を準備しておくのがお勧めです。GitHubとは、バージョン管理システムであるGitに対応したホスティングサービス。アプリを開発する際に、これを構成するファイル群を更新履歴で管理でき、しかも、複数人で共有できるので、実際の開発で利用した経験のある人も多いのではないでしょうか。

Render.comでは、GitHubで管理されたアプリをボタン1つでデプロイできるので、実際の開発はGitHubで進めておき、本番環境はRender.comへ、という組み合わせが便利です。

なお、GitHub（Git）は、それ単体でも一冊の本にできてしまうようなサービスなので、本書では詳細は割愛します。Gitの準備を含めた詳細は、以下のような記事を併せて参照してください。

- **こっそり始めるGit／GitHub超入門**
  https://atmarkit.itmedia.co.jp/ait/series/3190/

では、具体的な手順を見ていきます。

1 GitHubにアカウントを作成する

GitHubを利用するために、アカウントを作成しておきましょう。これには、本家サイト（https://github.com/）にアクセスしたら、［Sign Up］ボタンでアカウント作成画面に移動し、画面の指示に従ってメールアドレスやパスワードなどを入力します（図11-18）。

▼▼図11-18　GitHubのアカウント作成画面

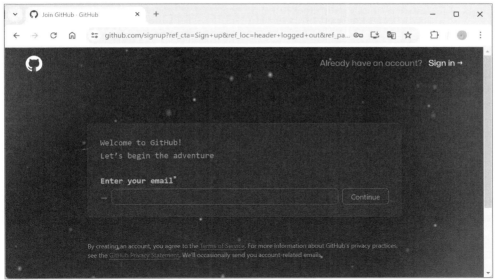

［Create account］ボタンをクリックすると、認証コードの入力画面が表示されます。コードそのものは、先ほど入力したメールアドレス宛に届くので、間違えないよう入力してください。

2 初回サインインした後の設定を済ませる

無事にアカウントが作成されると、サインイン画面が表示されるので、設定した内容でサインインします（図11-19）。初回サインインでは、パスキー[*13]の設定やプランの設定などを訊かれます。プランの選択画面では、まずは［Continue for free］でフリープランを選択しておきましょう。

[*13] パスワードレスで利用できる認証方法。生体認証（指紋や顔認証）、デバイスパスワード、PINを使用して本人確認を行います。

▼ 図 11-19　GitHub へのサインイン

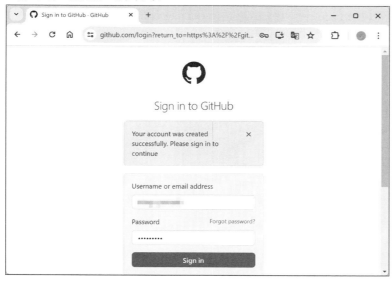

　アカウントを正しく初期化できていれば、ダッシュボードが表示されます（図 11-20）。あとから利用するので、ページは開いたままにしておきましょう。

▼ 図 11-20　GitHub のダッシュボード

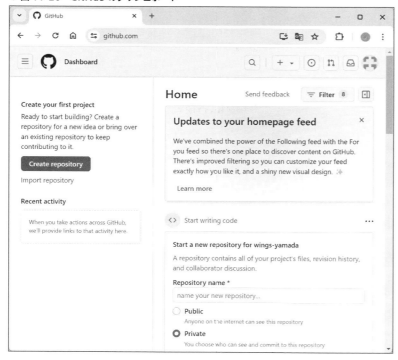

11.4.2 ローカル環境での準備

GitHub のアカウントを準備できたところで、既存の railbook プロジェクトを本番環境向けに編集した上で、GitHub にアップロードしてみましょう。

まず、本番環境で利用するために、既存の railbook プロジェクトを編集します。

❶ データベース設定を変更する

本書で利用してきた SQLite は軽量で手軽に利用できる反面、本番環境での利用には力不足です。そこで本節では、本番環境への移行に合わせて、Render.com 既定で用意されている PostgreSQL が利用できるよう、プロジェクトの設定も組み替えておきましょう。

これには、ターミナルから以下のコマンドを実行します。

```
> rails db:system:change --to=postgresql
```

rails db:system:change コマンドは Rails 6 で導入されたコマンドで、データベースを指定のものに変更します。コマンドを実行すると、「Overwrite 〜 database.yml?」のように訊かれるので、「y」と入力し、確定してください。

これで database.yml／Gemfile などが書き換えられます（リスト 11-42）。

▼ リスト 11-42　Gemfile

```
gem "pg", "~> 1.1"
```

PostgreSQL にアクセスするためのドライバーが追加されるわけです。bundle install コマンドで、プロジェクトにも pg ライブラリを反映しておきましょう。

❷ シードファイルから id 値を削除する

PostgreSQL を利用する場合、シードファイルで id 値を明示的に指定していると、正しくデータが反映されません。そこで、seeds.rb から id 値を破棄しておきましょう（リスト 11-43、削除する部分は薄字）。

▼ リスト 11-43　seeds.rb

```
Book.create(id: 1, isbn: '978-4-297-13919-3', title: '3ステップで学ぶ MySQL入門', price: 2860, ↩
publisher: '技術評論社', published: '2024-01-25', dl: false)
Book.create(id: 2, isbn: '978-4-7981-8094-6', title: '独習Java 第6版', price: 3278, publisher: ↩
'翔泳社', published: '2024-02-15', dl: true)
…中略…
Book.create(id: 10,isbn: '978-4-7981-7556-0', title: '独習C# 第5版', price: 4180, publisher: ↩
'翔泳社', published: '2022-07-21', dl: true)
```

❸ 変更内容を GitHub に反映する

以上で、ローカル環境で用意すべき手順は完了なので、プロジェクトを GitHub に反映しておきましょう。

これには、VSCode の 🔀（ソース管理）ボタンをクリックします。［ソース管理］ペインが開くので、［GitHub に公開］ボタンをクリックします（図 11-21）。

▼ 図 11-21 ［ソース管理］ペイン

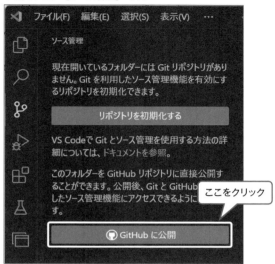

　サインインを求めるダイアログが表示されるので、［許可］ボタンをクリックします。ブラウザーが起動し、「Visual Studio Code を開きますか？」ダイアログが表示されたら、［Visual Studio Code を開く］ボタンをクリックします。
　この時点で、コマンドパレットにはリポジトリ[*14]の名前（ここでは railbook）が表示されています。発行先として Public ／ Private リポジトリいずれにするかを問われるので、［Publish to GitHub private repository］（非公開リポジトリに発行）を選択しておきましょう（図 11-22）。

▼ 図 11-22 コマンドパレット

[*14] アプリに関わるファイル一式とまとめた領域を言います。GitHub による開発では、中央（リモートリポジトリ）で管理されたファイル群を、ローカル環境（ローカルリポジトリ）にコピーして、互いに同期しながら作業するのが一般的です。

4 GitHubへのアップロードの結果を確認する

GitHubへのアップロード結果を確認してみましょう。GitHubのダッシュボードから［Repositories］タブー［railbook］を選択すると、railbookリポジトリが開きます[*15]。先ほど、ローカル環境で編集していたプロジェクトが反映されていることを確認してください（図11-23）。

▼図11-23　プロジェクトの内容がリポジトリに反映

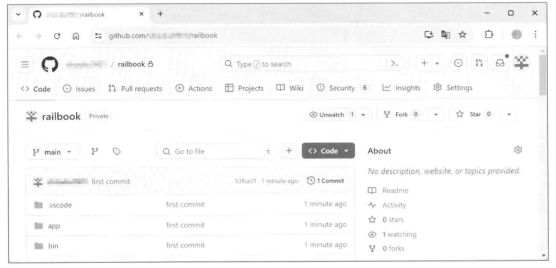

11.4.3　Render.com側の準備

GitHubにアプリをアップロードできたところで、Render.comにもアカウントを作成し、GitHubと連携してみましょう。

1 Render.comにアカウントを作成する

Render.com（https://render.com/）にアクセスし、画面中央から［Get Started for Free］ボタンをクリックします（図11-24）。

---

*15 「https://github.com/アカウント名/リポジトリ名」で直接アクセスすることも可能です。

▼図11-24　Render.comのトップページ

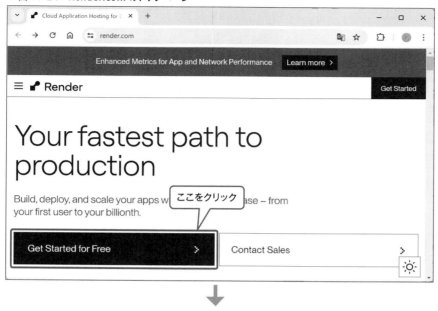

▼図11-25　アカウント作成画面

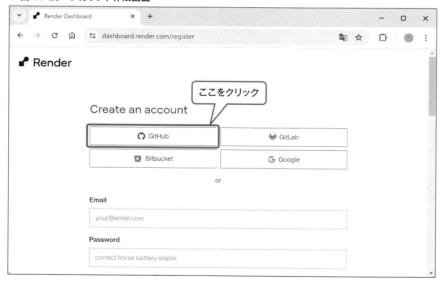

　図11-25のような［Create an account］画面が表示されます。ここではGitHubアカウントと連携したいので、［GitHub］ボタンをクリックして、以降は画面の指示に従ってください。GitHubアカウントと関連付いたメールアドレス宛にメールが届くので、本文で示されたアドレスにアクセスします。

　［Tell us about yourself］画面が表示されるので、図11-26を参考に必要な情報を入力します。［Continue to Render］ボタンで確定します。

▼図11-26　ユーザー情報の入力

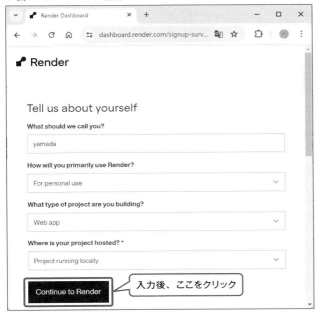

2 PostgreSQL データベースを作成する

Render.com のアカウントが無事に作成できると、ダッシュボードが表示されます。右上の［New］ボタンをクリックし、［PostgreSQL］を選択します（図11-27）。

［New PostgreSQL］画面が表示されるので、図11-28を参考に必要な情報を入力、［Create Database］ボタンで確定してください。明示していない項目は既定のままで構いません。

▼図11-27　Render.com のダッシュボード

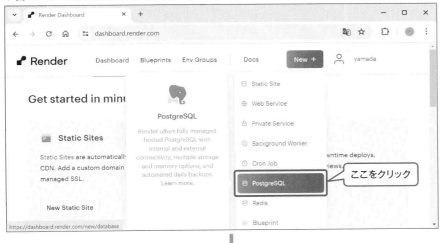

▼図11-28　PostgreSQLデータベースの新規作成

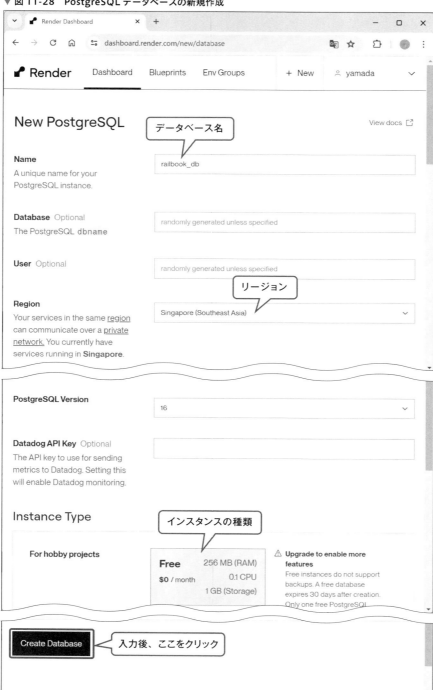

11.4　本番環境への移行

3 データベース接続文字列を確認する

　［NEW FEATURE］画面（図 11-29）が表示されるので、［Go to setting］ボタンをクリックし、データベースの設定画面に移動します[*16]。

　データベースの設定画面が開いたら、ページ下部（図 11-30）の［Connections］-［Internal Database URL］の🗐（Copy to clipboard）をクリックして、データベース接続文字列を控えておきます。

▼図 11-29　［NEW FEATURE］画面

▼図 11-30　データベースの設定画面

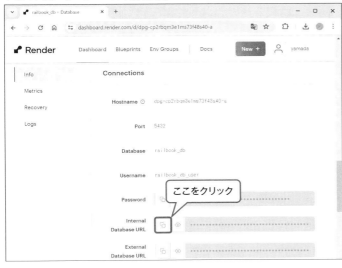

---

*16　ダッシュボードから［railbook_db］を選択しても構いません。

555

第 11 章　Rails の高度な機能

4 アプリを作成する

　続いて、アプリをデプロイするための領域（Web Service）を準備していきます。ダッシュボードから［New］ボタンをクリックして、［Web Service］を選択します。［Create a new Web Service］画面が開くので、図11-31 を参考に必要な情報を入力していきます。

▼ 図 11-31　アプリ（Web Service）の新規作成

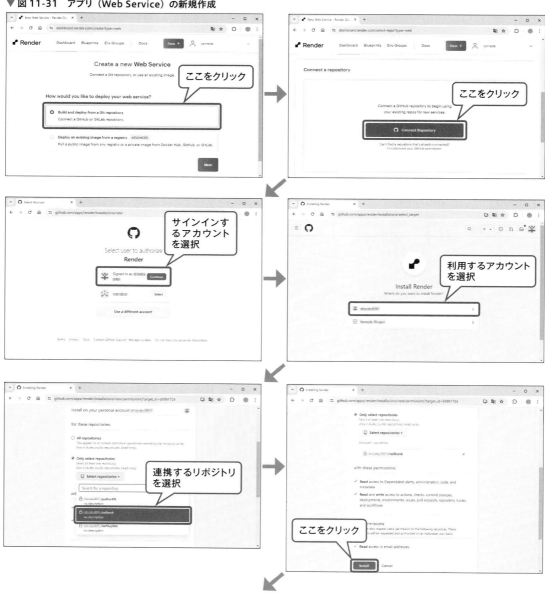

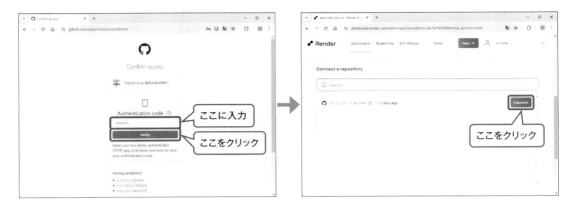

GitHubと連携できたら、[Configure]画面が表示されるので、更に設定を進めます。

▼ 図 11-32 ［Configure］画面

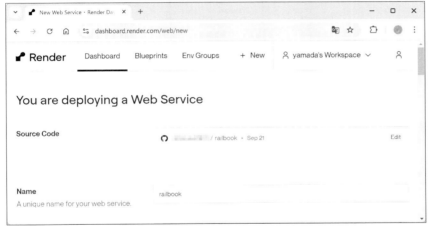

入力／変更が必要な箇所は、表 11-5 を参考に設定してください。

▼ 表 11-5 Web Service の設定項目（「*」は既定値から変更不要）

項目名	概要	設定値
*Name	サービスの名前	railbook
Language	言語	Ruby
*Region	リージョン	Singapore(Southeast Asia)
*Branch	ブランチ	main
Build Command	デプロイ時に実行するコマンド	（下記）
*Start Command	Webサーバーの起動コマンド	bundle exec puma -t 5:5 -p ${PORT:-3000} -e ${RACK_ENV:-development}
Instance Type	プラン	Free
Environment Variables	環境変数	（下記）

［Build Command］欄は、Render.com にアプリをデプロイしたときに実行すべきコマンドです。ライブラリのインストールからアセットの事前コンパイル、マイグレーションなどのためのコマンドを、以下のように列挙します。

```
bundle install; bundle exec rake assets:precompile; bundle exec rake assets:clean; bundle exec rake db:migrate; bundle exec rails db:seed
```

［Environment Variables］欄は環境変数を表します。［+ Add Environment Variable］をクリックすると欄が追加されるので、表 11-6 の要領で追加しておきましょう。

▼ 表 11-6　Render.com で設定する環境変数

項目名	概要	設定値
WEB_CONCURRENCY	スレッド数	2
RAILS_MASTER_KEY	マスターキー	（config/master.key で記録されたもの）
DATABASE_URL	データベースの URL	（P.555 でコピーしたもの）
TZ	タイムゾーン	Asia/Tokyo

必要な情報を入力できたら、ページ下部の［Create Web Service］ボタンをクリックすることで、デプロイが開始されます。

図 11-33 のように、デプロイ日時の横に表示されるステータスが「Building」から「Live」に変わったらデプロイは成功しています。

▼ 図 11-33　デプロイ完了

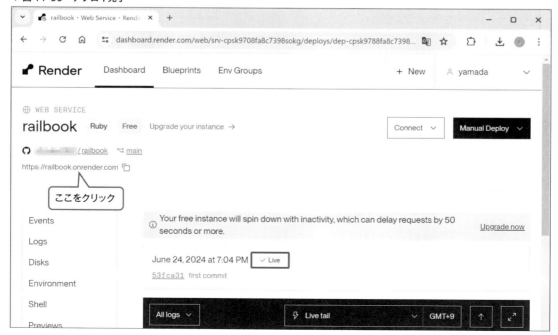

11.4 本番環境への移行

画面左上にアプリのアドレスがリンク表示されているので、これをクリックすると、トップページ（図 11-34）にアクセスできます。

▼ 図 11-34　トップページ（書籍一覧）が表示された

ISBNコード	書名	価格	出版社	刊行日	ダウンロード
978-4-297-13919-3	3ステップで学ぶ MySQL入門	2860円	技術評論社	2024-01-25	false
978-4-7981-8094-6	独習Java 第6版	3278円	翔泳社	2024-02-15	true
978-4-8156-1948-0	これからはじめるReact実践入門	4400円	SBクリエイティブ	2023-09-28	false
978-4-297-13685-7	Nuxt 3 フロントエンド開発の教科書	3520円	技術評論社	2023-09-22	true
978-4-296-07070-1	作って学べるHTML + JavaScript	2420円	日経BP	2023-07-06	false
978-4-297-13288-0	改訂3版JavaScript本格入門	3520円	技術評論社	2023-02-13	true
978-4-7981-7613-0	Androidアプリ開発の教科書	3135円	翔泳社	2023-01-24	true
978-4-627-85711-7	Pythonでできる! 株価データ分析	2970円	森北出版	2023-01-21	true
978-4-297-13072-5	Vue 3 フロントエンド開発の教科書	3960円	技術評論社	2022-09-28	true
978-4-7981-7556-0	独習C# 第5版	4180円	翔泳社	2022-07-21	true

5 アプリを更新する

以降、ローカル環境でアプリを編集した場合には、以前のコミット[*17]から変更されたファイルが VSCode の［ソース管理］ペインにリスト表示されます。ペイン上部からコミットメッセージを入力し、［コミット］ボタンをクリック、更に［変更の同期］ボタンで GitHub にアップロードすると、変更が自動的に Render.com にも反映されます（図 11-35）。

▼ 図 11-35　プロジェクトの変更をコミット

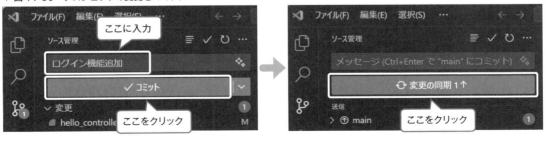

[*17] 変更を確定させることを言います。一般的には、コミット時に変更の概要／理由（＝コミットメッセージ）を記載して、あとから経緯を確認できるようにします。

Index

記号

#	46,181
.schema	56
:	79
@controller	411
@request	411
@response	411
_ _	83
<!--...-->	47
<% =begin %>...<% =end %>	46
<% if false %>...<% end %>	46
<%# locals: (...) -%>	170
<%#...%>	46
<%...%>	41
<%...-%>	42
<%=...%>	41
<%=...-%>	42
<%==...%>	129

A

absence	229
Accept	316
acceptance	228,234
Accept-Language	316,522
accepts	318
Action Cable	499
Action Mailbox	491
Action Mailer	448
Action Pack Variants	370
Action Text	486
action_controller.logger	69
action_controller.perform_caching	69
action_on_unpermitted_parameters	315
action_view.annotate_rendered_view_with_filenames	69
action_view.default_form_builder	69
action_view.field_error_proc	69
action_view.logger	69
ActionController::Base	33
ActionMailer::Preview	459
Active Job	463
Active Model	228,246
Active Record	48
Active Record enums	222
Active Storage	474
Active Support Instrumentation	205
active_record.logger	69

active_record.query_log_tags	62
active_record.schema_format	69
active_record.timestamped_migrations	69
ActiveModel::EachValidator	242
ActiveModel::Errors	232
ActiveModel::Model	246
ActiveRecord attributes API	289
ActiveRecord::Migration	285
ActiveRecord::NullRelation	195
ActiveSupport::Notifications::Event	205
adapter	51
add_column	292
add_flash_types	373
add_foreign_key	295
add_index	294
add_timestamps	292
after_action	354
after_commit	280
after_create	280
after_create_commit	280
after_destroy	281
after_destroy_commit	280
after_enqueue	470
after_perform	470
after_rollback	280
after_save	280
after_update	280
after_update_commit	280
after_validation	280
all	59
allow_blank	238
allow_nil	238
allow_other_host	325
Amazon S3	474
API モード	141
application.html.erb	158
application.rb	68
ApplicationController	33
Application コントローラー	365
around	355
around_action	355
around_create	280
around_destroy	280
around_enqueue	470
around_perform	470
around_save	280
around_update	280

array!	338	async_count	204
as	261,384	async_count_by_sql	204
assert	403	async_find_by_sql	204
assert_all_of_selectors	420	async_ids	204
assert_difference	413	async_maximum	204
assert_empty	403	async_minimum	204
assert_enqueued_jobs	472	async_pick	204
assert_enqueued_with	473	async_pluck	204
assert_equal	403	async_query_executor	204
assert_generates	413	async_sum	204
assert_in_delta	404	attach	483
assert_in_epsilon	404	attach_file	420
assert_includes	403	attached?	480
assert_instance_of	404	attachments	457
assert_kind_of	404	attribute	289
assert_match	403	attributes	245
assert_matches_selector	420	audio_path	431
assert_nil	403	audio_tag	429
assert_no_difference	412	audio_url	431
assert_no_match	403	authenticate_by	361
assert_no_text	420	Authorization	316
assert_not	403	authorization	318
assert_not_equal	403	autoload_lib	69
assert_not_in_delta	404	autoload_lib_once	69
assert_not_in_epsilon	404	autoload_paths	69
assert_not_includes	403	autosave	261
assert_not_instance_of	404	average	201
assert_not_kind_of	404		
assert_not_nil	403	**B**	
assert_not_operator	404		
assert_not_respond_to	404	bcrypt	360
assert_not_same	403	before	355
assert_nothing_raised	404	before_action	87,354
assert_operator	404	before_create	280
assert_raises	404	before_destroy	280
assert_recognizes	412	before_enqueue	470
assert_redirected_to	412	before_perform	470
assert_respond_to	404	before_save	280
assert_response	412	before_update	280
assert_same	403	before_validation	280
assert_select	414	belongs_to	251
assert_selector	420	block_given?	157
assert_sibling	420	blockquote_tag	156
assert_text	420	body	319
assert_throws	404	Bootstrap	61,443
Assertion メソッド	403	Brakeman	24
asset_host	69	broadcast	504
assets.paths	429	browser	370
associated	275	build_association	260
association	260	Builder	340
association_foreign_key	261	Bulma	443
~rage	204	button_to	88

561

C

cache	511
cache_if	516
cache_store	69,516
cache_unless	516
capture	150,157
Capybara	418
change_column	292
change_column_default	292
change_column_null	292
change_table	292
changed	227
changed?	227
changed_attributes	227
changes	227
check	420
check_box	112
choose	420
class_name	263
class_names	136
click_on	420
CoC	7
collection	260
collection <<	260
collection.build	261
collection.clear	260
collection.create	261
collection.delete	260
collection.destroy	260
collection.empty?	261
collection.exists?	261
collection.find	261
collection.size	261
collection.where	261
collection_check_boxes	124
collection_radio_buttons	124
collection_select	116
collection_singular_ids	260
collection オプション	172
color_field	113
colorize_logging	69
column_exists?	292
comparison	229,234
concat	149
concerns	392
concerns フォルダー	373
confirmation	228,236
connected	505
constraints	381
Content Security Policy	330
content_for	162
content_length	319

content_security_policy	330
content_security_policy_nonce_directives	331
content_security_policy_nonce_generator	331
content_tag	154
controller	384
Cookie	343
cookies	344,411
count	201
counter_cache	263
create	207,505
create_association	260
create_join_table	296
create_or_find_by	227
create_table	286,292
credentials	485
credentials.yml.enc	225
CSP	330
CSRF	367
csrf_meta_tags	368
cssbundling-rails	424
Cuba	6
current_cycle	135
cycle	134

D

Dart Sass	443
Data URL	331
database	51
database.yml	49
database_tasks	51
date_field	113
date_select	121
datetime_field	113
datetime_local_field	113
datetime_select	121
debug	148,333
decrement	227
default	452
default_locale	520
default_options	449
default_scope	200
default_url_options	145,453,522
delay_jobs	468
Delayed Job	464
delayed_job	467
delegate	274
Delegated Types	270
delegated_type	271
delete	212,394
delete?	
delete_by	
delivery_method	

dependent	261
destroy	212
destroy!	104
destroy_all	213
destroy_by	213
destroy_failed_jobs	468
destroyed?	227
device	371
Devkit	11
direct	396
disable_request_forgery_protection	508
discard_on	470
disconnected	505
distinct	188
domain	344
down	300
draw	398
Drive	535
drop_join_table	292
drop_table	292,298
DRY	7

E

each	60
edit_user_path	378
edit_user_url	378
email_field	113
Embedded Ruby	38
enable_reloading	69
encoding	51
encripts	226
encrypted	346
enum	222
ERB	38
error	333
errors	232
esbuild	439
except	356,387
excerpt	133
excluded_paths	429
excluding	184
exclusion	228
execute	296
exists?	197
expires	344
expires_in	332
extract!	339
extract_associated	275

F

fatal	333
Favicon	151

favicon_link_tag	151
field_error_proc	233
field_set_tag	127
fields_for	127
file_settings	449
fill_in	420
filter_parameters	334
find	87,176
find_by	177
find_by_sql	203
find_by_token_for	364
first	190
FIXME	545
flash	351,361,411
flash.discard	352
flash.keep	352
flash.now	352
flunk	404
follow_redirect!	417
foreign_key	263
foreman	438
form_for	112
form_tag	112
form_with	92,111
format	228,383
full_messages	232
fullpath	319
Functional テスト	410

G

generates_token_for	363
get	35,394,411
get?	319
Git	14
GitHub	547
Google Cloud Storage	474
Grape	6
group	190
grouped_collection_select	120

H

Hanami	6
has_and_belongs_to_many	256
has_many	252,259
has_many_attached	482
has_one	254
has_one_attached	478
has_secure_password	359
having	192
head	104,323
head?	319
headers	316,452

563

highlight	136
Homebrew	16
host	51,316,319
host_with_port	319
Hotwire	534
html	321
HTML メール	455
HTTP	342
httponly	344
HTTP クッキー	345
HTTP サーバー	10

I

I18n	518
i18n.default_locale	69
if	241,282
image_path	431
image_processing	477
image_tag	429,457
image_url	431
Import Maps	427,433
importmap pin	433
in_order_of	186
incinerate_after	497
include_all_helpers	153
includes	278
inclusion	228
increment	227
index	291
index_exists?	292
info	333
initialized	505
inline	322,457
insert_all	208
Integration テスト	416
interceptors	449
inverse_of	262
IoC	4

J・K

javascript_include_tag	429
javascript_path	431
javascript_url	431
JavaScript 疑似プロトコル	138
Jbuilder	338
join_table	262
joins	276
jsbundling-rails	424,438
json	335,339
kconv	329

L

label	93,525
lacalhost	29
last	190
launch.json	64
layout	159,458
layout オプション	159
left_outer_joins	277
length	229
libvips	477
limit	188
link_to	84,142
link_to_if	145
link_to_unless	145
link_to_unless_current	146
load_async	203
load_path	526
local?	319
locale	522
lock	227
lock_optimistically	221
lock_version 列	218
log_level	69,334
log_tags	69
logger	69,332

M

mail	452,530
mail_to	147
master.key	226
match	393
matches?	382
max_attempts	468
max_run_time	468
maximum	201
memorize	266
message	240
metadata	484
method	88,319,505
Microsoft Azure Storage	474
Migration Versioning	285
migrations_paths	305
minimum	201
Minitest	400
missing	274
mobile?	371
month_field	113
MSYS2	13
multipart/alternative 形式	456
MVC パターン	6

N

namespace	384
new_record?	227
new_user_path	378
new_user_url	378
Node.js	15
nonce	331
none	194
normalizes	211
not	184
notice	351
number_field	113
number_to_currency	139,529
number_to_human	139
number_to_human_size	139
number_to_percentage	139
number_with_delimiter	139
number_with_precision	139,529
numericality	229

O

O/R マッパー	48
offset	188
on	239
only	356,387
OPTIMIZE	545
optional	262
or	181
order	184

P

Padrino	6
PARALLEL_WORKERS	409
parallelize	409
Parallel テスト	408
params	87,310
pass	404
password	51
patch	394
patch?	319
PATH	12
path	344
path_names	388
perform	505
perform_caching	510
perform_deliveries	449
perform_later	466
perform_now	466
permanent	346
permissions_policy	331
Permissions-Policy	331
permit	313

persisted?	227
pick	196
pin	434
pin_all_from	434
plain	321
pluck	196
pluralize	232
polymorphic	266
pool	51
port	51,319
port_string	319
post	112,394
post?	319
PostCSS	443
PostgreSQL	553
presence	229
previous_changes	227
primary_key	262,287
process	494
Propshaft	429
protect_from_forgery	370
protocol	319
provide	160
Pub ／ Sub モデル	501
Publisher	501
Puma	29
purge	483
purge_later	483
put	394
put?	319

Q

queue_as	468
queue_name_prefix	469

R

Rack	108
radio_button	112
rails action_mailbox:install	493
rails action_text:install	487
rails active_storage:install	474
rails assets:precompile	431
rails console	178
rails credentials:edit	225
rails db:encryption:init	225
rails db:fixtures:load	304
rails db:migrate:redo	297
rails db:migrate:reset	297
rails db:reset	106,301
rails db:rollback	297
rails db:schema:dump	301
rails db:schema:load	301

565

rails db:seed	302
rails db:setup	302
rails db:system:change	549
rails db:test:prepare	401
rails dbconsole	55
rails destroy	32
rails dev:cache	510
rails g active_record:multi_db	307
rails generate	31,43,52,75,416
rails generate job	465
rails generate mailer	450
rails generate migration	290
rails jobs:work	467
rails log:clear	333
rails new	26
rails notes	545
rails routes	380
rails runner	442
rails server	29
rails test	404
rails test:system	421
rails tmp:cache:clear	517
rails-i18n	531
Rails コンソール	178
Rails のバージョンアップ	195
raise_delivery_errors	449
Rake	67,72
Ramaze	6
Range	181
range_field	113
raw	128
rbenv	16
RDoc	446
React	439
read_ahead	468
read_fixtures	462
readonly	262
received	505
redirect	395
redirect_back	326
redirect_to	96,324
references	288,292
Referer	316
rejected	505
remote_ip	319
remove_column	298
remove_columns	292
remove_foreign_key	292
remove_index	294
remove_timestamps	292
rename_column	292
rename_index	292

rename_table	292
render	83,320
Render.com	546
reorder	185
replica	305
representation	480
request_method	319
require	313
required	262
rescue_from	366
reset_cycle	135
resource	378
resources	78,377
respond_to	95
response.headers	329
RESTful インターフェイス	376
retry_on	470
reversible	299
rich_text_area	489
Rollup	438
root	396
routes.rb	35
routing	495
Rubocop	24
Ruby	11,16
Ruby Documentation System	446
Ruby on Rails	16,19
Ruby テンプレート	341
Russian Doll Caching	514

S	
sanitize	137
sanitized_allowed_attributes	138
sanitized_allowed_tags	138
save	231
save!	216
Scaffolding	74
schema.rb	300
schema_format	301
schema_migrations	285
scheme	319
scope	199,384,523
secret_key_base	346
secure	344
seeds.rb	302
select	114,187,420
select_day	123
select_hour	123
select_minute	123
select_month	123
select_second	123
select_year	123

Selenium	418
send_data	328
send_file	327
SendGrid	498
sendmail_settings	449
server_software	319
service	476
session	347,349,411
session_store	69,349
setup	408
shallow	389
shallow_path	390
shallow_prefix	391
show_previews	449
simple_format	130
Sinatra	6
skip	404
skip_after_action	357
skip_around_action	357
skip_before_action	357
sleep_delay	468
smtp_settings	449
socket	51
spacer_template オプション	174
Sprockets	426
SQL	62
SQLite	10,13
SQLite クライアント	56
SQLTools	56
SQL インジェクション	183
ssl?	319
standard_port?	319
STI	268
stream_from	503
strftime	529
Strict Loading モード	279
strict_loading	262,279
StrongParameters	313
structure.sql	302
stylesheet_link_tag	429
stylesheet_path	431
stylesheet_url	431
submit	93,530
subscribe	205
subscribed	503
Subscriber	501
sum	201
support_unencrypted_data	226
System テスト	418

T

t	521,532

tablet?	371
tag	154
Tailwind CSS	443
take_screenshot	422
task	72
teardown	408
telephone_field	113
template オプション	166
test	403
test_parallelization_threshold	409
text_area	112
text_field	113
through	259,262
Time	529
time_field	113
time_select	121
time_zone	69
timeout	51
timestamps	288
TODO	545
toggle	227
touch	227,262
transaction	214
Trix	486
truncate	131
turbo_frame_tag	539
turbo_stream.after	542
turbo_stream.append	542
turbo_stream.before	542
turbo_stream.prepend	541
turbo_stream.remove	544
turbo_stream.update	542,544

U

uncheck	420
uniq	291
uniqueness	229,237
Unit テスト	402
unknown	333
unless	241,282
unscope	193
unscoped	200
unselect	420
unsubscribed	503
up	300
update	100,207
update_all	210
upsert_all	209
url	319
url_field	113
url_for	143
Url ヘルパー	384

user_path	378
user_url	378
User-Agent	316
username	51
users_path	378
users_url	378
UTF-8	33

V

valid?	232
validate	262
validates	230
value	344
variant	371,482
via	394
video_path	431
video_tag	429
video_url	431
visit	420
Visual Studio Code	19
VSCode	19

W

WAF	4
warn	333
webpack	438
WebSocket	499
Web アプリケーションフレームワーク	4
Web サーバー	10
week_field	113
weekday_select	123
where	180,182
where!	192
with	454
with_options	241
WYSIWYG	486

X

xml	336,340
XSS	128
xxxxx_previously_was	227

Y

YAML	50
YAML.load	71
yield	45,160,162,355

ア行

アクション	34
アクションメソッド	34
アセットパイプライン	424
アソシエーション	248

アノテーション	545
アプリケーションフレームワーク	2
イテレーション変数	173
イングレス	492
インスタンス変数	40
インターセプター	460
ウォッチ式	66
エスケープ処理	129
オープンリダイレクト	325
オプティミスティック同時実行制御	218
オリジン	508

カ行

開発コンテナー	23
外部キー	248
カウンターキャッシュ	263
関連	248
機能テスト	410
キャッシュポリシー	332
クエリメソッド	179
クッキー	343
クロスサイトスクリプティング	128
クロスサイトリクエストフォージェリ	367
結合テーブル	249
幻像読み込み	217
コーディング規約	98
コールバック	280,470
コールバックメソッド	280
コミット	214

サ行

サーバー環境変数	317
サブスクリプションアダプター	508
参照先テーブル	250
参照元テーブル	250
シードファイル	302
辞書ファイル	519
自動ロードパス	70
主キー	248
状態管理	342
初期化ファイル	68
スキーマファイル	300
スキャフォールディング	74
ステップアウト	65
ステップイン	65
ステップオーバー	65
ステップ実行	65
ストリーム	501
制御の反転	4
静的解析ツール	24
制約クラス	382
セキュリティ監査ツール	24

568

セッション	347
セッションクッキー	348
設定パラメーター	69
ソースマップ	442

夕行

ダイジェスト付与	425
単一テーブル継承	268
単体テスト	402
遅延ロード	179
チャネル	502
中間テーブル	249,291
データベース	10
テーブルオプション	286
テスティングライブラリ	400
テスト	400
テストメソッド	402
デバッグ	63
デプロイ	546
テンプレート変数	39
統合テスト	416
ドキュメンテーションコメント	446
トランザクション	214

ナ行

名前付きスコープ	197
名前付きパラメーター	183
名前なしパラメーター	183
二重レンダリング	321

ハ行

パーシャルレイアウト	170
破壊的クエリメソッド	192
範囲式	181
ハンドシェイク	499
バンドラー	426,438
反復不能読み込み	217
引数の宣言	170
非コミット読み込み	217
被参照テーブル	250
必須クッキー	346
ビューヘルパー	84,152,407
ビルドツール	67
ファビコン	151
フィクスチャ	55,303,406,461
フィルター	86,353
フォーム認証	357
複数形	533
フック	205
部分テンプレート	83,168
ブラウザー判定機能	24
フラグメントキャッシュ	510

フラッシュ	351
フルスタック	8
プレイスホルダー	182
ブレークポイント	63
フレーム	538
フレームワーク	2
プレビュー	459
ブロードキャスト	501
分離レベル	216
冪等（べきとう）	102
ヘッダー情報	316
ポート番号	29
ポリモーフィック関連	265
翻訳ファイル	519

マ行

マイグレーション	54,284
マスアサインメント	312
マスアサインメント脆弱性	313
ミックスイン	374
命名規則	36
メーラー	450
メールボックス	493
メソッドチェーン	179
モジュール	374
モデルクラス	52

ヤ行

ユニットテスト	402

ラ行・ワ行

楽観的同時実行制御	218
リクエストヘッダー	316
リソース	376
リポジトリ	550
ルーティング	34
ルート	34
ルートパラメーター	79
レイアウト	45,158
レイアウトテンプレート	45,158
レスポンシブデザイン	370
レスポンスメソッド	320
ローカル対応テンプレート	526
ロールバック	214
ロシアンドールキャッシュ	514
ワンタイムトークン	362

■ 著者略歴

山田 祥寛（やまだ よしひろ）

静岡県榛原町生まれ。一橋大学経済学部卒業後、NEC にてシステム企画業務に携わるが、2003 年 4 月に念願かなってフリーライターに転身。Microsoft MVP for Visual Studio and Development Technologies. 執筆コミュニティ「WINGS プロジェクト」の代表でもある。主な著書に『改訂 3 版 JavaScript 本格入門』『Angular アプリケーションプログラミング』（以上、技術評論社）、「独習シリーズ（C#・Python・PHP・Ruby・JSP ＆ サーブレットなど）」「JavaScript 逆引きレシピ 第 2 版」（以上、翔泳社）、『はじめての Android アプリ開発 Kotlin 編』（秀和システム）、『書き込み式 SQL のドリル 改訂新版』（日経 BP 社）、「これからはじめる React 実践入門」（SB クリエイティブ）、「速習シリーズ(ASP.NET Core・Vue.js・React・TypeScript・ECMAScript、Laravel など)」(Amazon Kindle) など。売り上げの累計は 100 万部を超える。

カバーデザイン ◆ 菊池祐（株式会社ライラック）
本文デザイン ◆ 株式会社トップスタジオ
本文レイアウト ◆ 株式会社トップスタジオ
編集担当 ◆ 青木宏治

Ruby on Rails アプリケーションプログラミング

2024 年 12 月 20 日　初　版　第 1 刷発行

著　者　山田　祥寛
発行者　片岡　巌
発行所　株式会社技術評論社
　　　　東京都新宿区市谷左内町 21-13
　　　　電話　03-3513-6150　販売促進部
　　　　　　　03-3513-6160　書籍編集部
印刷所　昭和情報プロセス株式会社

定価はカバーに表示してあります

本書の一部または全部を著作権法の定める範囲を越え、無断で複写、複製、転載、テープ化、ファイルに落とすことを禁じます。

© 2024　WINGS プロジェクト

造本には細心の注意を払っておりますが、万一、乱丁（ページの乱れ）や落丁（ページの抜け）がございましたら、小社販売促進部までお送りください。送料小社負担にてお取り替えいたします。

ISBN978-4-297-14598-9　C3055

Printed in Japan

■ご質問について

本書の内容に関するご質問は、下記の宛先までFAXか書面、もしくは弊社Webサイトの電子メールにてお送りください。お電話によるご質問、および本書に記載されている内容以外のご質問には、いっさいお答えできません。あらかじめご了承ください。

宛先：〒162-0846
東京都新宿区市谷左内町 21-13
株式会社技術評論社　書籍編集部
『Ruby on Rails アプリケーションプログラミング』係
FAX：03-3513-6167
Web：https://book.gihyo.jp/116

※ご質問の際に記載いただきました個人情報は、ご質問の返答以外での目的には使用いたしません。回答後は速やかに削除させていただきます。